Die Sonderseiten

Der Advance Organizer

In den drei großen Hauptkapiteln lernst du gleich zu Beginn andere Kinder und Jugendliche kennen. Sei gespannt: Sie haben interessante Fragen zu stellen. Durch die Arbeit mit dem Buch wirst du in der Lage sein, sie zu beantworten.
Außerdem wird dich ein spannender Lernauftrag durch das ganze Kapitel begleiten – die Kapitelaufgabe.

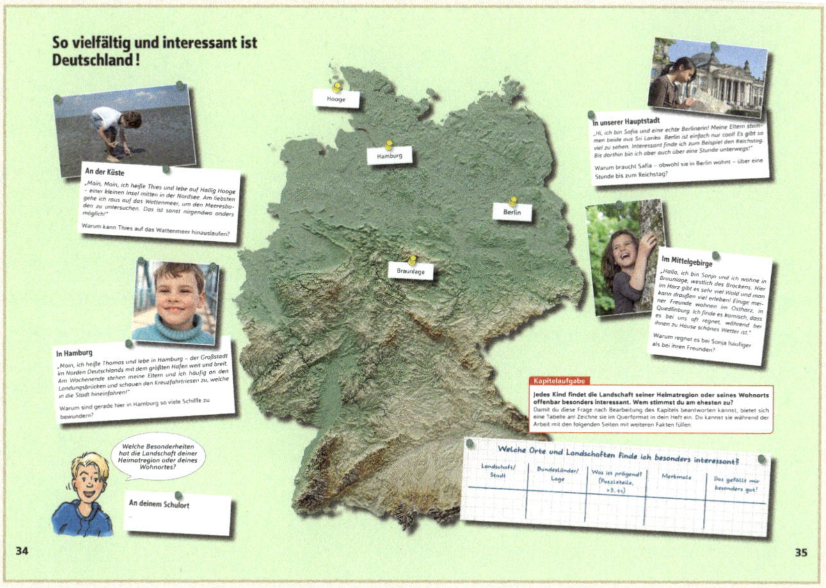

Der Kompetenzcheck

Am Ende eines jeden Kapitels wird dir auf diesen Seiten gezeigt, was du alles wissen und können solltest.

Nutze die Tabelle als Trainingslager:
Schätze dich ein und überprüfe dich, indem du eine Aufgabe löst. Wenn du Probleme hast, lies nochmal im Buch nach. Die Tabelle zeigt dir wo.

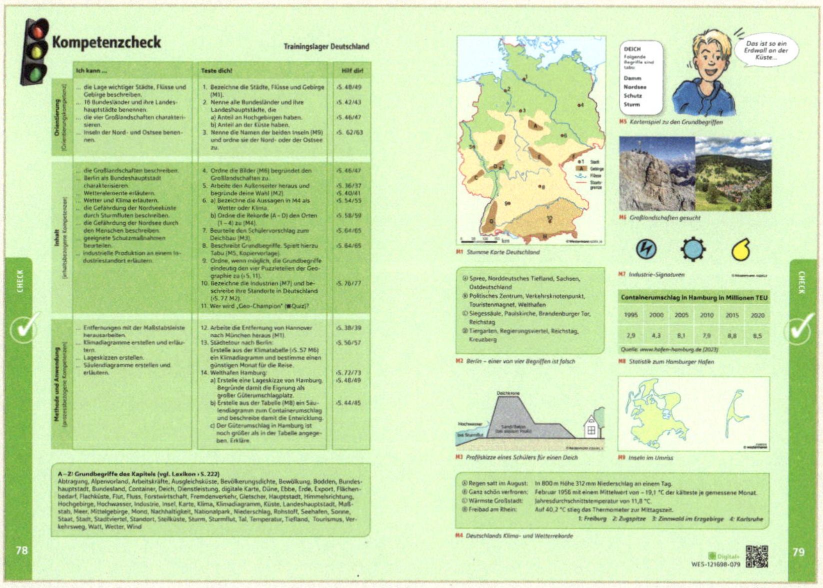

Die Transferseite

In den drei Hauptkapiteln findest du nach dem Kompetenzcheck eine Extraseite: die Transferseite.

Auf diesen Seiten lernst du ein Gebiet intensiv kennen. Du überträgst im Kapitel Gelerntes auf das neue Beispiel und beschäftigst dich mit Fragen zur Atmosphäre, zur Gestalt der Erdoberfläche, zu Wirtschaft und Gesellschaft. Das wird dir dabei helfen, ein Gebiet wie ein Geograph zu betrachten: Du wirst Zusammenhänge erkennen.

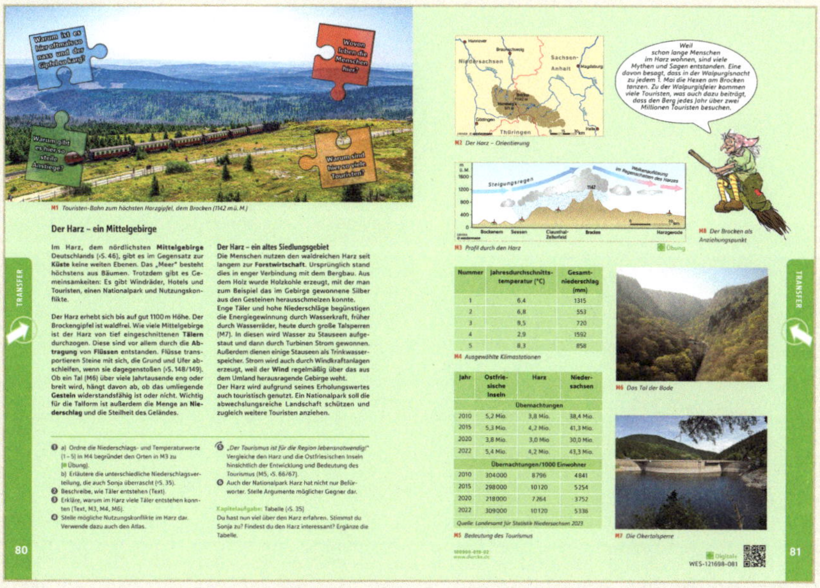

Wenn du dir einen Film anschauen möchtest, musst du folgenden Online-Schlüssel eingeben:

MVP4-ZKRQ-VSHX

westermann

Diercke

Geographie 5/6

Gymnasium
Baden-Württemberg

Herausgeber:
Prof. Dr. Alexander Siegmund

Autorinnen und Autoren:
Peter Armbruster
Dr. Raimund Ditter
Kevin Hepp
Ute Janke
Michael Ostermann
Günther Scheefer
Dr. Alexandra Siegmund
Dr. Matthias Stober

unter Mitwirkung
der Verlagsredaktion

Titelbild:
Belchen im Schwarzwald

Mit Beiträgen von:
Andre Borchers, Stephanie Fürstenberg, Peter Gaffga, Wolfgang Gerber, Sven Goschkowski, Florian Günzel, Uwe Hofemeister, Silke Jennings, Holger Kerkhoff, Peter Kirch, Norma Kreuzberger, Jutta Kuhn-Bittner, Tina Ludwig, Jürgen Nebel

CARL DIERCKE (geb. in Kyritz, Landkreis Ostprignitz/Preußen) lebte von 1842 bis 1913 und war Pädagoge und Kartograph. Von ihm stammt der bekannte *Diercke-Schulatlas*, der erstmals 1883 unter dem Namen ***„Schul-Atlas über alle Teile der Erde"*** erschien.
Weitere Informationen können der Internetseite ***www.diercke.de*** entnommen werden.

Druck A[1] / Jahr 2024
Alle Drucke der Serie A sind im Unterricht parallel verwendbar.

Redaktion: Leonie Kaumkötter
Multimedia-Redaktion: Josephine Strübing
Druck und Bindung: Westermann Druck GmbH,
Georg-Westermann-Allee 66, 38104 Braunschweig

ISBN 978-3-14-121698-1

Hinweise zum Buch

Arbeiten mit den Aufgaben
In diesem Buch findest du die folgenden Aufgabenstellungen:

❶ Basisaufgabe ohne weitere Funktion. Beachte die Operatoren. Die Tabelle „Überblick der wichtigsten Arbeitsanweisungen" zeigt, was du machen sollst.

❷ Für diese Aufgaben findest du ab Seite 200 eine Starthilfe. Du kannst sie benutzen, wenn du willst.

❸ Differenziert: Auf einigen Seiten mit schwierigen oder umfassenden Themen kann dir deine Lehrerin oder dein Lehrer ein Arbeitsblatt austeilen. Mit diesem kannst du dann das Thema besser bearbeiten.

Digitale Ergänzungen
Zu fast jeder Doppelseite gibt es digitale Ergänzungen.
Die Icons an den Materialien zeigen dir, welche digitale Ergänzung es zu diesen gibt. In den Aufgabenstellungen zeigen sie, wenn du die Aufgabe auch mit dem digitalen Material lösen kannst.
Wenn du den QR-Code auf der rechten Seite einscannst, gelangst du auf eine Landingpage. Auf dieser kannst du dir das benötigte Material aussuchen.
Wenn du dir einen GIDA-Film anschauen möchtest, musst du zusätzlich einen Online-Schlüssel eingeben. Diesen findest du im Einband des Buches

Verweise im Buch
Im Buch finden sich viele Verweise auf Materialien oder Seiten. Sie sollen dir helfen, schnell Informationen zu finden:

(M5): Verweis auf ein Material der Seite

(›S. 34/35): Verweis auf eine andere Seite im Buch

(›S. 62 M2): Verweis auf ein bestimmtes Material einer anderen Seite

Auf den meisten Seiten dieses Buches findest du unten Atlasverweise auf den Diercke Weltatlas (2023):

100900-016-01
www.diercke.de
(ISBN des Atlas – Seite – Kartennummer)

Du kannst den Atlas auf der angegebenen Seite aufschlagen oder den Verweis als Kartencode im Suchfeld folgender Internetseite eingeben:
www.diercke.de

Arbeiten mit dem Lexikon
Im Buch finden sich im Text immer wieder Begriffe im **Fettdruck**. Diese Begriffe solltest du dir merken! Die Fachbegriffe kannst du ab Seite 222 im Lexikon nachschlagen.

Überblick der wichtigsten Arbeitsanweisungen

Schwierigkeitsstufe 1:

beschreiben	Gib einen Sachverhalt kurz und deutlich wieder.
bezeichnen	Gib Inhalte aus Materialien (z. B. Tabellen, Diagramme oder Karten) genau wieder. Verwende dabei die Fachbegriffe.
nennen/benennen	Zähle etwas ohne weitere Erklärung auf.

Schwierigkeitsstufe 2:

analysieren	Untersuche Materialien und Sachverhalte systematisch und werte sie aus.
begründen	Stütze Aussagen (z. B. Behauptungen oder deine eigene Position) durch Argumente. Bekräftige sie durch Beispiele oder andere Belege.
charakterisieren	Mache typische Merkmale deutlich.
darstellen	Mache einen Sachverhalt durch eine strukturierte und zusammenhängende Aussage deutlich.
einordnen / zuordnen	Stelle einen Sachverhalt in einen Zusammenhang mit einem vorgegebenen Thema.
erklären	Stelle mithilfe deines Wissens Sachverhalte in einen Zusammenhang (z. B. mit einem Modell, einer Theorie oder einer Regel).
erläutern	Veranschauliche einen Sachverhalt durch Beispiele oder Belege.
erstellen	Veranschauliche einen Sachverhalt durch eine Grafik oder Ähnliches. Verwende dabei Fachbegriffe.
herausarbeiten	Entnimm aus vorgegebenen Materialien Zusammenhänge oder Tatsachen.
vergleichen	Lege Kriterien fest, nach denen du vergleichen willst. Arbeite Gemeinsamkeiten und Unterschiede heraus und stelle diese wertend gegenüber. Formuliere schließlich auch ein Ergebnis deines Vergleiches.

Schwierigkeitsstufe 3:

beurteilen	Untersuche Aussagen, Vorschläge oder Maßnahmen. Nenne dabei das Ziel deiner Untersuchung und die Merkmale, nach denen du untersuchst. Formuliere ein Urteil und begründe es durch Fakten.
bewerten	Beurteile Aussagen oder Maßnahmen. Begründe dein Urteil und mache auch deine Meinung dazu deutlich.
entwickeln	Entwirf einen Lösungsvorschlag für ein vorgegebenes oder ein selbst entworfenes Problem. Begründe deinen Vorschlag.
erörtern	Wäge zu einem vorgegebenen Problem Vorteile und Nachteile ab. Begründe das Ergebnis dieser Abwägung.
gestalten	Stelle zu einem vorgegebenen oder selbst gewählten Problem adressatenorientiert ein bestimmtes Produkt her (z. B. Poster, Wandzeitung, Computerpräsentation).
überprüfen	Untersuche Aussagen auf ihre sachliche Richtigkeit. Begründe das Ergebnis deiner Untersuchung.

Inhaltsverzeichnis

Baden-Württemberg

3. Wir erkunden Baden-Württemberg 82

Europa

4. Unser Kontinent Europa – wir orientieren uns (mit E-Modul) 140

Europa – Raumbeispiele

5. Wir erkunden Europa – Raumbeispiele 160

Anhang

Anhang 198

Schnell im Blick

Methoden:

E-Modul

Modell

Geographisches Basiswissen in anschaulichen Modellen:

Blick auf die Erde und die Internationale Raumstation ISS

Unser Planet Erde – wir orientieren uns

Digital+
WES-121698-009

M1 *Teilsysteme der Geographie*

Geographie – dein neues Fach

Mit Geographie die Welt entdecken

Dein neues Fach heißt Geographie. Das Wort stammt aus dem Griechischen: *geo(s)*: Erde; *graphein*: beschreiben. Ein Geograph beschreibt also die Erde.

Beim Fach Geographie denken viele Menschen zunächst an Globus und Atlas sowie die typischen Fragen der Orientierung. Es geht dabei z. B. um die Erdteile, die Lage einzelner Länder, Städte, Flüsse oder Berge. Schon diese Aufzählung zeigt, dass Geographen ganz unterschiedlich große Räume untersuchen (M5).

Teilbereiche der Geographie

Aber Geographen machen noch weitaus mehr: Sie untersuchen Landschaften und die Zusammenhänge die sich daraus ergeben.

Bei der geographischen Untersuchung einer Region werden verschiedene Teilbereiche betrachtet. Diese „Puzzleteile" (M2) helfen, sich auf konkrete Fragestellungen zu konzentrieren.

Damit lassen sich dann auch Wechselwirkungen aufzeigen. So sind das Klima und die Form der Erdoberfläche dafür verantwortlich, dass in bestimmten Regionen besondere Lebensmittel produziert werden können. Dies führt dazu, dass zwischen einzelnen Regionen Handel betrieben wird und wirtschaftliche Beziehungen entstehen. Damit kommt es auch zum Austausch zwischen den Gesellschaften.

Geographie – das Zukunftsfach

Die Teilsysteme der Geographie sind eng miteinander verflochten. Kommt es in einem Bereich zu Veränderungen, so wirkt es sich oft auch auf die anderen Bereiche aus. Daher ist es auch eine wichtige Aufgabe der Geographen, Modelle zu erstellen, die genau diese Zusammenhänge beschreiben. So lassen sich dann auch Vorhersagen für die Zukunft treffen und Konzepte für eine nachhaltige Entwicklung (M3) erarbeiten.

---

1. Nenne Themen, mit denen sich ein Geographen beschäftigen (M1, M2, M4, Text).
2. Überprüfe dein Vorwissen: Benenne einzelne Kontinente, Länder, Landesteile und Gewässer in M5 (virtuelle Reise).
3. Ordne die Bilder aus M1 und M4 jeweils den Puzzleteilen der Geographie zu (Übung).
4. Erstelle ausgehend von M1 geographische Fragen. Überprüfe, ob zur Beantwortung der Fragen die Betrachtung eines einzelnen Puzzleteils ausreicht.

M2 *Die vier Puzzleteile der Geographie*

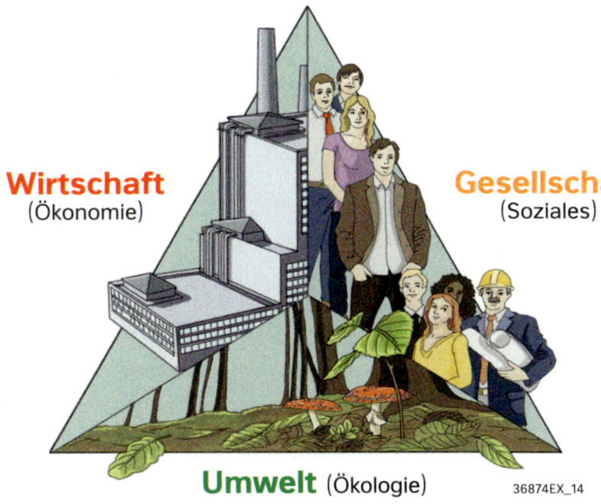

M3 *Nachhaltigkeitsdreieck*

M4 *Mit Geographie die Welt entdecken* Übung

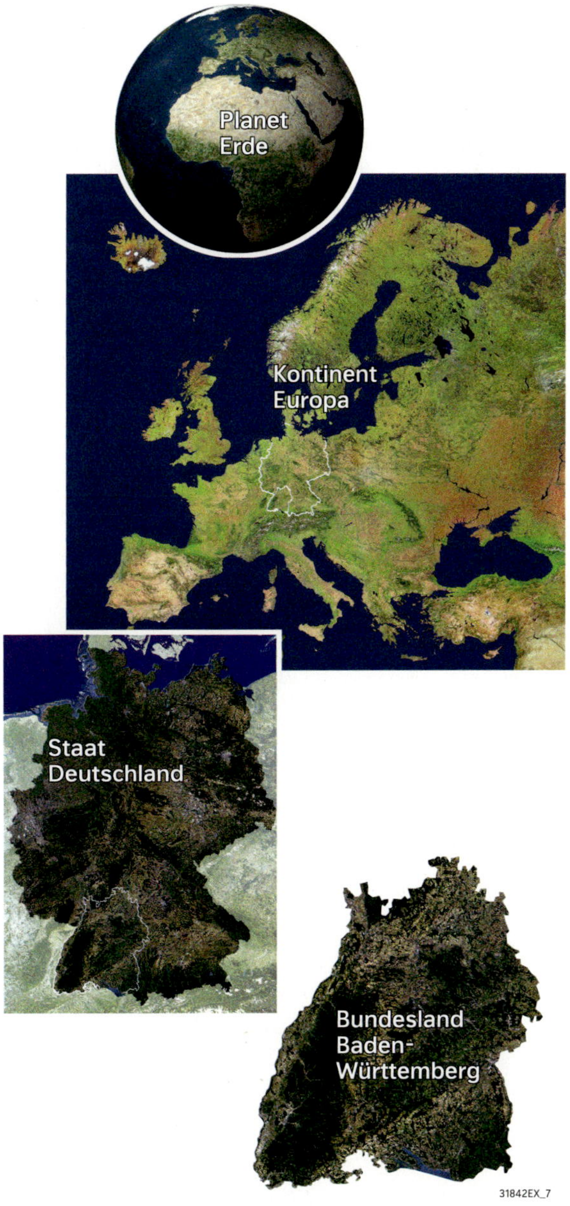

M5 *Verschiedene Räume im Blick* virtuelle Reise

M1 *Sonne und Planeten unseres Sonnensystems im maßstabsgerechten Größenvergleich* Internetlink

Die Erde im Weltall

Die **Erde** bietet alle Voraussetzungen für die Entstehung und den Erhalt von Leben. Wichtig ist dabei, dass ausreichend Wasser in flüssigem Zustand vorhanden ist. Dafür darf es weder zu warm noch zu kalt sein. Die Atmosphäre ist die Lufthülle um die Erde. Sie enthält ausreichend Sauerstoff und schützt uns zugleich vor gefährlicher Strahlung aus dem Weltall.

Planeten

Die Erde gehört zu den acht Planeten unseres Sonnensystems. Jeder von ihnen umkreist die **Sonne** auf einer eigenen Umlaufbahn. Dieser Umlauf eines Planeten um die Sonne wird am Beispiel der Erde als **Erdrevolution** bezeichnet und dauert 365 Tage, 5 Stunden, 48 Minuten und 46 Sekunden, also ein Jahr.
Im Zentrum dieser Umlaufbahnen steht die Sonne. Anders als die Planeten leuchtet sie von selbst und strahlt Energie, zum Beispiel in Form von Licht, in den Weltraum ab.

Sonnensystem

Unsere Erde und auch andere Planeten werden selbst von kleineren Begleitern, den **Monden**, umkreist. Zwischen Mars und Jupiter befinden sich außerdem fast 700 000 Gesteinsbrocken, die Asteroiden. Die Gesamtheit der Sonne und der sie umkreisenden Planeten und weiteren Himmelskörper bezeichnet man als Sonnensystem.

Die Entfernungen innerhalb eines solchen Sonnensystems lassen sich nur schwer vorstellen. Daher nutzt man häufig die Lichtgeschwindigkeit, um die Dimensionen zu verdeutlichen. Der Abstand der Erde von der Sonne beträgt im Durchschnitt 150 000 000 km. Für diese Strecke benötigt das Licht etwa 8,3 Minuten. Demnach ist die Erde 8,3 Lichtminuten von der Sonne entfernt.

Die Entfernung zum nächsten Stern und damit zum nächsten Sonnensystem ist mit 4,2 Lichtjahren aber noch viel größer.

---

1. Stelle die Gemeinsamkeiten und Unterschiede von Sonne, Erde und Mond dar (M1 – M4, Film 1).
2. a) Nenne die Planeten unseres Sonnensystems von innen nach außen (M1, M3, Film 2).
   b) Erstelle eine Tabelle zu den einzelnen Planeten.
3. a) Entwickle z. B. mit den in M5 dargestellten Gegenständen ein Modell von Sonne, Erde und Mond. Achte auf die Größenverhältnisse und die Entfernungen (M4).
   b) Überprüfe, inwieweit dein Modell die Realität korrekt darstellt.
4. Beurteile die Vereinfachungen in der Darstellung M1 bzw. der Darstellungen des DLR (Internetlink).

M2 *Erde und Mond aus dem Weltall betrachtet* Film 1

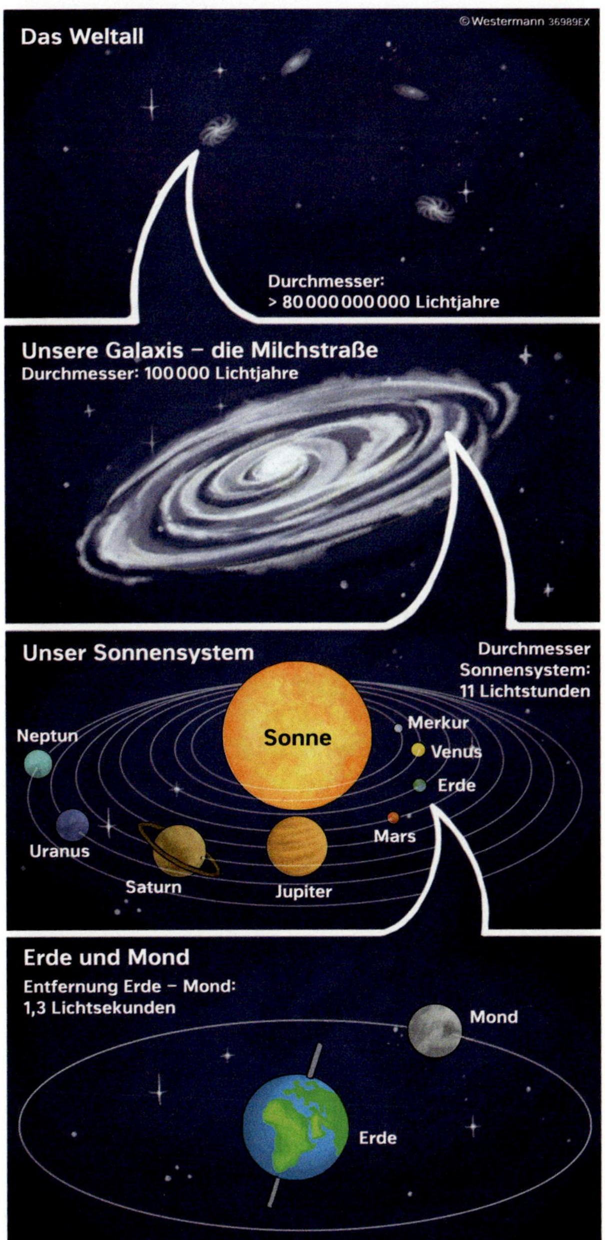

M3 *Erde und Sonnensystem im Weltall* Film 2

Info

Lichtgeschwindigkeit

Die Lichtgeschwindigkeit beträgt fast 300 000 Kilometer pro Sekunde (km/s). Sie eignet sich dazu, Entfernungen im Weltall zu messen. Diese werden in Lichtjahren angegeben. Ein Lichtjahr ist die Strecke, die das Licht in einem Jahr zurücklegt:

Lichtjahr:	9 460 800 Millionen km
Lichtstunde:	1 080 Millionen km
Lichtminute:	18 Millionen km
Lichtsekunde:	0,3 Millionen km

Durchmesser Sonne: ca. 1 400 000 km
Durchmesser Erde: ca. 13 000 km
Durchmesser Mond: ca. 3 500 km

Entfernung Erde zur Sonne: ca. 150 000 000 km
Entfernung Erde zum Mond: ca. 380 000 km

M4 *Sonne – Erde – Mond*

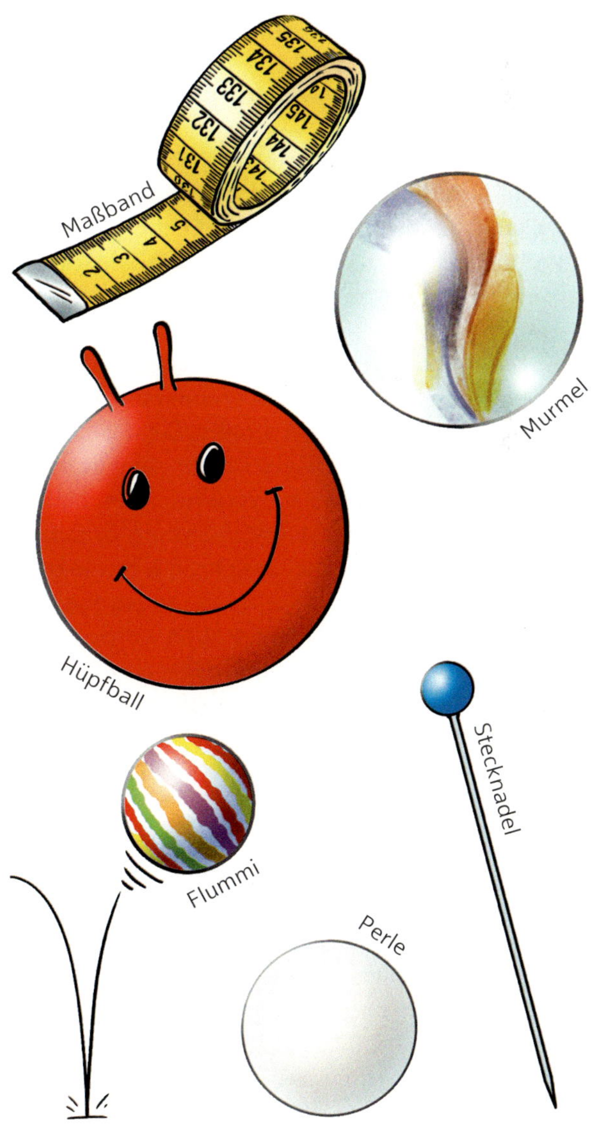

M5 *Gegenstände und Hilfsmittel für ein eigenes Modell des Sonnensystems*

Unser Planet Erde – wir orientieren uns

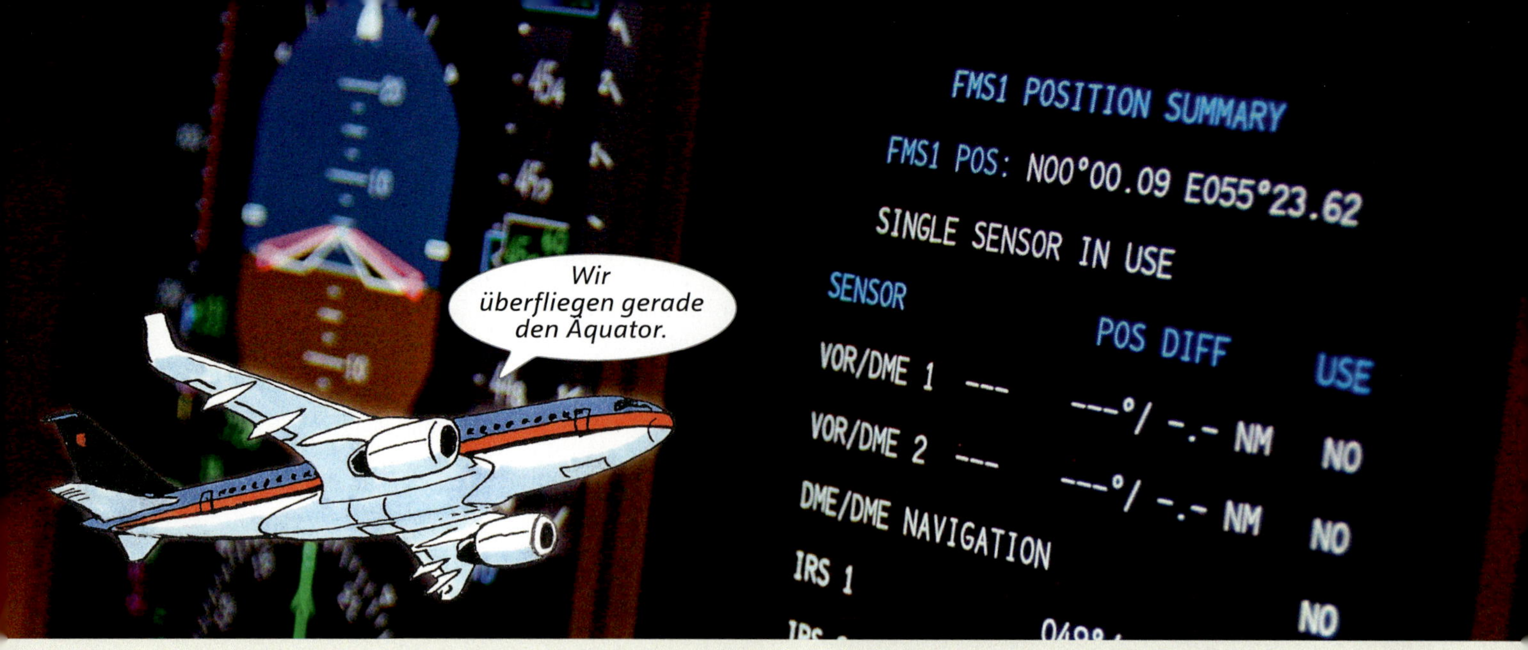

M1 *Wie kann ich meine Position auf der Erde angeben?*

Das Gradnetz gibt Orientierung auf dem Globus

Um sich unsere **Erde** besser vorstellen zu können, lässt sich der **Globus als Modell** nutzen. Er ist ein vereinfachtes und stark verkleinertes Abbild der Erde und vermittelt eine Vorstellung von Lage, Form und Größe der Kontinente und Ozeane.

Ganz im Norden liegt der Nordpol, ihm gegenüber befindet sich der Südpol. Durch diese beiden **Pole** führt eine gedachte Achse, die **Erdachse**. In 24 Stunden dreht sich unsere Erde entlang dieser Achse einmal um sich selbst.

Das Gradnetz der Erde – Breitenkreise

Um die eigene Position zu bestimmen und sich auf der Erde orientieren zu können, lässt sich das **Gradnetz** verwenden. Dieses besteht aus gedachten Linien, die die Erde umspannen. Die Linien, welche die Erde in West-Ost-Richtung umspannen, heißen **Breitenkreise**. Durch sie wird die geographische Breite, der Breitengrad, angegeben. Es ist, als ob die Erdkugel Gürtel tragen würde.
Der bedeutendste dieser gedachten Gürtel ist dort, wo die Erde am dicksten ist. Er wird **Äquator** genannt und ist mit etwa 40 000 km der längste Breitenkreis. Er teilt die Erde in die **Nordhalbkugel** und die **Südhalbkugel**.
Der Äquator ist gleich weit von Nord- und Südpol entfernt. Von ihm aus werden auf der Nord- und auf der Südhalbkugel jeweils 90 Breitenkreise gezählt. Man muss also angeben, ob der Ort nördlich (nördliche Breite, abgekürzt: n. Br. oder N) oder südlich (südliche Breite, abgekürzt: s. Br. oder S) des Äquators liegt.

Das Gradnetz der Erde – Längenhalbkreise

Die Linien, welche die Erde vom Nord- zum Südpol und wieder zurück zum Nordpol umspannen, heißen Längenkreise. Ein halber Längenkreis wird **Längenhalbkreis** oder **Meridian** genannt. Durch ihn wird die geographische Länge ermittelt. Die Zählung der Meridiane beginnt in Greenwich (Stadtteil von London). Von diesem Nullmeridian aus werden jeweils 180 Meridiane nach West (westliche Länge, abgekürzt: w. L. oder W) und Ost (östliche Länge, abgekürzt: ö. L. oder O) gezählt.

---

1. Nenne je fünf Länder, durch die der Äquator bzw. der Nullmeridian verläuft. Nutze den Globus.
2. Vergleiche an einem Globus die Länge der Breiten- und Längenkreise miteinander (M2, M3).
3. a) Bezeichne die geographischen Koordinaten der Punkte A, B, C und D in M3.
   b) Arbeite mithilfe der Weltkarte im Kartenanhang (›S. 216/217) die Koordinaten der Städte New York, Rom, London, Santiago de Chile und Sydney im Gradnetz der Erde heraus.
   c) Benenne die laut Flugplanung überflogenen Orte (M4, Übung).
   d) Dominik ist gerade auf einem direkten Flug zurück nach Deutschland. Erkläre, wo er gestartet sein könnte, wenn er den Äquator an der in M1 angegebenen Position überfliegt.

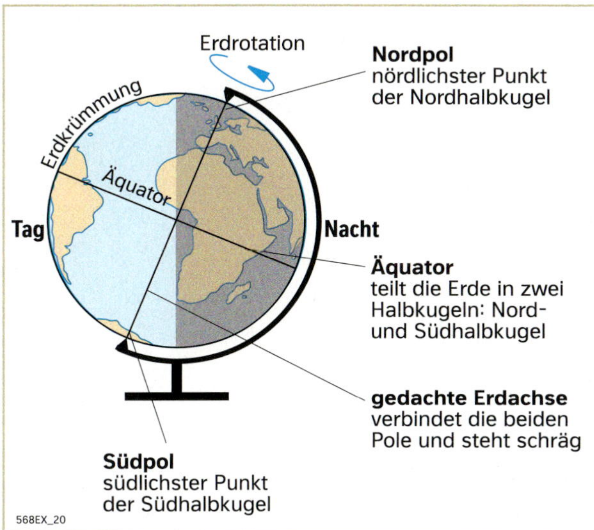

M2 *Globus*

M4 *Flugplanung*

Übung

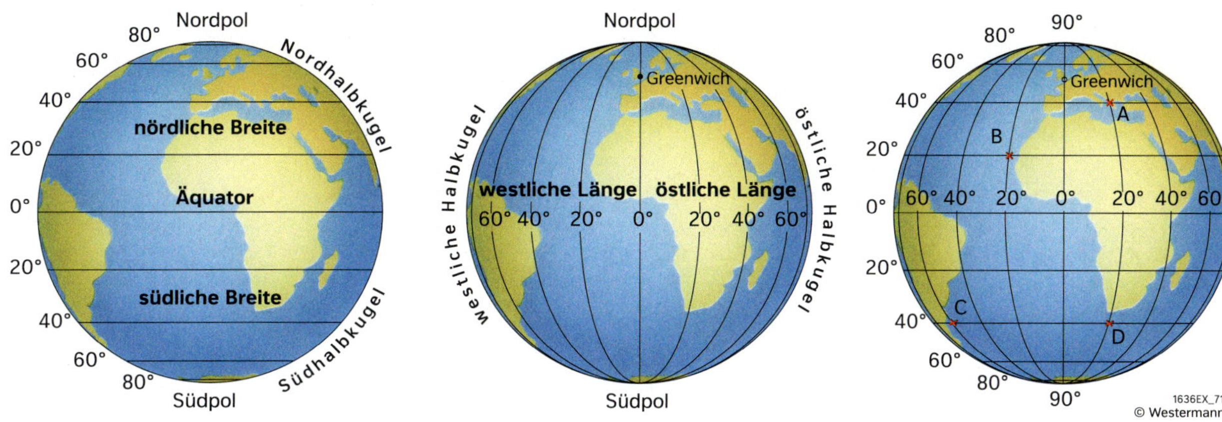

M3 *Breitenkreise – Meridiane – Gradnetz*

Film

Modell

Bastelglobus mit Gradnetz

Du benötigst die folgenden Materialien:

- eine Kopie des aufgeschnittenen Globus zum Ausschneiden
- eine Kugel (Durchmesser: 8 cm)
- Kleber
- eine Schere
- einen blauen und gelben Stift
- eine leere Teelichthülle

Bastelanleitung:

1. Schneide die Kopie aus und achte darauf, dass du den Äquator dabei nicht durchschneidest.
2. Klebe die ausgeschnittene Bastelvorlage zunächst entlang des Äquators an die Kugel.
3. Anschließend klebst du sorgfältig die Spitzen nach oben und nach unten, so dass sie am Nord- bzw. Südpol zusammenkommen.

Nun kannst du mithilfe einer Weltkarte die Meridiane und Breitenkreise einzeichnen

4. Breitenkreise einzeichnen:
   a) Zeichne den Äquator mit einem gelben Stift ein.
   b) Bringe weitere gelbe Linien bei 30° und 60° nördlicher und südlicher Breite an.
5. Meridiane einzeichnen:
   a) Markiere zunächste den Nord- und den Südpol mit einem blauen Stift.
   b) Markiere London. Zeichne den Nummeridian ein, indem du den Nordpol über London mit dem Südpol verbindest.
   d) Zeichne weitere Meridiane ein: Markiere auf dem Äquator jede zweite vorgegebene Meridianlinie mit einem Punkt. Beginne am Nullmeridian.
   e) Zeichne die Meridiane ein, indem du wie beim Nullmeridian den Nordpol mit dem Südpol über den jeweiligen Punkt am Äquator verbindest.
6. Damit dein Globus dir nicht wegrollt, kannst du ihn in eine leere Teelichthülle stellen.

M1 *Die Bosporus-Brücke in Istanbul (Türkei) verbindet Europa mit Asien*

Auf der Weltkarte: Kontinente und Ozeane

Schon auf den ersten Blick lassen sich auf der **Erde** Land- und Wasserflächen unterscheiden. Diese sind aber nicht gleichmäßig verteilt. Es gibt viel weniger Land als Wasser.

Kontinente

Asien, Afrika, Nordamerika, Südamerika, Antarktika, Europa und Australien: Das sind die **Kontinente**, die die meisten Menschen problemlos aufzählen können. Doch was genau ist eigentlich ein Kontinent? Diese Frage ist schon schwieriger zu beantworten. Die meisten Forscher verstehen unter diesem Begriff große zusammenhängende Landmassen, die durch Wasser oder andere natürliche Grenzen, wie z. B. Gebirge, voneinander abgegrenzt sind.

Sonderfall Eurasien

Da die Grenze zwischen Europa und Asien nicht immer ganz klar zu erkennen ist, werden die beiden Kontinente manchmal unter der Bezeichnung Eurasien zusammengefasst. Die Grenze zwischen diesen beiden Kontinenten bilden das Uralgebirge, der gleichnamige Fluss Ural, eine gedachte Linie zum schwarzen Meer und die Meerenge Bosporus in Istanbul (M1).

Ozeane

Zwischen den Kontinenten liegen große Wasserflächen, die **Ozeane**. Die drei größten Ozeane heißen Pazifischer Ozean (Pazifik), Atlantischer Ozean (Atlantik) und Indischer Ozean (Indik). Häufig werden aber auch das Nord- und das Südpolarmeer als eigene Ozeane ausgewiesen.

---

1. Benenne die Kontinente (I – VII) und die Ozeane (A – C) in M2 (Übung, Karte ›S. 216/217).
2. Vergleiche die Flächen der Kontinente und Ozeane (M3, Internetlink, Info).
3. Stelle wichtige Informationen zu einem Kontinent oder einem Ozean in einer Infografik dar. Orientiere dich an M4 und beziehe auch die Rekorde in M5 mit ein (Karte ›S. 216/217, Internet).
4. a) Vergleiche den Abstand der Kontinente zueinander (M2, Globus, Karte ›S. 216/217, digitaler Kartendienst).
   b) Überprüfe Delias Vorschlag, alle Kontinente mit Brücken zu verbinden (M1).

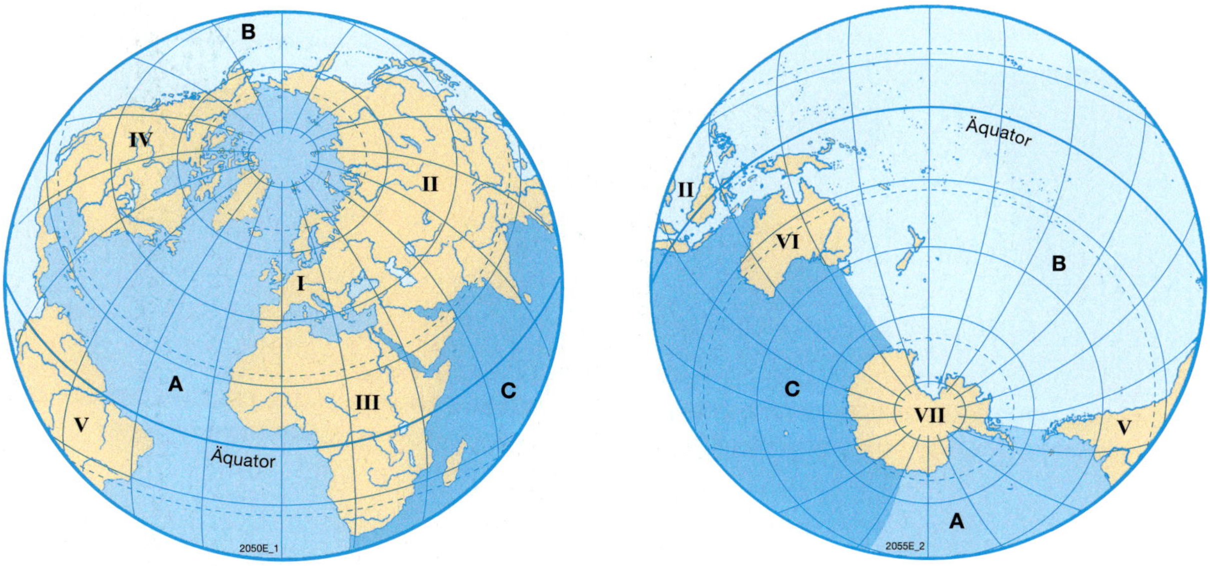

M2 *Halbkugeln (Hemisphären) der Erde*

Übung

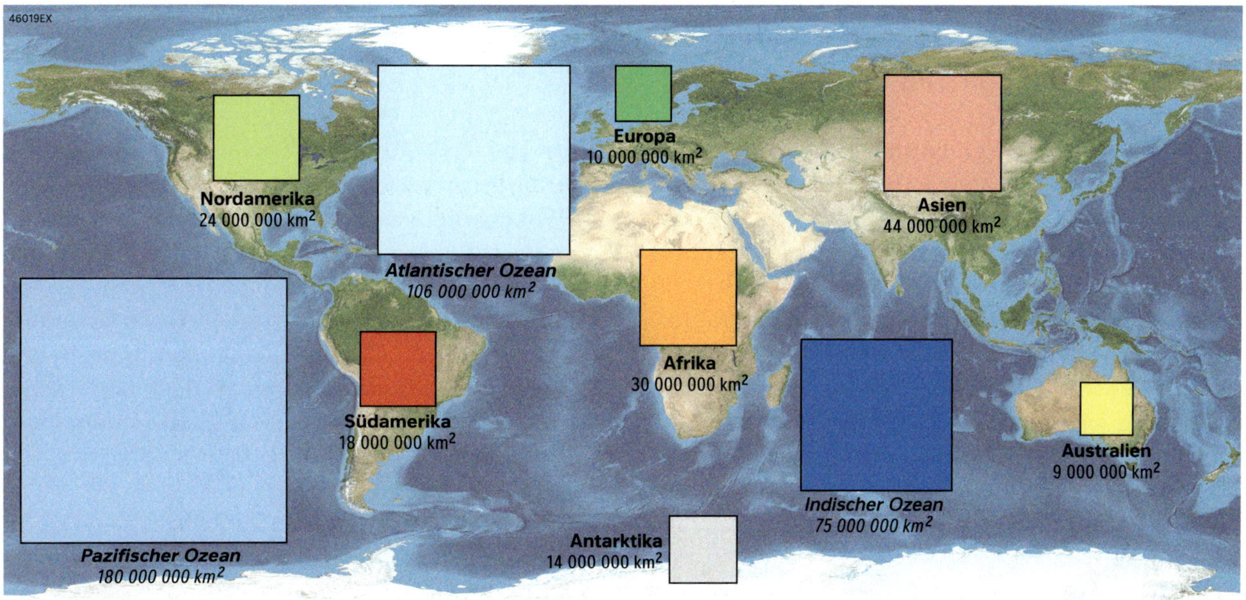

M3 *Die Flächen der Kontinente und Ozeane*

Internetlink

Info

Quadratkilometer
1 km² ist ein wichtiges Flächenmaß. Es bezeichnet eine Fläche von genau einem Kilometer Länge und Breite.

Antarktika

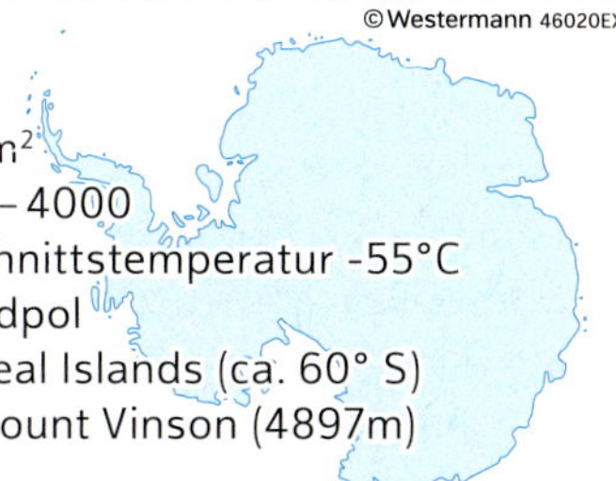

Größe: 14.000.000 km²
Bewohnerzahl: 1000 – 4000
Klima: Jahresdurchschnittstemperatur -55°C
südlichster Punkt: Südpol
nördlichster Punkt: Seal Islands (ca. 60° S)
Höchste Erhebung: Mount Vinson (4897m)

weitere Merkmale: kältester, trockenster und stürmischster aller Kontinente.

M4 *Infografik Antarktika*

Höchster Berg	*Mount Everest*	Asien	8848 m
Tiefste Meeresstelle	*Witjastief 1 (Mariannengraben)*	Asien	– 11034 m
Tiefste Stelle der Landoberfläche	*Totes Meer*	Asien	– 415 m
Kälterekord	*Nordwestlich der Wostok-Station*	Antarktis	– 98,6 °C
Hitzerekord	*Death Valley*	Nordamerika	56,7 °C
Längster Fluss	*Nil*	Afrika	6671 km
Größter See	*Kaspisches Meer*	Asien	386500 km²

M5 *Rekorde der Erde*

M1 *Tag und Nacht*

Die Entstehung von Tag und Nacht

Die **Erde** wird von der **Sonne** angestrahlt. Das Sonnenlicht erreicht aber immer nur die der Sonne zugewandte Hälfte der Erde (M1, M3). Hier ist es Tag. Durch die **Erdrotation**, also die Drehung der Erde um ihre eigene Achse, bewegt sich die Erdoberfläche unter den Sonnenstrahlen weiter. Jeder Ort dreht also morgens bei Sonnenaufgang in die beleuchtete Hälfte und abends bei Sonnenuntergang wieder in die nicht beleuchtete Hälfte. Lässt man die Jahreszeiten außer acht, so wäre es an jedem Ort der Erde zwölf Stunden hell und zwölf Stunden dunkel.

Zeitzonen

Die Uhrzeit an einem Ort richtet sich nach dem Sonnenstand. Wenn die Sonne ihren höchsten Punkt über dem Horizont erreicht hat, ist es 12 Uhr mittags. Dadurch hat genau genommen jeder Ort auf der Erde seine eigene Ortszeit.

Nach der Erfindung der Eisenbahn merkte man allerdings schnell, dass ohne einheitliche Zeit keine Fahrpläne möglich waren. Daraufhin haben sich im Jahre 1883 viele Länder darauf geeinigt, die Erde in Gebiete einzuteilen, in denen jeweils die gleiche Uhrzeit gilt. Ausgehend vom Nullmeridian erstrecken sich diese Zeitzonen in der Regel jeweils über 15 **Meridiane** (M2). An einigen Stellen wurde von dieser Einteilung abgewichen, zum Beispiel wenn sich Landesgrenzen oder Inseln in der Nähe befinden.
Entlang des 180. Meridians im Pazifischen Ozean hat man die Datumsgrenze festgelegt. Überquert man diese Grenze von Westen nach Osten, so gelangt man in den vorangegangenen Kalendertag (M2).
In Deutschland gilt die Mitteleuropäische Zeit, die in den Sommermonaten durch die Mitteleuropäische Sommerzeit ersetzt wird.

---

1 a) Stelle die Entstehung von Tag und Nacht in einem Modell (z. B. mit Lampe und Globus) dar.
b) Überprüfe die folgenden Aussagen (M2, M3):
1. Wenn in Baden-Württemberg die Sonne am höchsten steht, ist in Tokio Abend.
2. Wenn die Sonne in Baden-Württemberg untergeht, geht sie in New York auf.
3. In Moskau wird es immer früher hell als in Berlin.
4. In Neuseeland wird früher Silvester gefeiert als in Deutschland (Übung).

2 a) Nenne drei afrikanische Länder, die in der Mitteleuropäischen Zeitzone (MEZ) liegen (M2).
b) Nenne Länder, durch die mehrere Zeitzonen verlaufen (M2).

3 Begründe, warum es auf der Erde eine Datumsgrenze geben muss.

4 Wähle fünf Städte auf fünf Kontinenten aus und nenne die aktuelle Ortszeit (M2).

5 a) Stelle die aktuellen Ortszeiten und die Zeitabweichungen für die letzten Reiseziele deiner Freundinnen und Freunde dar (M5).
b) Arbeite mithilfe des Onlinetools (M4, Internetlink) ein Zeitfenster für eine Videokonferenz mit deinen Freundinnen und Freunden heraus.

6 Manchmal scheinen Reisezeiten und Reisedauer nicht zueinander zu passen. Erläutere die scheinbaren Abweichungen im Flugplan (M6).

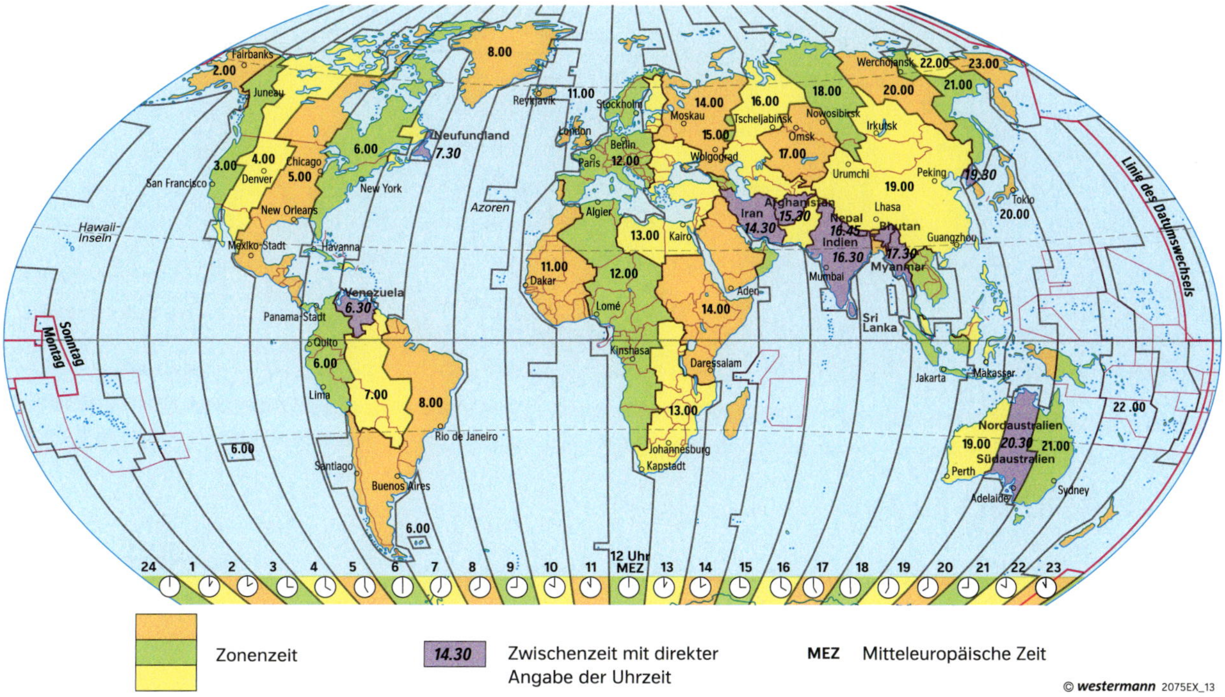

M2 *Zeitzonen der Erde* Übung, Film

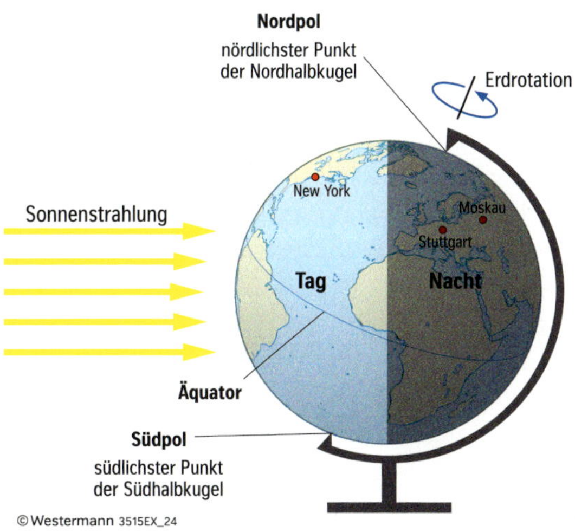

M3 *Entstehung von Tag und Nacht* Animation

Name	Ort	Zeitabweichung	aktuelle Zeit vor Ort
Delia	Tokio	+7h	...
...			

M5 *Reiseziele meiner Freunde*

Frankfurt am Main – Ponta Delgada (Azoren)

Hinflug: 09:45 ➡ Flugzeit: 5 h ➡ 12:45

Rückflug: 20:30 ⬅ Flugzeit: 5 h ⬅ 13:30

M6 *Flugplan*

M4 *Beleuchtung der Erde am 15. Juni 2023 um 12:44 Uhr Ortszeit in Stuttgart* Internetlink

M1 *Physische Karte: Ausschnitt aus Baden-Württemberg*

Wie arbeite ich mit Karten?

Karten sind ein Modell der Erdoberfläche. Um ganze Länder oder auch die ganze Erde auf eine einzige Karte zeichnen zu können, müssen die Inhalte verkleinert dargestellt werden. So passt auch der Berg Hohenzollern in dieses Buch (M4). Um dennoch viele Informationen unterzubringen, werden die Inhalte auf einer Karte vereinfacht dargestellt. So werden z. B. Orte und Sehenswürdigkeiten zu Punkten, Straßen und Flüsse zu Linien und Seen und Wälder zu Flächen. Zur besseren Unterscheidung werden Linien und Flächen mit besonderen Signaturen oder in bestimmten Farben angelegt. Für besondere Punkte verwendet man verschiedene Symbole.

Die Legende

Um die verschiedenen Signaturen, Farben und Symbole der Karte entschlüsseln zu können, wird eine Zeichenerklärung, die **Legende**, abgedruckt. Diese enthält oft auch Informationen über den Kartenausschnitt, die Verkleinerung, die Lage und die **Himmelsrichtungen**.

Orientieren mit der Karte

Der Nordpfeil in der Legende zeigt immer in Richtung Norden (›S. 24). Um sich richtig orientieren zu können, hält man die Karte so, dass dieser Nordpfeil auch in der Wirklichkeit in Richtung Norden zeigt. Hat eine Karte keinen solchen Pfeil, dann ist die Karte normalerweise genordet. Das heißt, dass der obere Kartenrand nach Norden zeigt.

Höhenangaben

In einigen Karten kann man auch die Höhenlage von Orten, Bergen oder Seen ablesen. Die Angabe erfolgt dabei in Meter über dem Meeresspiegel (abgekürzt: m ü. M.). Manchmal steht auf nur Höhe in Meter dabei, damit ist aber das Gleiche gemeint.

Höhenlinien und Höhenschichten

Zur besseren Übersicht werden die Höhen aber auch als Linien oder Flächen dargestellt. **Höhenlinien** verbinden alle Punkte derselben Höhe. Liegen die Linien eng beieinander, so ist das Gelände steil. Liegen sie weit auseinander, so ist das Gelände flach.
Höhenschichten sind die Flächen zwischen den Höhenlinien. Sie sind zumeist farbig unterteilt, wodurch die Oberflächenformen anschaulich werden.

Kartenarten

In Atlanten finden sich hauptsächlich zwei Kartenarten: Die physischen Karten bieten einen Überblick über ein bestimmtes Gebiet (M1). In diesen Karten sind unter anderem die Gebirge, Flüsse, Inseln, Straßen, Städte und oft auch die Höhen eingezeichnet. Dagegen geben die thematischen Karten genaue Informationen zu einem bestimmten Thema, zum Beispiel zum Tourismus (M2).

---

❶ Ordne sechs Karten aus diesem Buch der Gruppe der physischen bzw. der thematischen Karten zu.

❷ a) Bezeichne die gelben Signaturen in M2 mit passenden Begriffen.
b) Erstelle eine Tabelle mit mindestend zehn weiteren Signaturen aus dem Atlas.

❸ Vergleiche die Inhalte einer physischen und einer thematischen Karte ausgehend von M1 und M2 (Film 1).

❹ Auf der gleichen Datengrundlage können Karten für verschiedene Zielgruppen erstellt werden. Vergleiche die Signaturen in den verschiedenen Kartendarstellungen bei OpenStreeMap (M5, Internetlink).

❺ Überprüfe die Aussage:
Mit Höhenlinien lässt sich das Gelände genauer darstellen als mit Höhenschichten
(M3, Film 2, M4, M6, Film 3).

M2 *Thematische Karte: Ausschnitt aus Baden-Württemberg – Tourismus* Film 1

M3 *Hohenzollern – Schrägluftbild mit Höhenlinien* Film 2

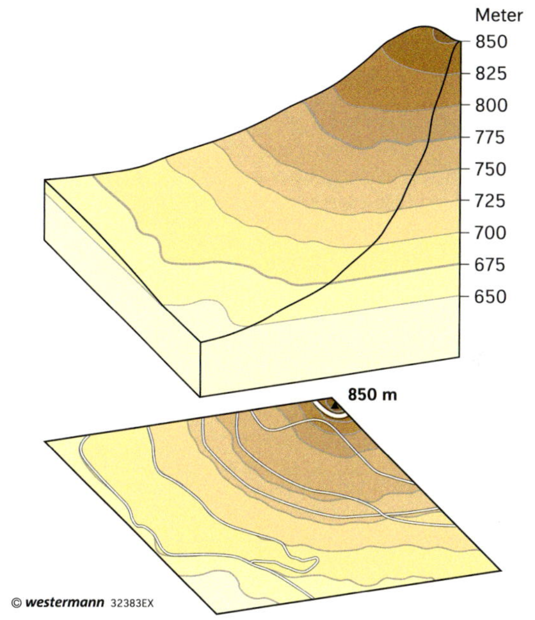

M6 *Hohenzollern – Blockbild und verebnet* Film 3

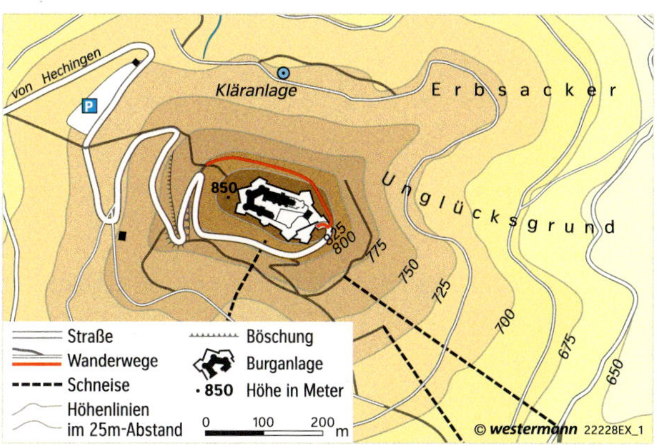

M4 *Hohenzollern – physische Karte*

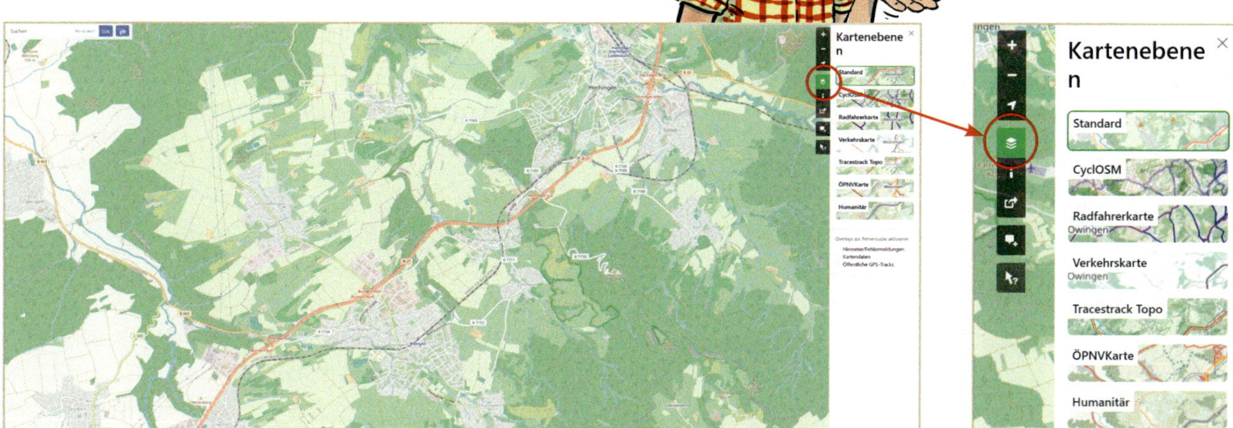

M5 *Verschiedene Kartenebenen bei OpenStreetMap* Internetlink

METHODE

① **Kartenübersicht:** Ganz vorne im Atlas auf dem inneren Buchdeckel findest du eine Übersicht über die Karten im Atlas. Die Karten sind hier nach Regionen und Themen sortiert. Das verschafft dir einen guten Überblick.

④ **Register:** Das Register ist ein alphabetisches Verzeichnis aller auf den Atlaskarten vorkommenden Namen. Hierzu zählen zum Beispiel Städte, Flüsse, Meere, Gebirge und Landschaften.
Dahinter wird die Seite angegeben, auf der die jeweilige Karte abgedruckt ist. Die Kombination aus Buchstaben und Zahl gibt das Gradnetzfeld an (M2).

② **Kartenverzeichnis:** Hier sind die Überschriften aller Karten aufgelistet. Wie in einem Buch kannst du erkennen, auf welcher Seite eine bestimmte Karte zu finden ist. Da auf einer Seite mehrere Karten dargestellt sein können, findest du hier neben der Seitenzahl auch eine Nummer für die einzelnen Karten.

⑤ **Sachwortregister:** Suchst du eine Karte zu einem bestimmten Thema, zum Beispiel zu Vulkanen, kannst du hier unter dem entsprechenden Wort nachschlagen. Die Begriffe sind ebenfalls alphabetisch sortiert. Es werden die Atlaskarten aufgelistet, die zu diesem Thema passen.

③ **Kartenteil:** Wie der Name sagt, befinden sich in diesem Teil die Karten. Diese sind nach Kontinenten und Regionen geordnet, begonnen wird aber zumeist mit Deutschland. Am Ende des Atlas sind die Karten abgebildet, welche die ganze Erde darstellen.

⑥ **Länderregister:** Im hinteren Buchdeckel findest du eine Übersicht über alle Länder. Neben der Flagge und dem Länderkürzel sind ein paar zentrale Informationen und Verweise auf passende Karten angegeben.

M1 *So ist der Atlas aufgebaut*

Wie arbeite ich mit dem Atlas?

Der Atlas ist ein wichtiges und nützliches Hilfsmittel – nicht nur für den Geographieunterricht. Wenn du in einem Atlas blätterst, findest du eine Vielzahl unterschiedlicher **Karten**, zum Beispiel aus Deutschland, Europa oder auch der ganzen Welt. Die Karten enthalten Informationen zu vielen Themen und können auf viele Fragen eine Antwort geben. So kannst du zum Beispiel nachschauen, wie hoch die Zugspitze ist oder wo die Insel Langeoog liegt.

Schritt für Schritt: Wir finden einen Ort im Atlas

1. Suche das Objekt, z. B. eine Stadt oder eine Insel im Register (M5).
2. Schlage im Atlas die angegebene Seite auf.
3. Wähle ggf. die richtige Karte aus.
4. Suche das Objekt im angegebenen Gradnetzfeld (M2).

❶ Stelle die Angaben für die folgenden Objekte aus dem Register in einer Tabelle dar. Ordne sie auch den Kategorien in M6 zu (Übung):
Langeoog, Glücksburg, Höllental, Ätna, Xanten, Po, Honolulu.

❷ Beschreibe die folgenden Objekte wie in M2:
Rügen, Zugspitze, Bodensee, Dümmer, Kahler Asten und Ries.

❸ In Deutschland gibt es viele Freizeitparks wie den Europapark Rust bei Freiburg.
Arbeite anhand einer dafür geeigneten Karte die Lage von mindestens fünf Freizeitparks in Deutschland heraus (Sachwortregister im Atlas).

Bei der Suche nach dem Namen Langeoog im Atlasregister (M5) findest du folgende Angaben:

Langeoog **26**, B3

Name	Seite	Gradnetzfeld
Langeoog	26	B3

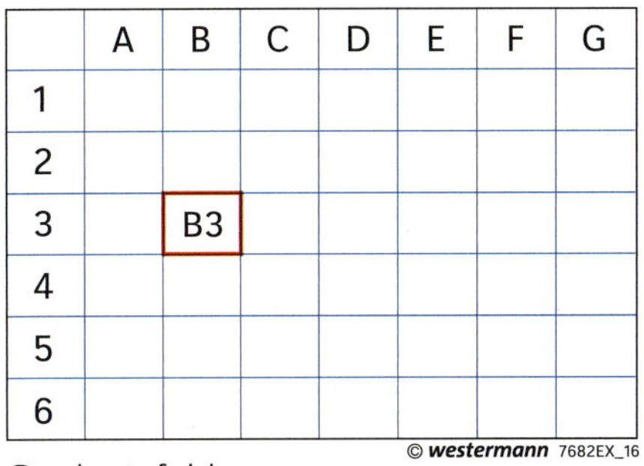

Gradnetzfeld

Langeoog ist eine Insel und gehört zur Gruppe der Ostfriesischen Inseln. Die Insel liegt in Norddeutschland und hat eine Landhöhe von 0–50 m ü. M. (M7).

M2 *Beispiel Langeoog*

Langenberg **22**, D2
Langenhagen **26**, D4
Langenthal **24**, C4
Langenzenn **25**, F2
Langeoog **26**, B3
Langfang **195**, F3
Langjökull **112.1**, B1–C1
Langon **134.1**, C4
Langøy **112.2**, C1
Langreo **138.1**, C2
Langres **134.1**, F3
Langsa **204**, A3

M5 *Registerauszug*

Landhöhen (in Meter)
- Gletscher
- über 1500
- 1000–1500
- 500–1000
- 200– 500
- 100– 200
- 50– 100
- 0– 50
- Depression

M7 *Legende (Auszug)*

- Land, Verwaltung, Gemeinde
- Ort, Siedlung
- Berg, Gebirge
- Landschaft, Insel
- Gewässer
- Verkehr, Transport
- Wirtschaft
- Tourismus

M6 *Kategorienübersicht*

Übung

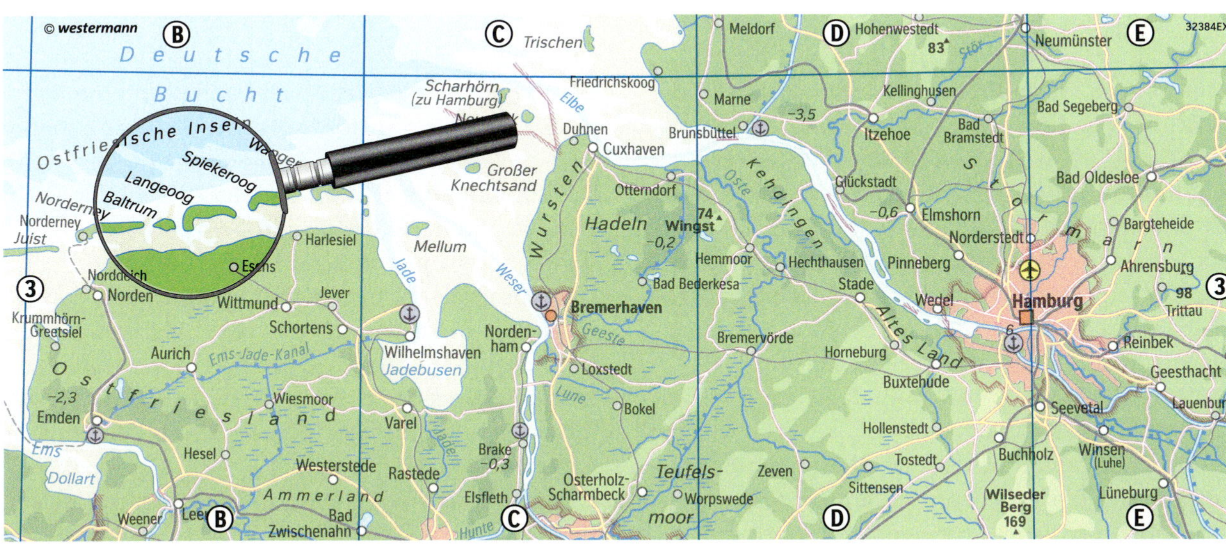

M3 *Kartenausschnitt von Norddeutschland*

M4 *Der Diercke Weltatlas (2023), auf den sich die Atlasverweise beziehen*

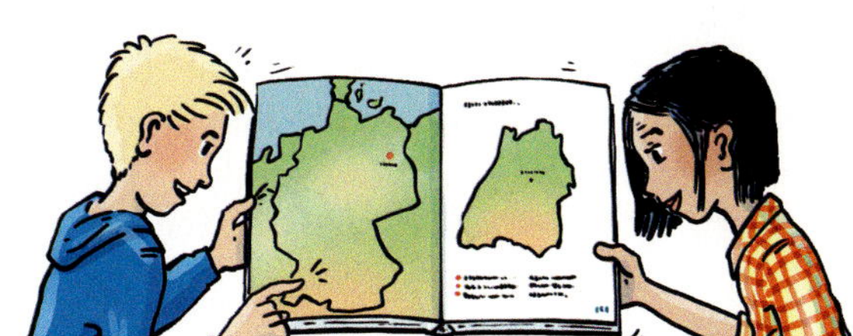

Auf den meisten Seiten dieses Buches findest du Atlasverweise. Du kannst den Atlas auf der angegebenen Seite aufschlagen oder den Verweis als Kartencode im Suchfeld folgender Internetseite eingeben:
www.diercke.de

ISBN des Atlas — Seite — Nummer der Karte

100900-020-01
www.diercke.de

M8 *Atlasverweise auf den Diercke Weltatlas*

100900-026
www.diercke.de

Digital+
WES-121698-023

M1 *Schrägluftbild von Neckargemünd*

Orientieren mit dem Stadtplan – finde den richtigen Weg

Stadtpläne sind ein wichtiges Instrument zur Orientierung im Nahrraum. Sie zeigen an, wie die Straßen verlaufen, wie sie heißen und wo besondere Gebäude, wie das Rathaus oder die Schule liegen. Ähnlich wie die **Karten** im Atlas hat auch der Stadtplan ein Raster, das das Suchen erleichtert. So kann man angeben, in welchem Planquadrat ein Gebäude oder ein Spielplatz liegt (M6). Normalerweise sind Stadtpläne eingenordet, das heißt, dass Norden oben ist.

Die Himmelsrichtungen

In der Geographie nutzen wir die **Himmelsrichtungen**, um die Lage von bestimmten Regionen oder Objekten zu beschreiben. So unterteilt der Neckar die Gemeinde Neckargemünd in einen nördlichen und einen südlichen Teil. Der Fluss Elsenz teilt die Stadt wiederum in einen östlichen und einen westlichen Teil.
Die Himmelsrichtungen werden auf der Windrose dargestellt. Dabei unterscheidet man die vier Hauptrichtungen Norden (N), Osten (O), Süden (S) und Westen (W). Manchmal werden auch Zwischenrichtungen angegeben, die dann zum Beispiel mit Nordost (NO) bezeichnet werden. Es geht aber noch genauer, so kann man eine Richtung z. B. auch mit Nordnordost (NNO) angeben.

Bestimmung der Himmelsrichtung

Um die Himmelsrichtungen bestimmen zu können, gibt es verschiedene Möglichkeiten:
Der **Kompass** ist ein besonders genaues Instrument zur Bestimmung der Himmelsrichtung. Er besitzt eine drehbare gelagerte Magnetnadel aus Metall, die sich im magnetischen Feld der Erde ausrichtet. Die markierte Nadel zeigt dabei immer nach Norden (M5).
Es lassen sich aber auch andere Hilfsmittel zur Bestimmung der Himmelsrichtung verwenden. So kann man tagsüber mit einer Armbanduhr leicht herausfinden, wo Süden liegt (M3) oder nachts mit den Polarstern die Nordrichtung bestimmen (M4). Eine grobe Orientierung bietet auch das Moos an Bäumen, das in Deutschland meist auf der Nordwestseite stärker ausgebildet ist. Auch Satellitenschüsseln können einen Hinweis auf die Himmelsrichtung bieten. Die meisten sind in Deutschland nach Süden ausgerichtet.

---

1. Benenne die Himmelsrichtungen der Windrose (M5, Film).
2. Benenne die Planquadrate in denen die folgenden Objekte liegen (M2, Übung): Schulzentrum, Evangelische Kirche, Post, Schwimmbad, Bahnhof, Jugendtreff.
3. Beschreibe den Schulweg von Lisa und Akay (M1, M2).
4. Bestimme auf dem Schulhof die Himmelsrichtung mit verschiedenen Hilfsmitteln (Text, M3, M5).
5. Dein eigener Schulweg:
   a) Beschreibe deinen eigenen Schulweg.
   b) Erstelle eine Skizze deines Schulweges (mit Nordpfeil).

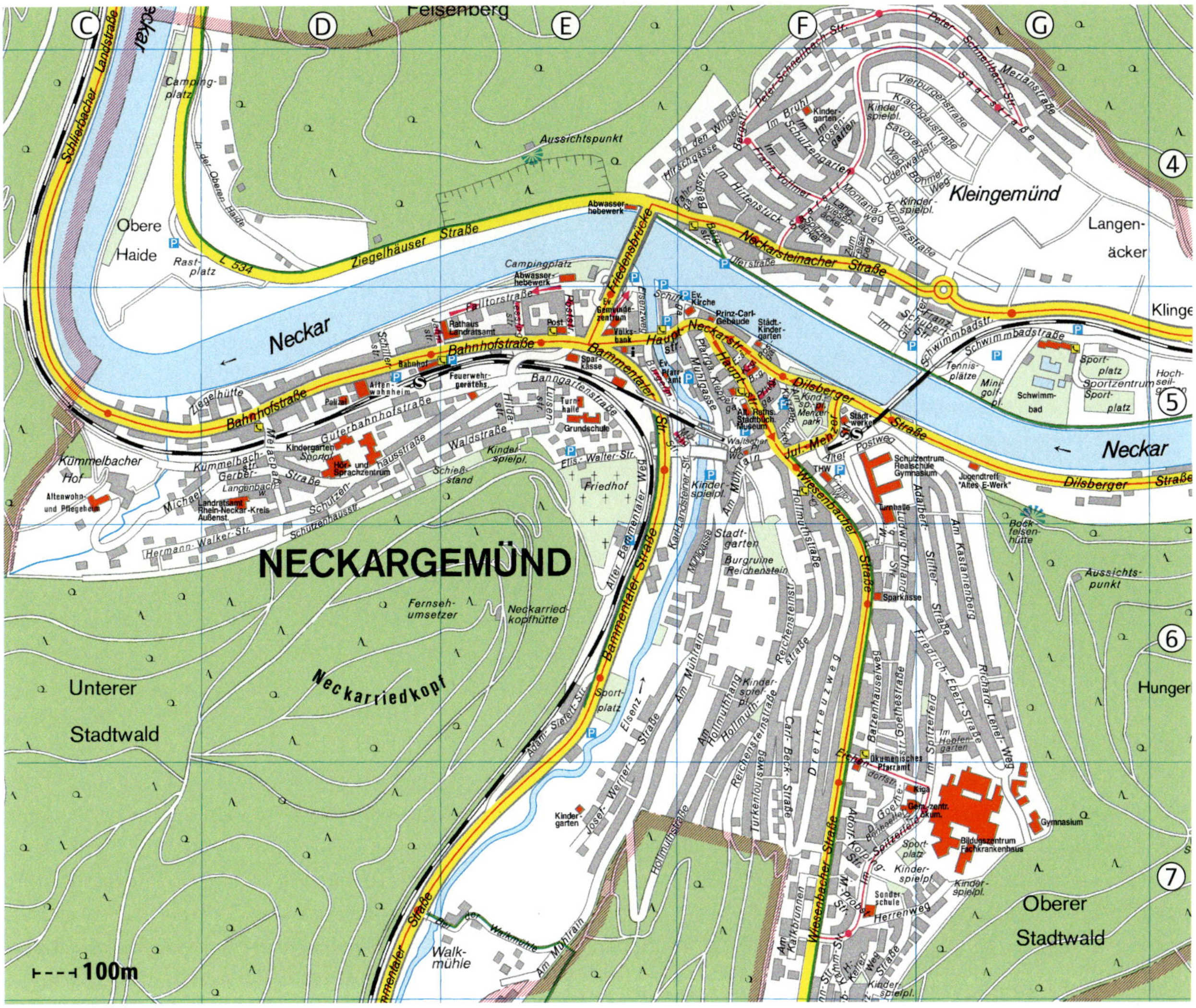

M2 *Auszug aus einem Stadtplan von Neckargemünd*

Übung

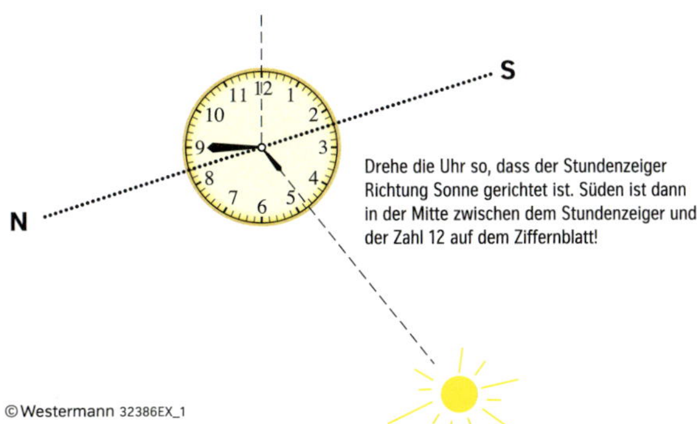

M3 *Orientierung bei Tag mit der Armbanduhr*

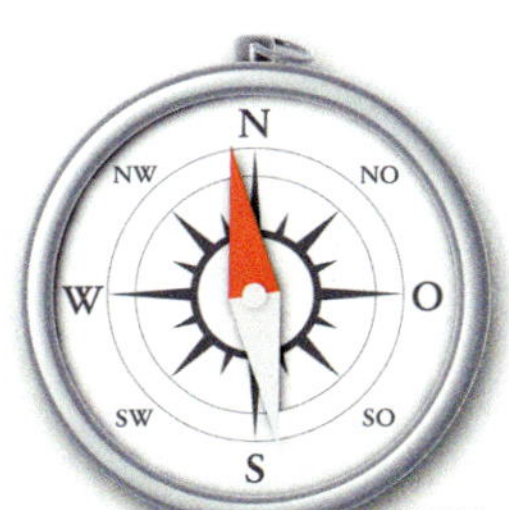

M5 *Kompass* Film

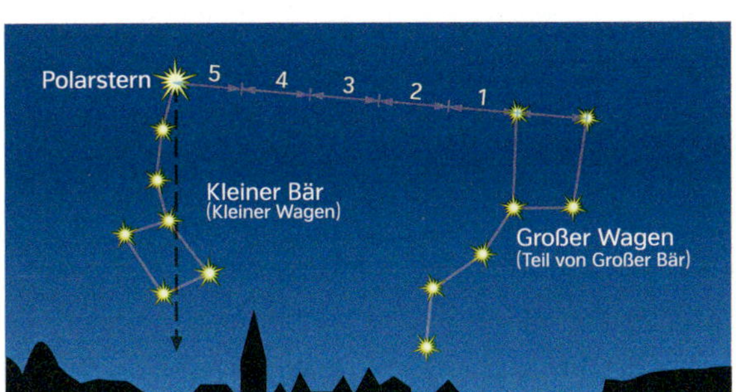

In einer klaren Nacht kann dir der Polarstern bei der Orientierung helfen: Er steht immer genau im Norden. Du findest ihn, indem du die hintere Kante im Sternbild „Großer Bär" bzw. „Großer Wagen" fünfmal nach oben verlängerst.

M4 *Orientierung bei Nacht mit dem Polarstern*

Straßen und Plätze

Adalbert-Seifriz-Straße F 8-7
Adalbert-Stifter-Straße F 5, G 5-6
Adam-Siefert-Straße E 7-6
Adolf-Kolping-Straße F 7
Allmendweg KL 4
Almstraße MN 6
Alter Bammentaler Weg E 6-7
Alter Hofweg L 7-6
Alter Postweg F 5
Alter Weg N 6
Alte Schulstraße N 6
Am Blumenstrich K 6, L 6-5, K 5
Am Feuertor F 5
Am Forlenwald C 8, B 8-7, C 7
Am Hanfmarkt E 5
Am Hang C 9
Am Herrbach K 7
Am Hollmuthhang F 6
Am Kalkbrunnen F 7
Am Kastanienberg G 5-6
Am Katzenbuckel F 5
Am Mühlrain E 8-6, F 6-5

M6 *Auszug aus dem Straßenregister des Stadtplanes von Neckargemünd (M2)*

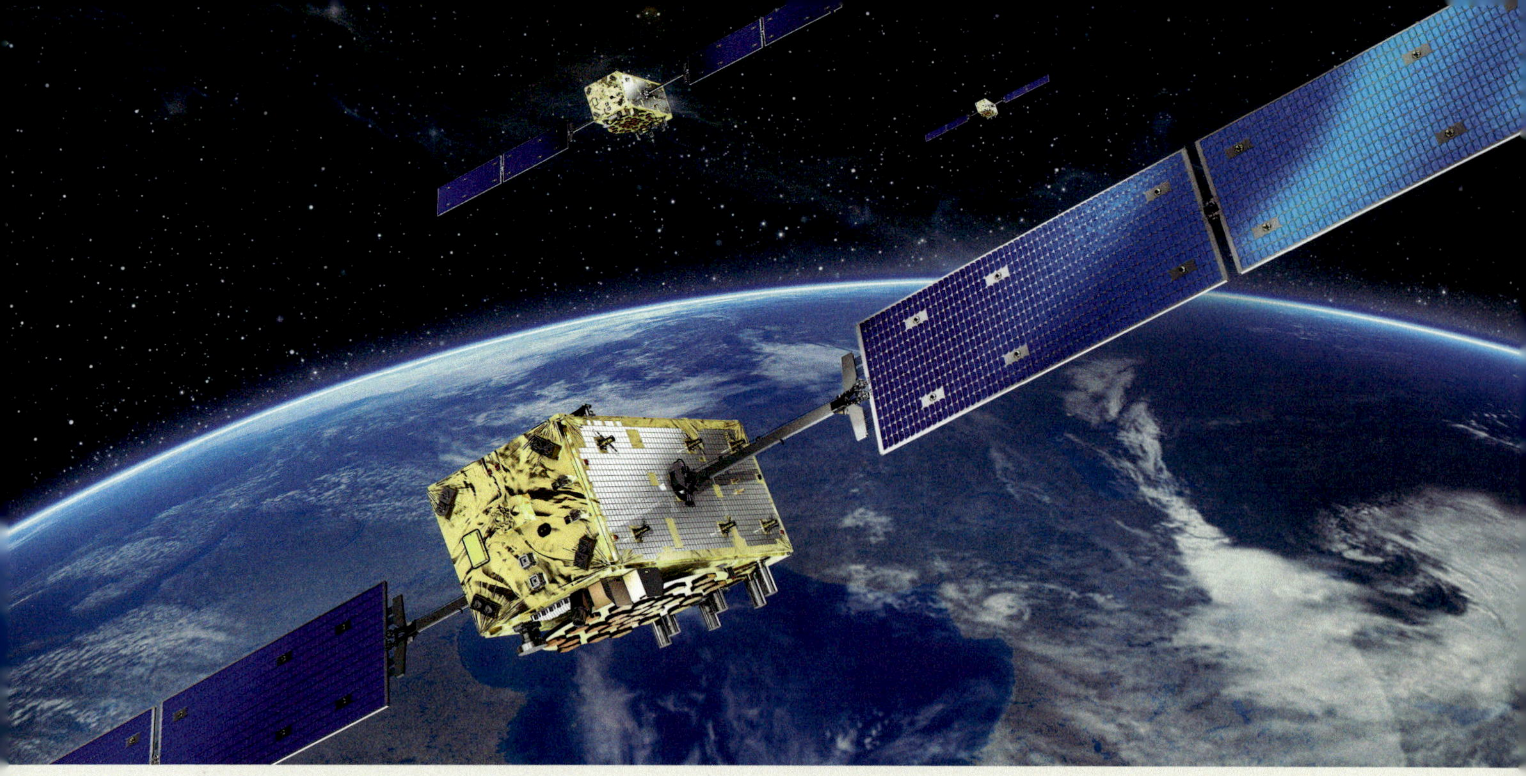

M1 *Satellit des europäischen Satelliten-Navigationssystems „Galileo"*

Satelliten zeigen den Weg

Mit Hilfe von modernen Satelliten ist es einfach, seine Position auf der **Erde** zu bestimmen. Neben dem US-amerikanischen „NAVSTAR-**GPS**" (Global Positioning System) gibt es mittlerweile noch mehrere Alternativen, wie das europäische Satellitennavigationsystem „Galileo" (M1).

Wie funktioniert die Positionsbestimmung?

All diese **Navigationssysteme** funktionieren nach dem gleichen Prinzip: Satelliten senden ständig Informationen zu ihrem Standort und die aktuelle Uhrzeit. Vereinfacht lässt sich diese Nachricht folgendermaßen formulieren: Ich bin Satellit X, befinde mich an Ort Y und bei mir zeigt die Atomuhr gerade Z Uhr. Da das Signal aber eine lange Strecke zurücklegen muss, erreicht es den Empfänger mit einer Verspätung von wenigen hundertstel Sekunden. Je länger das Signal unterwegs ist, desto größer ist der Abstand zwischen Satellit und Empfänger.
Aus dieser Zeitverzögerung kann das GPS-Gerät berechnen, wie weit es vom jeweiligen Satelliten entfernt ist. Damit ist die Position aber noch nicht genau bestimmt. Dafür sind theoretisch mindestens drei Satelliten notwendig (M2). In der Praxis wird aber der Kontakt zu vier Satelliten gebraucht, da die in den GPS-Geräten eingebauten Uhren nicht genau genug sind und man die Uhr synchronisieren muss.

Geocaching

Das sogenannte Geocaching ist eine Schnitzeljagd oder Schatzsuche. Wörtlich übersetzt bedeutet „Geocache" soviel wie „Versteck auf der Erde". Meist verstecken einzelne Geocacher Notizbücher, kleine Gegenstände oder erstellen Rätselfragen. Die Koordinaten und weitere wichtige Informationen über das Versteck (Cache) werden auf speziellen Seiten im Internet veröffentlicht. Andere Geocacher suchen dann mithilfe von GPS-Navigationsgeräten danach. Haben sie den Cache gefunden, wird dies in das Notizbuch eingetragen oder elektronisch geloggt.

❶ Erkläre die Funktionsweise eines Satelliten-Navigationssystems (Text, M2, Film).

❷ Erkläre, warum moderne GPS-Geräte und Smartphones nicht nur „NAVSTAR-GPS", sondern auch „Galileo" unterstützen (M3, Internetlink).

❸ Mithilfe eines GPS-Geräts oder einer Smartphone-App kannst du deinen Standort bestimmen. Überprüfe die folgenden Angaben:
a) Der nächste volle Breitenkreis liegt nördlich von mir.
b) Um den Cache beim Karlsruher Schloss zu finden, muss ich nach Westen gehen (M4).
c) Im Umkreis von 10 km werden mehr als 20 Caches gelistet (M4, M5, Internet).

GPS-Satelliten im Orbit

24 Satelliten (8 in Reserve) umrunden auf 6 Umlaufbahnen in 20 000 km Höhe die Erde.
31 Kontrollstationen auf der Erde kümmern sich um die zeitliche Synchronisation, den Datenabruf und die Wartung der Satelliten.

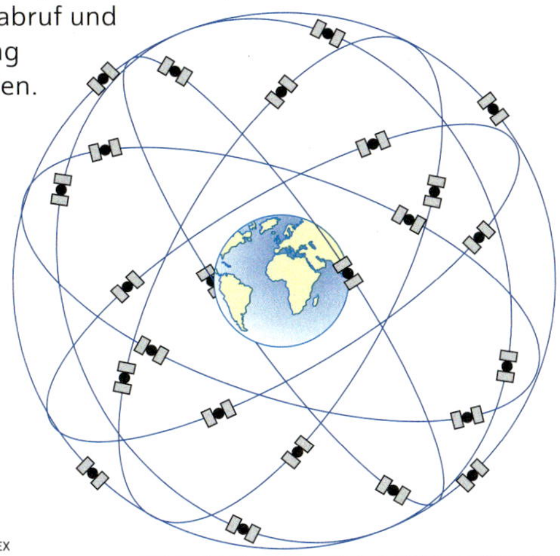

Positionsbestimmung

Drei oder mehr Satelliten senden Signale an ein Empfangsgerät. Dieses wertet die Signale aus und berechnet die Position.
Die Längen- und Breitenkreise werden in Grad, Minuten und Sekunden angegeben.

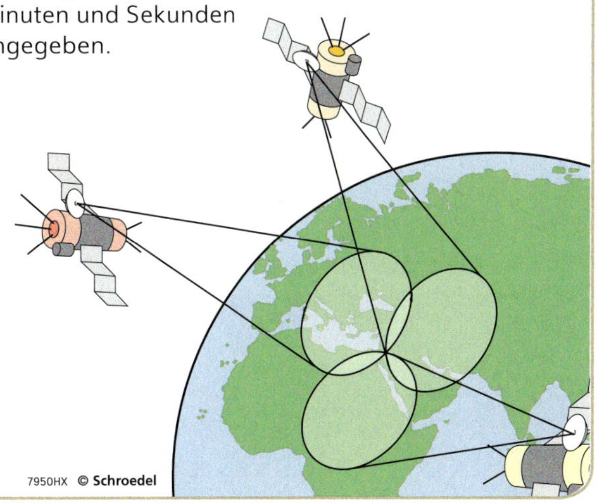

M2 *Funktionsweise eines Satelliten-Navigationssystems*

Film

Neben den USA mit „NAVSTAR-GPS" verfügen auch die Russische Föderation mit „GLONASS" und die Volksrepublik China mit „Baidou" über Satelliten-Navigationssysteme. Die Europäer hatten nun ebenfalls den Wunsch, ein eigenes Satelliten-Navigationssystem aufzubauen. Ein erklärtes Ziel war es, die Unabhängigkeit Europas zu stärken. Gleichzeitig sollte die Genauigkeit aber auch so hoch sein, dass auch auf Autobahnen ermittelt werden kann, auf welcher Spur ein Fahrzeug unterwegs ist.

	GPS	Galileo
aktive Satelliten	24	23
Höhe der Umlaufbahn	20000 km	23000 km
Genauigkeit	ca. 10 m	ca. 4 m

Internetlink

M3 *Das europäische Satelliten-Navigationssystem „Galileo" (Stand 2023)*

OpenCaching.de ist eine von vielen Seiten im Internet, auf denen man eine Auflistung bzw. eine Karte mit Caches findet. Hier können die Funde auch geloggt und zusätzliche Informationen hinterlegt werden.
Deutlich bekannter ist die Seite geocaching.com. Diese ist in der kostenlosen Version aber nur eingeschränkt nutzbar.

M4 *Internetseite zum Geocaching*

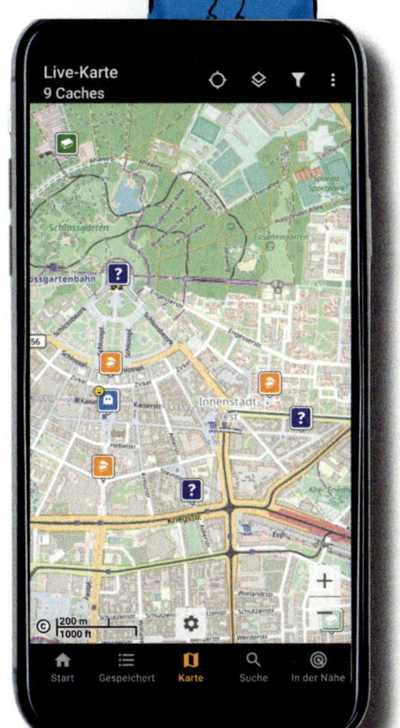

M5 *Geocaching-App*

Digital+
WES-121698-027

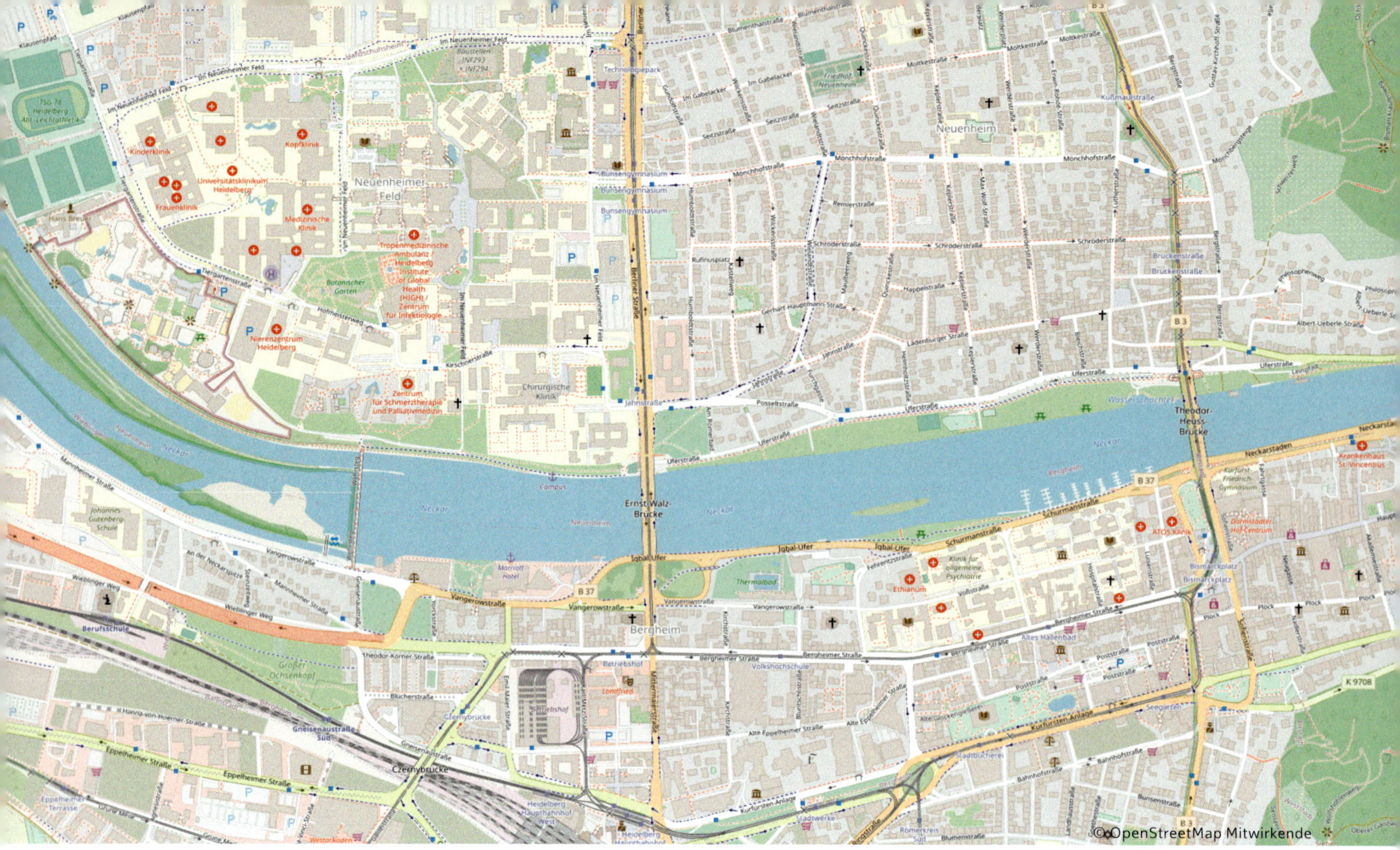

M1 *Kartenausschnitt aus OpenStreetMap (Heidelberg)* Internetlink 1

METHODE

Digitale Karten

Der eigene Schulweg mit OpenStreetMap

Um deinen eigenen Schulweg mit einer **digitalen Karte** zu planen, bietet sich der offene Kartendienst OpenStreetMap an. Offen bedeutet hier, dass unzählige Freiwillige an dieser Karte mitgearbeitet haben. Sie haben die Verläufe von Straßen, Wegen und Flüssen eingezeichnet, Gebäude kartiert und viele Zusatzinformationen zusammengetragen. Das Ergebnis lässt sich auf der Internetseite *www.openstreetmap.org* aufrufen.

Um deine Schule zu suchen, gibst du im Suchfeld den Namen der Schule ein. Da es oft mehrere Gymnasien mit dem gleichen Namen gibt, musst du ggf. auch noch den Ort eingeben. Nun wird dir eine Auswahl von Orten angegeben, die deiner Suche entsprechen. Klicke auf einen davon und der entsprechende Kartenausschnitt wird angezeigt.

Für die Planung deines Schulwegs nutzt du das Navigations-Symbol mit den beiden Pfeilen. Dabei kannst du auswählen, ob du zu Fuß gehst, das Fahrrad nutzt oder dich mit dem Auto fahren lässt.

Diercke Atlas App

Mit der Diercke Atlas App kannst du die Karten aus dem Diercke Weltatlas als digitale Karten verwenden. Dazu gibst du in deinen Webbrowser *atlas.diercke.de* ein. Hier kannst du verschiedene Karten anzeigen oder auch selbst gestalten. Du legst z. B. fest, ob das **Gradnetz** angezeigt wird, ob Straßen und Flüsse zu sehen sind oder welche Orte dargestellt werden. Ebenso findest du Werkzeuge zum Messen sowie zum Ergänzen von Text und Bildern.

---

1 a) Beschreibe deinen Schulweg. Benutze dazu *openstreetmap.org* (M1, Internetlink 1).
b) Vergleiche die unterschiedlichen Strecken für Fußgänger, Radfahrer und Autofahrer.
c) Überprüfe, ob *openstreetmap.org* dir den sichersten Weg anzeigt.

2 a) Gestalte mit der Diercke Atlas App eine Karte zum Thema „Wo unsere Klasse in Deutschland schon überall war“ (Internetlink 2).
b) Bestimmt, auf dieser Karte, welcher Ort am weitesten von eurer Schule entfernt ist.

Schritt für Schritt: Wir arbeiten mit der Diercke-Atlas-App

Aufrufen der Diercke-Atlas-App

Die Diercke Atlas App bietet dir die Möglichkeit auf die Karten des Diercke Weltatlas zuzugreifen. Rufe dazu die Seite *atlas.diercke.de* auf. Wenn du eine Lizenz hast, kannst du dich mit deinen Zugangsdaten anmelden.

Auswählen des entsprechenden Atlas

Auf der linken Seite kannst du verschiedene Atlanten auswählen.

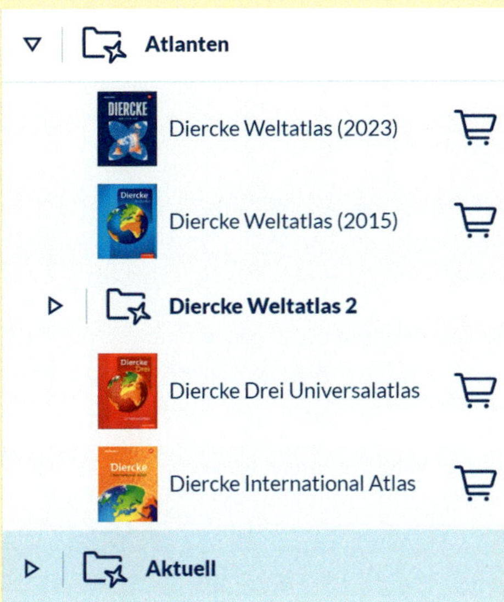

Kartenauswahl

Zunächst werden dir alle verfügbaren Karten gezeigt. Über den Filter kannst du Karten zu verschiedenen Themen auswählen, so z. B. physische Karten.

Raum auswählen

Ebenso lässt sich der Raum auswählen.

Nun klickst du einfach die gewünschte Karte an.

Ebenen ein- und ausblenden

Um die Karte an deine Bedürfnisse anzupassen, schaltest du mit einem Klick auf das Auge einzelne Ebenen sichtbar bzw. unsichtbar.

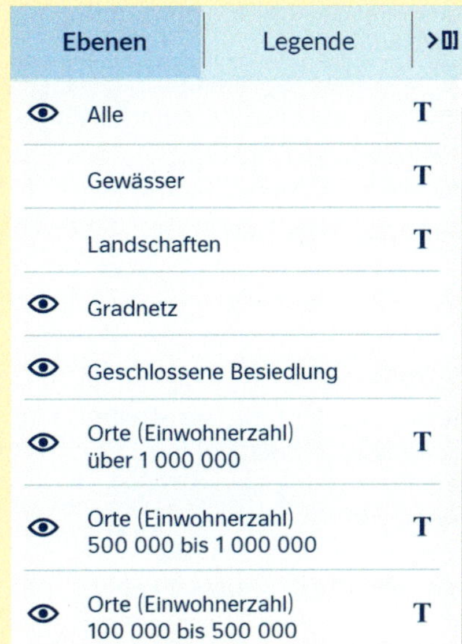

Informationen ergänzen

Mit dem Zeichnen-, dem Text- oder dem Notizwerkzeug kannst du weitere Informationen in die Karte eintragen.

Entfernungen und Flächen messen

Mit dem Werkzeug „Messungen" kannst du die Entfernung zwischen zwei Orten oder die Fläche einer Region bestimmen.

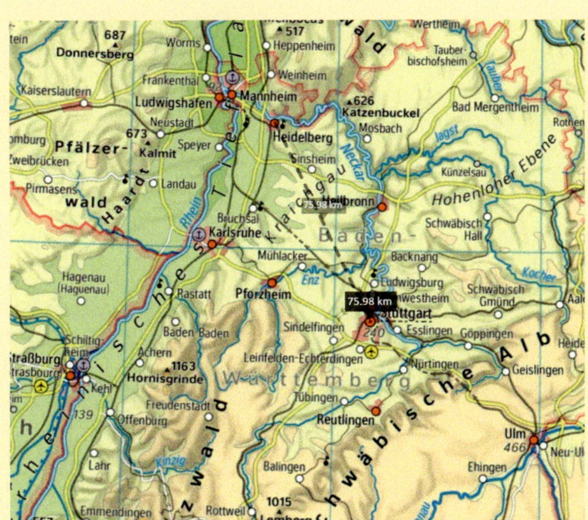

Kompetenzcheck

	Ich kann ...	Teste dich!	Hilf dir!
Orientierung (Orientierungskompetenz)	... Lage, Größe und Form der Kontinente und Ozeane darstellen. ... mich mithilfe des Gradnetzes auf der Erde orientieren. ... Karten und den Atlas nutzen. ... die Legende und die Signaturen einer Karte lesen. ... Höhenlinien nutzen.	1. Benenne die Kontinente und Ozeane in M1. 2. Bestimme die Lage des Öltankers (M2) auf einer (digitalen) Weltkarte. 3. Benenne die in M5 dargestellten Signaturen. 4. Erkläre die Bedeutung einer Legende. 5. Ordne die Begriffe „Höhenschicht“, „Höhenlinie“ und „m ü. M.“ der Skizze M3 zu.	›S. 16/17 ›S. 28/29 ›S. 20/21 ›S. 20/21 ›S. 20/21
Inhalt (inhaltsbezogene Kompetenzen)	... Teilbereiche der Geographie nennen. ... die Bewegung der Erde beschreiben. ... den Globus als Modell nutzen. ... die Entstehung von Tag und Nacht erklären. ... eine physische Karte von einer thematischen Karte unterscheiden.	6. Notiere die vier Teilbereiche der Geographie. 7. Wer wird Geo-Champion (M6, Quiz)? 8. Erkläre mithilfe einer Taschenlampe und einem Globus die Entstehung von Tag und Nacht. 9. Suche im Atlas mindestens drei physische Karten und drei thematische Karten und nenne jeweils die Seitenzahl und das Thema der Karte. 10. Ordne, wenn möglich, die unten abgedruckten Grundbegriffe den vier Puzzleteilen der Geographie zu (›S. 11 M2).	›S. 10/11 ›S. 10-29 ›S. 18/19 ›S. 20/21 ›S. 10/11
Methode und Anwendung (prozessbezogene Kompetenzen)	... einen Stadtplan nutzen, um mich zu orientieren. ... mich mithilfe der Himmelsrichtungen orientieren. ... Karten und den Atlas nutzen, um mich zu informieren. ... eine Skizze von meinem Schulweg mithilfe eines Online-Kartendienstes wie OpenStreetMap erstellen.	11. Überprüfe die Aussagen zu Neckargemünd: ① Die Friedensbrücke überquert den Neckar. ② Das Schwimmbad liegt mitten in der Stadt. ③ Das Rathaus befindet sich gegenüber dem Bahnhof. ④ Der Minigolfplatz liegt östlich des Schwimmbads. 12. Finde den Ort, an dem der Schatz versteckt ist (M4). 13. Erkläre, wie man in einem Atlas möglichst schnell eine Stadt findet. 14. Suche Ulm in deinem Atlas und notiere die Seitenzahl und die Lage im Gradnetz.	›S. 24/25 ›S. 24/25 ›S. 22/23 ›S. 22/23

A–Z: Grundbegriffe des Kapitels (vergleiche Lexikon › S. 222)
Äquator, Atmosphäre, Breitenkreis, digitale Karte, Erdachse, Erde, Erdrevolution, Erdrotation, Globus als Modell, GPS, Gradnetz, Himmelsrichtung, Höhenlinie, Höhenschicht, Karte, Kompass, Kontinent, Längenhalbkreis, Legende, Meridian, Mond, Navigationssystem, Nordhalbkugel, Nordpol, Ozean, Planet, Pol, Satellit, Sonne, Sonnensystem, Südhalbkugel, Südpol, Zeitzone

M1 *Kontinente und Ozeane*

M5 *Signaturen in deinem Atlas*

Der Tanker „Tasman Spirit" ist in Not und funkt SOS! Seine geographischen Koordinaten sind 20°N und 65°O.

M2 *Der Öltanker „Tasman Spirit"*

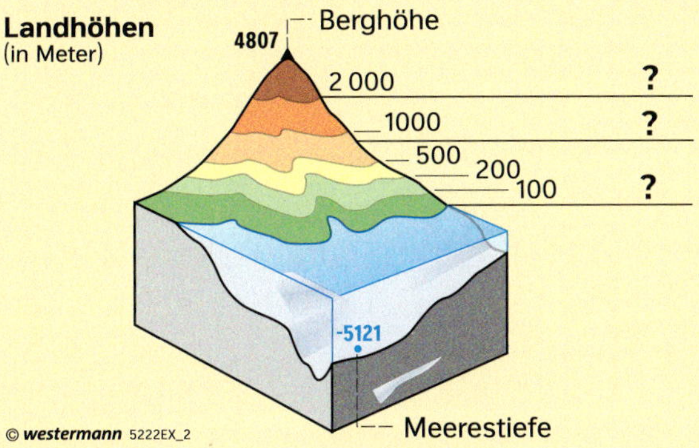

M3 *Landhöhen*

Mit zwei Freunden suchst du in Neckargemünd einen versteckten Schatz. Ausgestattet seid ihr mit einem Kompass, einem Stadtplan (›S. 25 M2), sowie der folgenden Beschreibung:

Ihr startet am Bahnhof und folgt einer großen Straße nach Osten bis zu einer großen Kreuzung. Von dort lauft ihr weiter geradeaus und überquert einen kleinen Fluss. Dort biegt ihr in der nächsten Straße nach Süden ab. Dabei unterquert ihr eine Straßenbrücke und seht auf der rechten Seite einen Spielplatz und folgt dem Straßenverlauf noch etwa 100m.
An der nächsten Abzweigung geht ihr nach links und folgt der Straße nach Norden. Nach etwa 150m nehmt ihr einen kleinen Pfad nach Süden... am Ende dieses Weges liegt der Schatz!

...Wo befindet ihr euch?

M4 *Schatzsuche*

Quizanleitung:
Zu jeder Frage sind mehrere Antwortmöglichkeiten vorgegeben, wobei nur eine davon richtig ist. Finde die jeweils richtige Antwort und notiere in deinem Heft die Lösungsbuchstaben (*Position* – Buchstabe).

_ _ _ _ _ _ _ _ _ _
1 2 3 4 5 6 7 8 9 10

1. Die Geographie beschäftigt sich mit den Teilbereichen ...
   a) Atmosphäre, Erdoberfläche, Gesellschaft, Wirtschaft. (*3* – E)
   b) Stadt, Land, Fluss. (*3* – S)
2. Das Gradnetz besteht aus ...
   a) Planquadraten. (*7* – T)
   b) Breitengraden und Längengraden. (*7* – A)
3. Die Längenhalbkreise verlaufen von ...
   a) West nach Ost. (*1* – N)
   b) West nach Nord. (*1* – H)
   c) Nord nach Süd. (*1* – S)
4. Der nullte Breitenkreis heißt ...
   a) Nullmeridian. (*10* – S)
   b) Äquator. (*10* – E)
5. Die Breitenkreise verlaufen von ...
   a) Nord nach Süd. (*6* – I)
   b) West nach Ost. (*6* – W)
6. Deutschland liegt in der ...
   a) Mitteleuropäischen Zeitzone. (*5* – N)
   b) Greenwich Mean Time. (*5* – V)
7. Ein Mond ...
   a) umkreist einen Planeten auf einer Umlaufbahn. (*8* – R)
   b) ist ein Stern unserer Milchstraße. (*8* – I)
   c) ist der Mittelpunkt unseres Sonnensystems. (*8* – H)
8. Die Erde dreht sich einmal ...
   a) in einem Jahr um die eigene Achse. (*4* – I)
   b) in 24 Stunden um die eigene Achse. (*4* – R)
9. Erdrevolution nennt man ...
   a) die Drehung der Erde um ihre eigene Achse. (*2* – U)
   b) die Umkreisung der Sonne durch die Erde. (*2* – T)
10. Am Tag kannst du dich orientieren mit ...
   a) dem Polarstern. (*9* – E)
   b) einem Fernrohr. (*9* – L)
   c) einer Armbanduhr. (*9* – T)

M6 *Wer wird Geo-Champion?*

Quiz

CHECK

Digital+
WES-121698-031

Wir erkunden Deutschland

Bundeshauptstadt Berlin

Leuchtturm auf Sylt
Hamburger Hafen
Rabenklippe im Harz

So vielfältig und interessant ist Deutschland!

An der Küste

„Moin, Moin, ich heiße Thies und lebe auf Hallig Hooge – einer kleinen Insel mitten in der Nordsee. Am liebsten gehe ich raus auf das Wattenmeer, um den Meeresboden zu untersuchen. Das ist sonst nirgendwo anders möglich!“

Warum kann Thies auf das Wattenmeer hinauslaufen?

In Hamburg

„Moin, ich heiße Thomas und lebe in Hamburg – der Großstadt im Norden Deutschlands mit dem größten Hafen weit und breit. Am Wochenende stehen meine Eltern und ich häufig an den Landungsbrücken und schauen den Kreuzfahrtriesen zu, welche in die Stadt hineinfahren!“

Warum sind gerade hier in Hamburg so viele Schiffe zu bewundern?

An deinem Schulort

...

In unserer Hauptstadt

„Hi, ich bin Safia und eine echte Berlinerin! Berlin ist einfach nur cool! Es gibt so viel zu sehen. Interessant finde ich zum Beispiel den Reichstag. Bis dorthin bin ich aber auch über eine Stunde unterwegs!“

Warum braucht Safia – obwohl sie in Berlin wohnt – über eine Stunde bis zum Reichstag?

Im Mittelgebirge

„Hallo, ich bin Sonja und ich wohne in Braunlage, westlich des Brockens. Hier im Harz gibt es sehr viel Wald und man kann draußen viel erleben! Einige meiner Freunde wohnen im Ostharz, in Quedlinburg. Ich finde es komisch, dass es bei uns oft regnet, während bei ihnen zu Hause schönes Wetter ist.“

Warum regnet es bei Sonja häufiger als bei ihren Freunden?

Kapitelaufgabe

Jedes Kind findet die Landschaft seiner Heimatregion oder seines Wohnorts offenbar besonders interessant. Wem stimmst du am ehesten zu?
Damit du diese Frage nach Bearbeitung des Kapitels beantworten kannst, bietet sich eine Tabelle an! Zeichne sie im Querformat in dein Heft ein. Du kannst sie während der Arbeit mit den folgenden Seiten mit weiteren Fakten füllen.

Welche Orte und Landschaften finde ich besonders interessant?

Landschaft/ Stadt	Bundesländer/ Lage	Was ist prägend? (Puzzleteile, > S. 11)	Merkmale	Das gefällt mir besonders gut!

M1 *Blick vom Alexanderplatz auf die Weltzeituhr und den Berliner Fernsehturm*

Blick auf Berlin

In wenigen Sekunden befördert der Aufzug die Besucher des Berliner Fernsehturms in mehr als 200 m Höhe (M1). Hier oben in der Turmkugel eröffnet sich ein großartiger Rundumblick über Berlin (M2). Zu sehen ist eine Stadtlandschaft aus Wohnhäusern, hohen Bürogebäuden, Industrieanlagen, **Verkehrswegen**, ausgedehnten Parkanlagen und Einrichtungen für Sport und Kultur. Einige davon sind herausragende Sehenswürdigkeiten. Millionen von Besuchern aus dem In- und Ausland kommen jährlich nach Berlin, um diese zu sehen.
Berlin ist die größte und mit gut 3,7 Millionen Einwohnern bevölkerungsreichste Stadt Deutschlands (M5). Hier leben mehr Menschen als in Hamburg und München zusammen.

Berlin – geteilt und wiedervereint

Nach dem Zweiten Weltkrieg wurde Berlin 1945 in West- und Ostberlin aufgeteilt. Ostberlin war die **Hauptstadt** der Deutschen Demokratischen Republik (DDR). Westberlin gehörte zur Bundesrepublik Deutschland (BRD). Um Westberlin zog sich eine Mauer, sodass die Verbindungen zu Ostberlin unterbrochen waren.
Mit der Wiedervereinigung der beiden deutschen Staaten im Jahr 1990 wurde die Mauer abgerissen und Gesamtberlin wieder die Hauptstadt Deutschlands.

Politisches Zentrum

Als Hauptstadt ist Berlin politisches Zentrum unseres Staates. Hier werden die Gesetze beschlossen, die für ganz Deutschland gelten. In Berlins Mitte befinden sich daher die hierfür wichtigen Gebäude:

- das Reichstagsgebäude (Sitz unseres Parlaments)
- das Bundeskanzleramt
- das Schloss Bellevue (Amtssitz des Bundespräsidenten)
- das Preußische Herrenhaus (Sitz des Bundesrates als Vertretung aller Bundesländer)

Der Name **Bundeshauptstadt** verdeutlicht, dass Berlin Hauptstadt eines Bundesstaates mit 16 Bundesländern ist.

---

1. Beschreibe die Lage Berlins (Atlas).
2. Der Blick vom Fernsehturm: Beschreibe die zu sehende Stadtlandschaft (M2, Panoramabild).
3. Überprüfe die Aussagen auf Ihre Richtigkeit:
   a) Berlin ist Deutschlands politisches Zentrum.
   b) Berlin ist ein Touristenmagnet (M5).
   c) Berlin hat nur wenige Verkehrswege (M3).
   d) Berlin ist multikulturell (M4, M6).
4. Vergleiche in einer Tabelle Berlin mit deinem Schulort (M5).

M2 *Blick vom Fernsehturm über Berlin*

Panoramabild

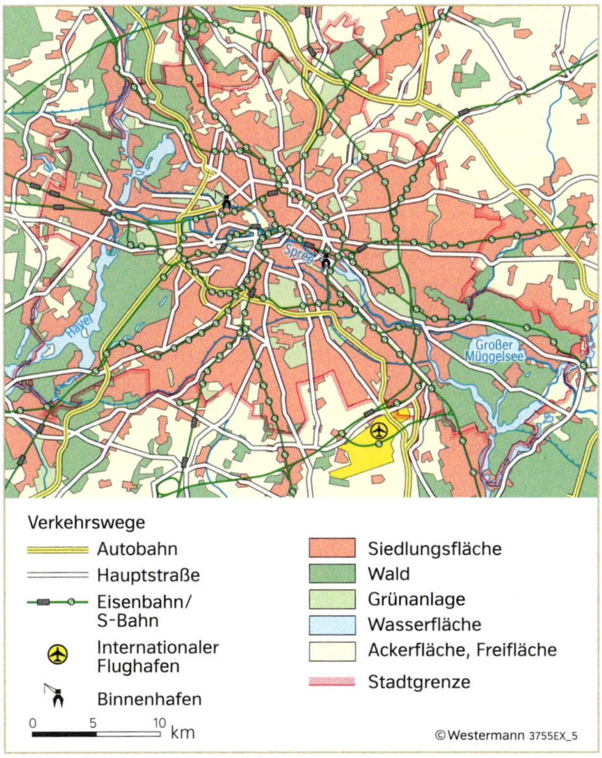

M3 *Verkehrswege in Berlin*

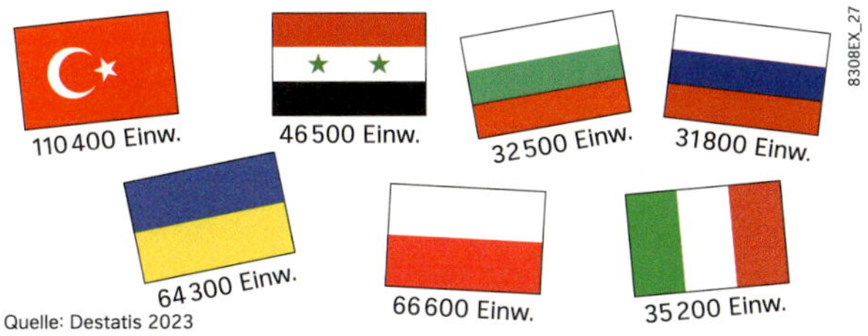

M4 *Bevölkerungsreichste Gruppen ausländischer Mitbürger in Berlin (2022, gerundet)*

In Berlin leben/gibt es...	
Einwohner gesamt	3 700 000
Einwohner mit ausländischer Staatsangehörigkeit	911 000
Touristen pro Jahr	10 000 000
das höchste Gebäude (Fernsehturm)	368 m
Museen	175
Kinos	90
Kinderspielplätze	1900

Destatis, www.berlin.de 2023, gerundet

M5 *Deutscher Rekordhalter*

Tino ist von Stuttgart nach Berlin gezogen, um hier zu studieren. Er berichtet von seinem neuen Wohnort Berlin-Kreuzberg südlich der Stadtmitte:

„In Berlin-Kreuzberg befinden sich einige der am dichtesten besiedelten und bebauten Wohn- und Geschäftsviertel der Stadt. Mit seinen zahlreichen Cafés, Bars und Kneipen ist das Viertel besonders bei jungen Menschen beliebt. Hier wohnen Menschen aus vielen Staaten der Erde, vor allem aus der Türkei, Serbien und Polen.
Kreuzberg ist daher ein multikulturelles Viertel. Hier gibt es deutsche, türkische und italienische Geschäfte und Restaurants. Hier spricht man auch verschiedene Sprachen. In den dicht an dicht stehenden Häusern wohnen und arbeiten zahlreiche Menschen. Typisch sind kleine Handwerksbetriebe wie Wäschereien, Reparaturbetriebe, Reinigungen oder Schneidereien."

M6 *Bericht über ein Wohnviertel in Berlin*

M1 *Entfernungen auf der Karte mit einem Lineal messen.*

Wie bestimme ich Entfernungen mit einer Karte?

Eine **Karte** ist ein verkleinertes Abbild der Erdoberfläche. Wird die Wirklichkeit verkleinert dargestellt, so können nicht mehr alle Einzelheiten abgebildet werden. Die Karte stellt damit die Wirklichkeit nur noch sehr vereinfacht dar. Wie sehr eine Karte die Wirklichkeit verkleinert, verrät uns der **Maßstab** der Karte. Ein Maßstab von 1:100 bedeutet, dass 1 cm auf der Karte 100 cm (= 1 m) in Wirklichkeit entspricht. Ein Maßstab von 1:1000000 bedeutet, dass 1 cm auf der Karte 1000000 cm (= 10 km) in Wirklichkeit entspricht (M3). Zum besseren Verständnis kann die Zahl hinter dem Doppelpunkt (Maßstabszahl) in eine größere Einheit umgerechnet werden.

Großer und kleiner Maßstab

Ist die Maßstabszahl klein, wird die Wirklichkeit nur sehr wenig verkleinert. Es können viele Einzelheiten dargestellt werden. Die abgebildeten Dinge erscheinen groß. Wir sprechen dann von einem großen Maßstab.

Ist die Maßstabszahl groß, wird die Wirklichkeit stark verkleinert. Es können nur wenig Einzelheiten dargestellt werden. Die abgebildeten Dinge erscheinen klein. Wir sprechen dann von einem kleinen Maßstab.

Maßstabsleiste

Damit man Entfernungen auf der Karte schnell abschätzen kann, gibt es neben der Angabe des Maßstabs zumeist noch eine Maßstabsleiste. Hierbei misst du mit einem Lineal die gesuchte Länge auf der Karte. Die Maßstabsleiste zeigt dir nun ohne Berechnung, wie lang diese Länge in Wirklichkeit ist (M3).

Kurven auf einer Karte werden mit einem Faden gelegt (M7). Die Länge des Fadens kann nun mit dem Lineal bestimmt werden. Mit der Maßstabsleiste oder dem Maßstab erhältst du die Länge der Kurve in Wirklichkeit.

Digitales Arbeiten

Auch **digitale Karten** haben einen Maßstab. Durch Zeichnen einer Strecke auf der Karte wird die Länge dieser Strecke in Wirklichkeit automatisch angegeben.

---

1 Ordne die folgenden Aussagen der Karte M2 oder der Karte M6 zu. Begründe deine Entscheidung.
- a) Die Karte hat den größeren Maßstab.
- b) Die Karte zeigt mehr Einzelheiten.
- c) Die Karte stellt die Wirklichkeit stärker verkleinert dar.
- d) Die Karte nutze ich für die Entfernungsbestimmung von Berlin nach Potsdam.

2 Arbeite die Entfernung heraus (Atlas, M3, M4):
- a) Berlin – Stuttgart
- b) Mannheim – Karlsruhe
- c) Berlin – Potsdam
- d) Länge der Berliner Stadtgrenze (› S. 37 M3)

3 Susi möchte ins Kino. Auf einer Freizeitkarte mit dem Maßstab 1:5000 beträgt die Entfernung 15 cm. Arbeite die Länge der Strecke in der Wirklichkeit heraus (M3, Film).

4 Erkläre die Funktionsweise des Lineals in M5.

M2 *Karte im Maßstab 1: 7 000 000*

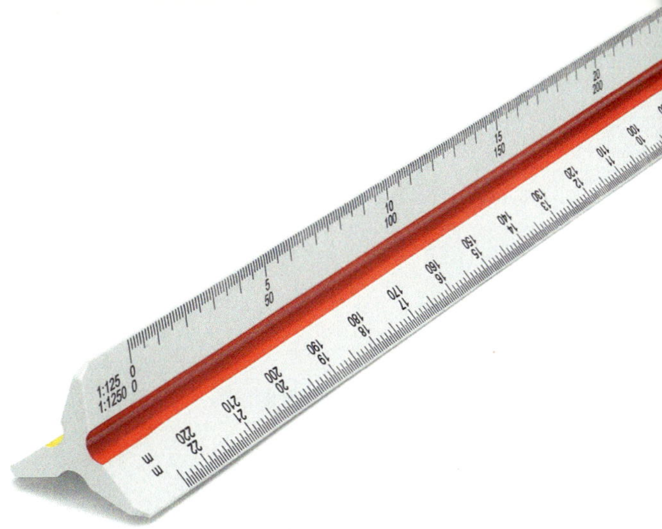

M5 *Ein besonderes Lineal*

23540EX

Maßstab	Entfernung in der Karte	Entfernung in der Wirklichkeit	Maßstabsleiste
1 : 25 000	1 cm	25 000 cm	0 250 500 m
1 : 50 000	1 cm	50 000 cm	0 500 1000 m
1 : 200 000	1 cm	200 000 cm	0 2 4 km
1 : 1000 000	1 cm	1000 000 cm	0 10 20 km
1 : 3 500 000	1 cm	3 500 000 cm	0 35 70 km

M3 *Maßstab und Maßstabsleiste*

Film

M6 *Kartenausschnitt im Maßstab 1: 3 500 000*

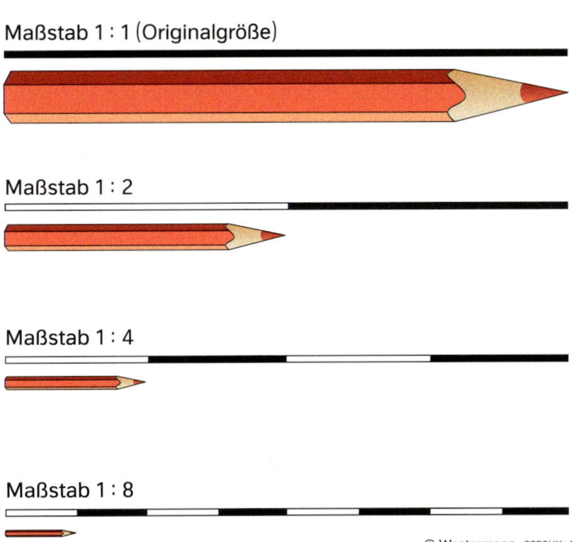

M4 *Maßstäbe im Vergleich*

M7 *Kurven mit einem Faden messen*

METHODE

M1 *Sehenswertes Tor und Ziel vieler Besichtigungsrouten*

Mit der Rikscha durch Berlin

Dominik nimmt dich mit auf eine Besichtigungstour durch Berlin. Zur Orientierung auf der Route dient ein Stadtplan (M3). Der Stadtplan ist eine thematische **Karte** mit einem großen **Maßstab** (›S. 38/39). Er zeigt nicht nur den Verlauf der Straßen mit Straßennamen, sondern auch die Nutzung der Fläche. Wichtige Gebäude, Parks, Sehenswürdigkeiten und **Stadtviertel** sind bezeichnet.
Stadtviertel unterscheiden sich in ihrem Aussehen und in ihrer Funktion, zum Beispiel Wohnen, Arbeiten, Einkaufen, sich Erholen.

Regierungsviertel

Dieser Teil Berlins ist das politische Zentrum mit den dafür wichtigen Gebäuden. Du kannst bei einer Besichtigungstour viele Sehenswürdigkeiten wie das Brandenburger Tor und das Reichstagsgebäude erkunden.

Tiergarten

Der Tiergarten ist die grüne Lunge Berlins. Dieses Stadtviertel mit seinen vielen Bäumen, Wiesen und Teichen ist ein wichtiges Naherholungsgebiet. Hier können die Bewohner und die Touristen spazieren gehen, Fahrrad oder Inliner fahren, die Siegessäule bewundern oder auf dem Neuen See rudern.

Kreuzberg

Das auch bei jungen Menschen beliebte Stadtviertel Kreuzberg hingegen hat eine andere Funktion. Es dient vorwiegend als Wohn- und Geschäftsviertel (›S. 37 M6).

---

❶ In Berlin gibt es unterschiedliche Stadtviertel. Beschreibe Aussehen und Aufgabe (Funktion) von: Regierungsviertel, Tiergarten, Kreuzberg.

❷ Arbeite mit dem Stadtplan (M3, ■ Übung). Beschreibe, was du in den folgenden Situationen sehen wirst:
a) Du stehst am Brandenburger Tor und schaust nach Westen.
b) Du steigst aus der U-Bahn am Potsdamer Platz, läufst 1500 Meter nach Osten und blickst dann nach Nordosten.
c) Du unternimmst eine Fahrt auf der Spree flussabwärts.

❸ a) Mit der Rikscha entlang der Besichtigungsroute: Ordne die Zahlen von ①–⑥ den Fotos zu und erstelle eine Tabelle zu dieser Route. Die Buchstaben ergeben rückwärts gelesen ein Lösungswort.

Name	Planquadrat	Besonderheit	Bild	Entfernung
			N	

b) Erstelle einen Sprechertext eines Stadtführers zu den Sehenswürdigkeiten und Stadtvierteln entlang der Besichtigungsroute.
c) Gestalte eine eigene Besichtigungsroute zu den interessanten Sehenswürdigkeiten und zu den verschiedenen Stadtvierteln.

Kapitelaufgabe: Tabelle (›S. 34/35)
Findest du Berlin interessant? Ergänze deine Tabelle.

M2 *Berlin*

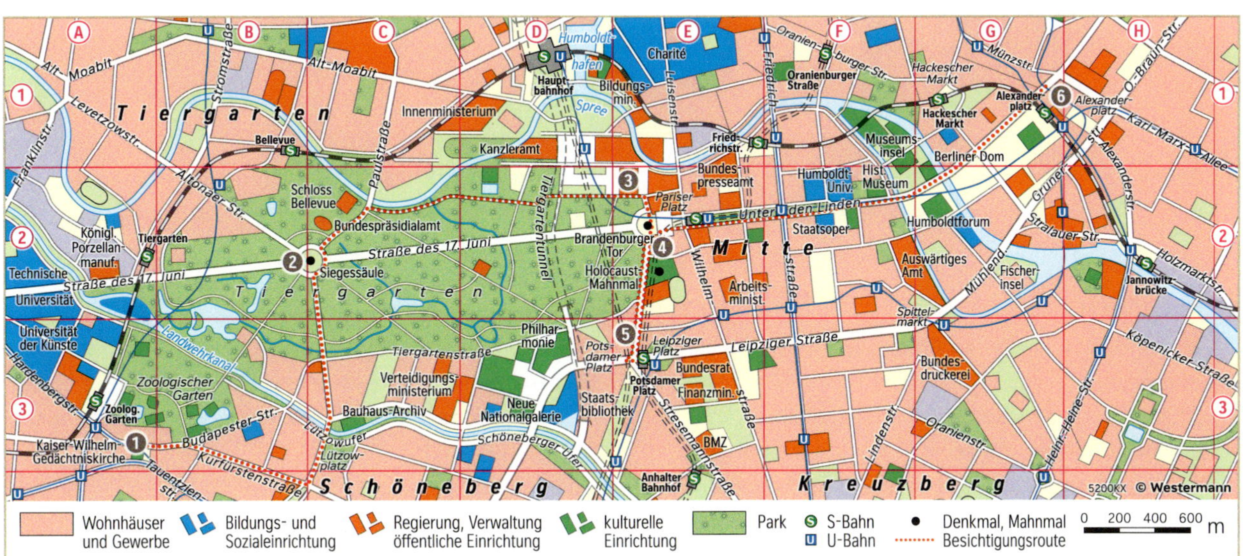

M3 *Das Zentrum von Berlin – Karte der Flächennutzung*

Übung

M1 *Bundesadler und Wappen der 16 Bundesländer*

Deutschlands Bundesländer

Die Bundesrepublik Deutschland (BRD) ist ein **Staat** mit einer Fläche von rund 357000 km². Er umfasst 16 Bundesländer (M1). Die Bundesländer liegen wie große und kleine Puzzlestücke über die Fläche Deutschlands verteilt. Aus ihrer Gesamtheit bildet sich der Bundesstaat (M2).

Stadtstaaten

Berlin ist die **Hauptstadt** der Bundesrepublik Deutschland (›S. 36). Berlin ist zugleich ein **Bundesland**. Auch Hamburg und Bremen sind als **Städte** zugleich auch Bundesländer. Alle drei Bundesländer sind Stadtstaaten. Sie sind jeweils Stadt und Bundesland zugleich.

Flächenstaaten

Die anderen 13 Bundesländer sind Flächenstaaten. Sie haben eine größere Landesfläche, eine eigene **Landeshauptstadt** und beinhalten viele anderen Städte.

Steckbrief Baden- Württemberg

Du lebst im Bundesland Baden-Württemberg. Das Bundesland ist ein Flächenstaat.

- Fläche: 35700 km²
  (3. Platz nach Bayern und Niedersachsen)
- Einwohner: 11,1 Millionen
  (3. Platz nach Nordrhein-Westfalen und Bayern)
- Landeshauptstadt: Stuttgart
- Entfernung Stuttgart – Berlin: ca. 500 km
- Landeswappen: drei schwarze Löwen auf einem goldenen Schild
- Nachbar-Bundesländer
  - Nordwesten: Rheinland-Pfalz
  - Norden: Hessen
  - Osten: Bayern
- Nachbar-Staaten (› S. 48 M1)
  - Österreich
  - Schweiz
  - Frankreich

---

❶ Ordne den alphabetisch aufgelisteten Bundesländern in M3 das richtige Wappen (M1) zu. Die Buchstaben der Wappen ergeben von oben nach unten gelesen ein Lösungswort.

❷ Nenne (M2):
a) Bundesländer, die an Baden-Württemberg angrenzen.
b) Bundesländer, die an der Küste liegen.
c) Bundesländer, die keine Staatsgrenze haben.
d) das Bundesland mit den meisten und die Bundesländer mit den wenigsten Nachbarbundesländern.
e) die nördlichste und die südlichste Landeshauptstadt.

❸ Gestalte Steckbriefe zu weiteren Bundesländern.

❹ Ordne die Länderbausteine (M4, Übung) den einzelnen Bundesländern zu.

❺ Sara ist mit ihren Eltern in den Sommerferien von Stuttgart nach Erfurt gezogen. Beschreibe mögliche Auswirkungen auf die Länge ihrer Ferien (Internet).

❻ Mache den „Bundesländerstich" (M6). Erstelle für ein Partnerspiel die Spielkarten mit den Kopiervorlagen.

M2 *Die Bundesländer Deutschlands (politische Karte) und ihre Einwohnerzahlen (gerundet)*

M5 *Wappen der Bundesrepublik Deutschland*

M6 *Spielkartenquiz*

Bundesland	Fläche in km²
Baden-Württemberg	35700
Bayern	70500
Berlin	890
Brandenburg	29700
Bremen	420
Hamburg	760
Hessen	21100
Mecklenburg-Vorpommern	23300
Niedersachsen	47700
Nordrhein-Westfalen	34100
Rheinland-Pfalz	19900
Saarland	2600
Sachsen	18400
Sachsen-Anhalt	20500
Schleswig-Holstein	15800
Thüringen	16200

Destatis 2021 (Werte gerundet)

M3 *Größe der Bundesländer*

M4 *Länderbausteine Deutschlands im Puzzle* Übung

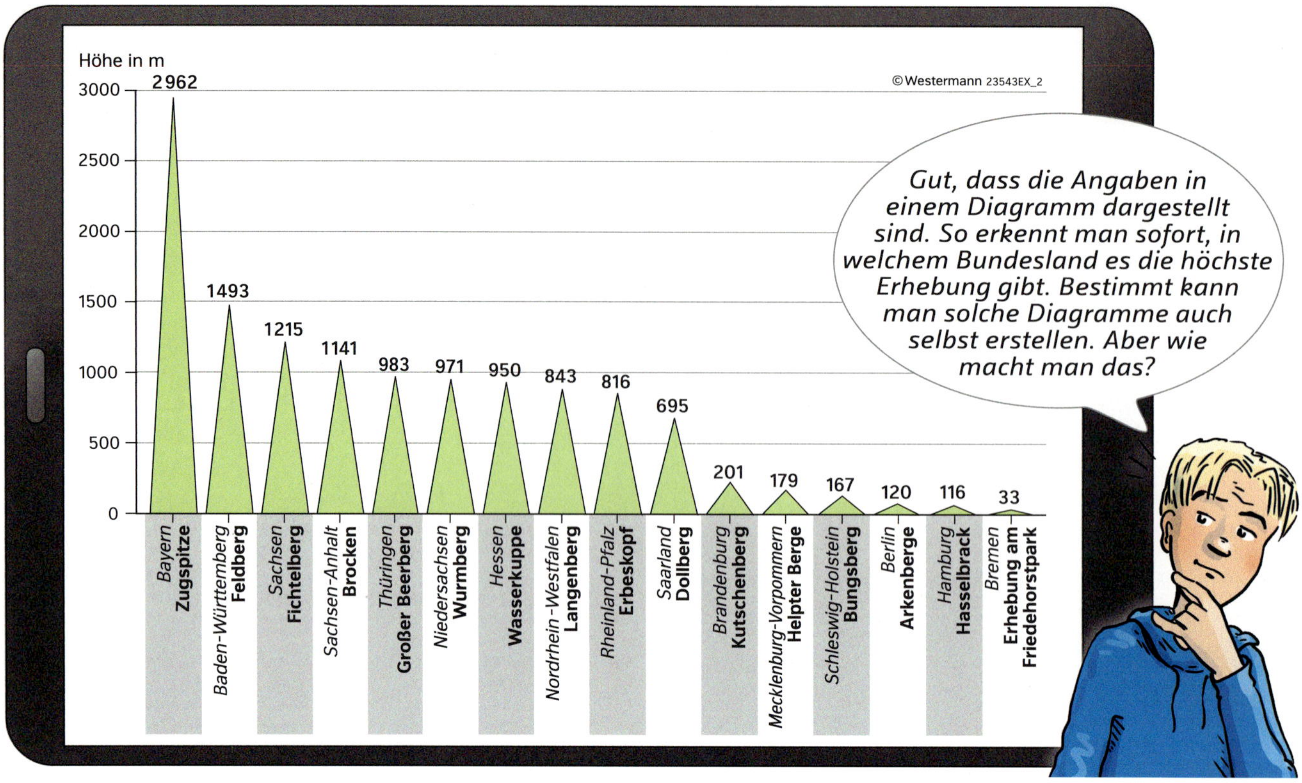

M1 *Die höchsten Erhebungen der Bundesländer*

Wie zeichne und lese ich Diagramme?

Tabellen wirken oft sehr unübersichtlich. Anschaulicher werden Zahlen, wenn sie als Diagramm dargestellt werden.
Zur Darstellung von Zahlen, zum Beispiel zu den Bundesländern, stehen verschiedene Diagramme zur Verfügung:

Säulendiagramme und Balkendiagramme

Bei einem Säulendiagramm werden die Zahlen durch Rechtecke nach oben abgetragen. Höhere Zahlen ergeben höhere Rechtecke. So erkennt man schnell besonders große Zahlen und besonders kleine Zahlen. Statt Rechtecke können auch andere Formen genutzt werden (M1).
Werden die Zahlen nicht nach oben, sondern nach rechts abgetragen spricht man von einem Balkendiagramm (›S. 187 M3).

Liniendiagramme

Mit einem Liniendiagramm kannst du vor allem zeitliche Entwicklungen (Trends) gut veranschaulichen, zum Beispiel die Entwicklung der Einwohnerzahl in Deutschland oder den Temperaturgang im Jahresverlauf (›S. 56).

Beschreibung von Diagrammen

Möchtest du ein fertiges Diagramm beschreiben, so ist es sinnvoll, zunächst einen Überblick darüber zu geben, was das Diagramm verdeutlicht. Beschreibe dann Auffälligkeiten. Deine Beschreibung beinhaltet auch Zahlenangaben aus dem Diagramm.

---

❶ a) Erstelle ein fertiges Säulendiagramm „Fläche der Bundesländer" (M2) in deinem Heft. Benutze dazu die Tabelle (›S. 43 M3).
b) Erstelle ein fertiges Liniendiagramm „Einwohnerzahl in Deutschland" mithilfe der Tabelle M3.

❷ a) Beschreibe das Diagramm M1.
b) Ordne die Aussagen ①–⑥ in M4 einzelnen Erhebungen in M1 zu (Übung).

❸ a) Arbeite mit der Fläche (› S. 43 M3) und der Einwohnerzahl (›S. 43 M2) die Bevölkerungsdichte der einzelnen Bundesländer heraus. Die Infobox zeigt dir, wie das geht.
b) Erstelle ein Säulendiagramm zur Bevölkerungsdichte der Bundesländer.

Wir zeichnen Säulendiagramme

1. Zeichne mit einem Lineal die Rechts- und die Hochachse (M2).
2. Trage auf der Hochachse die Zahlenwerte ein (z. B. Flächen in km²). Die Achse beginnt in der Regel bei null. Sie muss über den höchsten Wert hinausreichen.
3. Zeichne die Säulen für jeden Zahlenwert ein.
4. Färbe die Säulen mit einem Buntstift ein und beschrifte sie.
5. Gib dem Diagramm eine Überschrift.

Bundesland	Fläche in km²
Baden-Württemberg	35 700
Bayern	70 500
Berlin	890
Brandenburg	29 700

Quelle: Destatis 2021 (Werte gerundet)

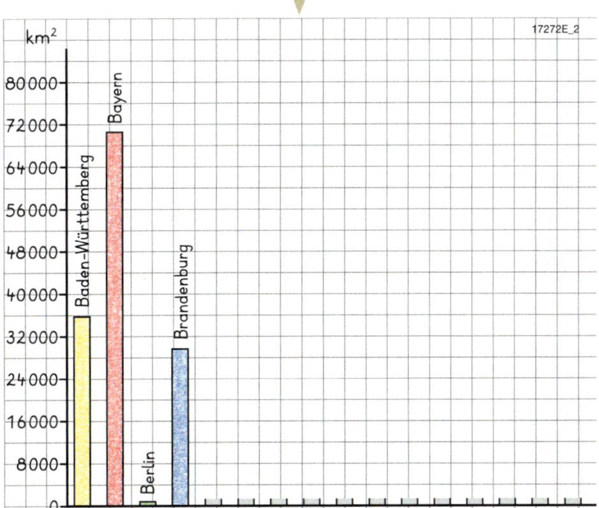

M2 *Fläche der Bundesländer (› Aufgabe 1a)*

Wir zeichnen Liniendiagramme

1. Zeichne mit einem Lineal die Rechts- und die Hochachse (M3).
2. Trage auf der Hochachse die Zahlenwerte ein (z. B. Einwohnerzahl in Millionen). Die Achse beginnt oft bei null, ein anderer Wert kann aber auch sinnvoll sein. Die Achse muss über den höchsten Wert hinausreichen.
3. Trage auf der Rechtsachse die Zeitangaben ein (zum Beispiel von 1950 bis 2020).
4. Markiere Werte mit einem Kreuz. Zeichne eine Linie durch diese Kreuze.
5. Gib dem Diagramm eine Überschrift.

Einwohner Deutschland* (1950 – 2020) in Mio.

Jahr	Einwohner	Jahr	Einwohner
1950	68,7	1990	79,8
1960	73,0	2000	81,5
1970	78,1	2010	80,2
1980	78,4	2020	83,2

*Quelle: Destatis 2023 (*einschließlich DDR)*

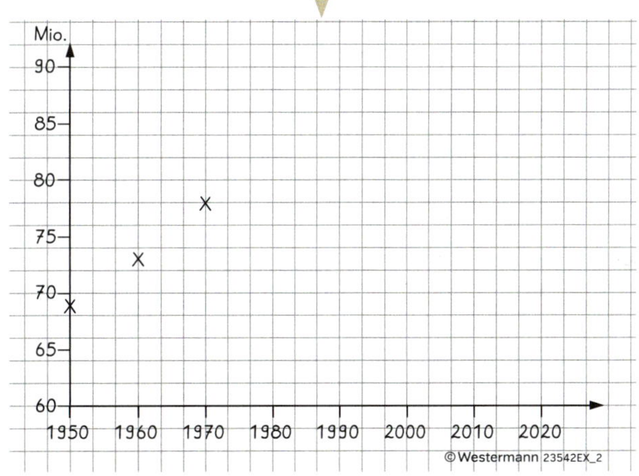

M3 *Einwohnerzahl in Deutschland (› Aufgabe 1b)*

Info

Einwohner pro km² (Quadratkilometer)
Um die **Bevölkerungsdichte** zu berechnen, teilt man die Einwohnerzahl durch die Fläche und rundet auf ganze Zahlen: Wenn in einem Gebiet 20 000 Einwohner leben und dieses Gebiet eine Fläche von 5000 km² hat, beträgt dort die Bevölkerungsdichte also 4 Einwohner pro km².
z. B.

Baden-Württemberg:	311 Einwohner pro km²
Bayern:	187 Einwohner pro km²

① Ich stehe auf dem höchsten Berg in Thüringen.
② Ich wandere auf einem Berg, der ist etwa halb so groß wie die Zugspitze.
③ Ich besuche eine Stadt, die hat die kleinste höchste Erhebung aller Bundesländer.
④ Ich stehe auf der höchsten Erhebung des nördlichsten Bundeslandes.
⑤ Ich bin auf knapp 1000 m Höhe auf der höchsten Erhebung meines Bundeslandes.
⑥ Immerhin ist unsere höchste Erhebung 4 m höher als die eines anderen Bundeslandes.

M4 *Aussagen zu den höchsten Erhebungen der Bundesländer*

Übung

Digital+
WES-121698-045

M1 *Vier Landschaften in Deutschland*

Die Großlandschaften Deutschlands

Der Begriff Landschaft bezeichnet ein Gebiet, das sich durch sein Erscheinungsbild (wie Oberflächenformen und Höhenlage) von anderen Gebieten deutlich abgrenzt.
Wer schon in Deutschland gereist ist, weiß, dass die Landschaften nicht überall gleich aussehen. Es lassen sich vier Großlandschaften in Deutschland unterscheiden (M2, M3).

Küste und Tiefland

Die **Küsten** von Nordsee und Ostsee und das Norddeutsche **Tiefland** bilden eine flache bis leicht wellige Landschaft. Sie umfasst Höhen zwischen 0 m und 200 m.

Mittelgebirge

In dieser Landschaft finden sich hügelige, zumeist bewaldete Berghänge, die sich mit Flusstälern abwechseln. Die Großlandschaft wird nicht von einem, sondern von vielen einzelnen **Mittelgebirgen** gebildet. Sie reichen von 200 m bis zu 1500 m hoch.

Alpenvorland

Südlich des Flusses Donau steigt die Landschaft sanft an und erreicht Höhen von 300 m bis 800 m. In diesem flachen bis hügeligen Vorland der Alpen gibt es nur geringe Höhenunterschiede und viele Seen.

Hochgebirge

Ganz im Süden befindet sich das **Hochgebirge** der Alpen, das innerhalb der Grenzen Deutschlands auf fast 3000 m Höhe ansteigt. Typisch sind schroffe Felswände, steile Berge und tief eingeschnittene Täler.

1. Beschreibe die Bilder in M1 und ordne sie den Großlandschaften zu (Übung).
2. Erstelle eine Tabelle zu den Großlandschaften.

Großlandschaft	Lage	Höhenangabe	Eigenschaften

3. Ein Flugzeug fliegt von Kiel zur Zugspitze (M2, M3). Arbeite die Länge der Flugstrecke und die Länge der Streckenabschnitte der überflogenen Großlandschaften heraus (›S. 38/39).
4. Der Ausspruch „Ich fahre hoch an die Nordsee!" ist irreführend. Begründe.
5. Du planst mit deiner Familie eine Radtour im Sommer quer durch Deutschland von Aachen nach Görlitz.
   a) Erstelle mit einem digitalen Routenplaner (z. B. OpenStreetMap ›S. 28) deine Fahrradtour und nenne die Tourlänge.
   b) Vergleiche die vorgeschlagene Route mit der in der Karte M2 eingezeichneten Strecke.

Kapitelaufgabe: Bezeichne die Großlandschaften, in der die Wohnorte der Kinder liegen und ergänze, wenn möglich, weitere Informationen in der Tabelle (›S. 34/35).

M2 *Physische Karte Deutschlands mit den Großlandschaften*

Übung

Erstaunlich!

Wusstest du...

... dass ein Passagierflugzeug für die Strecke von Kiel bis zur Zugspitze (M2) mit sehr hoher Geschwindigkeit nur eine Stunde benötigt?

... dass ein guter Wanderer aber für die gleiche Strecke ungefähr drei Wochen brauchen würde?

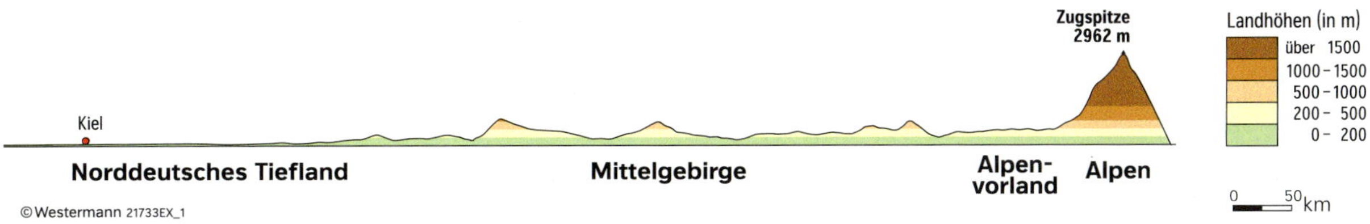

M3 *Profil der Strecke Kiel – Zugspitze* (› S. 88/89)

Wir erkunden Deutschland

M1 *Deutschlands Nachbarstaaten: stumme Karte und Merkbild* Übung

METHODE

Wie fertige ich eigene Karten- und Lageskizzen an?

Schließe deine Augen und stelle Dir eine **Karte** von Deutschland vor. Vielleicht hast du die Umrisse im Kopf. In einigen Teilen Deutschlands kennst du dich schon gut aus, andere sind noch lückenhaft. Auf dieser Doppelseite erfährst du, wie du deine Karte im Kopf Schritt für Schritt verbesserst: Ziel ist es, Deutschland mit den Großlandschaften, den wichtigsten Städten, Flüssen, Gebirgen und allen Nachbarstaaten aus dem Kopf heraus skizzieren zu können. Solche Kartenskizzen helfen dir, dich schnell zu orientieren. Weitere Hilfsmittel hierzu sind Lageskizzen, Merkbilder und Merksätze.

Kartenskizzen

Kartenskizzen sind stark vereinfachte Karten, die du selbst anfertigen kannst (M3). Dabei werden nur die Gegebenheiten aufgenommen, die du dir merken möchtest. Die Lagebeziehungen bleiben erhalten. Gerade Linien und Farben erhöhen die Merkleistung.

Lageskizzen

Eine Lageskizze hilft, die Lage eines Ortes besonders gut zu veranschaulichen. Sie zeigt den Ort und alle wichtigen Gegebenheiten wie Flüsse, Städte, Gebirge, Großlandschaften und Grenzen in der Nähe des Ortes. Wie bei der Kartenskizze kommt es darauf an, die Lagebeziehungen zueinander richtig darzustellen. Der Verlauf der Grenze, der Flüsse und die Umrisse der Gebirge dürfen dabei stark vereinfacht dargestellt werden (M5).

Merkbilder und Merksätze

Durch Merkbilder werden die zu merkenden Gegebenheiten so veranschaulicht und angeordnet, dass man sich diese besser einprägen kann (M1, M2). Merksätze fassen beispielsweise den Verlauf von Flüssen in Worten kurz zusammen (M4).

---

❶ Das Merkbild M1 hilft dir die Nachbarstaaten Deutschlands zu lernen. Überprüfe dein Wissen mit der stummen Karte in M1 (Übung).

❷ a) Erstelle weitere Merksätze zu den Flüssen Main, Weser, Saale, Spree, Ems, Neckar und Havel (M4).
b) Erstelle ein Merkbild zu Deutschlands wichtigen Gebirgen.

❸ a) Differenziert: Erstelle mithilfe des Arbeitsblattes und der Schritt-für-Schritt-Anleitung eine vollständige Kartenskizze von Deutschland.
b) Hast du dir alles gemerkt? Überprüfe dein Wissen, indem du eine Kartenskizze von Deutschland ohne Hilfe zeichnest.

❹ Erstelle eine Lageskizze zu München und deinem Schulort.

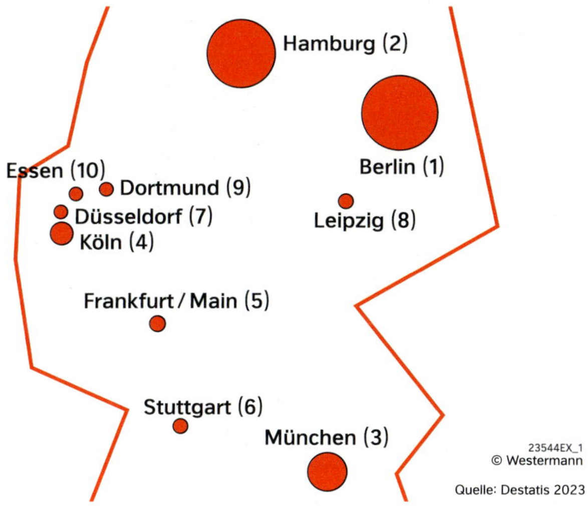

M2 *Deutschlands Städte im Merkbild*

Schritt für Schritt:
Wir zeichnen eine Deutschlandkarte

1. Schritt:
Beginne mit dem Umriss. Denke daran: Gerade Linien erleichtern die Arbeit.

2. Schritt:
Ergänze zunächst Flüsse und Großlandschaften. Nutze Farben dabei gezielt und sinnvoll.

3. Schritt:
Vervollständige Städte, Gebirge und Nachbarstaaten.

4. Schritt:
Lege eine Legende an.

5. Schritt:
Gib deiner Karte eine Überschrift.

M3 *Teil einer Kartenskizze von Deutschland*

Merksätze zu einigen Flüssen

- Der Rhein fließt von Süden nach Norden an Köln vorbei in die Niederlande.
- Die Elbe fließt bei Hamburg in die Nordsee.
- Die Donau fließt von Westen nach Osten nach Österreich.

M4 *Eigene Merksätze sind praktisch.*

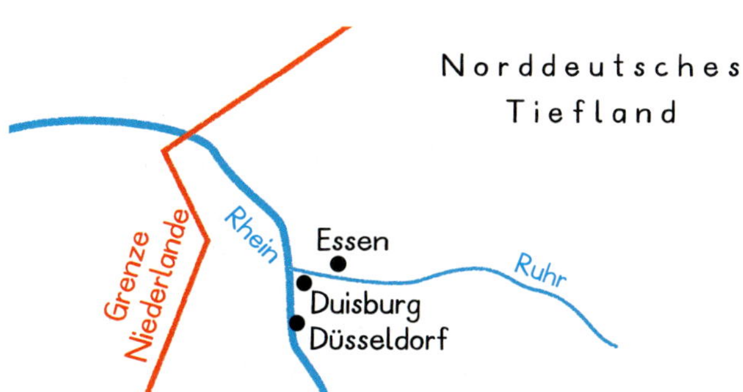

M5 *Lageskizze von Duisburg*

Digital+
WES-121698-049

M1 *Das Wetter kann sich schnell ändern*

Wetter – unser ständiger Begleiter

Das **Wetter** beeinflusst unser Leben jeden Tag. Das beginnt damit, jeden Morgen zu entscheiden, was man anziehen soll: Braucht man vielleicht Handschuhe oder eine Regenjacke?
Man spricht vom Wetter, wenn es regnet oder hagelt, es schneit oder ein Gewitter aufzieht, wenn es windig ist oder die Sonne scheint. Das Wetter setzt sich also aus verschiedenen Bausteinen, den Wetterelementen, zusammen (M2).

Temperatur

So wie jedes Auto Kraftstoff benötigt, so braucht auch das Wetter eine Energiequelle. Diese Energie liefert die Sonne. Ihre Strahlen erwärmen Land und Wasser, die Wärme an die Luft abgeben und so deren **Temperatur** erhöhen (M5).

Niederschlag

Wir befürchten, durch Regentropfen nass zu werden. Regen ist jedoch nur eine Form von **Niederschlag**. Feuchtigkeit der Luft kann in verschiedenen Formen zur Erdoberfläche gelangen: Regen, Hagel, Schnee, Nebel, Tau und Raureif (M3).
Ein Teil des Niederschlags wird durch Flüsse oder das Grundwasser ins Meer geleitet. Ein anderer Teil wird von der Luft wieder aufgenommen (Verdunstung) und in Form von Gas transportiert.

Luftfeuchte und Bewölkung

Mit der warmen Luft steigen die Wasserteilchen nach oben. Verdunstetes Wasser ist zunächst unsichtbar. In der Höhe kühlt die Luft ab. Da kalte Luft nicht so viel Wasser aufnehmen kann, nimmt die Luftfeuchte zu. Es bilden sich kleine sichtbare Wassertröpfchen. Dieser Vorgang heißt Kondensation. Es entsteht Nebel, der in der Höhe Wolke oder **Bewölkung** genannt wird (M3, Versuch 1).

Luftdruck

Luft ist zwar ein unsichtbares Gas, hat aber ein Gewicht. Auf jedem Punkt der Erde lastet eine riesige Luftsäule, die Druck ausübt (Versuch 2). Dieser Luftdruck ist jedoch nicht überall gleich groß. Erwärmt sich die Luft, steigt sie nach oben und der Luftdruck an der Erdoberfläche verringert sich. Wenn kalte Luft aber nach unten sinkt, entsteht dort hoher Luftdruck.
Hoher Luftdruck ist zumeist mit wolkenlosem Himmel verbunden. Tiefer Druck lässt hingegen oft Wolken entstehen. Häufig regnet es.

Wind

Durch unterschiedliche Erwärmung der Erdoberfläche entstehen Luftdruckunterschiede, die sich ausgleichen. Dabei strömt Luft von einem Gebiet mit hohem Luftdruck zu einem Gebiet mit niedrigem Luftdruck. Diese Luftbewegung nehmen wir als **Wind** wahr (M4). Er weht umso stärker, je größer der Luftdruckunterschied ist (M6).
Winde werden nach den **Himmelsrichtungen**, aus denen sie kommen, benannt. In Deutschland herrschen Westwinde vor.

1. Beschreibe mithilfe der Wetterelemente (M2)
   a) das Wetter in M1.
   b) das Wetter heute an deinem Schulort.
2. Ordne die Zeichnungen in M3 den passenden Niederschlagsarten zu (Text, Übung).
3. Überprüfe die Aussage: „Die Straße in M7 führt nach Norden."
4. Differenziert: Die Wetterelemente bzw. Wetterbausteine hängen eng miteinander zusammen. Stelle solche Zusammenhänge dar, indem du das Arbeitsblatt bearbeitest.

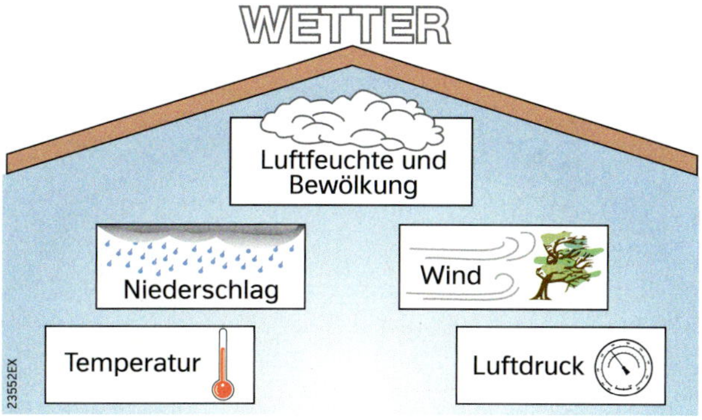

M2 *Wetterelemente – die Bausteine des Wetters*

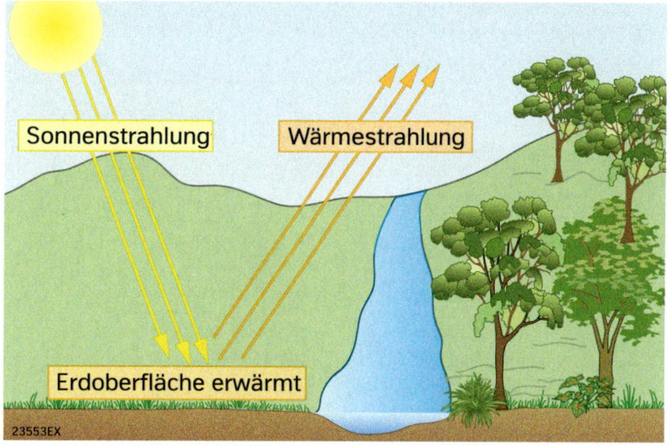

M5 *Erwärmung der Luft*

M3 *Niederschlagsarten*

Übung

Versuch 1

**Versuch zur Wolkenbildung:
Wolke in der Flasche**

Material:
Plastikflasche, Streichholz, Wasser

Durchführung:
- Fülle ca. 2 cm Wasser in die Flasche.
- Zünde das Streichholz an, puste es dann so aus, dass möglichst viel Rauch in die Flasche gelangt.
- Schließe die Flasche und schüttle sie.
- Erzeuge in der Flasche einen hohen Druck, indem du sie zusammendrückst.
- Löse den Druck der Hände nun schlagartig.

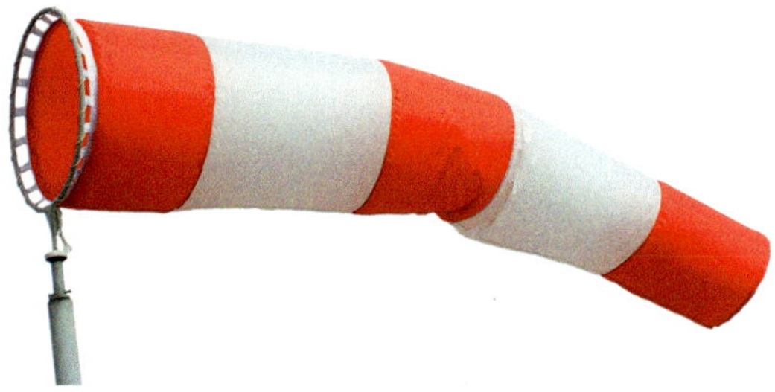

M4 *Windsack*

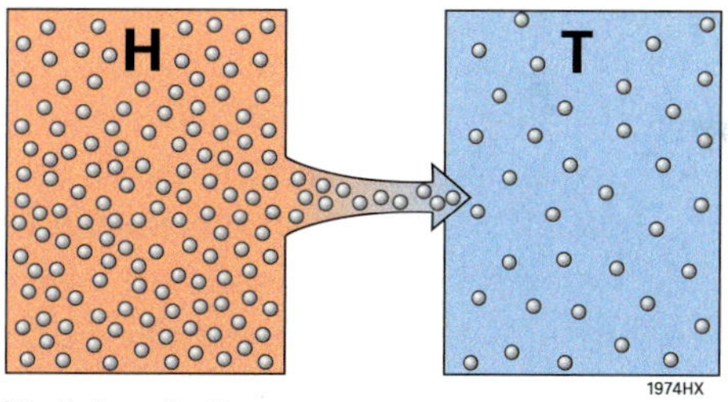

M6 *Luftteilchen in Bewegung*

Versuch 2

**Versuch zum Luftdruck:
Zeitung unter Druck**

Material:
Zeitung, dünnes Holzstöckchen

Durchführung:
- Lege das Stöckchen so auf einen Tisch, dass ein Stück davon übersteht.
- Lege eine Zeitung so über den Teil, der auf dem Tisch liegt, dass sie richtig glatt ist und sich keine Luft mehr zwischen Zeitung und Stöckchen befindet.
- Schlage mit Kraft auf den überstehenden Holzstock.

M7 *Verformte Bäume in Deutschland*

M1 *Dominik und Delia wollen ein Wettertagebuch anlegen. Sie messen die Niederschlagsmenge.* Film

Wie messe und dokumentiere ich das Wetter?

Das **Wetter** verändert sich ständig: Regen, Sonne, Wind, Bewölkung, hohe und niedrige Temperaturen wechseln sich ab. Das Wetter kann aber auch über mehrere Tage oder Wochen hinweg gleich bleiben. Die Klasse 5a interessiert sich dafür. Daher misst sie fünf Tage lang die Wetterelemente **Temperatur** und **Niederschlag**, um ein Wettertagebuch zu erstellen.

Messung der Temperatur

Dreimal am Tag misst die Klasse 5a die Temperatur mit einem Thermometer (M2). Die Klasse achtet darauf, dass sich das Thermometer im Schatten befindet und nicht zu nah am Boden oder an der Wand befestigt wird. Ansonsten würden die Messergebnisse von der Wärme der Sonne, der Wand oder des Bodens beeinflusst werden. Wenn die Schülerinnen und Schüler alle Werte gemessen haben, berechnen sie die Tagesdurchschnittstemperatur nach einem vorgegebenen Schema (Schritt für Schritt) und notieren diese.

Messung des Niederschlages

Den Regenmesser stellt die 5a an einen ungeschützten Ort auf. Mithilfe der Skala am Messbecher kann die Klasse die Wasserhöhe am Ende des Tages ablesen. Der Regenmesser wird geleert und die Wasserhöhe in Millimetern (mm) notiert.

Wettertagebuch

Um die Messergebnisse gut zu veranschaulichen, fertigen die Schülerinnen und Schüler Einzeldiagramme an. Die Tagesniederschläge werden dabei als Säulendiagramm und die Tagesdurchschnittstemperaturen als Liniendiagramm dargestellt (M5, ›S. 44/45). Zur Vereinfachung werden beide Diagramme zu einem einzigen Wetterdiagramm zusammengefasst (M6). Wie bei einer richtigen Meteorologin (M3) kann nun der Wetterverlauf der letzten Tage ausgewertet werden: Am ersten Tag der Messung wurde mit 20 °C die höchste Temperatur gemessen. Am nächsten Tag fiel 10 mm Niederschlag und gleichzeitig sank die Temperatur deutlich. In den nächsten Tagen stieg die Temperatur leicht an und der Niederschlag ließ nach.

---

❶ Delia und Dominik haben für ihr Wettertagebuch an einem Tag folgende Werte gemessen:
8 °C (7.00 Uhr), 14 °C (14.00 Uhr) und 11 °C (21.00 Uhr)
Arbeite die Tagesdurchschnittstemperatur heraus (Schritt für Schritt).

❷ Erkläre, was bei der Messung der Temperatur und der Niederschlagsmenge beachtet werden muss.

❸ Beschreibe die Messung aller Wetterbausteine (M1, Film).

❹ Werde Meteorologin oder Meteorologe:
a) Miss für einige Tage an deinem Schulort die Wetterelemente Temperatur und Niederschlag und erstelle mit diesen Werten ein eigenes Wettertagebuch. Nutze hierfür die Kopiervorlage.
b) Beschreibe anhand deines Wettertagebuches das Wetter der letzten Tage.

N W O S

M2 *Messergebnisse der Klasse 5a*

Schritt für Schritt: Wir bestimmen die Tagesdurchschnittstemperatur

Vorgehensweise	Beispiel
1. Miss an einem Tag mit dem Thermometer im Schatten die Temperatur um 7.00 Uhr, um 14.00 Uhr und um 21.00 Uhr.	7.00 Uhr: 16 °C 14.00 Uhr: 24 °C 21.00 Uhr: 20 °C
2. Um Messungen in der Nacht zu vermeiden, zählt man die Temperatur um 21.00 Uhr doppelt. Addiere alle vier Temperaturen.	16 + 24 + 20 + 20 80
3. Bestimme den Durchschnittswert, indem du die Summe durch 4 dividierst.	80 : 4 = 20 Der Durchschnittswert beträgt 20 °C

„Ich heiße Maria und bin Meteorologin. Es gibt Menschen, die mich für das Wetter verantwortlich machen. Das ist Blödsinn. Ich mache das Wetter nicht, sondern beobachte und erforsche es. Meine Hauptaufgabe besteht darin, das Wetter vorherzusagen. Das ist wie ein großes Puzzle, bei dem ich viele Informationen sammle. Dazu gehören Daten von Wetterstationen auf der ganzen Welt, Satellitenaufnahmen und Computermodelle. Mit all diesen Informationen kann ich dann vorhersagen, ob es morgen sonnig wird oder ob es regnen wird. Meteorologen wie ich helfen auch dabei, die Auswirkungen des Wetters besser zu verstehen. Wir warnen die Menschen vor gefährlichen Wetterbedingungen wie Stürmen oder Überschwemmungen, damit sie sich darauf vorbereiten können. Insgesamt ist meine Arbeit also sehr spannend und hat eine große Bedeutung."

M3 *Bericht von der Arbeit einer Meteorologin*

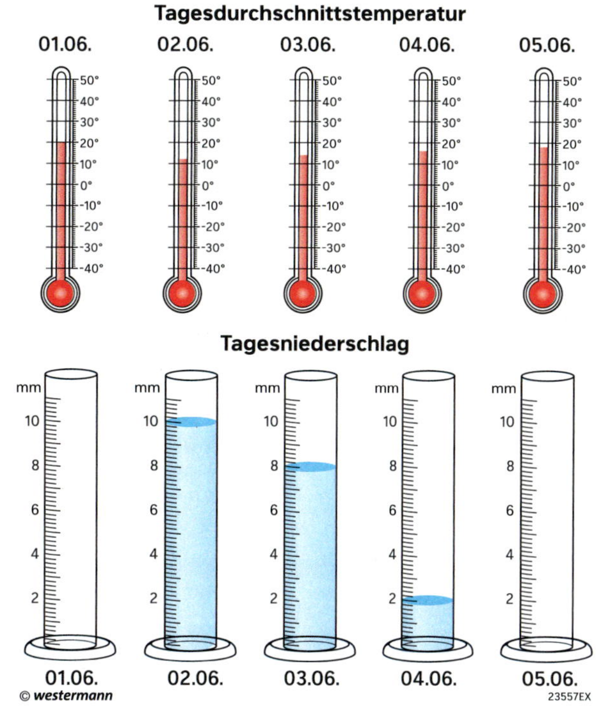

M4 *Wettertagebuch der Klasse 5a*

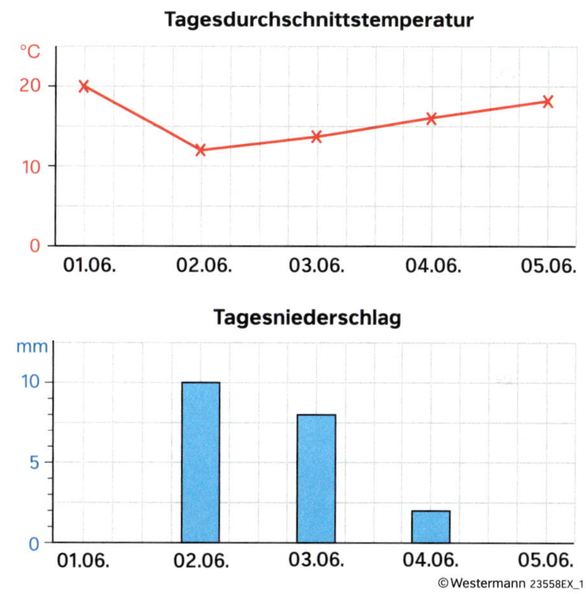

M5 *Einzeldiagramme der Messergebnisse*

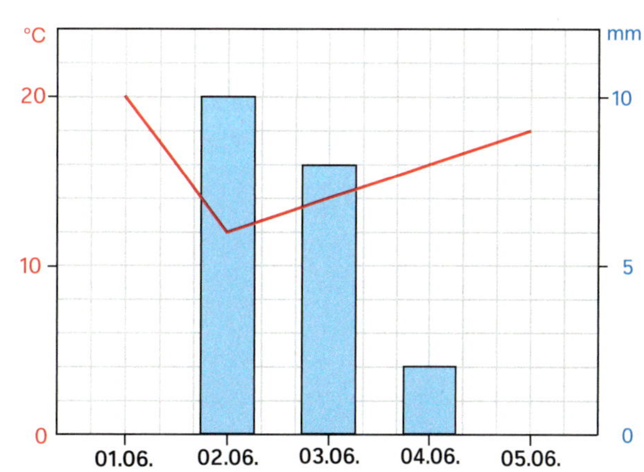

M6 *Wetterdiagramm der Messergebnisse*

Digital+
WES-121698-053

METHODE

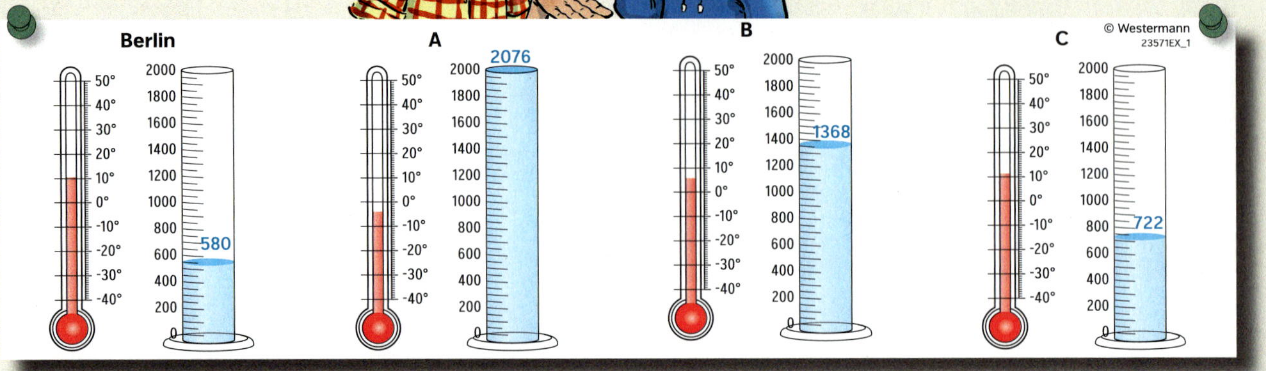

M1 *Messergebnisse von vier Stationen in Deutschland*

Vom Wetter zum Klima

Wetter und **Klima** haben dieselbe Grundlage: das Zusammenwirken der Wetterelemente (›S. 50/51). Das Wetter beschreibt den aktuellen Zustand, zum Beispiel von Temperatur und Niederschlag. Das Klima beschreibt dagegen den durchschnittlichen Zustand der Wetterelemente über einen langen Zeitraum.

Jahresgesamtniederschlag

Addiert man alle Tagesniederschläge eines Jahres, erhält man den Jahresgesamtniederschlag eines bestimmten Jahres. In manchen Jahren fällt etwas mehr Niederschlag, in anderen etwas weniger. Misst man mindestens 30 Jahre und ermittelt den Durchschnitt, so erhält man den Wert für das Klima. Berlin hat beispielsweise einen Jahresgesamtniederschlag von 580 mm (›S. 57 M6).

Jahresdurchschnittstemperatur

Addiert man alle Tagesdurchschnittstemperaturen eines Monats (›S. 53) und dividiert sie durch die Anzahl der Tage, so erhält man die Monatsdurchschnittstemperatur. Addiert man nun alle Monatsdurchschnittstemperaturen eines Jahres und dividiert durch 12, so erhält man schließlich die Jahresdurchschnittstemperatur eines bestimmten Jahres. In manchen Jahren ist es etwas wärmer, in anderen etwas kälter. Misst man mindestens 30 Jahre und ermittelt den Durchschnitt, so erhält man den Wert für das Klima. Berlin hat beispielsweise eine Jahresdurchschnittstemperatur von 10,7 °C. Liegen die Klimawerte verschiedener Stationen vor, so können sie miteinander verglichen werden. Klimawerte sagen jedoch nichts über das aktuelle Wetter aus.

1. Ordne die Aussagen der Kinder in M3 den Begriffen Wetter und Klima zu. Begründe deine Zuordnung (Übung).
2. Erkläre anhand der von dir gemessenen Daten aus deinem Wettertagebuch (›S. 52 Aufgabe 4) sowie der Messergebnisse M1 die Unterschiede zwischen Wetter und Klima.
3. Vergleiche die Arbeit einer Meteorologin (›S. 53 M3) mit der eines Klimaforschers (Exkurs).
4. a) Vervollständige die Tabelle für alle in M2 rot markierten Klimastationen. Ergänze, wenn möglich, den passenden Buchstaben aus M1.

Station	Höhe (m ü. M.)	Jahresdurchschnittstemperatur (°C)	Jahresgesamtniederschlag (mm)
Berlin			

b) Beschreibe Zusammenhänge zwischen der Höhenlage einer Station und dem Klima. Arbeite hier mit einer physischen Karte von Deutschland (Atlas, ›S. 210).

c) Begründe die Zusammenhänge (Modell).

M2 *Deutschland: Jahresdurchschnittstemperatur (links) und Jahresgesamtniederschlag (rechts)*

Safia:
„Die Vorhersage für meine Stadt Berlin sagt für die nächsten Tage Regen voraus."

Thies:
„Bei uns an der Nordsee sind die Winter häufig mild und feucht und die Sommer kühl und verregnet."

Sonja:
„Bei uns im Harz fällt im Jahr mehr Niederschlag als bei Safia in Berlin."

Franzi:
„In den Alpen fällt bereits ab November der Niederschlag in der Regel als Schnee."

Thomas:
„In Hamburg ist es heute für die Jahreszeit richtig heiß."

M3 *Aussagen zu Wetter und Klima*

Übung

Modell

Steigungsregen

Trifft der Wind auf ein Gebirge, muss die Luftmasse aufsteigen. Mit zunehmender Höhe nimmt die Temperatur der Luft ab. Kältere Luft kann aber den Wasserdampf weniger gut speichern als wärmere Luft (›S. 50). Der Wasserdampf kondensiert daher am Berghang, es bilden sich Wolken. Werden die Tröpfchen zu schwer, fallen sie als Regen oder Schnee zu Boden. Diese Art des Niederschlags nennt man **Steigungsregen**.

Exkurs

Was macht ein Klimaforscher?

Herr Mojib Latif ist Klimaforscher an der Universität in Kiel. Er berechnet mit seinen Kollegen aus unzähligen Wetterdaten über lange Zeiträume Klimadaten für viele Orte dieser Welt. Die Daten wertet er aus und prüft, ob sich das Klima langfristig verändert. Bei verschiedenen deutschen Fernsehsendern ist Professor Latif ein häufiger Studiogast als Experte zum Thema Klimaveränderungen.

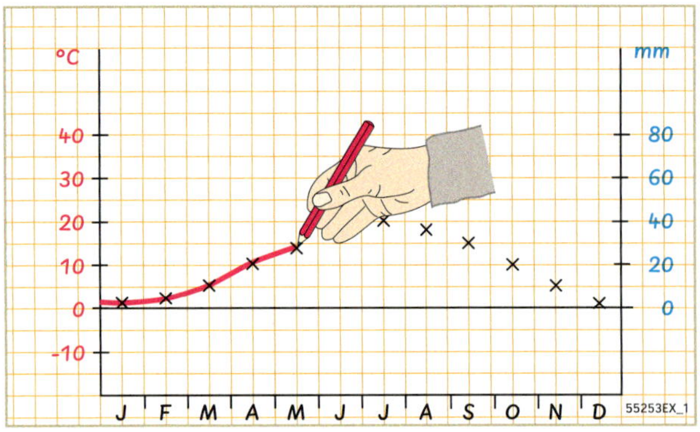

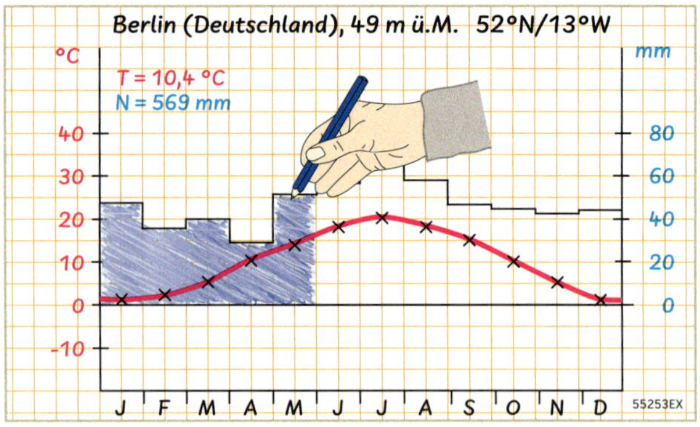

M1 *Zeichne die Temperatur- und Niederschlagskurve für Berlin* Animation

Wie zeichne ich Klimadiagramme?

Klimatabellen

Die Jahresdurchschnittstemperatur und der Jahresgesamtniederschlag eines Ortes werden in Klimatabellen aufgezeichnet. Die Tabelle beinhaltet zusätzlich auch die Klimawerte jedes einzelnen Monats (Monatsdurchschnittstemperatur und mittlerer Monatsniederschlag). So kann mit einer Klimatabelle auch der typische Jahresverlauf der **Temperatur** und des **Niederschlags** beschrieben werden (M2).

Klimadiagramme

Anschaulicher als eine Klimatabelle ist ein **Klimadiagramm**. Es setzt sich aus einer roten Temperaturkurve und blauen Niederschlagssäulen zusammen (M3).

Die Temperaturen werden dabei auf der linken Achse, die Niederschläge auf der rechten Achse abgelesen. Die Niederschlagswerte rechts sind dabei immer doppelt so hoch wie die Temperaturwerte links: 10 °C (Temperatur) links steht also auf gleicher Höhe wie 20 mm (Niederschlag) rechts.

Mithilfe eines Klimadiagramms ist es leicht, das Klima eines Ortes zu beschreiben. Dabei bietet sich folgende Reihenfolge an:
- wärmster und kältester Monat,
- Differenz zwischen diesen Monaten,
- Zeiträume mit höherem und Zeiträume mit geringerem Niederschlag,
- Jahresgesamtniederschlag und Jahresdurchschnittstemperatur.

METHODE

Schritt für Schritt: Wir zeichnen ein Klimadiagramm

1. Zeichne eine 12 cm lange Strecke mit den Anfangsbuchstaben der Monate.
2. Zeichne links eine senkrechte Strecke für die Temperaturen. Unterteile sie in gleichmäßige Abstände von 1 cm. Schreibe an die Teilungsstriche die Temperaturwerte. Beachte, ob es Temperaturen unter 0 °C gibt.
3. Zeichne rechts eine senkrechte Strecke für die Niederschläge. Unterteile sie in gleichmäßige Abstände von 1 cm. Schreibe an die Teilungsstriche die Niederschlagswerte.
4. Verbinde die Nullwerte mit einer Strecke.
5. Markiere die Monatsdurchschnittstemperaturen in der Mitte des jeweiligen Monats mit einem Kreuz.
6. Verbinde die Kreuze zu einer roten Kurve.
7. Markiere mit einem Strich die Höhe der Niederschlagsmenge in jedem Monat. Zeichne Niederschlagssäulen und färbe sie schwach blau.
8. Notiere über deinem Klimadiagramm den Namen des Ortes, die Höhenlage, die Jahresdurchschnittstemperatur und den Jahresgesamtniederschlag.

❶ Beschreibe die Bestandteile der Klimatabelle von Sylt (M4) und des Klimadiagramms von Sylt (›S. 59 M3).

❷ a) Die Klimatabelle von Hamburg (M5) ist lückenhaft! Arbeite die fehlende Werte rechnerisch heraus.
b) Erstelle ein Klimadiagramm von Hamburg (Schritt für Schritt, M5).
c) Erstelle mit dem Klimagraph ein Klimadiagramm von Berlin (M6, ›S. 199).

❸ a) Erstelle anhand der Klimatabelle ein Klimadiagramm von der Zugspitze (Schritt für Schritt, M7).
b) Beschreibe das Klima der Zugspitze
c) Vergleiche ausgehend von deinem Klimadiagramm das Klima der Zugspitze mit dem Klima von Stuttgart (M3).

❹ Erläutere Vor- und Nachteile eines Klimadiagramms gegenüber einer Klimatabelle.

Monate	Name der Station, Stuttgart (Deutschland),	Höhenlage 318 m ü. M.											
	J	F	M	A	M	J	J	A	S	O	N	D	**Jahr**
T (in °C)	2,1	3	6,6	10,7	14,6	18,1	20	19,7	15,3	10,8	5,9	2,8	**10,8**
N (in mm)	40	33	38	35	77	76	81	72	48	53	50	50	**653**

Monatsdurchschnittstemperaturen und mittlere Monatsniederschläge (T = Temperatur, N = Niederschlag)

Jahresdurchschnittstemperatur und Jahresgesamtniederschlag

M2 *Aufbau einer Klimatabelle am Beispiel von Stuttgart*

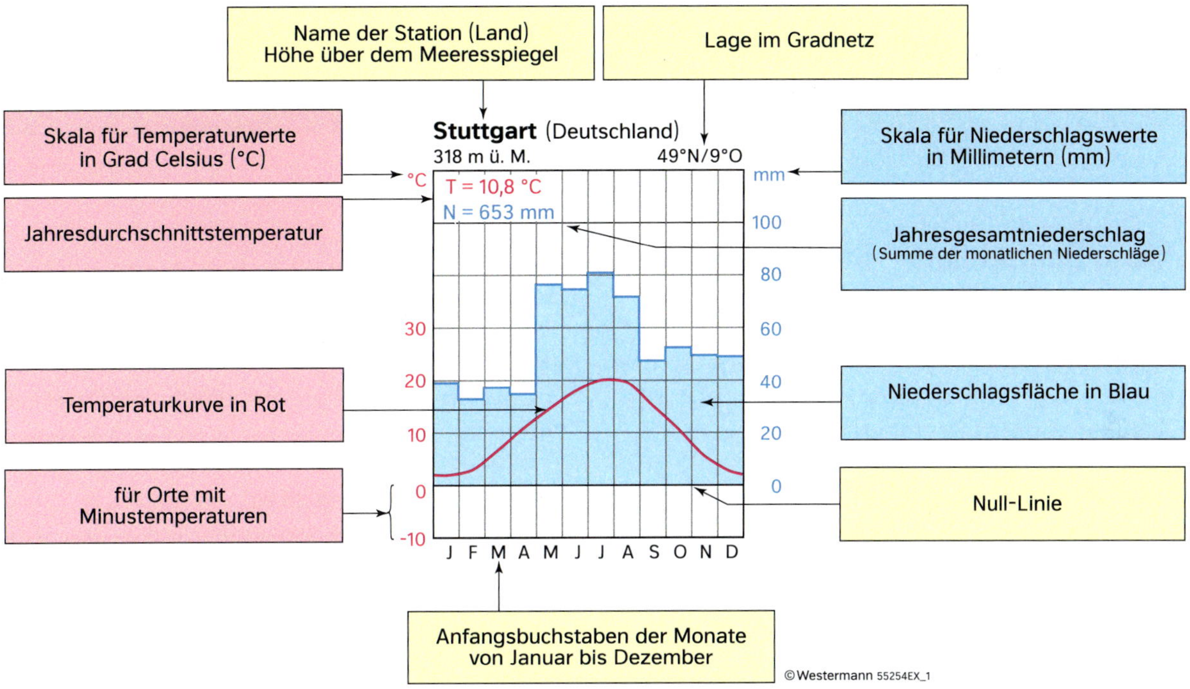

M3 *Aufbau eines Klimadiagramms am Beispiel von Stuttgart*

List/Sylt (Deutschland), 26 m ü. M.

	J	F	M	A	M	J	J	A	S	O	N	D	**Jahr**
T (in °C)	2,5	2,3	4	7,8	11,7	14,7	17,2	17,6	14,8	10,7	6,6	3,8	**9,5**
N (in mm)	50	39	38	32	36	51	59	90	78	84	73	64	**693**

M4 *Klimatabelle List/Sylt*

Hamburg (Deutschland), 14 m ü. M.

	J	F	M	A	M	J	J	A	S	O	N	D	**Jahr**
T (in °C)	2,2	2,5	5	9,2	13,2	16,3	18,5	18,2	14,5	10,2	5,8	3,1	**?**
N (in mm)	69	60	56	42	57	72	82	79	65	64	62	75	**?**

M5 *Klimatabelle Hamburg*

Berlin (Deutschland), 36 m ü. M.

	J	F	M	A	M	J	J	A	S	O	N	D	**Jahr**
T (in °C)	1,5	2,5	5,5	10,7	15,1	18,4	20,4	20	15,5	10,4	5,6	2,5	**10,7**
N (in mm)	49	37	42	30	52	60	78	55	45	43	42	47	**580**

M6 *Klimatabelle Berlin*

Klimagraph

Zugspitze (Deutschland), 2965 m ü. M.

	J	F	M	A	M	J	J	A	S	O	N	D	**Jahr**
T (in °C)	-10,3	-11,1	-9,1	-6,4	-2,4	1,4	3,2	3,6	0,4	-2,1	-6,2	-9,4	**-4,1**
N (in mm)	177	157	208	172	193	181	185	185	150	128	157	183	**2076**

M7 *Klimatabelle Zugspitze*

Digital+
WES-121698-057

M1 *Zwei Apfelbäume in Deutschland zum gleichen Zeitpunkt aufgenommen*

Klima in Deutschland – Gemeinsamkeiten und Unterschiede

Jahresdurchschnittstemperatur

In einigen Regionen Deutschlands beginnt die Apfelblüte im langfristigen Mittel schon am 21. April. In anderen Regionen beginnt sie erst einen Monat später. Die Karte M4 zeigt den Beginn der Apfelblüte in Deutschland. Die Apfelblüte setzt ein, wenn die **Temperatur** ausreichend hoch ist. Die notwendige Temperatur wird in manchen Regionen früher und in manchen erst später erreicht. Die Jahresdurchschnittstemperaturen an verscheiden Stationen unterscheiden sich also, wenn auch nur geringfügig.

Jahreszeiten

Jahreszeiten prägen das **Klima** in ganz Deutschland: Bei allen Klimastationen in Deutschland sind die Temperaturen im Sommer höher als im Winter. Die Temperaturdifferenzen zwischen Sommer und Winter können an verschiedenen Orten aber unterschiedlich sein.

Jahresgesamtniederschlag

Es gibt Stationen in den Alpen und in den Mittelgebirgen mit einem Jahresgesamtniederschlag von über 1000 mm. In anderen Regionen reicht der Wert nicht über 500 mm. Auch die Monate mit dem höchsten **Niederschlag** sind von Station zu Station verschieden.
Bei manchen Stationen fallen die Niederschläge aufgrund der geringen Jahresdurchschnittstemperatur häufiger in Form von Schnee. Bei anderen Stationen ist dies nur sehr selten der Fall.

---

1. Ordne den Aussagen der drei Kinder (M2) jeweils einen möglichen Monat im Klimadiagramm ihres Ortes zu (M3, Übung).
2. a) Beschreibe Auffälligkeiten in der Karte M4.
   b) Erkläre den regional unterschiedlichen Beginn der Apfelblüte.
3. „Ein phänologischer Kalender für Deutschland kann keine genauen Datumsangaben nennen." Erkläre diese Aussage (Info).
4. Mit der Anwendung Klimadiagramme Deutschland des LMZ Geoportals lassen sich viele Klimadiagramme anzeigen und filtern (Internetlink):
   a) Beschreibe das Klimadiagramm der Station, die deinem Schulort am nächsten liegt.
   b) Nenne alle Klimastationen mit einer Jahresdurchschnittstemperatur unter 0 °C.
   c) Nenne alle Stationen mit einem Jahresgesamtniederschlag von über 1500 mm.
   d) Erläutere Zusammenhänge zwischen der Höhenlage und dem Klima.
5. Gestalte zu deinem Schulort oder zu anderen Orten in Deutschland Plakate (z. B Sylt, Berlin, Stuttgart, Zugspitze). Die Plakate enthalten eine Lageskizze (›S. 48/49), eine Klimatabelle, ein Klimadiagramm, eine Beschreibung des Klimas und passende Bilder.

Kapitelaufgabe: Tabelle (›S. 34/35)
Wie unterscheidet sich das Klima in Deutschland? Ergänze deine Tabelle.

Wir erkunden Deutschland

Mario von der Insel Sylt

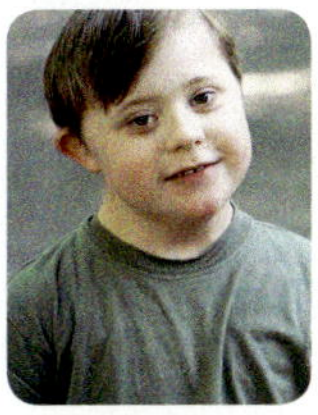

Ⓐ „Nur wenige Touristen sind auf Sylt. Schließlich ist es der kühlste Monat auf der Insel!“

Ⓑ „Die Durchschnittstemperatur ist nochmals deutlich angestiegen. Die Apfelblüte beginnt.“

Ⓒ „In diesem Monat kommen sehr viele Urlauber, obwohl durchschnittlich über 70 mm Niederschlag fallen!“

Sonja aus Braunlage/Harz

Ⓐ „Eine gute Zeit zum Schlittenfahren: In diesen Monaten liegen die Tagesdurchschnittstemperaturen unter 0 °C.“

Ⓑ „Ende diesen Monats blühen die Apfelbäume.“

Ⓒ „Die Niederschläge sind hoch. In diesen Monaten liegt der durchschnittliche Niederschlag jeweils über 100 mm.“

Amal aus Mannheim

Ⓐ „Ab diesem Monat liegt erstmals die Temperatur über dem Jahresdurchschnitt.“

Ⓑ „Es ist ja schon so weit: Ende diesen Monats beginnt bei uns die Apfelblüte.“

Ⓒ „Noch immer muss der Rasen bewässert werden: Es ist noch warm und die Niederschlagsmenge verringert sich.“

M2 *Kinder beschreiben den Jahresverlauf ihrer Heimat*

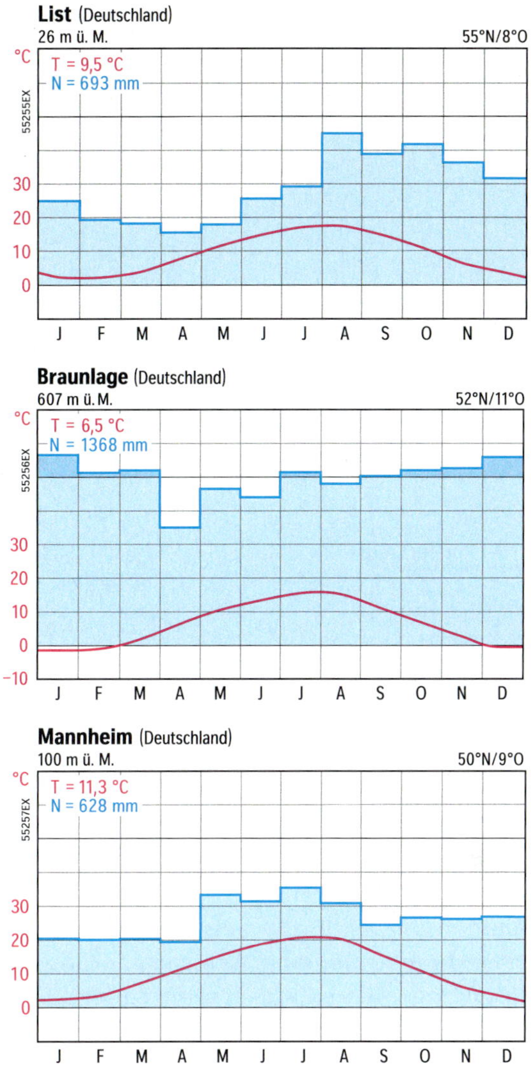

M3 *Klimadiagramme*

Übung

Info

Der phänologische Kalender und seine zehn Jahreszeiten

Vier Jahreszeiten gibt es. Das lernen Kinder schon im Vorschulalter. Der phänologische Kalender untergliedert das Jahr aber in zehn Jahreszeiten! Jede Jahreszeit richtet sich nicht nach einem festen Datum, sondern nach Beobachtungen in der Pflanzenwelt.

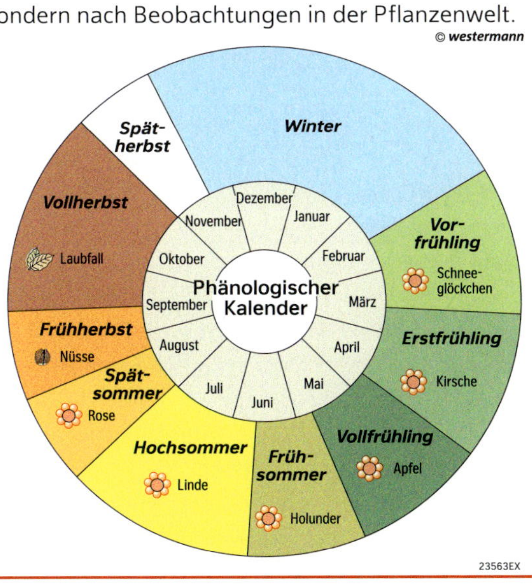

M4 *Beginn der Apfelblüte in Deutschland*

M1 *Wattwanderung zum Leuchtturm Westerheversand*

An der Nordseeküste

Vielleicht warst auch Du schon mal an der Nordseeküste und hast dort am Strand die Sommerferien verbracht, bei einer Wattwanderung den schlammigen Meeresboden untersucht (›S. 34) und dich über Ebbe und Flut gewundert (M2)?
Die Nordseeküste ist vor allem durch die Gezeiten (auch Tiden genannt), also diesen Wechsel von Ebbe und Flut, geprägt. Unter anderem die Anziehungskraft des **Mondes** führt nämlich dazu, dass sich das Wasser zweimal am Tag zurückzieht und zweimal wiederkehrt.
Den höchsten Wasserstand nennt man Hochwasser, den niedrigsten Niedrigwasser. Das Ablaufen des Wassers dauert etwas mehr als sechs Stunden und wird Ebbe genannt, das anschließende Ansteigen des Wassers heißt Flut. Den durchschnittlichen Unterschied zwischen Hoch- und Niedrigwasser nennt man Tidenhub. Er beträgt an der Nordsee bis zu vier Meter (M6). Während der Phase des Niedrigwassers ist der trockengefallene Meeresboden, das **Watt**, zu sehen (M1). In vielen tiefen Strömen, den sogenannten Prielen, fließt das Wasser bei Ebbe ab (M4).
Das Wattenmeer der Nordsee, zu dem auch Teile der niederländischen und dänischen **Küste** gehören, ist das größte Wattenmeer der Welt.
Jedes Jahr nutzen viele Menschen vor allem im Sommer die Nordseeregion und die Nordseeküste als Urlaubsziel: Neben großen **Städten** wie Hamburg und Bremen gibt es dort zahlreiche **Inseln** wie Sylt, Helgoland, Amrum oder die Hallig Hooge und den Nationalpark Wattenmeer. Hier wird die Natur besonders geschützt, um die einmalige Landschaft zu erhalten.

---

1. a) Erläutere die Entstehung von Ebbe und Flut anhand von M2 (Film) und M8.
   b) Arbeite den Zeitunterschied zwischen Hoch- und Niedrigwasser rechnerisch heraus (M3).
   c) Es ist Sonntag, der 6., um 16.00 Uhr. Meike will in der Nordsee schwimmen gehen. Überprüfe mithilfe von M3 und M6, ob dies ungefährlich und somit eine gute Badezeit ist.
2. a) Gestalte die E-Mail an Niklas (M5), indem du die begonnene E-Mail fortsetzt.
   b) Benenne im digitalen Lückentext (M5, Übung) die fehlenden Lücken mit den passenden Fachbegriffen. Die Infos dazu findest du auf dieser Doppelseite. Du kannst dazu auch den Filmausschnitt (M2, Film) nutzen.
3. Erkläre mithilfe von M7 die unterschiedlichen Höhen des Tidenhubs in der Nordsee.
4. Differenziert: Stelle die Grundlagen und Gefahren der Gezeiten mithilfe des Arbeitblattes dar.

M2 *Der Hafen von Husum bei Hochwasser...*

... und bei Niedrigwasser Film

Tag	Uhrzeit			
	Hochwasser		**Niedrigwasser**	
5. Sa.	03:20	15:20	09:24	22:07
6. So.	04:05	16:08	10:08	22:53
7. Mo.	04:51	16:59	10:57	23:41
8. Di.	05:42	17:58	11:54	–

M3 *Auszug aus dem Tidenkalender*

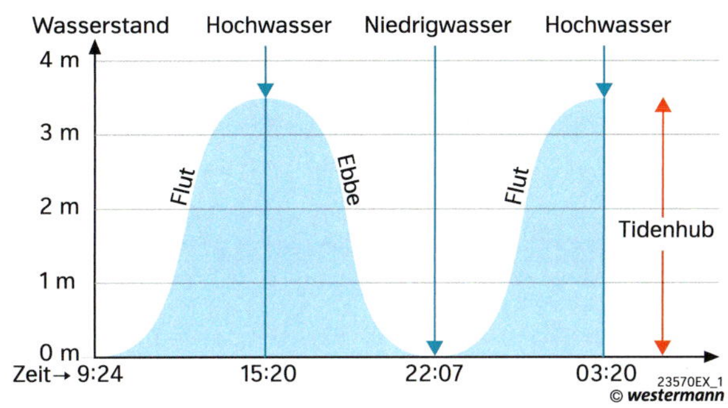

M6 *Gezeitenkurve*

M4 *Priel*

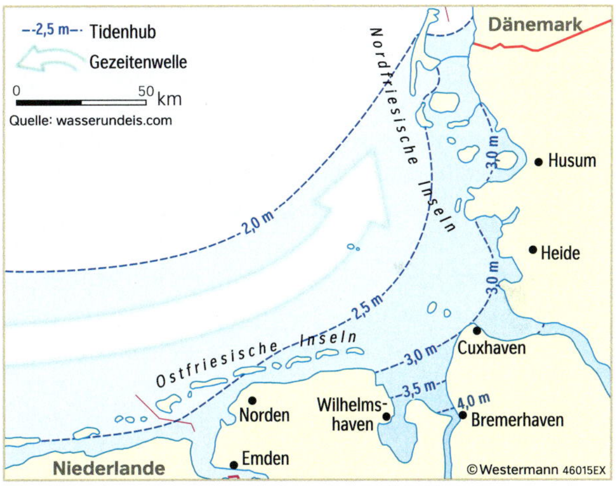

M7 *Unterschiedlicher Tidenhub in der Nordsee*

Hey Niklas,
wir sind gestern in Norderney eingetroffen. Es ist richtig schönes Wetter hier!

Heute Morgen sind wir sofort mit unseren Badesachen zum Strand gegangen. Doch als wir dort eintrafen, waren wir erst einmal total traurig. Leider war von dem Meer nichts zu sehen, nur grauer Meeresboden. An Baden war da nicht zu denken. Erst nach ein paar Stunden kam dann das Wasser wieder und wir hatten doch noch viel Spaß beim Baden in den Wellen.

Morgen werden wir erst später zum Strand aufbrechen, denn ...

M5 *E-Mail aus dem Urlaub* Übung

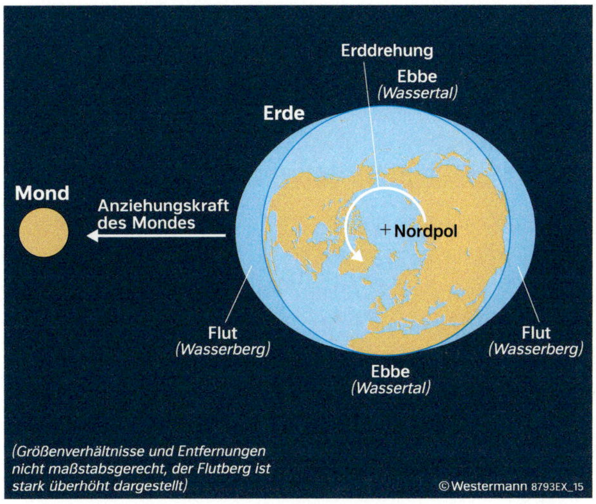

M8 *Entstehung von Ebbe und Flut (Aufsicht)*

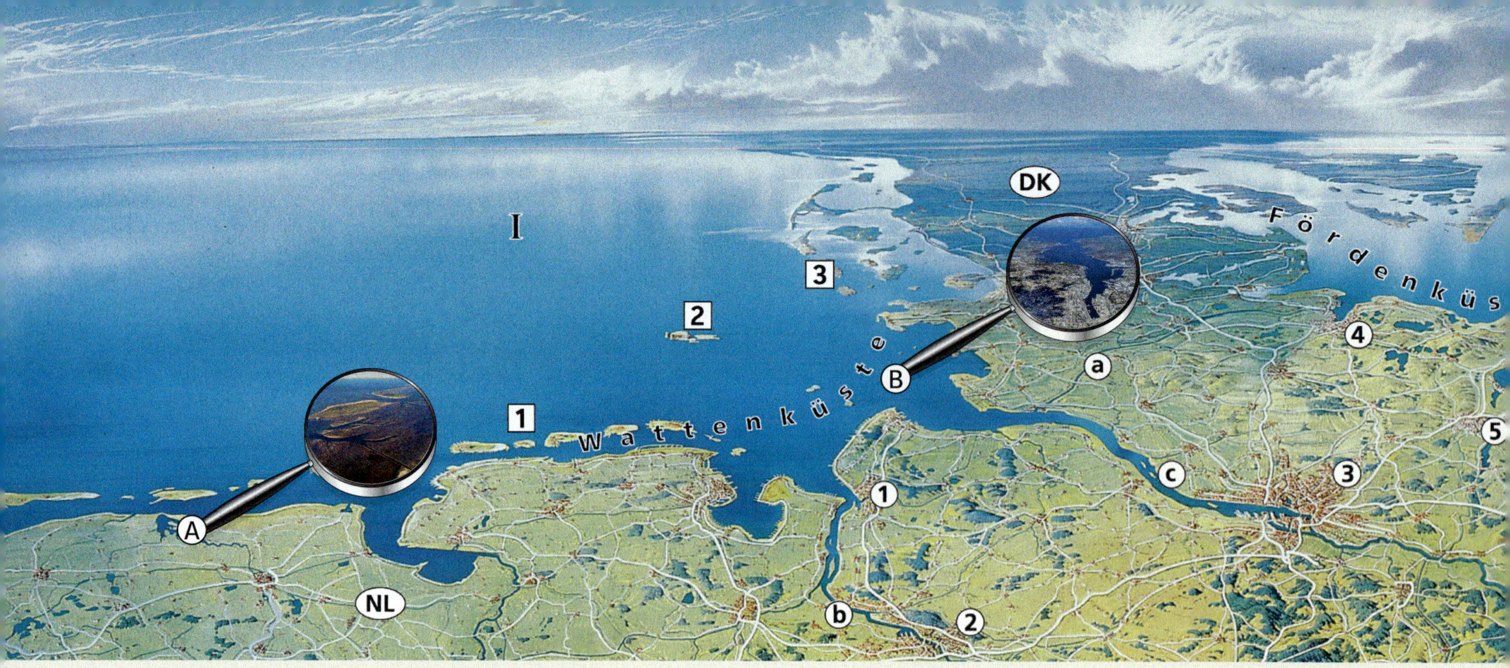

M1 *Die deutschen Küstenlandschaften*

Die deutsche Küstenlandschaft

Neben der Nordseeküste (›S. 60/61) stellt auch die Ostseeküste ein beliebtes Urlaubsziel dar. Die deutschen Küstenlandschaften werden hinsichtlich ihres Erscheinungsbildes in **Steilküsten** und **Flachküsten** (M3) unterteilt.

Da die Küstenformen ganz unterschiedlich entstanden sind, kann man sie folgendermaßen einteilen:

1. Die Boddenküsten sind unregelmäßig geformte, fast völlig vom Land umgebene Meeresteile. In den Eiszeiten haben **Gletscher** eine hügelige Landschaft geformt, die anschließend vom **Meer** überflutet wurde (›S. 110, ›S. 169 Modell).
2. Förden sind schmale, lang gestreckte, oft tiefe Meeresbuchten, die weit ins Land reichen. Sie wurden von sich landeinwärts bewegenden Gletscherzungen und später durch Schmelzwasser geformt und schließlich mit Meerwasser geflutet.
3. Wattenküsten sind zeitweise trocken fallende Meeresböden, die bei Ebbe zutage treten. Sie bestehen meist aus Sand und Schlick und sind von vielen Abflussrinnen (Prielen) durchzogen.
4. Ausgleichsküsten sind nahezu geradlinig verlaufende Küstenabschnitte. Sand, der an einer Stelle abgetragen wird, lagert sich an anderer Stelle ab und lässt so eine lang gezogene Küstenlinie entstehen.

Die Vielfalt dieser deutschen Küstenlandschaften macht sie zu einem beliebten Urlaubsziel.

Allerdings haben **Küsten** auch ihre gefährlichen Seiten. Vor allem an der Nordsee sind die Menschen oft heftigen **Stürmen** ausgesetzt, die zu **Hochwasser** und **Sturmfluten** führen können. Da sie dort zum Beispiel auf **Inseln**, wie den Halligen (M2), nur wenige Zentimeter über dem Meeresspiegel leben, würde ihr Land immer wieder überflutet werden, wenn sie es nicht schützen würden (M4, ›S. 64/65).

---

❶ Benenne mit dem Atlas die Länder, Städte, Flüsse oder Kanäle, Inseln und Meere in M1.

❷ a) Ordne die Küstenformen 1 – 4 (Text) begründet den Lupen Ⓐ – Ⓓ in M1 zu.
b) Erkläre die Enstehung von Steil- und Flachküsten (M3, Film 1).

❸ a) Ordne die Kreidefelsen (M5) auf Rügen einer Position in M1 zu.
b) Stelle Prozesse an Steilküsten (M3) am Beispiel der Kreidefelsen (M5) dar.
c) Erläutere mögliche Gefahren für den Menschen, die von solchen Steilküsten ausgehen können.

❹ a) Erkläre, welche Bedingungen herrschen müssen, damit eine Sturmflut auftritt (Text, M6, Film 2).
b) Erläutere, wie sich die Küstenlinie in Nordfriesland seit 1634 verändert hat (M2, Atlas).
c) Stelle mögliche Folgen einer Sturmflut dar (Text, M2, Übung, M6, Film 2).

❺ Thies (›S. 34) meint: „Auf einer Hallig zu leben, ist großartig!“. Erörtere diese Aussage, indem du Vor- und Nachteile des Lebens auf einer Hallig (M4) gegenüberstellst.
Informiere dich dazu auch im Internet oder schaue den Filmausschnitt zu Halligen (M4, Film 3) an.

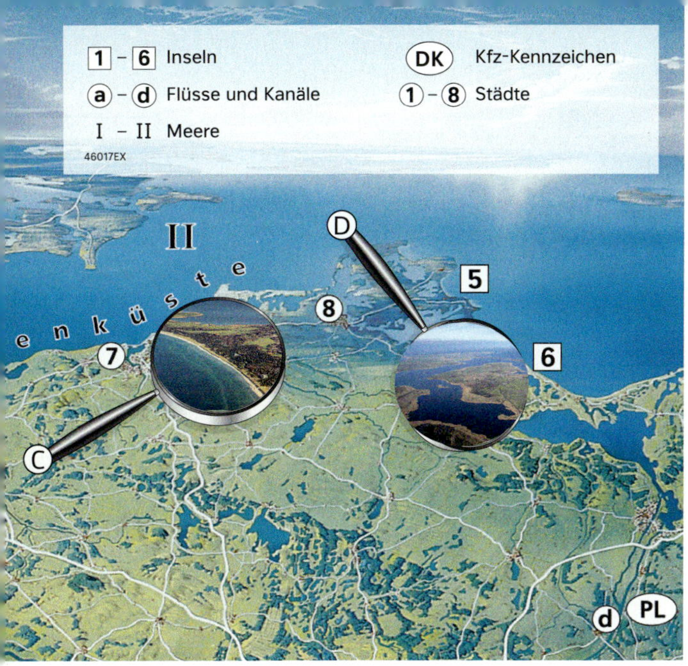

M5 *Kreidefelsen auf der Insel Rügen*

M2 *Änderung des Küstenverlaufs in Nordfriesland* Übung

M6 *Hochwasser am Hamburger Fischmarkt nach einem Sturmtief Anfang 2022* Film 2

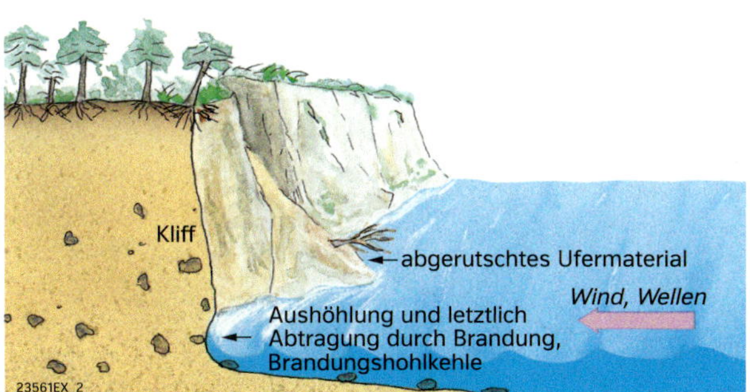

M3 *Entstehung von Steilküsten ...*

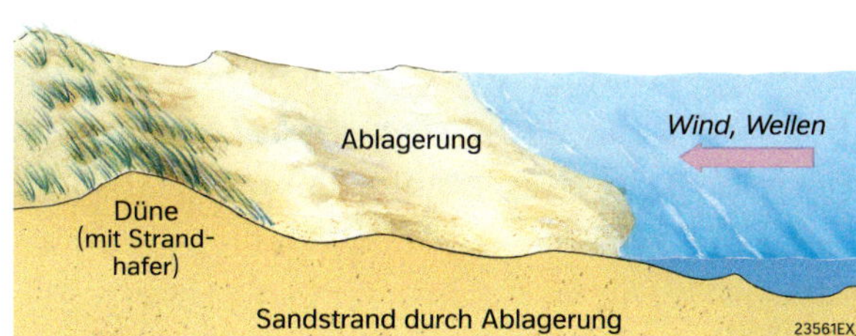

... und Flachküsten Film 1

M4 *Hallig Hooge bei Niedrigwasser, Hochwasser und Sturmflut (Land unter)* Film 3

Wir erkunden Deutschland

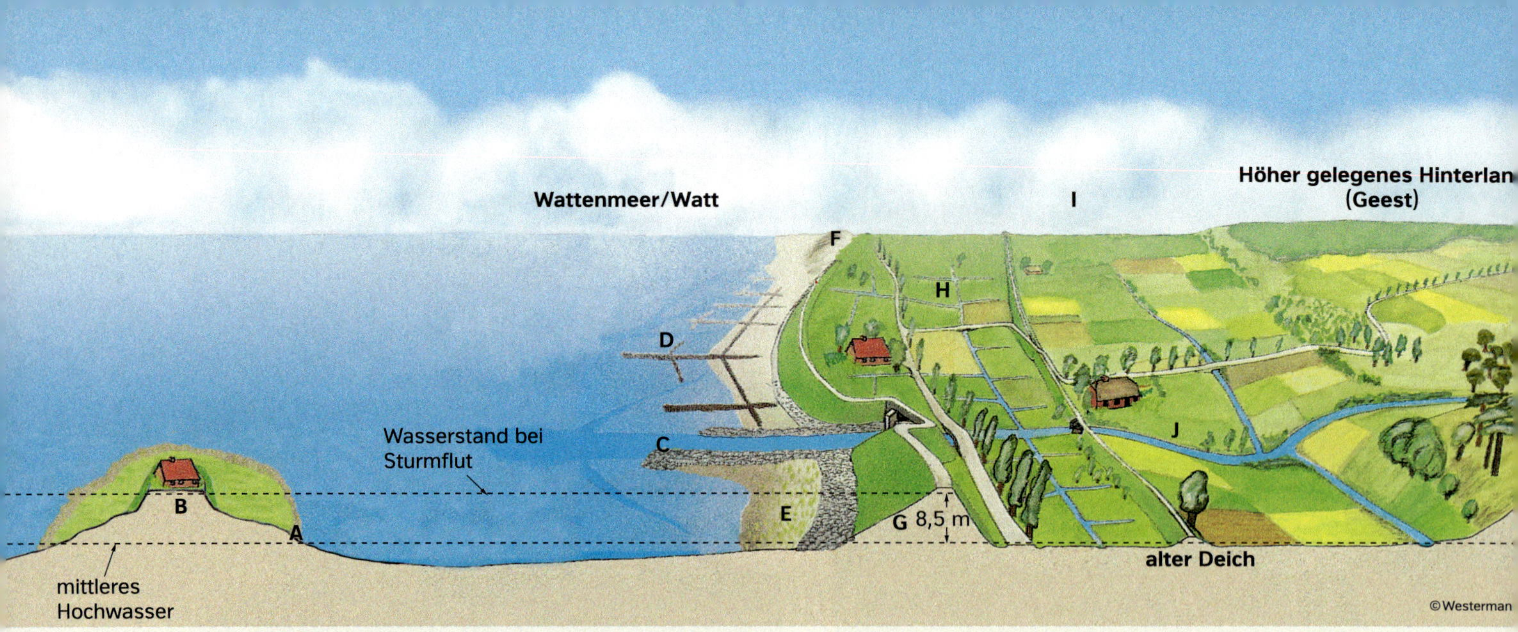

M1 *Blockbild des Nordseeküstenraums*

Übung

Maßnahmen zum Küstenschutz

Um sich vor **Sturmfluten** (›S. 62/63) zu schützen, setzen die Menschen verschiedene Baumaßnahmen um: Schon vor mehr als 2000 Jahren wurden Häuser auf aufgeschüttete Erdhügel, sogenannte Warften, gebaut. Solche Warften findet man heute noch auf einigen Halligen (›S. 62 M2).
Dort, wo das Land nicht durch Dünen, die der **Wind** aus Sand aufgeweht hat, geschützt ist, wurden nach und nach Schutzwälle gegen das **Meer** aufgeschüttet. Solche Deiche (M3) schützen das dahinter liegende Marschland vor Überschwemmungen und **Hochwasser**. Erst das höher liegende Hinterland, die Geest, ist auch ohne Deiche geschützt.
Weil sie immer wieder verbessert werden mussten, findet man heute viele ältere Deiche, die gar nicht mehr direkt am Meer liegen. Daneben sollen Wellenbrecher (große Steine oder Betonbauten, die ins Wasser gebaut werden) die **Küste** vor der Wucht der Wellen schützen.
Lahnungen sind Reihen von Holzpflöcken senkrecht zur Küste, die mit Flechtwerk verbunden werden (M4). Auch sie wirken wie Wellenbrecher. An der Wattenküste dienen sie zudem zur Gewinnung von Neuland (›S. 63 M2).
An den Lahnungen setzt sich zunächst Schlick ab. Sobald sich genügend Schlick angesammelt hat, versucht man durch das Anpflanzen von salzwasserverträglichen Pflanzen (z. B. Queller) und mit Entwässerungsgräben, den Boden zu verfestigen und das Land nutzbar zu machen.
Wenn das so gewonnene Gebiet eingedeicht wird, entsteht ein Polder/Koog, der zum Beispiel als Schafweide genutzt werden kann (M5).
In letzter Zeit versucht man, an besonders gefährdeten Küstenabschnitten der Erosion mit Sandaufspülungen zu begegnen. Dabei wird Sand von einer anderen Stelle oder vom Meeresboden auf den Strand aufgetragen, um die **Abtragung** zu verringern und die Küste zu stabilisieren. Diese Methode ist aber auch umstritten, da sie Auswirkungen auf das Ökosystem haben kann: Das Aufbringen von Sand kann den Lebensraum von Tieren und Pflanzen beeinträchtigen und die Wasserqualität verschlechtern.

---

1. Ordne die folgenden Fachbegriffe den Buchstaben A – J im Blockbild zu (M1, Übung): Warft, Deich, Marschland, Wellenbrecher, Hallig, Lahnungen, Düne, Entwässerungsgraben, Küste, Polder/Koog.
2. a) Erläutere mithilfe des Textes und der Materialien Maßnahmen, um sich vor Sturmfluten schützen zu können. Du kannst dazu gerne auch den Filmausschnitt (M3, Film) verwenden.
   b) Erläutere die Veränderungen im Deichbau vom Jahr 1600 bis heute (M3).
3. a) Stelle die Neulandgewinnung an der Nordseeküste dar (Text, M4, M5).
   b) Erkläre, warum Landgewinnung auch zu den Küstenschutzmaßnahmen gehört.
4. a) Arbeite Zusammenhänge zwischen den unterschiedlichen Bereichen des Lebensraumes Watt und den Tieren bzw. Pflanzen heraus (M2, Watt-Quiz, Info).
   b) Der natürliche Lebensraum Watt ist ein guter Küstenschutz. Erkläre (M2, Info).
5. Differenziert: Arbeite mithilfe des Arbeitsblattes die Zusammenhänge von Neulandgewinnung, Naturschutz und Küstenschutz heraus.

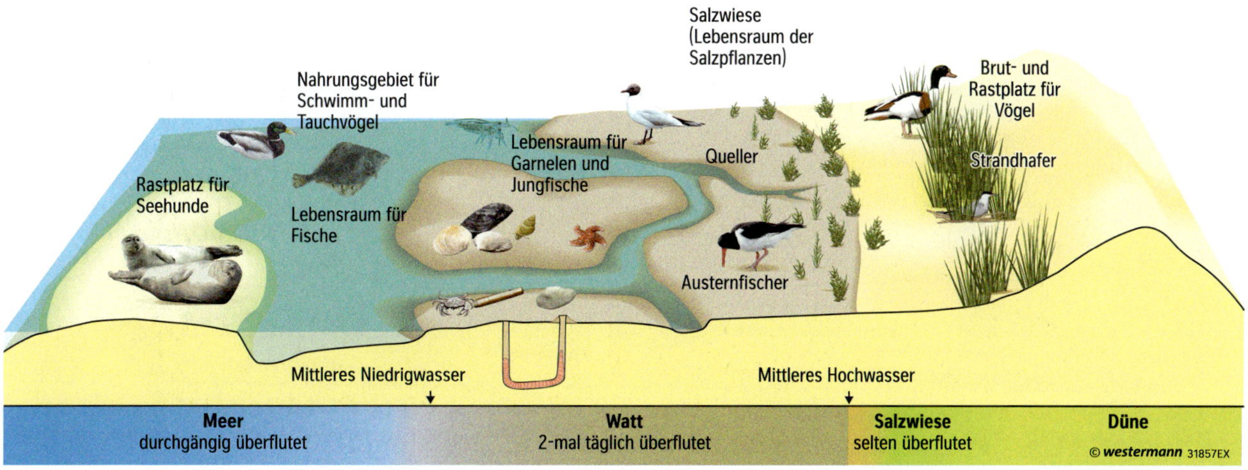

M2 *Lebensraum Watt*

Watt-Quiz

Info

Lebensraum Watt

Das **Watt** bietet für sehr unterschiedliche Lebewesen optimale Bedingungen: In den ständig überfluteten Bereichen leben zahlreiche Vogelarten, Fische und sogar Seehunde auf vorgelagerten Sandbänken und kleinen Inseln.

Im Bereich der Ebbe und Flut haben sich spezialisierte Lebewesen wie der Wattwurm, der Austernfischer, Schlickkrebse oder Muscheln angesiedelt.

Die Salzwiesen sind ein idealer Brutraum für viele Vogelarten, aber auch Rastplatz für Zugvögel. Bei Überflutungen sammelt sich zwischen den salzliebenden Pflanzen der Salzwiesen Schlick, wodurch die Wiesen sehr langsam aber stetig in die Höhe wachsen und so auf natürliche Art neues Land entstehen kann.

Auch die Dünen sind ein wichtiger Brut- und Schutzraum für viele Vogelarten. Die Pflanzen, die dort wachsen, haben oft tiefe Wurzeln und halten somit den Sand fest. So kann eine Art natürlicher Deich entstehen.

M4 *Lahnungen zur Landgewinnung*

M5 *Neu gewonnenes Land viele Jahre später*

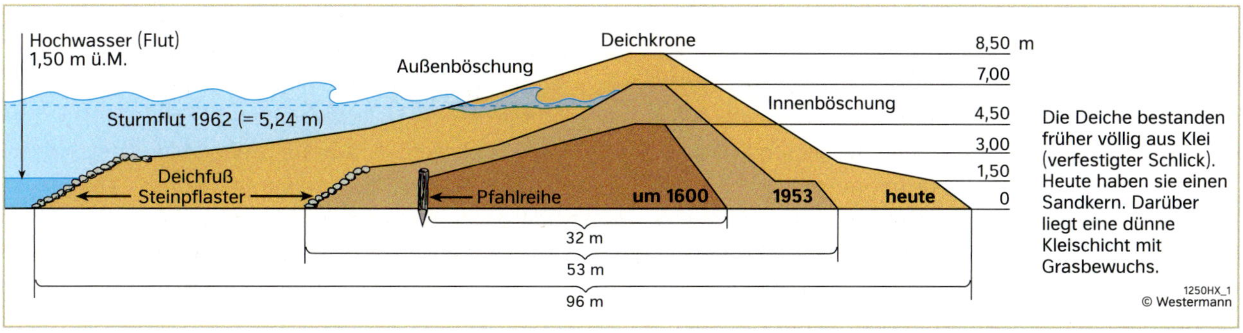

M3 *Deiche früher und heute*

Film

M1 *Sommertourismus auf Sylt* 360°-Foto

Erholung am Strand und im Watt

Viele Menschen nutzen die Nordseeküste als Urlaubsort, um sich dort zu erholen. Breite Strände, der Blick auf das **Meer**, das weitläufige **Watt**, eine Wanderung in den Dünen oder eine Ausfahrt zu den Seehundbänken locken die Besucher an die Nordseeküste. Die **Inseln** Amrum, Föhr, Pellworm, Helgoland, Wangerooge oder Borkum sind beliebte Urlaubsziele. Das bekannteste Ferienziel an der Nordsee ist aber sicherlich die Insel Sylt.

Zu den beliebtesten Aktivitäten gehört auch dort eine Wattwanderung (M3). Sobald das Wasser sich bei Ebbe (›S. 60/61) zurückzieht, kann man im Watt Schnecken, Muscheln oder Krabben entdecken und Vögel beobachten. Mit einem ausgebildeten Wattführer ist man im Watt sicher und bekommt einen guten Einblick in diesen einmaligen Lebensraum.

Neben dem Naturerlebnis bietet aber auch das Meer bei gutem **Wetter** Bade- und Wassersportmöglichkeiten. Auch kulturelle Veranstaltungen und Gesundheitsangebote locken Gäste auf die nördlichste der nordfriesischen Inseln. Um die Natur und die Umwelt zu schonen, kann man allerdings einige der nord- und ostfriesischen Inseln nur mit der Bahn oder Fähre erreichen und darf nicht mit dem Auto hinfahren.

Viele Bewohner der Nordseeküste verdienen durch Urlaubsgäste, die sogenannten Touristen, ihr Geld. Der **Tourismus**, auch Fremdenverkehr genannt, ist an der **Küste** ein Wirtschaftszweig (M5). **Dienstleistungen** wie Autoverleih, Übernachtungsangebote, Gaststättenbetrieb oder Touristenführungen schaffen Arbeitsplätze und ermöglichen den **Arbeitskräften** an der Nordsee ein Einkommen.

---

1 a) Benenne die Urlaubsinseln in Nord- und Ostfriesland (Atlas, Übung).
b) Erkläre ausgehend von M1 und mithilfe des Klimadiagramms von List (›S. 59 M3), wann und warum die Nordseeinseln für Urlauber interessant sind.

2 Erkläre, warum die Verhaltensregeln für das Watt unbedingt eingehalten werden sollten (M2).

3 a) Beschreibe, wie die Küstenbewohner mit dem Fremdenverkehr Geld verdienen können (M3 – M5, Film).
b) Gestalte ausgehend von den Aussagen in M5 weitere kleine Texte, in denen beschrieben wird, mit welchen Dienstleistungen noch Geld verdient werden kann.

5 a) Beschreibe, wie der Tourismus auf Sylt sichtbar wird (M4).
b) Arbeite mithilfe des 360°-Fotos (M1) heraus, wie man den Touristen den Urlaub angenehm gestalten will.
c) „Viele verschiedene Gruppen streiten sich um die kleine Insel Sylt". Erkläre diese Aussage (M4).

6 a) Erstelle zu den Touristen- und Einwohnerzahlen in M6 jeweils ein Liniendiagramm (›S. 44/45).
b) Vergleiche deine Diagrammlinien. Was fällt dir auf?

M2 *Verhaltensregeln im Watt*

M3 *Wattwanderung*

Wir leben vom Tourismus

Mario: *„Mein Onkel hat eine kleine Gaststätte am südlichen Ortsrand von Westerland auf Sylt. Durch die zahlreichen Touristen kann er vor allem im Sommer viel Geld verdienen. Im Winter ist das allerdings schwieriger. Deshalb schließt er im Winter seine Gaststätte und arbeitet bei einer Firma auf dem Festland."*

Lana: *„Ich jobbe von April bis Oktober als Wattführerin und zeige Schulklassen, Urlaubern oder Seniorengruppen die 'Geheimnisse' des Watts und der Dünen. Manchmal kann ich auch als Begleitung auf eine Ausfahrt zu den Seehundbänken mitfahren. Dadurch verdiene ich mir als Biologiestudentin ein zusätzliches Taschengeld."*

Mike: *„Meine Fahrradwerkstadt platzt im Sommer aus allen Nähten. Die Hotels wollen ihre Leihräder reparieren lassen, mein eigener Verleih läuft auf Hochtouren und ich komme kaum zur Ruhe. Dafür ist es im Winter leider oft zu ruhig. Ich bin oft stundenlang alleine in der Werkstatt."*

M5 *Tourismus als Wirtschaftszweig* Film

Jahr	Gäste	Übernachtungen	Durchschnittlicher Aufenthalt	Einwohner
2010	523000	3,2 Mio.	5,9	15000
2015	552000	3,2 Mio.	5,8	13000
2020	373000	2,4 Mio.	6,6	14000
2022	717000	4,8 Mio.	6,6	14000*

*Quelle: Statistisches Amt für Hamburg und Schleswig-Holstein 2023 (Werte gerundet) *Daten für 2021*

M6 *Tourismus- und Einwohnerstatistik Sylt*

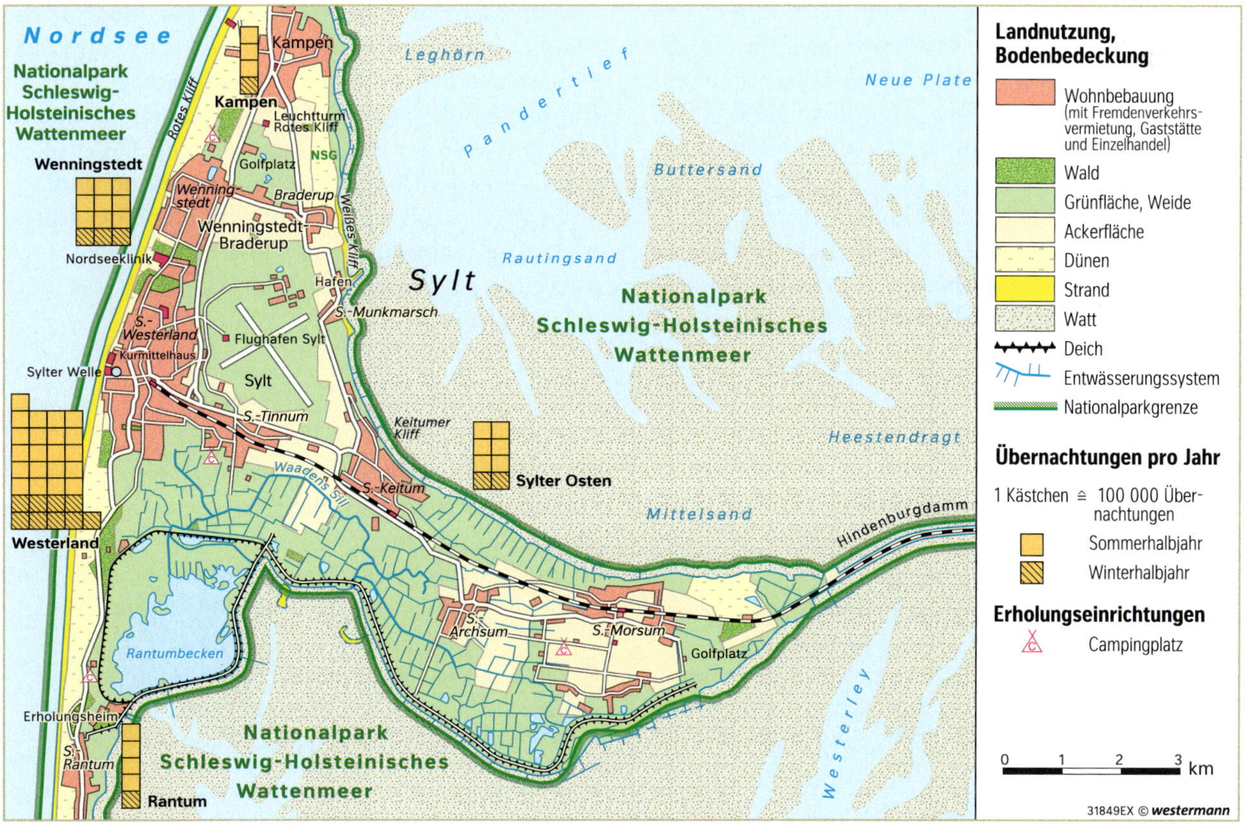

M4 *Landnutzung auf Sylt (zentraler Teil)*

M1 *Nordseeinsel Wangerooge*

Nutzungskonflikte an der Nordsee – das Beispiel Wangerooge

Die Nordseeinsel Wangerooge (M1) ist die östlichste der sieben bewohnten Ostfriesischen Inseln. Sie ist als Kurort bekannt. Wegen des milden **Klimas**, der guten Wasserqualität und der sauberen Luft darf sich Wangerooge „Heilbad" nennen. Deshalb zieht die **Insel** viele Menschen an, die zum Beispiel an Atemwegserkrankungen leiden und sich dort erholen wollen.
Allerdings gibt es auch Firmen, Vereine und Verbände, die ebenfalls Interesse an Wangerooge haben: Hotelbetreiber, Fischereibetriebe, Windenergiefirmen und andere wollen die Lage und die guten Standortvoraussetzungen nutzen, um im Bereich der Wirtschaft Erfolg zu haben und Geld zu verdienen.
Auf der anderen Seite machen sich Umweltschützer, Biologen, Geographen und auch Einwohner auf Wangerooge Sorgen um die Umwelt der einmaligen Naturlandschaft des Wattenmeeres.
Viele Einwohner der Insel, auf der keine Autos fahren dürfen, wollen sichere Arbeitsplätze und bezahlbare Wohnungen haben und ihre Tradition bewahren. Für sie steht die Gesellschaft im Vordergrund. Wenn neue Firmen, Offshore-Windparks oder Hotels gebaut werden oder der Schiffsverkehr in Inselnähe erhöht werden soll, prallen diese verschiedenen Interessen um die Nutzung der Landschaft aufeinander. Dies wird als Nutzungskonflikt bezeichnet (M2, M3).
Viele Gruppen haben also Interesse an einer begrenzten Fläche. Dieser **Flächenbedarf** kann zu Konflikten führen. Bei der Suche nach Lösungen hilft der Versuch, durch eine offene Diskussion alle Interessenslagen zu berücksichtigen und abzuwägen. Es gilt, eine Lösung im Sinne der **Nachhaltigkeit** zu finden, die es allen ermöglicht, auch zukünftig ein gutes Leben auf der Insel Wangerooge zu führen.

---

1 a) Ordne die Nutzungsbeispiele Ⓐ–Ⓕ (M4, Übung) begründet den Bereichen Wirtschaft, Umwelt und Gesellschaft zu (Text, M3).
b) Erläutere mithilfe der Infobox, wie in den Bereichen Ⓐ, Ⓒ, Ⓔ und Ⓕ (M4) eine nachhaltige Nutzung aussehen kann.

2 a) Auf Wangerooge wird über den Bau einer Windkraftanlage diskutiert. Ordne die Personen aus M2 den Bereichen im Nachhaltigkeitsdreieck zu (M3).
b) Bewerte auf einer Skala von -5 („absolut dagegen") bis +5 („vollkommen dafür"), ob die Personen das Projekt ablehnen oder ihm zustimmen (M2).

3 Arbeite Vor- und Nachteile von Off-Shore Windkraftanlagen heraus (M2, Film).

4 Erstelle mithilfe des Atlas eine Übersicht über weitere Regionen an der Nordsee, an denen es zu Nutzungskonflikten kommen kann (M4). Nutze dazu auch eine Wirtschaftskarte (Atlas).

5 Stelle Beispiele aus deinem Heimatraum oder Schulort dar, bei denen es ebenfalls zu Nutzungskonflikten gekommen ist oder kommen kann.

Offshore-Windpark Nordergründe:
Vor Wangerooge wurde vor der Küste (offshore) ein Windpark mit riesigen Windrädern zur Energiegewinnung gebaut. Dazu gibt es unterschiedliche Meinungen:

1. Ingenieurin der Windpark Nordergründe GmbH
„Wir benötigen zur Sicherung der Stromversorgung in ganz Deutschland unbedingt mehr Strom aus Windkraft. Das Gebiet vor Wangerooge ist aufgrund der hohen Windgeschwindigkeiten und der stetigen Winde hervorragend geeignet. Wer günstigen Strom möchte, kann zum Offshore-Windpark nicht „Nein" sagen!"

2. Vertreter einer Naturschutzorganisation
„Wir wissen, dass Windparks als umweltfreundliche Energielieferanten wichtig sind. Aber dies ist der falsche Standort: Bei Wangerooge leben seltene Vogelarten, Seehunde; sogar Kegelrobben und Schweinswale sind schon gesichtet worden. Durch Bau und Betrieb der Anlage können diese Tiere gestört, verletzt oder gar getötet werden. Dieses Gebiet darf daher auf keinen Fall durch große Schiffe, die nach Wilhelmshaven fahren, oder Offshore-Windparks gestört werden."

Technische Daten:
- Leistung: 110 Megawatt
- 18 Turbinen, Rotordurchmesser: 126 m
- Fläche: 6 km², Entfernung Küste: 13 km

3. Krabbenfischerin aus Wangerooge
„Die traditionelle Fischerei ist ein Teil unserer Kultur an der Nordsee und bringt vielen Menschen eine Erwerbstätigkeit. Wir fangen Krabben, Fische und auch Muscheln und verkaufen diese direkt hier in der Region. Containerschiffe oder der Bau großer Windkraftanlagen gefährden unsere Existenz."

4. Hotelier
„Ich kann wohl mein Kurhotel schließen, wenn hier statt Vogelgezwitscher plötzlich Schiffshupen und Bauarbeiter meine Gäste wecken. Außerdem diese Rotoren am Horizont... von Nordseeidylle bleibt dann nicht viel übrig."

5. Bürgermeister
„Die Windkraftanlage bringt trotz möglicher Gefahren auch wirtschaftlichen Aufschwung nach Wangerooge. Der ist nötig, weil wir nicht ausschließlich vom Tourismus leben können."

M2 *Meinungen zum Bau einer Offshore-Anlage in der Nordsee vor Wangerooge*

Film

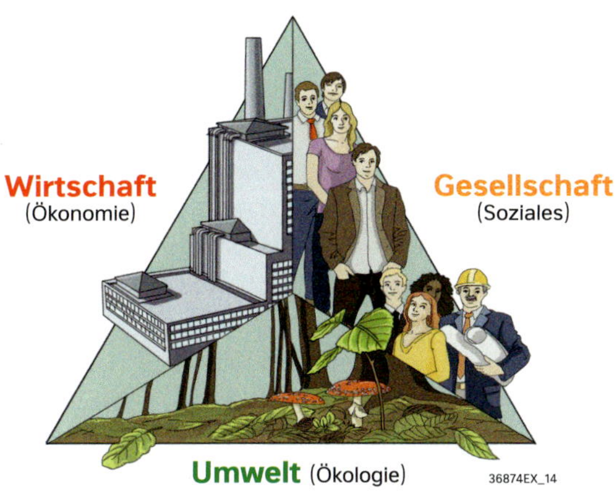

M3 *Nachhaltigkeitsdreieck*

Info

Nachhaltigkeit
Der Begriff Nachhaltigkeit stammt aus der Forstwirtschaft und wurde erstmals 1713 von Hans Carl von Carlowitz formuliert. Er meinte damit, dass man in einem Wald nur so viele Bäume fällen sollte wie auch wieder auf natürliche Weise nachwachsen können. Heute versteht man darunter, dass die Ressourcen einer Landschaft (z. B. Rohstoffe, Flächen), nur so stark verbraucht werden, dass sie auch kommenden Generationen zur Verfügung stehen. Im Idealfall sollte man also immer zugleich auf wirtschaftliche, gesellschaftliche und umweltschützerische Gesichtspunkte achten.

M4 *Nutzungsbeispiele auf Wangerooge*

Übung

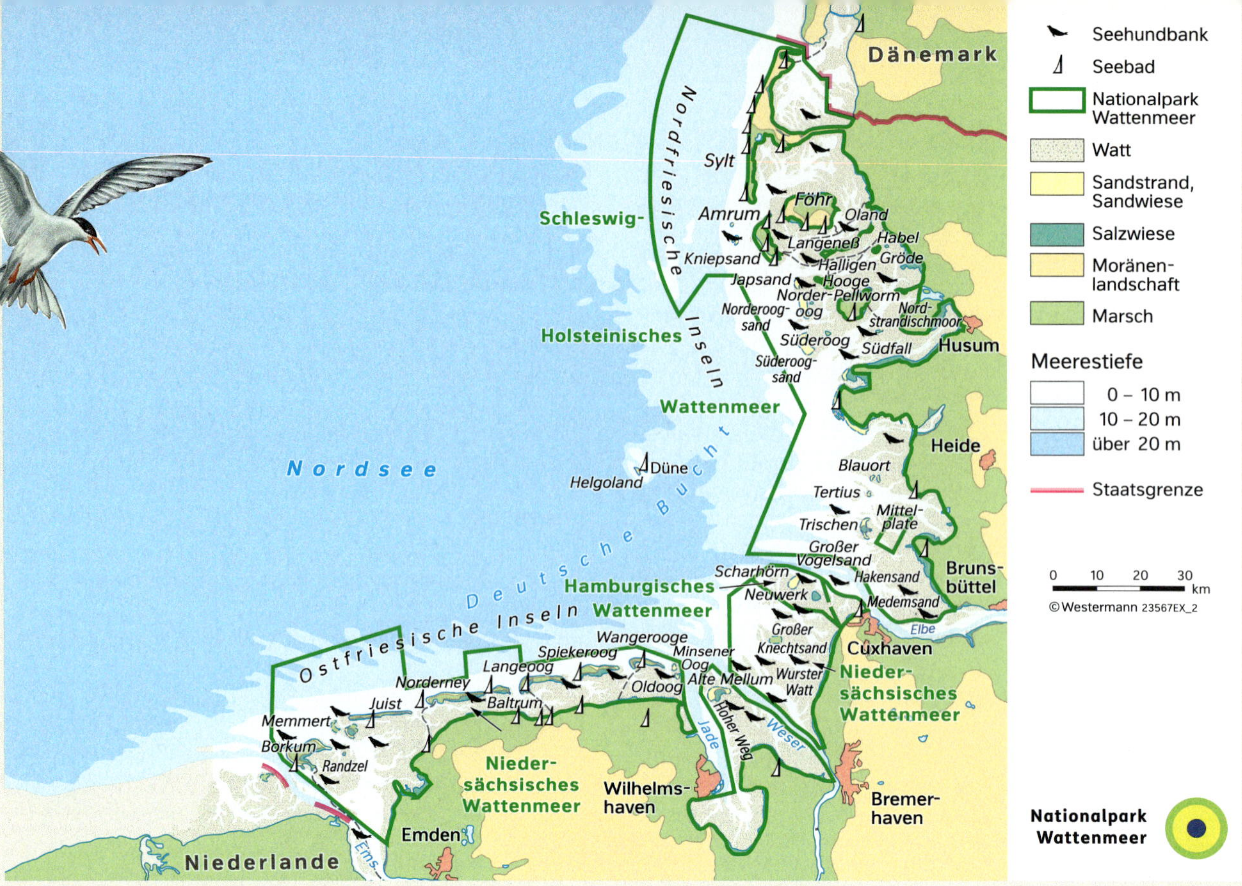

M1 *Nationalparks im Wattenmeer*

Nationalpark Wattenmeer

Um die einzigartige Landschaft des Wattenmeeres zu erhalten, sind große Teile vor mehr als 30 Jahren zum Nationalpark erklärt worden. Das Gebiet umfasst die Nationalparks Schleswig-Holsteinisches Wattenmeer, Hamburgisches Wattenmeer und Niedersächsisches Wattenmeer (M1). Sie sind Teil des Weltnaturerbes Wattenmeer, das sich von den Niederlanden bis nach Dänemark erstreckt. Dies ist das größte zusammenhängende Wattgebiet der Welt, in dem zahlreiche Tier- und Pflanzenarten leben, die es sonst nirgendwo gibt. Bestimmte Zonen dürfen dort nicht betreten werden, damit Teile der Natur sich ungestört entwickeln können. Außerdem müssen Regeln eingehalten werden, um Pflanzen und Tiere zu schützen (M5).

Allerdings wollen auch Fischer, Landwirte, Fremdenverkehrsbetriebe, Touristen, Firmen, Industrie und Einwohner die Landschaft zum Wohnen und Arbeiten nutzen. Deshalb wurden bestimmte Bereiche aus dem Nationalpark ausgenommen und verschiedene Schutzzonen festgelegt, in denen die Natur mehr oder weniger stark geschützt wird, um verschiedene Nutzungen zu ermöglichen (M3).

In einem Nationalpark kann man aber nicht nur die einzigartige Landschaft und die vielfältige Tierwelt erleben (M6), sondern auch viel über den Schutz der Natur lernen. Es werden zum Beispiel zahlreiche Veranstaltungen und Führungen im Nationalpark angeboten.

1. a) Beschreibe die Ziele eines Nationalparks.
   b) Erläutere an Beispielen aus M1, warum nicht die ganze deutsche Nordseeküste zum Nationalpark erklärt wurde.
2. a) Erläutere, worauf man im Nationalpark achten sollte (M5, Übung).
   b) Erkläre jeweils, welche Folgen die Nichteinhaltung der Regel haben könnte.
3. a) Stelle am Beispiel Langeoog die verschiedenen Schutzzonen dar (M2, M3, Film 1).
   b) Erläutere an drei Beispielen aus M2, wo es auf Langeoog zu Nutzungskonflikten und Streit wegen des Nationalparks kommen könnte.
   c) Beurteile, an welcher Stelle auf Langeoog ein Ausbau der Ruhezone am besten funktionieren würde (M2).
4. Begründe ausgehend von M6 (Film 2), weshalb das Wattenmeer geschützt werden sollte.
5. Erläutere, welche Schutzziele bei anderen Nationalparks in Deutschland verfolgt werden (M4, Atlas).

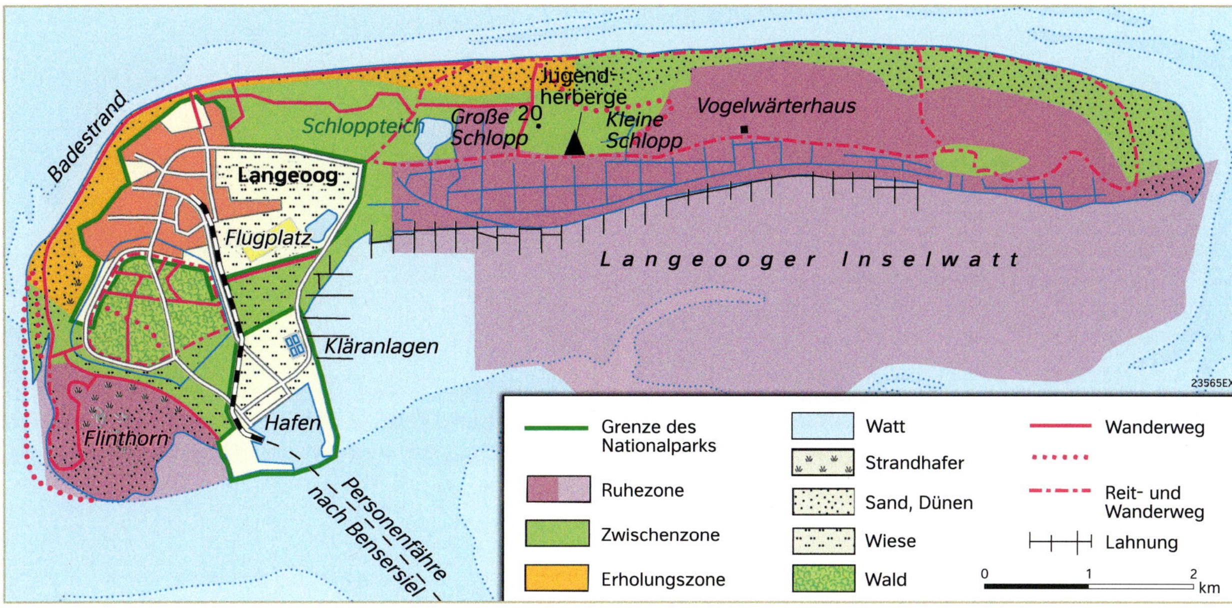

M2 *Schutzzonen des Nationalparks auf Langeoog*

Zone 1: Ruhezone
Dieser Bereich ist sehr streng geschützt. Er darf nicht betreten und nur auf markierten Wegen oder in geführten Wanderungen mit Rangern durchquert werden.

Zone 2: Zwischenzone
Hier darf man (bis auf wenige Ausnahmen) überall wandern und sogar baden, Boot fahren, fischen oder jagen.

Zone 3: Erholungszone
In diesem Bereich gibt es sogar Hotels, Häfen und Fabriken. Trotzdem wird auch in dieser Zone versucht, die Natur möglichst wenig zu stören, damit sich die Menschen erholen können.

M3 *Schutzzonen in Nationalparks* Film 1

M4 *Nationalparks in Deutschland*

M5 *Nationalparkregeln* Übung

M6 *Seehund an der Nordseeküste* Film 2

M1 *Containerschiff auf der Elbe und Löschen (Entladen von Schiffen) im Hafen*

Der Hamburger Hafen

Meere sind der beste Weg, um massenhaft Güter zu transportieren. Nahe der **Küste** haben sich daher **Standorte** für Häfen entwickelt. Ein Beispiel hierfür ist Hamburg, das aufgrund seines bedeutenden Seehafens auch das „Tor zur Welt" genannt wird. Schiffe aus China, Südkorea, Brasilien, Indien, Kanada oder Japan fahren täglich über die Nordsee und durch die Elbe in den Hamburger Hafen ein, wo sie an mehr als 300 Liegeplätzen be- und entladen werden (M1, M2).
Die Wareneinfuhr (Import) und die Warenausfuhr (Export) vom oder zum Schiff ist unterschiedlich. Je nachdem, ob es sich um flüssige Güter, Kleinteile, verderbliche Waren oder um **Rohstoffe** in großen Massen handelt, findet der Güterumschlag anders statt (M2).
Herr Hansen, zum Beispiel, arbeitet in 40 Metern Höhe in der Katzbrücke, einem Kran auf Schienen (M4). Er lädt bis zu 30 Container pro Stunde ab, die sofort (24 Stunden am Tag) von sogenannten Carriern automatisch abtransportiert und an ihren Platz im Terminal gebracht werden. Von dort werden die Waren per Zug, Lkw oder manchmal sogar mit kleinen Schiffen weitertransportiert. So landet zum Beispiel das Auto aus Japan letztlich beim Autohändler in Stuttgart.
Massengut, wie Getreide, Erze, Erdöl oder Kohle, wird oft mit kleinen Schiffen weitertransportiert oder sogar direkt im Hafen weiterverarbeitet. Die **Dienstleistungen**, die im Zusammenhang mit dem Hafen erbracht werden, schaffen insgesamt ca. 150 000 Arbeitsplätze.
Stückgut, beispielsweise Computer, T-Shirts, Spielzeug oder Küchengeräte, bleibt häufig in den Containern und wird zum Weitertransport auf Züge oder Lkws gesetzt. Manchmal werden auch ganze Lkw mit Waren im Schiff transportiert. Diese fahren dann einfach aus dem Schiff heraus zu ihrem Bestimmungsort (Roll on/Roll off). Auf dem Hafengelände befinden sich deshalb verschiedene Bereiche, die jeweils auf bestimmte Waren spezialisiert sind (M4).
Da die Containerschiffe (M1) immer größer werden, wird die Elbe immer wieder vertieft. Das wird von Anwohnern und Naturschützern kritisiert.

❶ Ordne die Bereiche A – F in M3 den Zahlen ① – ⑥ in M2 zu (■ Übung). Begründe deine Zuordnung.

❷ Erläutere mithilfe des Textes und der Bilder (M1, M4) das Löschen von Greifgut, Erdöl und Containern.

❸ a) Beschreibe die Verkehrsverbindungen Hamburgs in andere deutsche und europäische Regionen (Atlas).
b) Der Hamburger Hafen liegt im Landesinneren. Beurteile diese Lage, indem du Vor- und Nachteile aufschreibst.
c) Erkläre, warum Thomas (›S. 34) mit seinen Eltern so viele Schiffe beobachten kann.

❹ Stelle für drei Produkte deiner Wahl dar, wo diese im Hafen entladen werden und wie sie in deinen Schulort kommen könnten (z. B. Auto beim Autohändler, Ananas im Supermarkt).

❺ a) Erläutere, welche negativen Folgen durch die starke Nutzung des Hamburger Hafens für die Gesellschaft und die Umwelt entstehen können.
b) Stelle Möglichkeiten dar, wie der Hamburger Hafen nachhaltig genutzt werden kann (›S. 69 Info).

Kapitelaufgabe: Tabelle (›S. 34/35)
Stimmst du Thies oder Thomas zu? Findest du Hamburg oder die Nordseeküste interessanter? Ergänze die Tabelle.

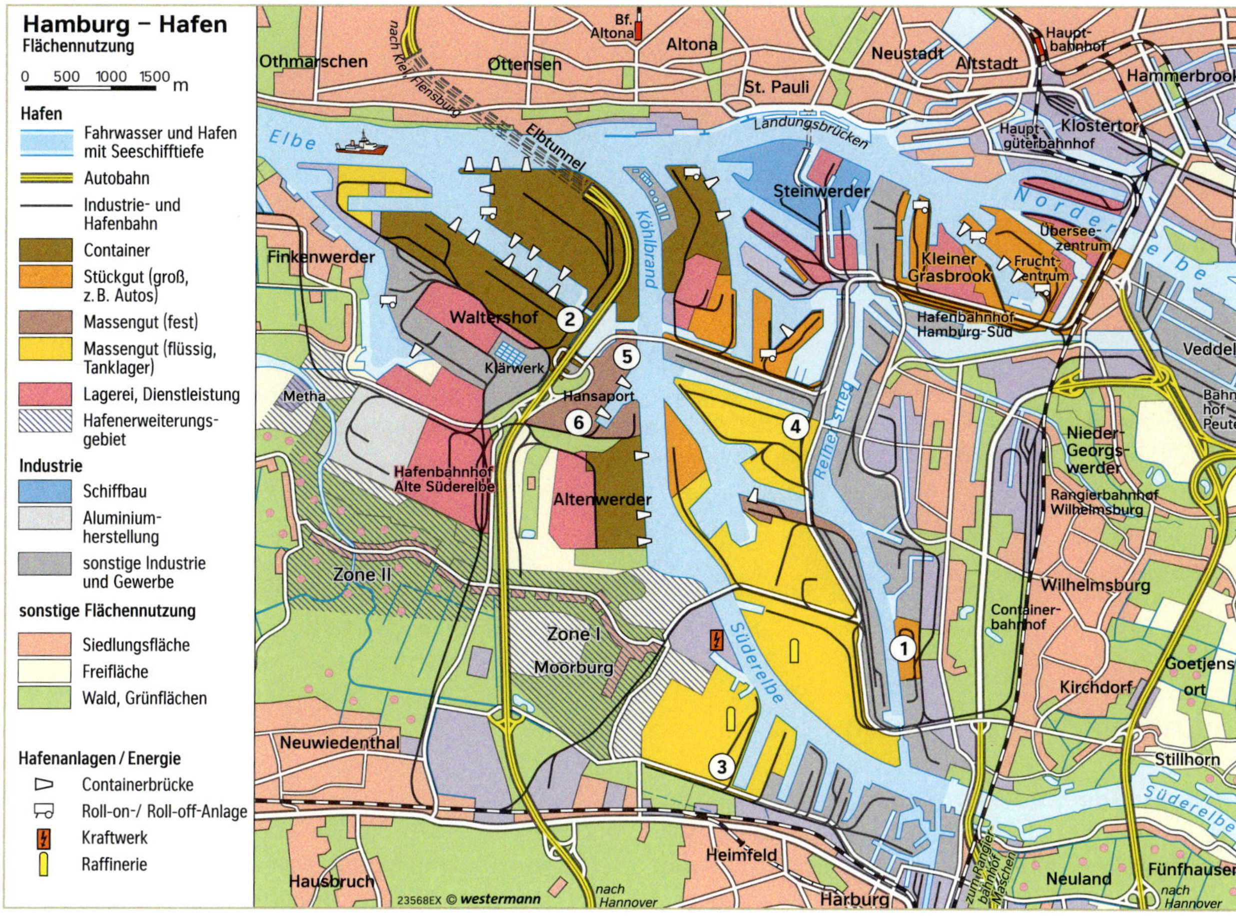

M2 *Überblickskarte des Hamburger Hafens*

Übung

Arbeit im Hafen

A: Wenn das Schiff mit den Autos aus Japan ankommt, sind fast 100 Fahrer damit beschäftigt, die Autos aus dem Schiffsbauch auf die bereitstehenden Autozüge zu fahren.

B: Die Container mit den Hosen aus Bangladesch werden direkt von den Lkw abgeholt und auf der A7 in Richtung Hannover gebracht.

C: Mit kleineren Schiffen werden riesige Mengen an Kohle, die aus Kanada angeliefert wurden, ins nahe gelegene Kraftwerk gebracht.

D: Das Schiff entlädt große Mengen Erdöl aus Brasilien. Das Öl wird in Tanks gelagert und von Tankzügen weitertransportiert. Außerdem wird in der Fabrik, die direkt am Kai liegt, Erdöl zu Kunststoffprodukten weiterverarbeitet.

E: Mehrere Tonnen Mais sind angekommen, die entladen und anschließend von Zügen abtransportiert werden.

F: Die komplette Schiffsladung Bauxit wird in der Nähe des Aluminiumwerks gelöscht, wo es direkt zu Aluminium weiterverarbeitet wird. Züge transportieren dann das Aluminium zu einer Fabrik, die Elektrogeräte herstellt.

M3 *Güterumschlag im Hamburger Hafen*

M4 *Im Hamburger Hafen*

100900-034-02
www.diercke.de

Digital+
WES-121698-073

M1 *Das riesige Flugzeug Airbus „Beluga“ auf dem Werksgelände des Flugzeugherstellers in Hamburg*

Industriestandort Hamburg

Die **Industrie** produziert Güter. Hierfür benötigt sie Vorprodukte, die dann in Werkshallen von Mitarbeitern weiterverarbeitet werden. Für den Antransport der Vorgüter und den Abtransport der weiterverarbeiteten Güter benötigt die Industrie gute **Verkehrswege**. Industrieunternehmen in Hamburg nutzen häufig den Hafen zum Transport von Gütern. Die Flugzeugindustrie in Hamburg nutzt noch einen weiteren Verkehrsweg.

Flugzeugindustrie

Airbus ist einer der größten Flugzeughersteller der Welt und hat schon über 10 000 Flugzeuge produziert. Dies geschieht an mehreren **Standorten** in Deutschland und europaweit (M4). Hamburg ist mit rund 15 000 Mitarbeitern der größte Standort in Deutschland.

Airbus in Hamburg

Das Werksgelände von Airbus in Hamburg befindet sich südlich der Elbe im Hamburger Stadtteil Finkenwerder. Der Standort hat eine Fläche von fast 500 Fußballfeldern und verfügt über einen Flughafen, über den täglich etwa 10 bis 15 Starts und Landungen abgewickelt werden (M2, M5). Der Flughafen ist nicht für Passagiere gedacht. Er ist nötig um Flugzeugteile anderer Standorte nach Hamburg zu bringen. Manche Flugzeugmodelle werden aus diesen Vorprodukten in Hamburg fertiggebaut. In Hamburg produzierte Flugzeugteile werden aber auch an andere Standorte geliefert und dort weiterverarbeitet. Zum Transport dieser Flugzeugteile wird ein Airbus „Beluga“ eingesetzt. Der „Beluga“ ist ein von Airbus entwickeltes Transportflugzeug. Es ist so groß, dass ein ganzer Flugzeugrumpf zwischen den Airbus-Standorten transportieren werden kann (M1).
In Hamburg findet zudem die Entwicklung und Planung von Flugzeugteilen statt. Hierfür arbeitet Airbus mit der Technischen Universität Hamburg und mit mehreren Schulen in Hamburg zusammen.

Umstrittene Erweiterung des Werkgeländes

Um neue Produktionshallen zu errichten, wurde ein Teil des Mühlenberger Lochs, das für Testflüge von Wasserflugzeugen genutzt wurde, zugeschüttet. Die Erweiterung des Werksgeländes war umstritten. Kritiker meinen, dass der neue Standort nicht sicher vor **Sturmfluten** sei und der Naturschutz zu wenig berücksichtigt werde (M7).

---

1. Beschreibe Lage und Aufbau des Airbus-Werkgeländes in Hamburg (M2, M3, M5, Karte, M6).
2. a) Begründe die Wichtigkeit von Verkehrswegen für ein Industrieunternehmen.
   b) Erläutere die Eignung des Standortes Hamburg-Finkenwerder für die Ansiedlung eines Flugzeugherstellers (Text, Atlas).
3. Überprüfe die kursiv gedruckten Aussagen in Delias Bericht zu ihrer Werksbesichtigung (M6).
4. Stelle positive und negative Folgen dar, die sich aus der Ansiedlung der Flugzeugindustrie in Finkenwerder für Hamburg ergeben (Text).
5. Bewerte die Erweiterung des Airbus-Werkgeländes (Text, M7).

M2 *Luftbild des Werksgeländes Airbus in Hamburg-Finkenwerder*

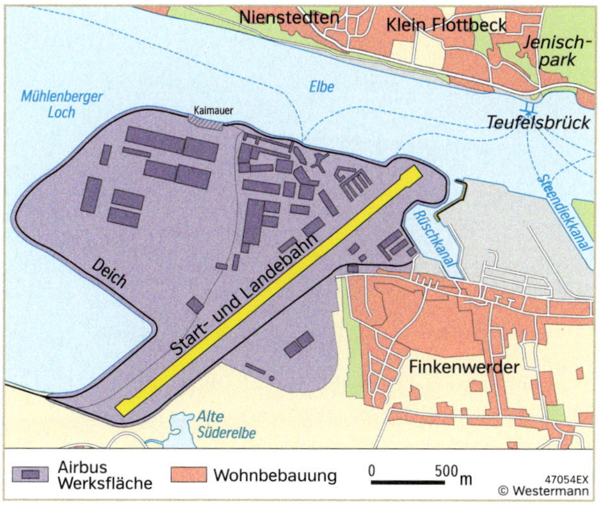

M5 *Karte des Werksgeländes von Airbus* Karte

M3 *Produktion in einer Werkshalle*

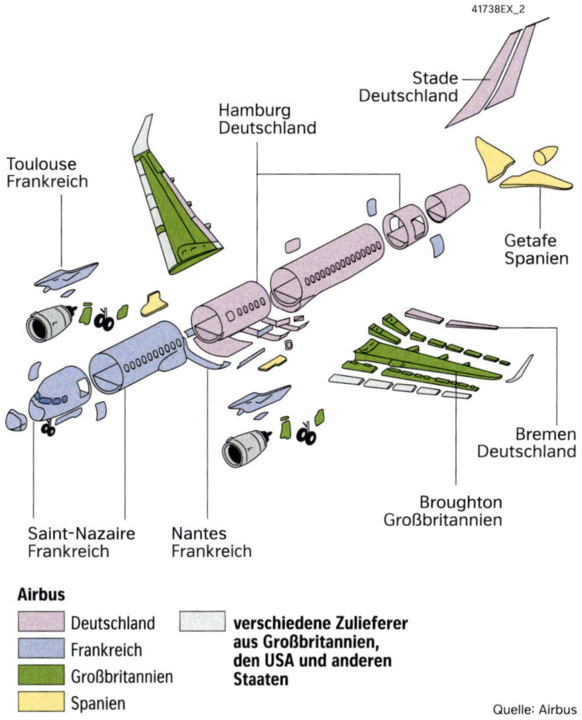

M4 *Der Airbus: Produktion an vielen Standorten*

„Ich bin mit meinen Eltern in Hamburg. Heute stand eine Werksbesichtigung beim Flugzeughersteller Airbus auf dem Programm. Wir sind zunächst mit der Fähre von den Landungsbrücken in Hamburg Mitte *nach Westen* in den *über 5 km weit entfernten* Stadtteil Finkenwerder gefahren (› S. 73 M2). Dort haben wir an einer Führung durch das *über 5000 m²* große Werksgelände von Airbus teilgenommen. Allein die über *2000 m lange* Start- und Landebahn war beeindruckend. Als dann noch ein Beluga mit einem Flugzeugrumpf *aus Italien* landete, war ich begeistert. Ich möchte als Ingenieurin neue umweltfreundliche Flugzeuge konstruieren – gern auch bei Airbus in Hamburg."

M6 *Delias Bericht zu ihrer Werksbesichtigung*

Das Mühlenberger Loch ist ein Flussgebiet im Verlauf der Elbe 2 km hinter dem Hamburger Hafen. Um 1940 wurde ein Hafenbecken angelegt, das für Erprobungen von Start und Landung von Flugbooten benötigt wurde. Heute steht das Mühlenberger Loch wegen seiner herausragenden Bedeutung als Rastgebiet für zahlreiche Wasservögel, darunter die seltene Löffelente, und als Kinderstube der Elbfische unter besonderem Schutz. Zudem ist es ein beliebtes Segel- und Naherholungsgebiete Im Zuge der Erweiterung des Airbus-Geländes wurde ein Fünftel des Mühlenberger Loches zugeschüttet. Es konnten viele neue Arbeitsplätze geschaffen werden.

M7 *Erweiterung des Werksgeländes*

Ⓐ Fischindustrie in Bremerhaven

Ⓑ Stahlindustrie im Rhein-Ruhr-Raum Film

M1 *Industrien an verschiedenen Standorten in Deutschland.*

Standorte der Industrie in Deutschland

Die Industriekarte zeigt die **Standorte** der **Industrie** in Deutschland (M2). Damit ein Industrieunternehmen Güter produzieren kann, muss der Standort des Unternehmens bestimmte Voraussetzungen erfüllen.

Lebensmittelindustrie in Bremen/Bremerhaven

Zur Produktion von Lebensmittel werden **Rohstoffe**, also nicht verarbeitete Produkte benötigt. An den Standorten Bremen und Bremerhaven wird der Rohstoff Fisch verarbeitet. Die Nähe zur Küste ermöglicht den Antransport des Rohstoffes und den Abtransport der Fertigprodukte (z. B. Fischstäbchen) mit Schiffen.

Stahlindustrie im Rhein-Ruhr-Raum

Zur Produktion von Stahl werden die Rohstoffe Eisenerz und große Mengen Steinkohle benötigt. Im Rhein-Ruhrgebiet gibt es Steinkohlevorkommen, die früher in Bergwerken gefördert wurden. Die Stahlindustrie wählte ihren Standort in der Nähe dieser Bergwerke. Es folgten weitere Industrieunternehmen, die Stahl als Rohstoff nutzen. So entstand der größte Industrieraum Deutschlands.

Chemieindustrie in Ludwigshafen

Die BASF in Ludwigshafen ist das weltweit größte Chemiewerk. Es produziert aus Rohstoffen (z. B. Erdöl und Erdgas) chemische Produkte (z. B. Kunststoffe). Andere Industrien können diese chemischen Produkte wieder als Vorprodukte nutzen. Der **Flächenbedarf** ist groß: 2000 Gebäude erstrecken sich auf einer Fläche von 10 km².
Zum Transport der Rohstoffe und der produzierten Produkte werden unterschiedliche **Verkehrswege** genutzt: Pipelines, der Rhein als Wasserstraße, Zugstrecken und Straßen.

Automobilindustrie in Stuttgart

Die Automobilindustrie benötigt viele unterschiedliche Rohstoffe (z. B. Stahl und Kunststoff) und vorgefertigte Autoteile. Zur Produktion werden **Arbeitskräfte** benötigt. Stuttgart ist ein wichtiger Standort für die Automobilindustrie. Fast jede zehnte Arbeitskraft in Stuttgart arbeitet in diesem Industriezweig. In speziellen Bildungseinrichtungen der Region Stuttgart werden Arbeitskräfte für die Arbeit in der Automobilindustrie ausgebildet.

---

1 Erstelle zu den vier oben abgebildeten Industrien eine tabellarische Übersicht (M1, M2):

Bild	Industrie	Symbol	Standorte

2 Erstelle zu den Industrieräumen Berlin, Hamburg, Stuttgart und Rhein-Ruhr eine Tabelle (Text, M2):

Industrieraum	Bundesland	Industrien

3 Hamburg, Kiel und Rostock sind Standorte des Schiffsbaus. München und Berlin sind Standorte des Schienenfahrzeugbaus.
a) Erstelle für die beiden Industrien geeignete Symbole.
a) Erstelle mit der Kopiervorlage eine um die beiden Industrien ergänzte Karte.

4 a) Erläutere an Beispielen Voraussetzungen eines Standortes der Industrie. Mögliche Beispiele sind der Rhein-Ruhr-Raum (M1, Film) oder Airbus in Hamburg (› S. 74/75).
b) Erkläre, warum Standorte der Industrie nicht gleichmäßig auf ganz Deutschland verteilt sind.

© Chemieindustrie in Ludwigshafen

Ⓓ Automobilindustrie in Stuttgart

M2 *Karte der Industriestandorte in Deutschland*

Kompetenzcheck

	Ich kann ...	Teste dich!	Hilf dir!
Orientierung (Orientierungskompetenz)	... die Lage wichtiger Städte, Flüsse und Gebirge beschreiben. ... 16 Bundesländer und ihre Landeshauptstädte benennen. ... die vier Großlandschaften charakterisieren. ... Inseln der Nord- und Ostsee benennen.	1. Bezeichne die Städte, Flüsse und Gebirge (M1). 2. Nenne alle Bundesländer und ihre Landeshauptstädte, die a) Anteil an Hochgebirgen haben. b) Anteil an der Küste haben. 3. Nenne die Namen der beiden Inseln (M9) und ordne sie der Nord- oder der Ostsee zu.	›S. 48/49 ›S. 42/43 ›S. 46/47 ›S. 62/63
Inhalt (inhaltsbezogene Kompetenzen)	... die Großlandschaften beschreiben. ... Berlin als Bundeshauptstadt charakterisieren. ... Wetterelemente erläutern. ... Wetter und Klima erläutern. ... die Gefährdung der Nordseeküste durch Sturmfluten beschreiben. ... die Gefährdung der Nordsee durch den Menschen beschreiben. ... geeignete Schutzmaßnahmen beurteilen. ... industrielle Produktion an einem Industriestandort erläutern.	4. Ordne die Bilder (M6) begründet den Großlandschaften zu. 5. Arbeite den Außenseiter heraus und begründe deine Wahl (M2). 6. a) Bezeichne die Aussagen in M4 als Wetter oder Klima. b) Ordne die Rekorde (Ⓐ – Ⓓ) den Orten (1 – 4) zu (M4). 7. Beurteile den Schülervorschlag zum Deichbau (M3). 8. Beschreibt Grundbegriffe. Spielt hierzu Tabu (M5, Kopiervorlage). 9. Ordne, wenn möglich, die Grundbegriffe eindeutig den vier Puzzleteilen der Geographie zu (› S. 11). 10. Bezeichne die Industrien (M7) und beschreibe ihre Standorte in Deutschland (›S. 77 M2). 11. Wer wird „Geo-Champion" (■ Quiz)?	›S. 46/47 ›S. 36/37 ›S. 40/41 ›S. 54/55 ›S. 58/59 ›S. 64/65 ›S. 64/65 ›S. 76/77
Methode und Anwendung (prozessbezogene Kompetenzen)	... Entfernungen mit der Maßstabsleiste herausarbeiten. ... Klimadiagramme erstellen und erläutern. ... Lageskizzen erstellen. ... Säulendiagramme erstellen und erläutern.	12. Arbeite die Entfernung von Hannover nach München heraus (M1). 13. Städtetour nach Berlin: Erstelle aus der Klimatabelle (›S. 57 M6) ein Klimadiagramm und bestimme einen günstigen Monat für die Reise. 14. Welthafen Hamburg: a) Erstelle eine Lageskizze von Hamburg. Begründe damit die Eignung als großer Güterumschlagplatz. b) Erstelle aus der Tabelle (M8) ein Säulendiagramm zum Containerumschlag und beschreibe damit die Entwicklung. c) Der Güterumschlag in Hamburg ist noch größer als in der Tabelle angegeben. Erkläre.	›S. 38/39 ›S. 56/57 ›S. 72/73 ›S. 48/49 ›S. 44/45

A – Z: Grundbegriffe des Kapitels (vgl. Lexikon › S. 222)
Abtragung, Alpenvorland, Arbeitskräfte, Ausgleichsküste, Bevölkerungsdichte, Bewölkung, Bodden, Bundeshauptstadt, Bundesland, Container, Deich, Dienstleistung, digitale Karte, Düne, Ebbe, Erde, Export, Flächenbedarf, Flachküste, Flut, Forstwirtschaft, Fremdenverkehr, Gletscher, Güterumschlag, Hauptstadt, Himmelsrichtung, Hochgebirge, Hochwasser, Import, Industrie, Insel, Karte, Klima, Klimadiagramm, Küste, Landeshauptstadt, Luftdruck, Maßstab, Meer, Mittelgebirge, Nachhaltigkeit, Nationalpark, Niederschlag, Rohstoff, Seehafen, Staat, Stadt, Stadtviertel, Standort, Steigungsregen, Steilküste, Sturm, Sturmflut, Tal, Temperatur, Tiefland, Tourismus, Umwelt, Verkehrsweg, Watt, Wetter, Wind

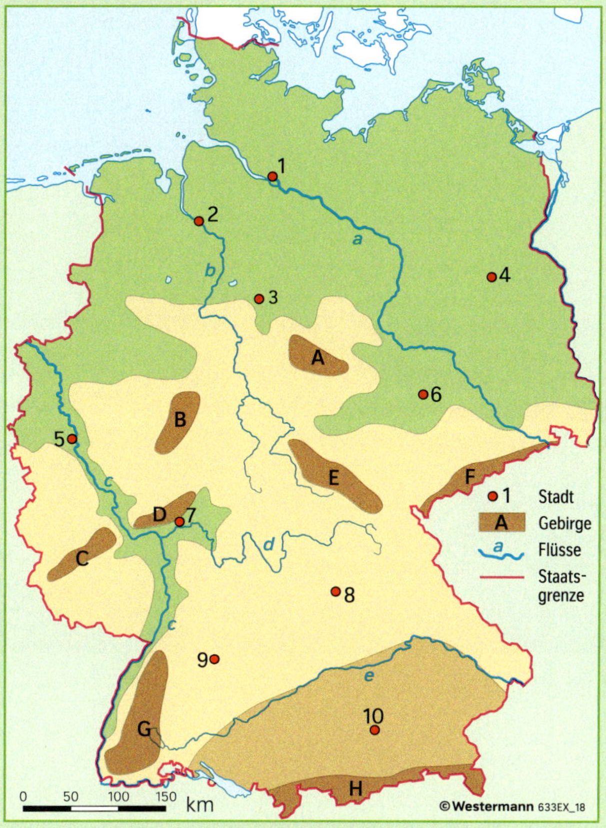

M1 *Stumme Karte Deutschland*

Ⓐ Spree, Norddeutsches Tiefland, Sachsen, Ostdeutschland
Ⓑ Politisches Zentrum, Verkehrsknotenpunkt, Touristenmagnet, Welthafen
Ⓒ Siegessäule, Paulskirche, Brandenburger Tor, Reichstag
Ⓓ Tiergarten, Regierungsviertel, Reichstag, Kreuzberg

M2 *Berlin: Suche den Außenseiter!*

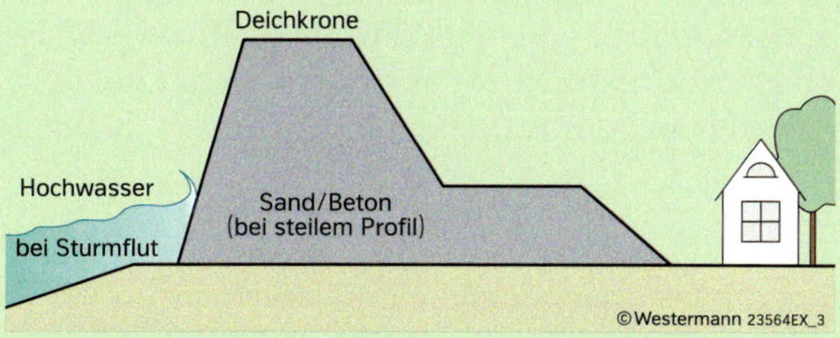

M3 *Profilskizze eines Schülers für einen Deich*

M5 *Kartenspiel zu den Grundbegriffen*

M6 *Großlandschaften gesucht*

M7 *Industrie-Signaturen*

© Westermann 45805EX

Containerumschlag in Hamburg in Millionen TEU					
1995	2000	2005	2010	2015	2020
2,9	4,3	8,1	7,9	8,8	8,5

Quelle: www.hafen-hamburg.de (2023)

M8 *Statistik zum Hamburger Hafen*

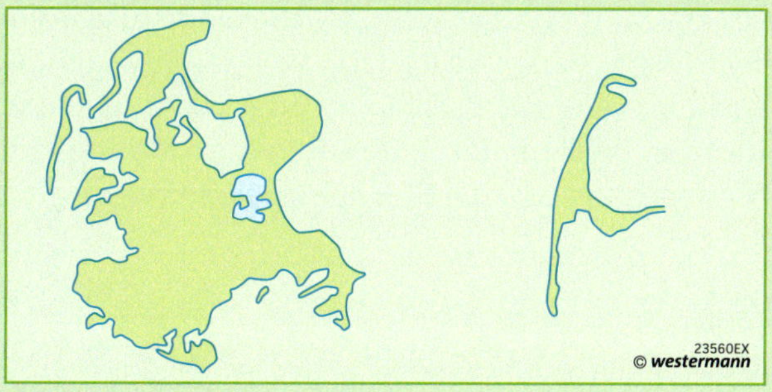

M9 *Inseln im Umriss*

Ⓐ Regen satt im August: In 800 m Höhe 312 mm Niederschlag an einem Tag.
Ⓑ Ganz schön verfroren: Februar 1956 mit einem Mittelwert von – 19,1 °C der kälteste je gemessene Monat.
Ⓒ Wärmste Großstadt: Jahresdurchschnittstemperatur von 11,8 °C.
Ⓓ Freibad am Rhein: Auf 40,2 °C stieg das Thermometer zur Mittagszeit.

1: Freiburg   2: Zugspitze   3: Zinnwald im Erzgebirge   4: Karlsruhe

M4 *Deutschlands Klima- und Wetterrekorde*

CHECK

Digital+
WES-121698-079

M1 *Touristen-Bahn zum höchsten Harzgipfel, dem Brocken (1142 m ü. M.)*

Der Harz – ein Mittelgebirge

Im Harz, dem nördlichsten **Mittelgebirge** Deutschlands (›S. 46), gibt es im Gegensatz zur Küste keine weiten Ebenen. Das „Meer" besteht höchstens aus Bäumen. Trotzdem gibt es Gemeinsamkeiten: Es gibt Windräder, Hotels und Touristen, einen Nationalpark und Nutzungskonflikte.

Der Harz erhebt sich bis auf gut 1100 m Höhe. Der Brockengipfel ist waldfrei. Wie viele Mittelgebirge ist der Harz von tief eingeschnittenen **Tälern** durchzogen. Diese sind vor allem durch die **Abtragung** von Flüssen entstanden. Flüsse transportieren Steine mit sich, die Grund und Ufer abschleifen, wenn sie dagegenstoßen (›S. 148/149). Ob ein Tal (M6) über viele Jahrtausende eng oder breit wird, hängt davon ab, ob das umliegende Gestein widerstandsfähig ist oder nicht. Wichtig für die Talform ist außerdem die Menge an Niederschlag und die Steilheit des Geländes.

Der Harz – ein altes Siedlungsgebiet

Die Menschen nutzen den waldreichen Harz seit langem zur **Forstwirtschaft**. Ursprünglich stand dies in enger Verbindung mit dem Bergbau. Aus dem Holz wurde Holzkohle erzeugt, mit der man zum Beispiel das im Gebirge gewonnene Silber aus den Gesteinen herausschmelzen konnte.
Enge Täler und hohe Niederschläge begünstigen die Energiegewinnung durch Wasserkraft, früher durch Wasserräder, heute durch große Talsperren (M7). In diesen wird Wasser zu Stauseen aufgestaut und dann durch Turbinen Strom gewonnen. Außerdem dienen einige Stauseen als Trinkwasserspeicher. Strom wird auch durch Windkraftanlagen erzeugt, weil der Wind regelmäßig über das aus dem Umland herausragende Gebirge weht.
Der Harz wird aufgrund seines Erholungswertes auch touristisch genutzt. Ein Nationalpark soll die abwechslungsreiche Landschaft schützen und zugleich weitere Touristen anziehen.

TRANSFER

1. a) Ordne die Niederschlags- und Temperaturwerte (1–5) in M4 begründet den Orten in M3 zu (■ Übung).
   b) Erläutere die unterschiedliche Niederschlagsverteilung, die auch Sonja überrascht (›S. 35).
2. Beschreibe, wie Täler entstehen (Text).
3. Erkläre, warum im Harz viele Täler entstehen konnten (Text, M3, M4, M6).
4. Stelle mögliche Nutzungskonflikte im Harz dar. Verwende dazu auch den Atlas.
5. „Der Tourismus ist für die Region lebensnotwendig!" Vergleiche den Harz und die Ostfriesischen Inseln hinsichtlich der Entwicklung und Bedeutung des Tourismus (M5, M8, ›S. 66/67).
6. Auch der Nationalpark Harz hat nicht nur Befürworter. Stelle Argumente möglicher Gegner dar.

Kapitelaufgabe: Tabelle (›S. 35)
Du hast nun viel über den Harz erfahren. Stimmst du Sonja zu? Findest du den Harz interessant? Ergänze die Tabelle.

M2 *Der Harz – Orientierung*

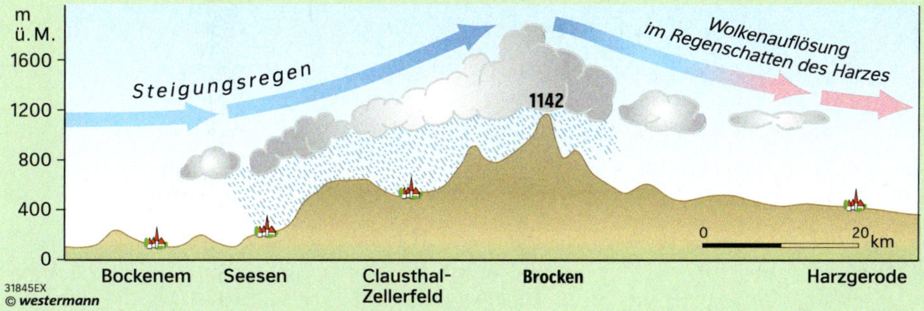

M3 *Profil durch den Harz*

Übung

M8 *Der Brocken als Anziehungspunkt*

Nummer	Jahresdurchschnitts-temperatur (°C)	Gesamt-niederschlag (mm)
1	6,4	1315
2	6,8	553
3	8,5	720
4	2,9	1592
5	8,3	858

M4 *Ausgewählte Klimastationen*

M6 *Das Tal der Bode*

Jahr	Ostfrie-sische Inseln	Harz	Nieder-sachsen
Übernachtungen			
2010	5,2 Mio.	3,8 Mio.	38,4 Mio.
2015	5,3 Mio.	4,2 Mio.	41,3 Mio.
2020	3,8 Mio.	3,0 Mio	30,0 Mio.
2022	5,4 Mio.	4,2 Mio.	43,3 Mio.
Übernachtungen/1000 Einwohner			
2010	304000	8796	4841
2015	298000	10120	5254
2020	218000	7264	3752
2022	309000	10120	5336
Quelle: Landesamt für Statistik Niedersachsen 2023			

M5 *Bedeutung des Tourismus*

M7 *Die Okertalsperre*

TRANSFER

Wir erkunden Baden-Württemberg

Schloss Lichtenstein auf der Schwäbischen Alb

Allerheiligen-Wasserfälle im Nationalpark Schwarzwald
Freiburg im Breisgau
Bodensee

Baden-Württemberg – geprägt durch Mensch und Natur!

„Ich bin Boris, 15 Jahre alt, und ich komme aus Villingen-Schwenningen. Seit einem Jahr mache ich die Ausbildung zum Segelflieger. Beim Flug brauchen wir gute Aufwinde, die wir an den Berghängen nutzen. Das Gebiet der Baar zwischen Schwarzwald und Schwäbischer Alb ist ideal. Mit meinem Vater, der auch Segelflieger ist, bin ich bereits an vielen Stellen Baden-Württembergs geflogen…"

„Hoch über Freiburg sind am Horizont die Vogesen zu erkennen. Und hinter mir ragt der Schwarzwald empor. Nach Norden zieht sich eine weite Ebene. Dort, in Mannheim, wohnt mein Cousin Steffen. Er behauptet, in einem breiten Tal zu wohnen."

Ist die Oberrheinische Tiefebene wirklich ein Tal?

„Der Feldberg ist der höchste Berg in Baden-Württemberg. Über ihn hinwegzusegeln, ist daher etwas Besonderes. Der Gipfel ist waldfrei. Mein Vater erzählt aber, dass der Schwarzwald ursprünglich so nicht ausgesehen hat."

Warum ist der Schwarzwald nicht ursprünglich?

„Über die Schwäbische Alb segele ich gern hinweg! Die Landschaft sieht fantastisch aus: Langgezogene Bergrücken, die bewaldet sind, dazwischen Täler, und immer wieder diese einzeln stehenden Bergkuppen. Man nennt sie Zeugenberge."

Wovon sind diese Berge wohl Zeugen?

„Hoch über dem oberschwäbischen Alpenvorland sieht man erst, wie riesig der Bodensee ist! Die Landschaft ist schön: Am Horizont sieht man die Alpen und am Boden, der leicht hügelig erscheint, wechseln sich Wälder, Siedlungen und viel Grünland ab."

Warum gibt es in Oberschwaben so viel Grünland?

Kapitelaufgabe

Mensch und Natur:
Wie gut kennst du die Zusammenhänge?
Diese sollst du anhand einer Landschaft Baden-Württembergs untersuchen. Arbeite dazu Informationen zu unseren Puzzleteilen heraus:
- Welche Besonderheiten weist die **Erdoberfläche** auf?
- Wie lässt sich das **Klima** charakterisieren?
- Welche Herausforderungen und Chancen bestehen für die **Gesellschaft**?
- Wie wird der Raum **wirtschaftlich** genutzt?
- Wie lassen sich Gegenwart und Zukunft **nachhaltig** gestalten?

M1 *Landschaften in Baden Württemberg*

Übung

Die Landschaften Baden-Württembergs

Das Landschaftsbild Baden-Württembergs ist vielfältig: deutliche Gegensätze von **Tiefländern** und **Mittelgebirgen** prägen das Bild. Das lässt sich nicht nur mit dem Segelflieger erkennen (M1). Diese landschaftliche Vielfalt wird hauptsächlich durch die verschiedenen **Gesteine** im Untergrund verursacht. Diese wurden durch erdinnere und erdäußere Kräfte im Laufe der Erdgeschichte geformt (›S. 90/91).

- **Schwäbische Alb** (›S. 92): Wie ein Fächer breiten sich östlich des Schwarzwaldes stufenförmige Höhenzüge aus. Die höchste Stufe (über 1000 m) im Osten dieser Schichtstufenlandschaft bildet die Schwäbische Alb mit ebenen Hochflächen und bewaldeten Bergkuppen. Trotz hoher Niederschlagswerte fehlt der Alb oft das Wasser. Dieser vermeintliche Widerspruch stellt die Menschen vor besondere Herausforderungen und macht erfinderisch.
- **Schwarzwald** (›S. 102): Mit seinen von Flüssen geschaffenen Tälern (›S. 148) und seinen Höhenzügen ist der Schwarzwald eines der beliebtesten Urlaubsziele Deutschlands. Er ist das höchste Gebirge Baden-Württembergs und erstreckt sich parallel zum Oberrheinischen Tiefland in etwa von Süd nach Nord. Er ist zu einem großen Teil bewaldet. Nahe der Neckarmündung erhebt sich der Odenwald, der nur teilweise auf Baden-Württembergischen Gebiet liegt.
- **Oberrheinisches Tiefland** (›S. 138): Im Westen des Landes bildet dieser tief liegende (bis 200 m), ebene Graben mit dem Rhein als Hauptfluss die natürliche Grenze zu dem Nachbarland Frankreich. Der Rhein wird in diesem 300 km langen Abschnitt auch Oberrhein genannt. Er durchfließt die Ebene wie in einem Tal. Der Rhein transportiert Kiese und Sande aus den umliegenden Gebirgen mit sich, lagert diese ab und formt so die flache und ebene Landschaft.
- **Oberschwäbisches Alpenvorland** (›S. 110): Der Flussverlauf der Donau bildet in etwa den Übergang von der Schwäbischen Alb ins südöstliche Oberschwaben. Sanft wellige Höhenzüge (400 – 800 m) mit viel Grünland bestimmen die Landschaft. Oberschwaben bildet mit der weiter Süden angrenzenden Bodenseeregion einen Teil der Großlandschaft Alpenvorland (›S. 46/47).
- Es gibt im Baden-Württemberg noch weitere Landschaften, die hier nicht weiter behandelt werden. Sehr bekannt sind die Gäulandschaften, wie der Kraichgau oder die Hohenloher Ebene im Norden des Landes.

Im Zukunftsfach Geographie untersuchst du, wie die Landschaften entstanden sind, welche natürlichen Faktoren diese Räume prägen und wie die Menschen dort früher, heute und in Zukunft leben können.

1. Ordne die Bilder in M1 jeweils einer Landschaft in Baden-Württemberg begründet zu (Übung).
2. Nenne zu jeder der vier Landschaften Baden-Württembergs die Lage, die mittlere Höhe, ein besonderes landschaftliches Merkmal, eine Stadt und einen Fluss. Erstelle dazu eine Tabelle mithilfe einer Karte (Atlas, Karten ›S. 204 – 209).
3. Arbeite die geographische Lage der Rekorde (M3) mithilfe des Atlas heraus.
4. Entwickle mögliche Fragestellungen zu den einzelnen Puzzleteilen (M2), die Delia und Dominik sich stellen könnten. Schau dir auch die Bilder in M1 an.
5. Benenne die Städte, Gewässer und Berge in der Karte M4 (Karte).

M2 *Der geographische Blick auf Landschaften*

Höchster Punkt:
Feldberg, 1493 m

Tiefster Punkt:
Rheinpegel Mannheim, 85 m

Längster Fluss:
Rhein, 437 km (von 1233 km)

Längste Grenze:
zu Bayern, 860 km

Größter Trinkwasserspeicher:
Bodensee (Entnahme an Trinkwasser 172 Mio. m³/Jahr)

M3 *Geographische Rekorde Baden-Württembergs*

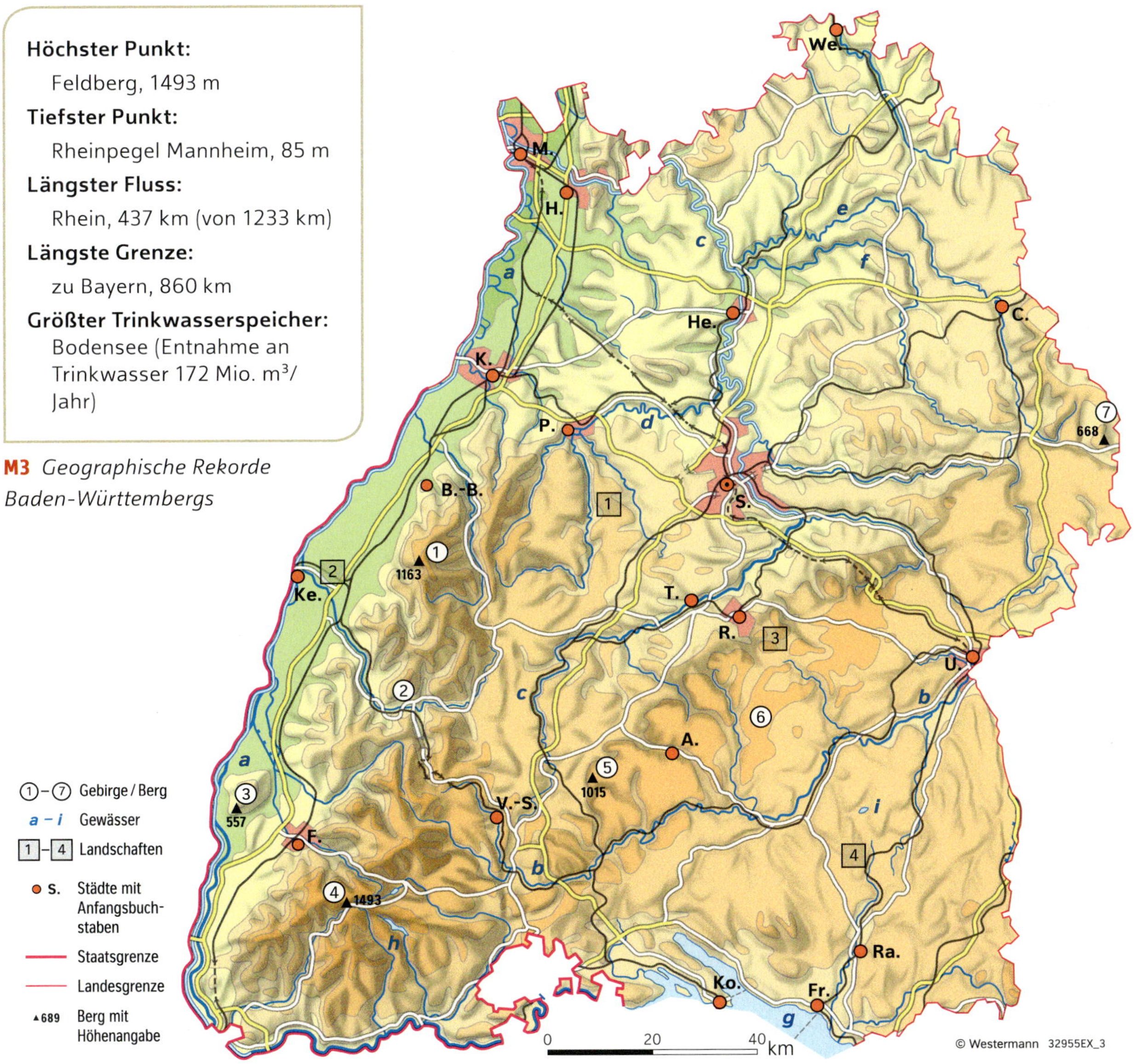

M4 *Physische Karte von Baden-Württemberg* Karte

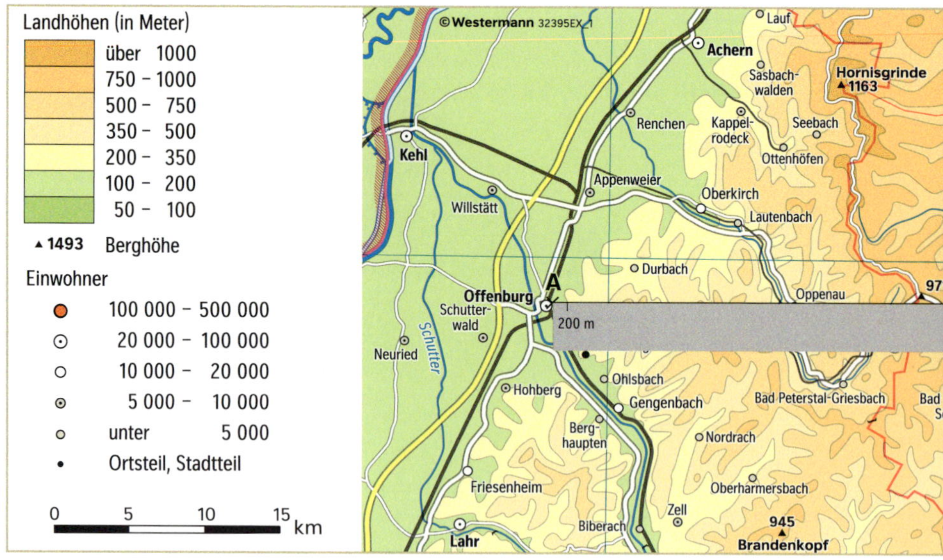

M1 *Kartenausschnitt von Baden-Württemberg (Profilstrecken A – B und C – D)*

Wie zeichne ich ein Höhenprofil durch Baden-Württemberg?

Ein Marathonläufer möchte für seine Trainingsvorbereitung wissen, welche Steigungen seine Laufstrecke hat. Wie kann er das herausbekommen? Er benötigt ein sogenanntes Höhenprofil. Ein Profil ist ein Querschnitt einer Strecke der Erdoberfläche, die alle Höhenverhältnisse des Geländes deutlich macht. Vielleicht benötigst du auch in deiner Freizeit einmal Informationen über den Höhenverlauf einer Strecke, zum Beispiel für eine Radtour oder Wanderung?
Profile zu zeichnen, ist vor allem für großmaßstäbige **Karten** sinnvoll. Bei kleinmaßstäbigen Karten ist ein genaues Profil zumeist nicht möglich. Allerdings kannst du dir immer noch einen Überblick verschaffen (M1). Die Grundidee ist einfach: Benutze hierfür eine Karte mit **Höhenlinien** oder Höhenschichten (›S. 20/21) sowie Zeichenmaterial (M2). Wähle deine Strecke aus, um daraus ein Profil mit Höhenangaben zu erstellen. Auch Entfernungsangaben sind möglich, hierfür musst du aber den **Maßstab** beachten (›S. 38/39). Wenn du das Profilzeichnen von Hand beherrschst, kannst du Steigungen vor einer Tour sinnvoll planen!

Schritt für Schritt: Zeichnen eines Höhenprofils (M2, M3)

1. Wähle im Kartenausschnitt zwei Punkte (A – B) und verbinde sie mit einer geraden Linie als Strecke.
2. Lege den Papierstreifen an die Linie und übertrage die Punkte A und B deiner Strecke.
3. Deine Strecke A – B schneidet nun alle Höhenlinien deiner Karte. Markiere jeden Schnittpunkt auf deinem Papier und notiere dazu die korrekte Höhe.
4. Zeichne auf deinem Millimeterpapier eine waagerechte Entfernungsachse mit der Länge deiner Strecke A – B. Zeichne danach eine senkrechte Höhenachse mit gleichmäßiger Einteilung der Höhen entsprechend deiner niedrigsten und höchsten Höhenwerte.
5. Lege nun deinen Papierstreifen an die waagerechte Entfernungsachse. Gehe von jedem Punkt deines Papierstreifens senkrecht nach oben bis zur richtigen Höhe und setze dort einen Punkt.
6. Verbinde alle Punkte zu einer durchgängigen Profillinie: Dein Profil ist fertig!

1 a) Beschreibe, welche Bedeutung die Darstellung eines Profils für die Freizeitgestaltung haben kann. Nenne ein Beispiel.
b) Erkläre die Notwendigkeit von Höhenlinien zur Anfertigung eines Profils.

2 Erstelle ein Höhenprofil (Schritt für Schritt, M3, Animation):
a) Erstelle das West-Ost-Profil (A – B) im Kartenausschnitt M1.
b) Erstelle das Süd-Nord-Profil (C – D) im Kartenausschnitt M1.
c) Vergleiche beide Profile miteinander. Welche Strecke würdest du für eine Familien-Radtour bevorzugen? Begründe.

3 Erstelle ein digitales Profil (A – B und C – D) und vergleiche es mit deinem selbst gezeichneten Profil (Internetlink).

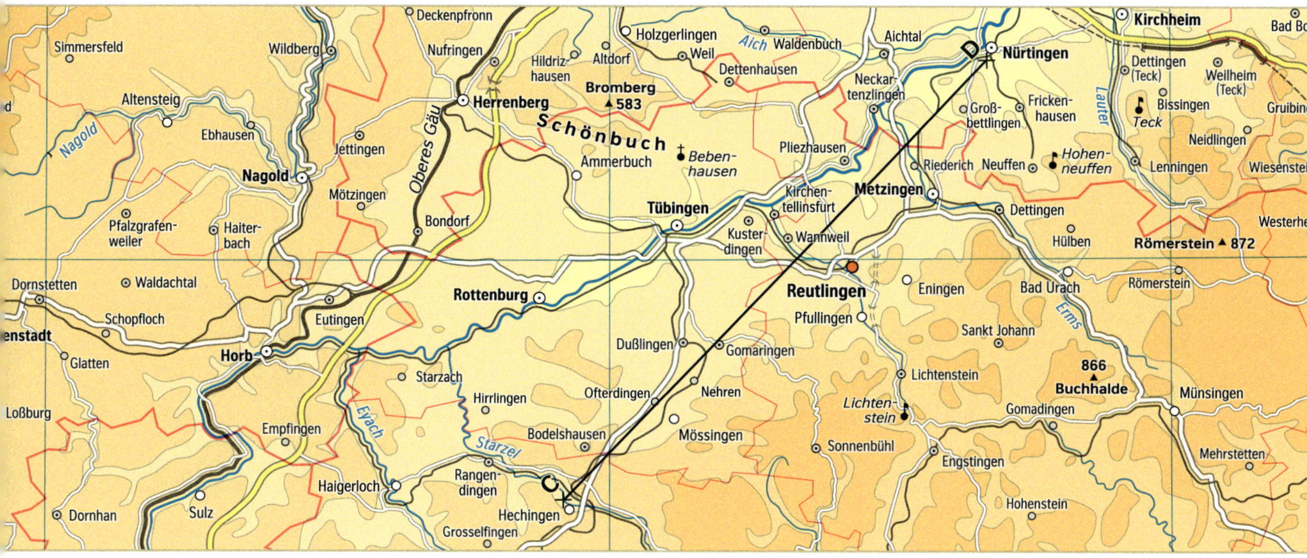

M2 *Was brauchst du zum Profilzeichnen?*

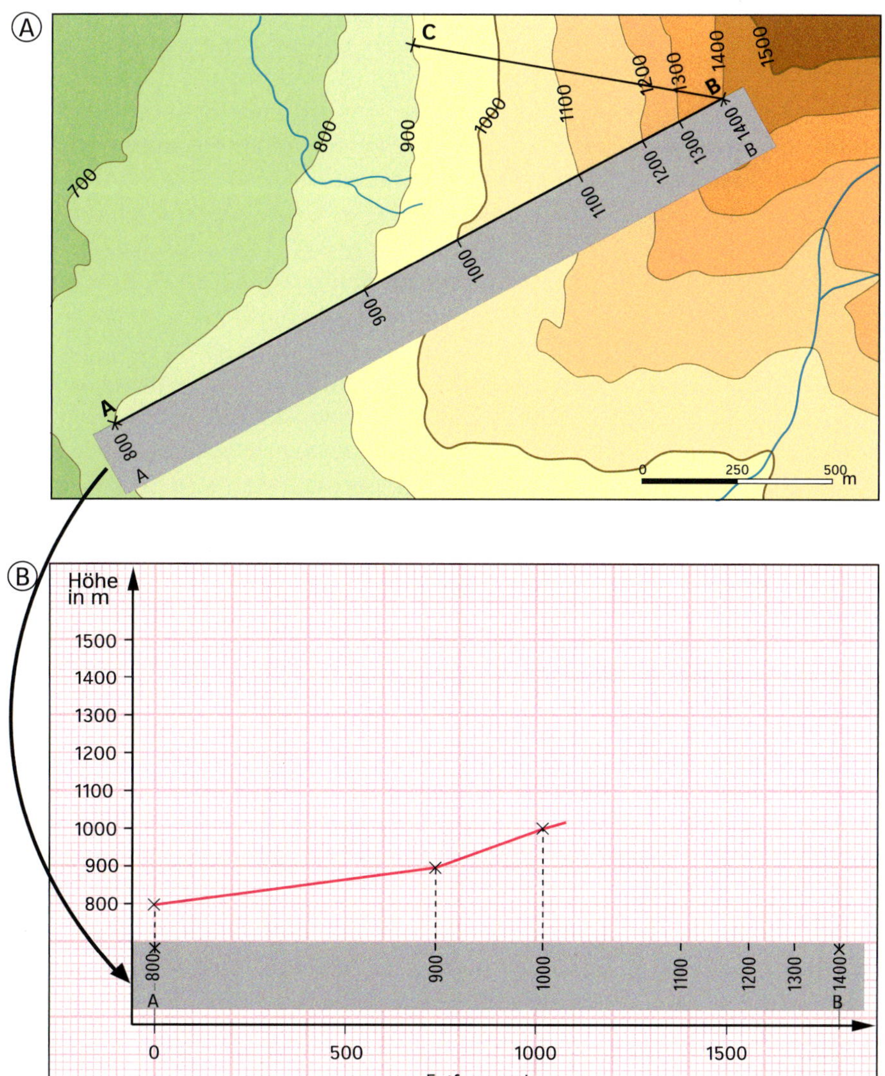

M3 *Die Schritte Ⓐ 1 – 3 und Ⓑ 4 – 6 zum Zeichnen eines Höhenprofils* **Animation**

Internet

Internetlink

Auf der Website des Landesmedienzentrums Baden-Württemberg kannst du mit dem Computer auf einer Kartengrundlage ein digitales Höhenprofil erstellen.

1. *Wähle einen Ort.*
2. *Aktiviere das Symbol „Elevation Profile".*
3. *Setze mit einem Klick auf den ausgewählten Ort den Anfangspunkt deiner Profilstrecke.*
4. *Den Endpunkt deiner Profilstrecke markierst du mit einem Doppelklick.*
5. *Das fertige Höhenprofil wird sofort angezeigt.*

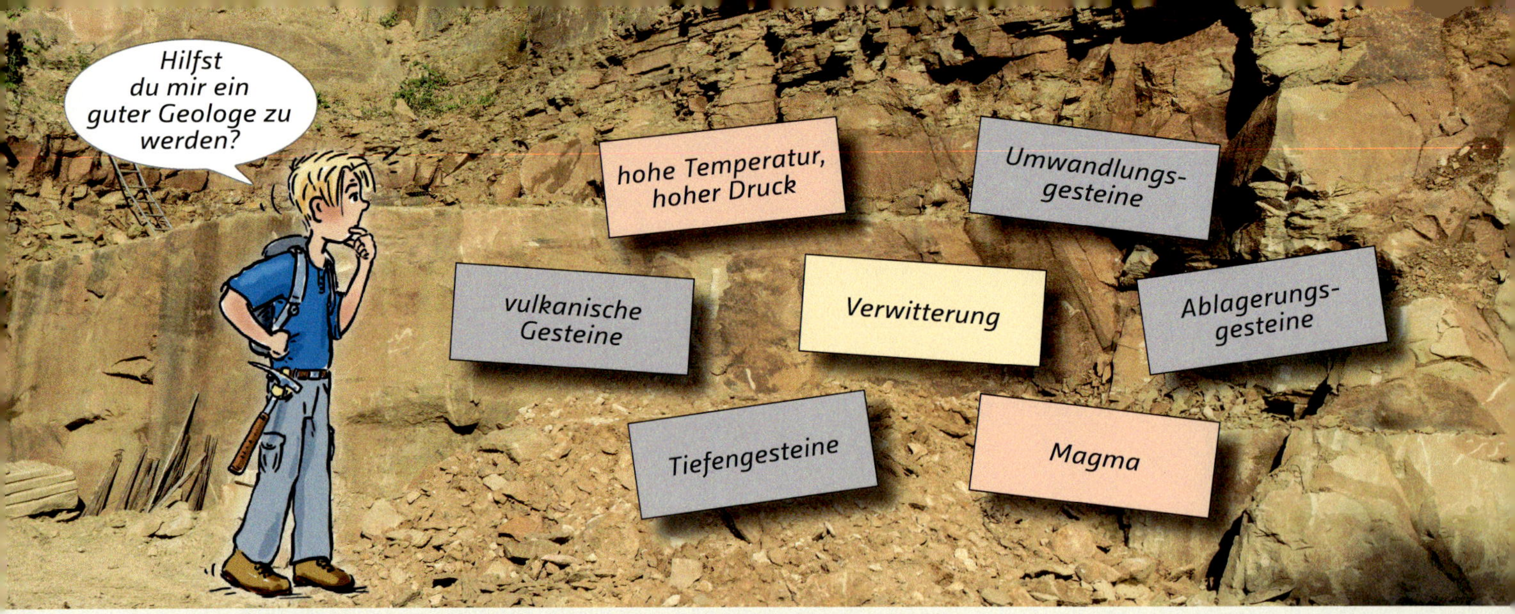

M1 *Begriffsschilder zum Gesteinskreislauf*

Gesteine – Baumaterial der Landschaften

Dominik sieht aus wie ein echter Geologe. Das sind speziell ausgebildete Geographen, die sich mit den **Gesteinen** unserer Erde befassen. Oftmals überdeckt der **Boden** die Gesteine, sodass wir diese nicht direkt sehen. In Steinbrüchen oder an Häusern sind sie aber zu erkennen.

Aufbau von Gesteinen

Jedes Gestein erzählt seine ganz eigene Geschichte – man muss nur genau hinschauen und etwas mehr über deren Aufbau und Entstehung wissen (M2). Die einzelnen Bestandteile der Gesteine nennt man Minerale. Sie haben unterschiedliche Farben (weiß, schwarz, rot) und Eigenschaften (Härte, Glanz). So sind manche Gesteine sehr hart und andere verwittern schneller. Gesteine sind nicht nur Baumaterial für Häuser oder Straßen, sie sind auch das Baumaterial der Landschaft – also der Erdoberfläche.

Gesteinskreislauf

Gesteine verändern sich im Laufe der Zeit. Man sagt, dass sie einen langsamen Kreislauf, den Gesteinskreislauf, durchlaufen (M3). Wir Menschen können diesen kaum wahrnehmen – wissen durch Geologen aber darüber Bescheid. Dazu reisen wir gedanklich zunächst ins Innere der Erde:
Heiße und flüssige Gesteinsschmelze (Magma) kann tief aus der Erde an die Oberfläche aufsteigen. Wenn das Magma noch in der Erde abkühlt und erstarrt, dann entsteht magmatisches Tiefengestein. Sobald es aber noch in flüssiger Form in einem **Vulkan** die Erdoberfläche erreicht, erstarrt die Schmelze schneller: ein magmatisches Ergussgestein entsteht.
Alle so entstandenen Gesteine sind an der Erdoberfläche Kräften wie Wasser oder großen Temperaturunterschieden ausgesetzt. Dadurch werden sie zerkleinert – man sagt auch, dass sie verwittern. Dies ist die Voraussetzung für die **Abtragung** (Erosion) und den Transport. So werden aus großen Steinen kleine Sandkörner, die sich dann wieder ablagern können und unter Druck verfestigt werden. Man spricht somit von Ablagerungsgesteinen.
Irgendwann können Gesteine auch wieder ins Erdinnere gelangen. Dort werden Sie durch hohen Druck und Temperatur umgewandelt oder schmelzen wieder zu Magma. Der Kreislauf beginnt von neuem.

---

❶ Hilf Dominik!
a) Ordne die Begriffsschilder in M1 den Ziffern 1–7 im Schaubild M3 zu (Übung).
b) Erkläre, warum man von einem Gesteinskreislauf spricht.

❷ Ordne Gesteine aus der Gesteinssammlung der Schule oder eigene Fundstücke in M2 und M3 ein.

❸ Erstelle eine Tabelle zu einer Gesteinsart deiner Wahl (Tiefen-, Ablagerungs- oder Umwandlungsgestein).
Stelle dabei die Entstehung, die Lagemerkmale in Baden-Württemberg (M4), ein Vorkommen im Alltag sowie ein konkretes Beispiel dar.

❹ Du bist mit deinen Eltern im Baumarkt, denn eure Familie möchte eine Natursteinmauer im Garten bauen. Sie soll besonders langlebig sein. Erkläre deinen Eltern, welches Gestein sich dafür am besten eignet.

Granit	Gneis	Sandstein	Kalkstein
grau oder rötlich, gut erkennbare Minerale, kaum ritzbar, fest	*grau oder rötlich, Minerale in Streifen, kaum ritzbar, sehr fest*	*gelblich bis rötlich, winzige Minerale, etwas ritzbar, sandig*	*hell gelblich bis weißlich, Minerale nicht erkennbar, gut ritzbar, brüchig, schäumt mit Säuretropfen*
MAGMATISCHES TIEFENGESTEIN	UMWANDLUNGS-GESTEIN	ABLAGERUNGS-GESTEIN	ABLAGERUNGS-GESTEIN

M2 *Probestücke und Eigenschaften einiger wichtiger Gesteine im Überblick*

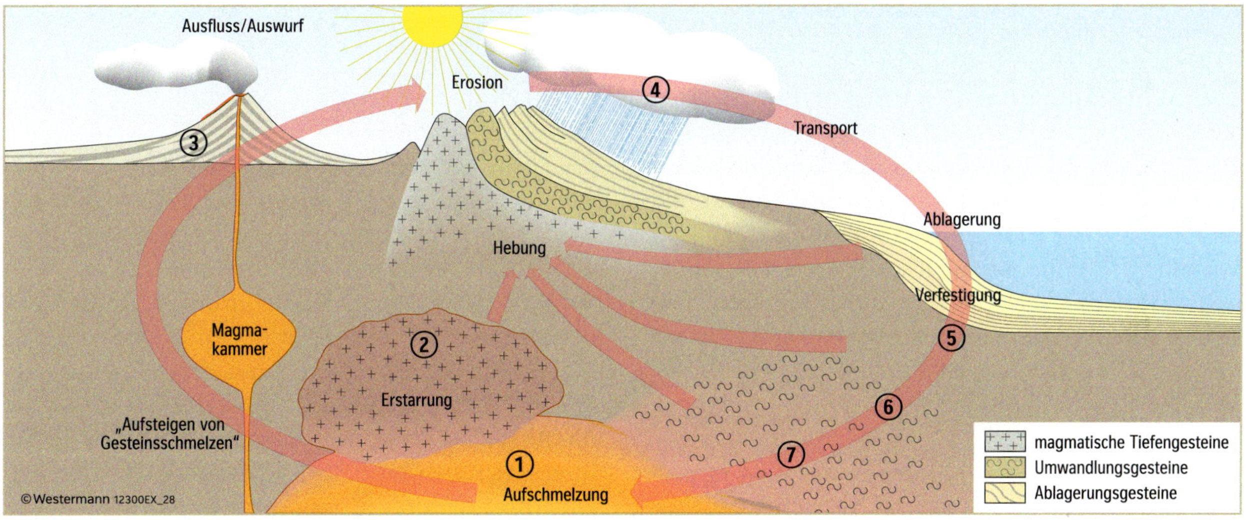

M3 *Der Kreislauf der Gesteine (vereinfacht)*

Übung

Versuch

Arbeite wie eine Geologin oder ein Geologe!
Suche auf dem Schulgelände, an Gebäuden deines Schulweges, am Rande von Gärten oder (wenn möglich und gestattet) in Steinbrüchen nach Gesteinen.
Folgende Fragen helfen dir bei der Untersuchung der Gesteine:

- *Sind im Gestein Minerale erkennbar?*
- *Wie sind die Minerale angeordnet?*
- *Welche Farbe hat das Gestein?*
- *Sind bestimmte Muster oder Strukturen erkennbar?*
- *Ist der Stein eher brüchig oder sehr fest?*
- *Ist das Gestein mit einem Nagel ritzbar?*
- *Schäumt die Oberfläche des Gesteins bei einem Tropfen Essigessenz (aus dem Küchenschrank) auf?* (Achtung! Schutzbrille aufsetzen)

Zum Schluss:
Notiere Datum und Fundort deines Gesteins.

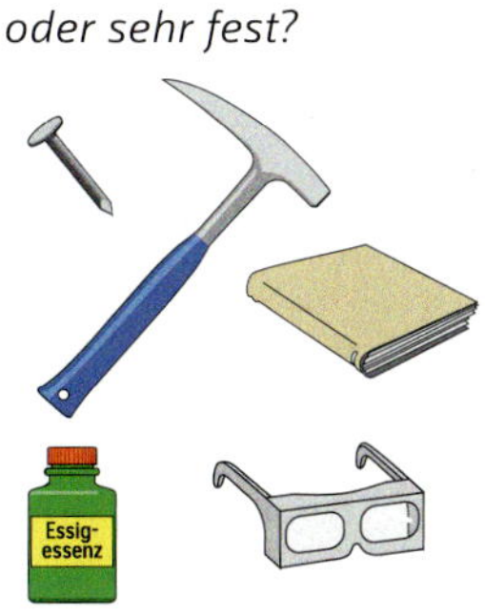

Geologenausrüstung

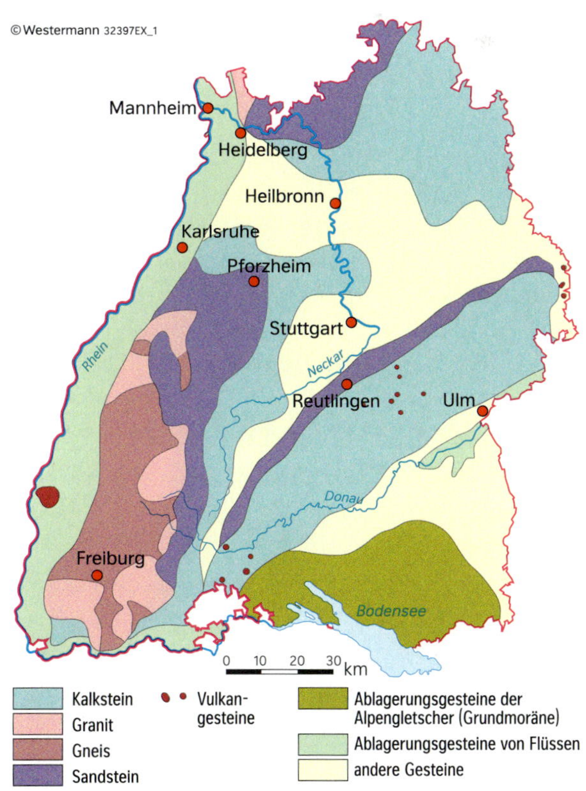

M4 *Baden-Württemberg – Gesteine (vereinfacht)*

Digital+
WES-121698-091

M1 *Die Schwäbische Alb – Schichtstufe (Hintergrund) und Albtrauf (Vordergrund)*

Die Schwäbische Alb – ein Mittelgebirge mit „Stufe"

Die Schwäbische Alb erstreckt sich vom Nordosten Baden-Württembergs bis in den Südwesten. Sie ist ein ganz besonderes **Mittelgebirge**. Sie steht wie eine gekippte, langgestreckte Treppenstufe in der Landschaft. Ihre Gesteine lagen einst auf dem Grund eines flachen Meeres. Aber wie kann das alles sein? Um das zu klären, muss man Millionen von Jahren in der Erdgeschichte zurückreisen.

Eine Reise in die Vergangenheit

Vor über 150 Millionen Jahren bedeckte im Erdzeitalter des Jura ein flaches Meer das heutige Gebiet der Schwäbischen Alb. Aus den Schalen abgestorbener Meerestiere bildeten sich mächtige Schichten von Kalkresten am Meeresgrund, die von weiteren Schichten, vor allem von Tonen und sandigen Bestandteilen, überlagert und zu Gesteinen verfestigt wurden. Kräfte aus dem Erdinneren hoben die Gesteinsschichten des ehemaligen Meeresgrundes später als schräg geneigte Landschaft heraus. Da die Gesteine unterschiedlich hart sind, wurden sie unterschiedlich stark durch Verwitterung und Erosion abgetragen. Es entstand eine treppenartige Landschaft aus steilen Abhängen und flachen Stufen (Modell). Geographen bezeichnen diese Formen als **Schichtstufen**.

Die verschiedenen „Gesichter" der Alb

Die Gesteine der Schwäbischen Alb werden anhand ihrer Farbabstufung und zeitlichen Entstehung von unten nach oben bzw. von alt nach jung als Schwarzer Jura, Brauner Jura und Weißer Jura bezeichnet. Die Alb besteht vor allem aus den mächtigen Kalksteinschichten des Weißen Jura. Sie bilden die oberste, deutlichste Schichtstufe, die Albhochfläche. Diese erhebt sich über 400 m über das Albvorland. Ihre Steilkante, der Albtrauf, wird stetig durch Erosion zurückverlagert. Vor 10 Mio. Jahren reichte die Schwäbische Alb noch fast bis nach Stuttgart. Davon zeugen noch einzelne **Zeugenberge** im Albvorland, deren harte Kalksteinschichten sie vor der Erosion schützten.
Östlich schließt an den Albtrauf eine wellige, von Kuppen überzogene Landschaft an. Diese Kuppen sind Überreste von Korallenriffen des Jurameeres. Die Kuppenalb ist durch Wiesen, Weiden und kleine Wälder geprägt. Weiter Richtung Südosten öffnet sich eine flache, weite Landschaft – die Flächenalb. Die Ebene wird für den **Ackerbau** und die Stromerzeugung mit Windrädern genutzt.
Auf der Schwäbischen Alb sind noch heute Überbleibsel aus der Zeit des Jurameeres zu finden – Fossilien, also Versteinerungen von Tintenfischen, Seelilien, Krokodilen oder Flugsauriern (M3).

---

1. a) Ordne in M2 die passende Aussage dem entsprechenden Buchstaben zu.
   b) Bezeichne jeden Buchstaben mit dem passenden Fachbegriff.
2. Erläutere, wovon Zeugenberge zeugen (Text, Übung).
3. Erkläre, warum die Schwäbische Alb wie eine „Treppe" in der Landschaft liegt (Text, Modell).
4. Erkläre, was ein Ammonit ist und warum man Versteinerungen davon heute auf der Alb finden kann (M3, M4).
5. Erstelle eine Tabelle zu den Oberflächenformen und der Nutzung des Albvorlandes, des Albtraufs, der Kuppen- und Flächenalb (Text, M1, M2).

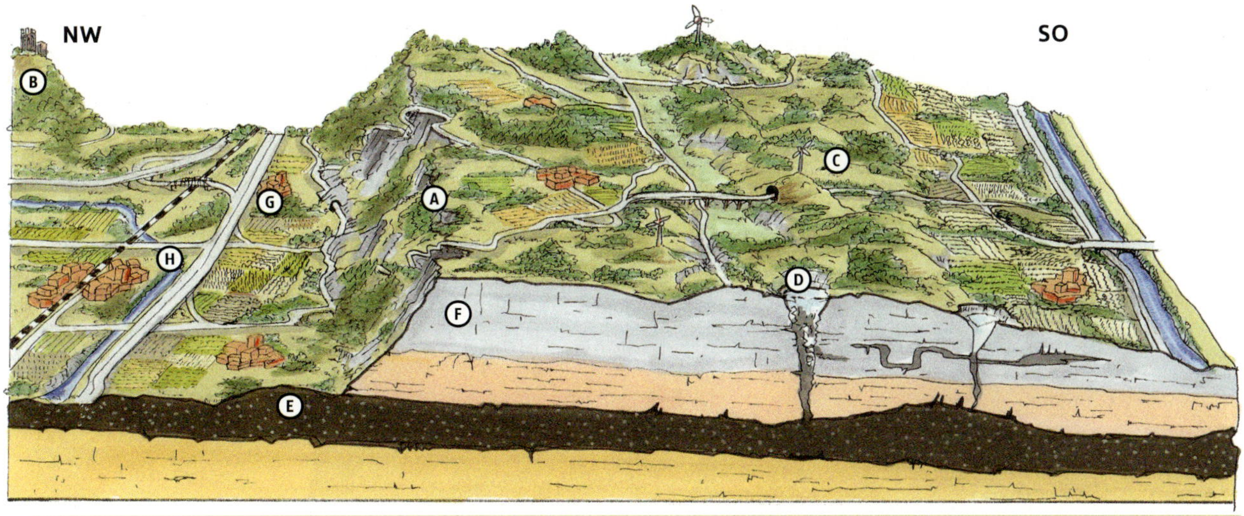

1. „Ich bin ... und stehe meist allein nordwestlich vor der Stufe der Schwäbischen Alb in fast gleicher Höhe."
2. „Ich bin ... und winde mich im Vorland der Alb durch die Landschaft. Ich fühle mich ganz schön nass an."
3. „Ich bin ... und meine felsige, steile Kante kann so manchem Wanderer zur großen Gefahr werden."
4. „Ich bin ... und mein dunkles Gestein ist oft sehr tonig und weicher als der dicke Kalk über mir."
5. „Ich bin ... und trete auf, wenn sich unter mir zu viel Gestein gelöst hat."
6. „Ich bin ... und bin der Albhochfläche vorgelagert. Ich biete mehr Platz für Siedlungen."
7. „Ich bin ... und bin ein ganz schön harter Typ. Mich kann man nicht so leicht abtragen."
8. „Ich bin ... und ein bisschen schräg und hoch. Aber Wald, Wiesen und Äcker fühlen sich bei mir wohl."

M2 *„Gesichter" der Schwäbischen Alb*

Modell

Entstehung von Schichtstufen

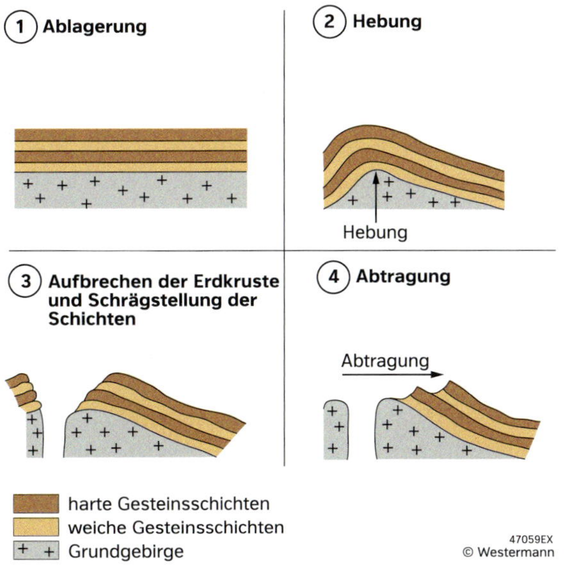

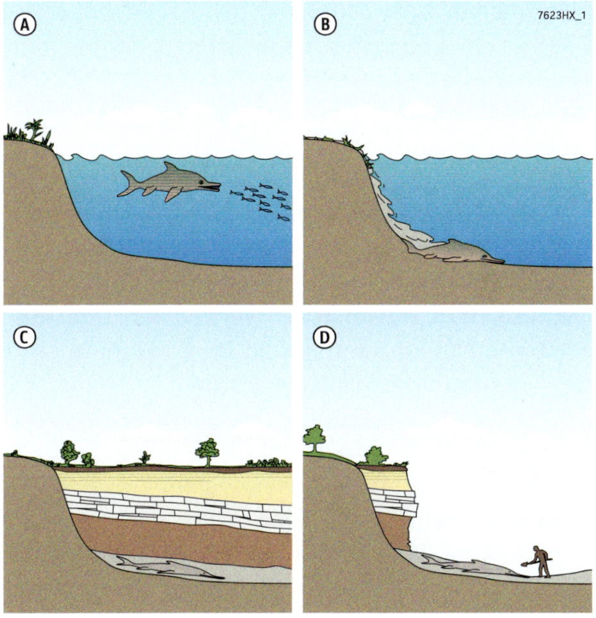

M4 *Entstehung eines Fossils*

Ammoniten waren mit den heutigen Tintenfischen verwandte Meerestiere, die zeitgleich mit den Sauriern vor ca. 200 bis 150 Millionen Jahren im Jurameer der Schwäbischen Alb lebten. Die Ammoniten bestanden aus der spiralförmigen Schale und den Weichteilen – acht oder zehn Arme, die direkt am Kopf ansetzten. Deshalb werden Sie auch als Kopffüßer bezeichnet. In der Regel waren sie zwischen einem und dreißig Zentimetern groß. Heute sind sie noch als Versteinerungen auf der Alb zu finden.

M3 *Der Ammonit – ein Fossil der Schwäbischen Alb*

M1 *Trockental der Schwäbischen Alb* Übung 1

Der Kalkstein der Schwäbischen Alb – ein besonderes Gestein

Äußerlich erscheinen die weißen, schroffen Kalkfelsen der Schwäbischen Alb karg und oft vegetationslos. Im Inneren des Kalksteins befinden sich aber geheimnisvolle und aufregende Landschaften, die auch heute noch nicht vollständig erforscht sind.
Dass solche Landschaften entstehen, liegt an den Eigenschaften des **Gesteins**. Zum einen fließt das Wasser in seinen Klüften und Spalten unterirdisch ab und zum anderen ist das Gestein selbst unter gewissen Bedingungen wasserlöslich. Außerdem kann aus dem kalkhaltigen Wasser auch wieder Kalk frei werden. So entstehen im Kalkstein vielfältige Formen, wie Höhlen mit **Tropfsteinen**.
Die Kalksteinlandschaften werden als Karst bezeichnet. Die Formenbildung im Kalkstein nennt der Geograph deshalb Verkarstung.

So wird der Kalkstein gelöst

Nimmt Niederschlagswasser aus der Luft den Bestandteil Kohlenstoffdioxid (CO_2) auf, entsteht Kohlensäure, wie wir sie aus der Sprudelflasche kennen. Diese Kohlensäure macht das Wasser sauer. Das saure Wasser ist in der Lage den Kalkstein zu lösen. Der Kalkstein ist besonders anfällig für die Lösung durch Säuren. Dies liegt an seiner Mineralzusammensetzung und den vielen Fugen, Klüften und Spalten, über die das Wasser tief in das Gestein eindringen kann.

Die Karstformen der Schwäbischen Alb

Wasser kann im Kalkstein unterirdisch abfließen. Im Erdinneren können sich ganze Bäche und Flüsse bilden, die den Kalkstein großflächig lösen und auswaschen. Es entstehen große Hohlräume, die sich zu riesigen **Karsthöhlen** erweitern. Tropft das mit Kalk angereicherte Wasser dann von der Höhlendecke, wird Kalk beim Abtropfen von oben und Aufkommen auf dem Höhlenboden wieder ausgeschieden. Es wachsen Tropfsteine von der Höhlendecke, die Stalagtiten, und Tropfsteine vom Höhlenboden aus, die Stalagmiten.
Bricht eine Höhlendecke ein, bleibt an der Erdoberfläche eine trichterförmige Eintiefung zurück. Diese wird als **Doline** bezeichnet. Dolinen können sich auch bilden, wenn an einer bestimmten Stelle von der Oberfläche in die Tiefe der Kalkstein stark gelöst wird.
Aufgrund ihrer Einzigartigkeit, ihres geheimnisvollen und teilweise mystischen Charakters sind die Karsthöhlen der Schwäbischen Alb viel besuchte Ziele von Touristen. Die meisten Höhlen sind aber über den Winter geschlossen, weil dort Fledermäuse ihren Winterschlaf halten.

---

1. a) Benenne unterschiedliche Karstformen der Schwäbischen Alb (Text, M1, M4, M5, Übung 1).
   b) Stelle das Aussehen und die Entstehung der verschiedenen Karstformen in einer Tabelle dar.
2. Jahresgesamtniederschlag und Gewässernetz der Schwäbischen Alb scheinen nicht ganz zusammenzupassen (M2, M3, Übung 2). Erkläre.
3. Erstelle ein Fließschema zum Kalklösungsprozess (Versuch, Übung 3).
4. a) Beschreibe Besonderheiten der Laichinger Tiefenhöhle (Übung 4).
   b) Begründe, warum die Karsthöhlen besonders geschützt werden (Text, M4).

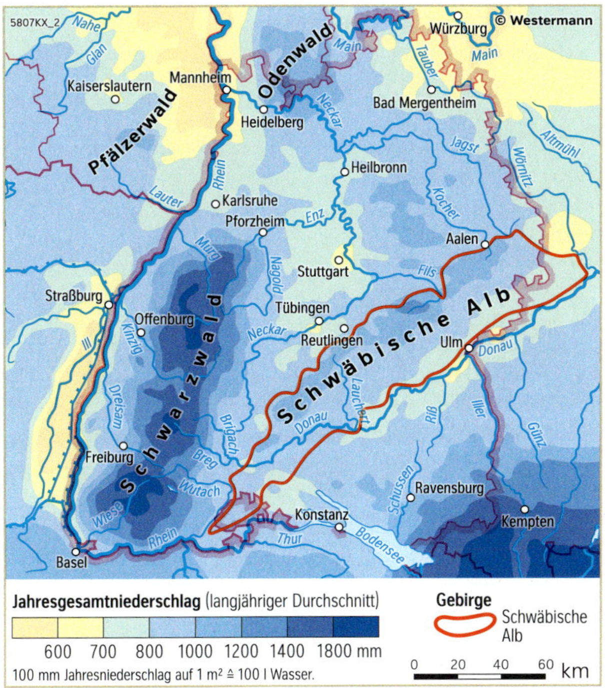

M2 *Jahresgesamtniederschlag in Baden-Württemberg*

M3 *Gewässernetz in Baden-Württemberg* Übung 2

Versuch

Übung 3

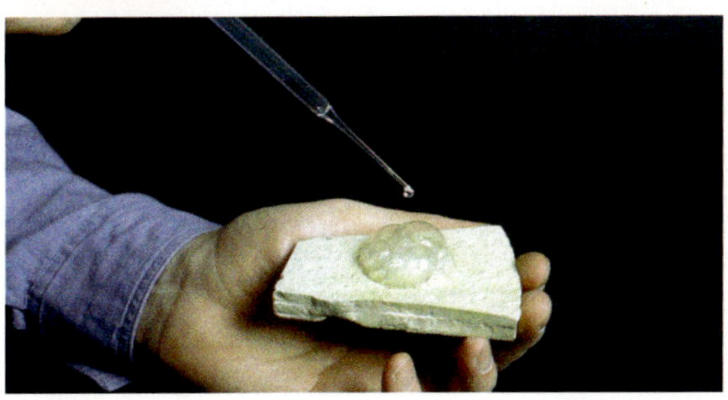

Versuch zum Nachweis von Kalk (› S. 91)
Setze eine Schutzbrille auf und gib mit einer Pipette 1 – 2 Tropfen Essigessenz auf deinen Gesteinsfund, den du als Kalkstein vermutest. Kannst du etwas beobachten?

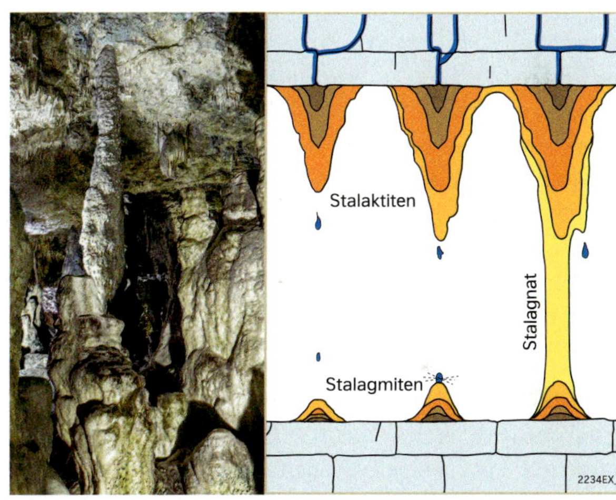

M4 *Tropfsteine in der Nebelhöhle in Sonnenbühl*

Erstaunlich!

Auf der Schwäbischen Alb findet man einige Täler, durch die kein Fluss fließt. Das ist erstmal nicht erstaunlich, weil das Wasser ja im wasserdurchlässigen Kalkstein versickert. Wie kann sich nun aber ein Tal durch die Kraft des Wassers ausformen, wenn das Wasser relativ schnell versickert? Das Wasser muss also irgendwann einmal auf der Erdoberfläche geflossen sein. Als der Kalkstein im Untergrund noch nicht so stark gelöst war, konnte das Wasser noch oberirdisch abfließen und das Tal bilden. Mit zunehmender Lösung des Kalksteins fließt das Wasser, wie für Karstgebiete typisch, irgendwann vollständig unterirdisch ab. Das **Trockental** bleibt zurück.
Auch während der letzten Eiszeit, als das Wasser im gefrorenen Boden nicht versickern konnte, floss das Wasser oberirdisch und konnte Talformen ausbilden. Mit Abschmelzen des Eises ist das Wasser dann wieder versickert.

M5 *Blick in eine Doline bei Schopfloch (nördliche Schwäbische Alb)*

M1 *Festakt des Schäferlaufs in Bad Urach*

Die Schwäbische Alb – ein Naturraum mit Herausforderungen und Chancen

Im Jahr 2008 machten Archäologen auf der Schwäbischen Alb einen sensationellen Fund. In der **Karsthöhle** „Hohle Fels" bei Schelklingen wurde eine aus Mammutelfenbein geschnitzte Frauenfigur gefunden (M4). Es handelt es sich um die weltweit älteste Darstellung einer Frau. Ihr Alter wird auf ca. 35 000 bis 40 000 Jahre geschätzt. Dieser Fund belegt eine Besiedlung der Schwäbischen Alb bereits zum Ende der Altsteinzeit.

Der Naturraum bietet Herausforderungen

Die frühe Besiedlung der Schwäbischen Alb ist erstaunlich und verwunderlich zugleich, denn der Naturraum bietet eigentlich keine guten Voraussetzungen für eine menschliche Nutzung:
Die Temperatur ist durch die Höhenlage deutlich kühler als in der Umgebung. Die Jahresdurchschnittstemperaturen auf der Alb bewegen sich zwischen 3 °C und 7 °C.
Die steinigen und wenig fruchtbaren **Böden** des Kalkgesteins sind für eine landwirtschaftliche Nutzung nicht ideal. Zwar fallen ganzjährig Niederschläge, allerdings versickert das Wasser aufgrund des wasserdurchlässigen Kalksteins im Untergrund. Deshalb ist es für die Landwirtschaft oder als Trinkwasser nur schwer nutzbar. Im Laufe der Zeit wurden deshalb Möglichkeiten der Wasserspeicherung entwickelt. Beispiele sind mit Lehm und Ton abgedichtete Becken zur Sammlung von Regenwasser oder Wassertürme. Heute kommt das Trinkwasser aus örtlichen Quellen oder aus dem Bodensee.

Der Naturraum bietet Chancen

Die Menschen haben schon immer kreative Möglichkeiten gefunden, die Schwäbische Alb zu nutzen: Der magere Rasen der Wacholderheiden eignet sich zwar nicht für den Ackerbau, aber für die Schafzucht. So wird auf der Kuppenalb seit über 300 Jahren die Wanderschäferwirtschaft betrieben. Sie liefert den **Rohstoff** Wolle, sodass sich bereits im 19. Jh. die Textilindustrie auf der Schwäbischen Alb entwickeln konnte (›S. 98/99).
Daneben haben sich die Menschen seit jeher auf den Anbau von Kulturpflanzen konzentriert, die an die rauen Bedingungen der Alb angepasst sind, wie die Alblinse oder den Flachs (M3). Diese erleben heute wieder einen Aufschwung, genau wie die Nutzung der Streuobstwiesen (M6).
Als einer von acht UNESCO Global Geoparks in Deutschland bietet die Schwäbische Alb mit ihrer einzigartigen Landschaft außerdem viele Chancen für die touristische Nutzung und die Sensibilisierung für **Nachhaltigkeit**. Ein beliebtes Ausflugsziel ist neben den vielen Karsthöhlen (›S. 94/95) der Blautopf in Blaubeuren, eine Karstquelle (M5).

1. Benenne Herausforderungen und Chancen, welche die Schwäbische Alb für den Menschen bietet (M2 – M6, Übung).
2. Erläutere die schwierigen natürlichen Voraussetzungen für die Nutzung der Alb (Text, M2).
3. Stelle dar, wie sich der Mensch schon immer an die Schwäbische Alb angepasst hat.
4. Erläutere mithilfe des Internets, warum der Blautopf (M5) ein beliebtes Ausflugsziel ist.
5. Beim Anbau von Linsen und Flachs auf der Schwäbischen Alb konnte die Vergangenheit zu neuem Leben erweckt werden. Erkläre die Aussage mithilfe von M3.
6. Erläutere, warum Streuobstwiesen ökologisch wertvoll sind (M6).

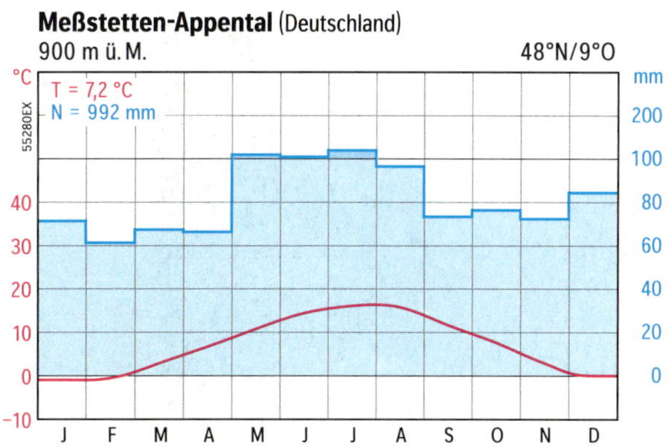

M2 *Klimadiagramm Meßstetten-Appental*

M4 *Eingang zur Höhle „Hohler Fels" in Schelklingen und dort gefundene Frauenfigur aus Mammutelfenbein*

Auch wenn die Linsen im schwäbischen Nationalgericht „Linsen mit Spätzle und Saitenwürstle" schon immer ein wichtiger Bestandteil waren, ging der Linsenanbau auf der Schwäbischen Alb nach den 1950er Jahren verloren. Er brachte einfach nicht mehr genug Gewinn ein. Heute haben viele Bauern die Alblinse wieder für sich entdeckt. Sie bauen in der Öko-Erzeuger-Gemeinschaft „Alb-Leisa" die anspruchsvolle, aber widerstandsfähige Hülsenfrucht an und die „Alb-Leisa" erfreut sich bei den Kunden großer Beliebtheit.

Ähnlich wie der Linse erging es dem Flachsanbau auf der Schwäbischen Alb. Zu Hochzeiten der Textilindustrie war die Pflanze für diese ein wichtiger Rohstofflieferant. Aus der Flachsfaser kann nämlich Leinengewebe hergestellt werden.
Mit dem starken Rückgang der Textilindustrie Ende des 20. Jh. nahm aber auch der Flachsanbau stark ab. Heute erlebt dieser wie die Alblinse einen neuen Aufschwung. Die hohe Stabilität des Leinengewebes ist für die Herstellung von technischen Textilien, die atmungsaktiven Eigenschaften für die Outdoor-Industrie interessant.

M3 *Die Vergangenheit zu neuem Leben erwecken*

M5 *Karstquelle „Blautopf" in Blaubeuren*

Die Schwäbische Alb gehört zu einem der größten zusammenhängenden Streuobstwiesen-Gebieten Mitteleuropas. Der Name Streuobstwiese kommt daher, weil dort Obstbäume im Gegensatz zu intensiv genutzten Plantagenobstanlagen häufig „verstreut" in der Landschaft stehen. Das dort angebaute Obst, z. B. Äpfel und Birnen, wird nicht nur direkt verwendet, sondern auch zur Herstellung von Fruchtsäften, Most oder Schnaps gebraucht.
Die Streuobstwiesen sind besonders umweltfreundlich, weil zum Obstanbau keine Pflanzenschutzmittel und künstlichen Dünger verwendet werden. Auch deshalb sind diese sehr artenreich. Bis zu 450 Pflanzenarten und um die 3000 Tierarten haben dort ihre Heimat - zu ihnen gehören Vögel, Insekten, Spinnen oder viele Käferarten.

M6 *Streuobstwiesen auf der Alb*

Übung

Digital+
WES-121698-097

M1 *Stoff aus Brennnesselfaser und Brennnessel*

Die Textilindustrie findet neue Wege

Die Textilherstellung hat auf der Schwäbischen Alb eine lange Tradition (›S. 96/97). Noch heute produzieren dort bekannte Unternehmen wie Trigema in Burladingen, Hugo Boss in Metzingen oder Mey in Albstadt.

Aufstieg und Fall der Textilindustrie

Entstanden war die Textilindustrie im 19. Jahrhundert unter eher schwierigen Bedingungen. Die ländliche Alb lag verkehrsfern und konnte aufgrund der fehlenden Fließgewässer keine Wasserkraft zum Antrieb der Webmaschinen nutzen. Dies änderte sich im 20. Jahrhundert. Mit dem Anschluss an die Eisenbahn und der Nutzung von Dampfmaschinen in der Produktion nahm die Entwicklung der Textilindustrie richtig Fahrt auf. Auch die Einfuhr günstiger Baumwolle aus dem Ausland trug dazu bei. Ab Mitte des 20. Jh. verlagerten aber immer mehr Unternehmen ihre Produktion in Ausland, weil dort kostengünstiger produziert werden konnte. Aufgrund dieser Konkurrenz mussten zahlreiche Textilunternehmen schließen und viele Arbeitsplätze auf der Schwäbischen Alb gingen verloren.

Die Textilindustrie erfindet sich neu

Einige Unternehmen konnten sich aber halten. Sie konzentrieren sich auf qualitativ hochwertige, **regionale Produkte** und werben mit dem Qualitätslabel „Made in Germany".
Eine weitere Nische hat die schwäbische Textilindustrie in der Herstellung von hochwertigen technischen Textilien gefunden (M2). Sie finden in der Medizin, im Fahrzeugbau, in Flugzeugen oder sogar in Windrad-Rotoren Verwendung.

Zurück zur Natur

In der jüngeren Vergangenheit spielt das Gesundheitsbewusstsein und die Umweltfreundlichkeit bei Kunden und Unternehmen eine größere Rolle. So versucht man auch die Textilherstellung ökologischer zu gestalten. Deshalb wird Biomode wieder aus einheimischen Flachspflanzen oder sogar Brennnesselfasern hergestellt.
Ein weiterer umweltfreundlicher Aspekt ist das Recycling von gebrauchten Textilien oder von zurückgesandten Retouren aus dem Onlinehandel, die nicht mehr verkauft werden können. So können Müll vermieden, **Rohstoffe** gespart und damit die Umwelt geschont werden (M5).

1. Beschreibe die Entwicklung der Textilindustrie auf der Schwäbischen Alb (Text, M3).
2. Erkläre, was den Cluster Technische-Textilien Neckar-Alb so erfolgreich macht (M2).
3. Begründe, warum die Outletcity Metzingen jährlich Millionen Besucher anzieht (M4).
4. Differenziert: Beurteile, ob das Cradle-to-Cradle-Prinzip zur Nachhaltigkeit in der Textilindustrie und zur Müllvemeidung beiträgt (Info, M5). Wähle zur Bearbeitung der Fragestellung ein Arbeitsblatt aus.
5. Ordne verschiedene Aspekte der Textilindustrie den Puzzleteilen zu (›S. 92 M1, Übung).

Kapitelaufgabe: Mensch und Natur: Wie gut kennst du die Zusammenhänge? (›S. 85)
Mithilfe der Informationen, die du zu unseren vier Puzzleteilen gesammelt hast, kannst du nun folgende Frage beantworten: Wie beeinflusst das Kalkgestein der Schwäbischen Alb das Leben der Menschen?

Frau Krattenmacher, was ist denn überhaupt ein Cluster?
Cluster bedeutet so viel wie ein einheitliches Ganzes, das aus Einzelteilen besteht. So beispielsweise die Anhäufung von Unternehmen in einer speziellen Region, die einer gemeinsamen Branche angehören und eng zusammenarbeiten. Im Raum Albstadt haben sich viele einzelne Unternehmen angesiedelt, die alle (technische) Textilien, Textilmaschinen, Nadeln oder Chemikalien für die Textilindustrie herstellen.

Entsteht da nicht eine unglaubliche Konkurrenzsituation zwischen den Unternehmen?
Natürlich gibt es auch Konkurrenz in einem Cluster, aber wie sagt man so schön – Konkurrenz belebt das Geschäft! Für die Unternehmen entstehen aber vor allem ganz viele Vorteile: Sie nutzen gemeinsam das gut ausgebaute Straßen- und Schienennetz, beziehen Fachkräfte von den nahe gelegenen Textilhochschulen Albstadt-Sigmaringen und Reutlingen und tauschen sich auch sonst intensiv untereinander und mit der Wissenschaft aus. Hinzu kommt, dass sie von den gleichen Rohstofflieferanten versorgt werden, von denen sich mittlerweile auch viele im Cluster angesiedelt haben. Das spart Zeit und Kosten!

Warum haben Sie sich gerade auf technische Textilien spezialisiert?
Die Textilindustrie hat auf der Alb eine lange Tradition und die Region Neckar-Alb gilt als eines der bekanntesten Textilzentren in ganz Deutschland. Die Region wird auch als Wäschehochburg bezeichnet, da gerade auf der Alb noch viele weltweit erfolgreiche Wäschemarken zu finden sind. Schwäbische Unternehmer sind oft „Tüftler und Denker“ und sind sehr flexibel und erfolgreich, wenn es darum geht, neue Produkte und Technologien zu entwickeln. Wir müssen uns, was die Textilien betrifft, stetig weiterentwickeln, sonst bleiben wir international nicht konkurrenzfähig. Viele traditionelle Hersteller von Bekleidung produzieren heute technische Textilien. Diese Textilien bieten mehr als nur Design. Sie bieten technische und funktionelle Eigenschaften und verlangen höchste Qualitätsstandards, die wir gerade hier am Standort garantieren können. Sie werden in Zukunftsbranchen wie der Medizintechnik, der Luft- und Raumfahrttechnik, bei Schutzbekleidung, im Automobil oder in der erneuerbaren Energiewirtschaft eingesetzt. Sie haben also Zukunft und garantieren Wachstum.

M2 *Interview mit Frau Krattenmacher vom Cluster Technische Textilien Neckar-Alb*

Jahr	Unternehmen	Beschäftigte
1960	1184	168721
1980	957	99924
2000	312	34569
2022	123	10560

Quelle: Statistisches Landesamt Baden-Württemberg 2023

M3 *Entwicklung der Textilindustrie auf der Schwäbischen Alb*

In Metzingen hat sich ausgehend vom Fabrikverkauf von Hugo Boss eine riesige Outletcity entwickelt, in der bekannte Markenfirmen ihre Produkte verkaufen. Oft handelt es sich um B-Ware, Rückläufer oder Artikel aus einer Überproduktion, die zu meist günstigeren Preisen direkt an den Kunden verkauft werden. Im Gegensatz zum klassischen Fabrikverkauf produzieren die Hersteller nicht vor Ort, sondern haben in Metzingen nur noch ihre Verkaufsshops. Viele der Läden werden sogar nicht vom eigentlichen Hersteller betrieben.

M4 *Outletcity Metzingen*

Info

Cradle to Cradle...
...heißt wörtlich übersetzt „von der Wiege bis zur Wiege“. Für Textilien bedeutet das, dass sie am Ende ihres „Lebensweges“ nicht einfach auf dem Müll landen. Stattdessen werden sie in ihre natürlichen Bestandteile zerlegt und für die Herstellung neuer Textilien wiederverwendet. So entsteht ein sinnvoller, umweltverträglicher Rohstoffkreislauf im Sinne der Nachhaltigkeit.

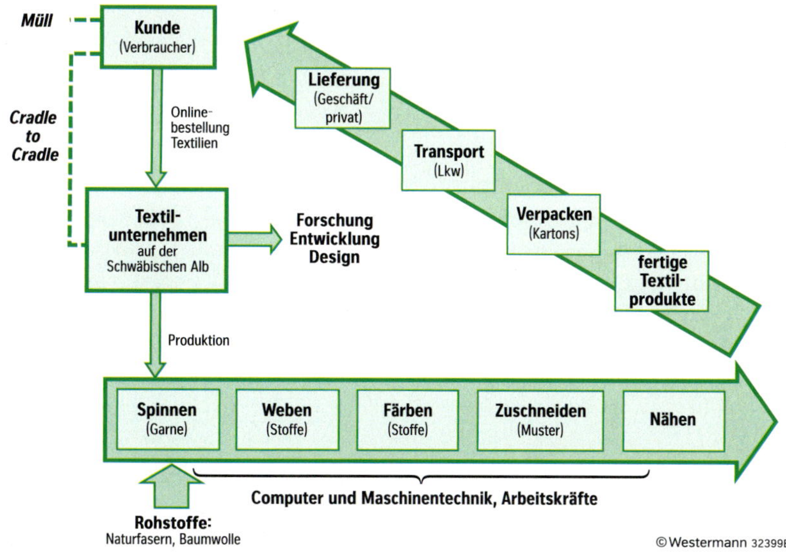

M5 *Lebenswege eines Textils*

M1 *Blick vom Hohenkarpfen auf die Baar*

METHODE

Wir arbeiten mit einem GIS

Ein Geographisches Informationssystem (GIS) ist ein Computerprogramm, das Raumdaten (z. B. Ländergrenzen) mit Sachdaten (z. B. die Einwohnerzahl) verknüpft. Dadurch werden die Daten für Wissenschaftler vielseitig nutzbar. Sie untersuchen mit ihnen viele Fragen zu unserer Umwelt. Für ein GIS werden viele Daten gesammelt und weiterverarbeitet (M5). Wir nutzen ein GIS auch im Alltag – oft ist uns das gar nicht bewusst. Wie häufig nutzt ihr zum Beispiel in eurer Familie einen Routenplaner, um ein Ausflugsziel zu finden?

Wie ist ein GIS aufgebaut?

Im Programm werden die einzelnen Daten in thematische **Karten** umgearbeitet. Diese stellen einzelne Schichten (Layer) dar. Sie können je nach Fragestellung miteinander kombiniert werden. Stelle dir diese Layer als Folien vor, die je nach Thema Punkte, Linien oder Flächen enthalten. Durch das Übereinanderlegen der Folien (Layertechnik) entsteht ein Gesamtbild. Dadurch kannst du Zusammenhänge erkennen (M4).

Ein GIS zur Baar

Die Baar, gelegen zwischen der Schwäbischen Alb im Osten und dem Schwarzwald im Westen, ist eine durch **Landwirtschaft** geprägte Hochmulde. Relief- und Bodenverhältnisse bestimmen unter anderem die Nutzbarkeit der Flächen für die Landwirte. Dies lässt sich durch ein GIS darstellen.

Schritt für Schritt:
Wir erarbeiten ein Folien-GIS

Wir erstellen ein Folien-GIS zu Baden-Württemberg. Verwende hierzu aus dem Atlas eine physische Karte von Baden-Württemberg.

1. Schritt:
Zeichnet mittels Abpausen im Schichtenprinzip die folgenden Informationen jeweils auf eine Folie:
- Gruppe 1: Flüsse und Seen
- Gruppe 2: Städte (› 100 000 Einwohner) und geschlossene Besiedlungen
- Gruppe 3: Verkehrswege (nur Eisenbahn und Autobahn)
- Gruppe 4: Großlandschaften

2. Schritt:
Legt die Folien aller Gruppen übereinander (Layertechnik).

3. Schritt:
Diskutiert, welche möglichen Zusammenhänge die vier übereinandergelegten Layer erkennen lassen.

---

1. Nenne weitere Beispiele dafür, wie du ein GIS in deinem Alltag nutzt.
2. Erstellt das Folien-GIS zu Baden-Württemberg. Verorte darauf die Landschaft Baar (Schritt für Schritt).
3. Starte das **E-Modul**: Analysiere mithilfe des GIS den Naturraum Baar und unterstütze dort vier Landwirte bei der optimalen Nutzung ihrer Anbauflächen (M3).

E-Modul

M2 *Ausschnitt aus dem E-Modul: Die Baar*

Mit dem E-Modul ***Die Baar*** wirst du ein GIS zur Raumanalyse einsetzen. Du kannst untersuchen, wie Landwirte vor Ort ihre Anbauflächen optimal nutzen können. Dazu fragst du:

1. Wo liegt der Naturraum Baar und was prägt ihn?
2. Welche Bereiche der Baar sind für den Einsatz landwirtschaftlicher Maschinen geeignet?
3. Wie sehen die klimatischen Bedingungen vor Ort aus?
4. Welche verschiedenen Bodentypen findet man auf der Baar?
5. Welche Pflanzen eignen sich besonders für diese Böden?

M3 *Fragen zum E-Modul: Die Baar*

Erstaunlich!

Bereits vor über 15 000 Jahren nutzten die Jäger und Sammler das erste Geographische Informationssystem: Sie zeichneten Beutetiere an Höhlenwände und skizzierten deren Wanderrouten.

Das erste moderne GIS wurde 1963 in Kanada entwickelt, um landschaftliche Merkmale wie Boden, Wälder, Tierbestände oder die Landnutzung zu ermitteln. Seitdem haben sich Geographische Informationssysteme immer weiterentwickelt. Sie werden heute in vielen Lebensbereichen genutzt.

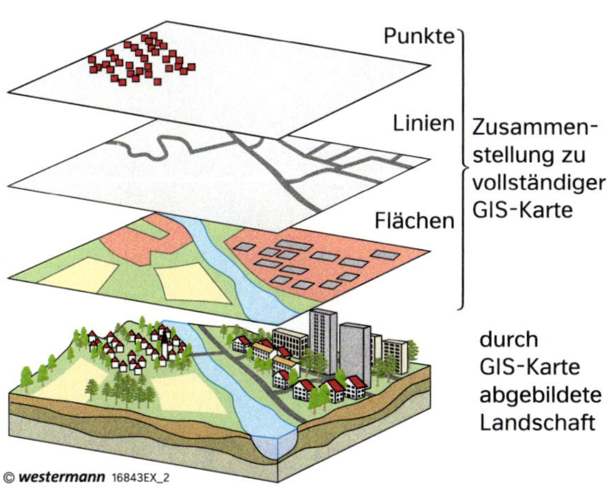

M4 *Layertechnik eines GIS*

M5 *Wie entsteht ein GIS*

METHODE

M1 *Blick auf den Schwarzwald* 360°-Foto

Naturraum Schwarzwald

Der Schwarzwald ist das größte **Mittelgebirge** Deutschlands. Das beliebte Touristenziel liegt im Südwesten Baden-Württembergs. Es erstreckt sich über eine Nord-Süd-Ausdehnung von 150 km bis an die Schweizer Grenze. Die natürlichen Voraussetzungen für das Leben und Wirtschaften der Menschen war und ist in Mittelgebirgen schon immer herausfordernd, aber auch voller Chancen.

Entstehung des Schwarzwaldes

Wie andere Gebirge entstand auch der Schwarzwald durch Kräfte aus dem Erdinneren. Die Landfläche hob sich im ganzen süddeutschen Raum durch aufsteigendes Magma kräftig an. Durch Spannungen in den Gesteinspaketen entstanden Risse und ein Graben bildete sich, das Oberrheinische Tiefland. Da dieser in die Erde einsank, entstanden an den Seiten hohe Gebirge, die Vogesen und der Schwarzwald (Modell).

Oberflächenformen

Im Vergleich zu anderen Gebirgen, wie den Alpen, ist der Schwarzwald relativ alt. Kräfte wie Wind, Eis und Wasser hatten sehr viel Zeit die Oberfläche abzutragen und zu formen. Daher sieht man heute keine schroffen Berggipfel, sondern gerundete Kuppen (M2). Viele **Flüsse** fließen vom Schwarzwald in den Rhein und formen durch das hohe Gefälle tiefe **Täler**. Diese können je nach Ausgangsgestein unterschiedliche Talformen haben.
Im Nordschwarzwald finden sich aufgrund des weichen **Deckgebirges** aus Sandstein ausgedehnte bewaldete Hochflächen. Hier haben die Flüsse breite, kastenförmige Täler ausgebildet. Diese Flusstäler sind oft dicht besiedelt. Im Südschwarzwald wechseln sich Wiesen, Weiden und bewaldete, runde Bergkuppen ab. Die Flüsse haben hier oft tiefe Schluchten und Kerbtäler in das harte **Grundgebirge** gegraben (M3).

Klima

Das Klima im Schwarzwald, vor allem in Höhenlagen, wird oft als rau bezeichnet. **Steigungsregen** (›S. 55 Modell) sorgt für hohe Niederschlagsmengen bei geringen Temperaturen. Pro 100 m nimmt die Temperatur in der Regel um 0,5 °C ab. Das lässt im Sommer und Winter unterschiedliche Nutzungen zu. Auch die Pflanzenwelt passt sich an die klimatischen Bedingungen an. In den Höhenlagen dominieren Nadelgehölze.

1. Beschreibe M1 (360°-Foto) und ordne es dem Nord- oder Südschwarzwald begründet zu.
2. Vergleiche den Nordschwarzwald mit dem Südschwarzwald hinsichtlich der Gesteine, der Berg- und Talformen sowie der Bewaldung (Text, M3, M5).
3. Erkläre die Entstehung des Schwarzwalds. Ordne zunächst die Textbausteine Ⓐ – Ⓒ den Blockbildern ① – ③ zu (Modell, Übung 1).
4. a) Ordne die Klimadiagramme Ⓐ und Ⓑ den Orten Freiburg 238 m (Oberrheinisches Tiefland) und Feldberg 1493 m (Schwarzwald) zu und begründe deine Wahl (M6, Übung 2).
   b) Vergleiche die klimatische Situation im Schwarzwald und im Oberrheinischen Tiefland.
5. „Die natürlichen Voraussetzungen im Schwarzwald stellen an den Menschen Herausforderungen". Erläutere die Aussage.

M2 *Blick auf den Schwarzwald*

M4 *Blick vom Oberrheingraben auf den Schwarzwald Mitte April*

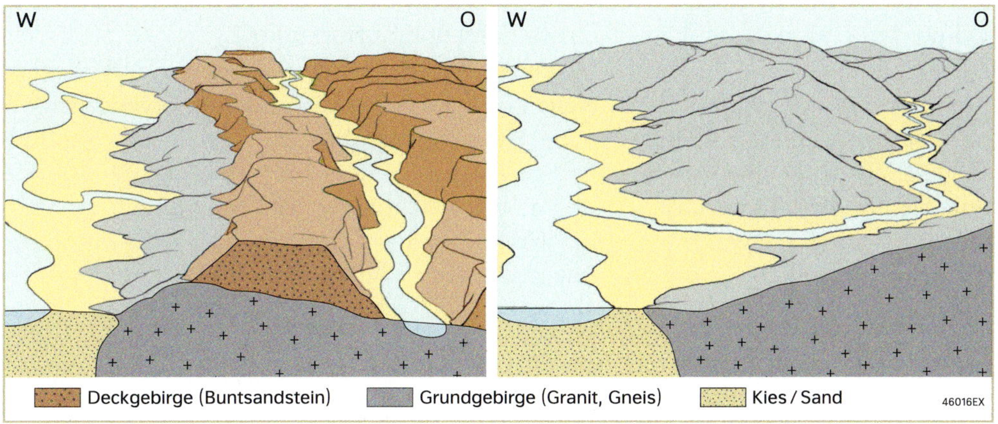

M3 *Profil durch den Nordschwarzwald...* *...und den Südschwarzwald*

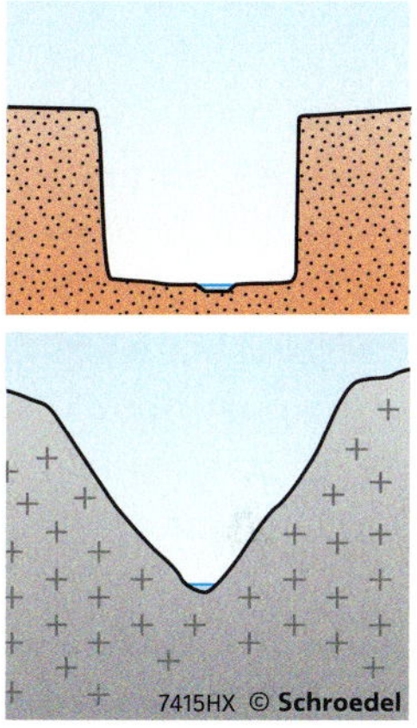

M5 *Talformen des Schwarzwaldes*

Modell

Übung 1

Entstehung des Schwarzwaldes und des Oberrheinischen Tieflandes

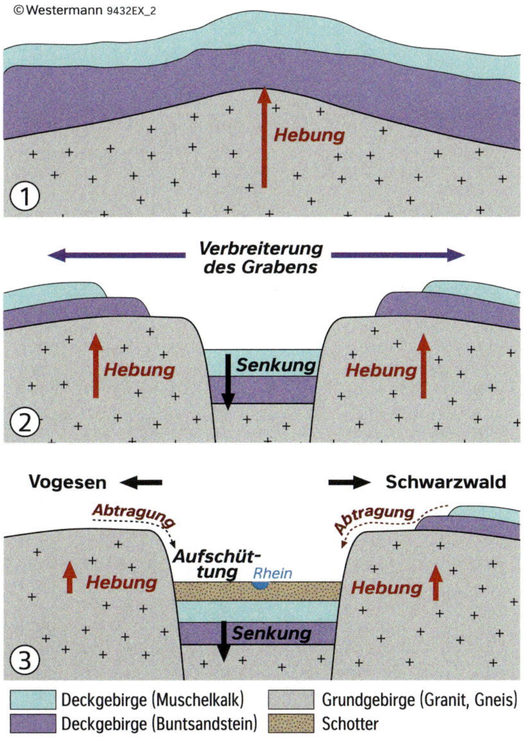

Ⓐ Während in den entstehenden Gebirgszügen am Rand die Abtragung einsetzt und die Gebirge weiter formt, sammeln sich im Graben Ablagerungsgesteine. Durch den Rhein wird die Ebene im Graben geformt.

Ⓑ Unter anderem durch Meeresüberflutung lagern sich über einem alten und abgetragenen Grundgebirge Schichten von Ablagerungsgesteinen ab. Zusammen wird alles durch Kräfte aus dem Erdinneren angehoben.

Ⓒ Der am stärksten gewölbte Teil bricht ein und der Graben senkt sich ab. Die Ränder heben sich weiter, und werden zugleich auseinandergedrückt.

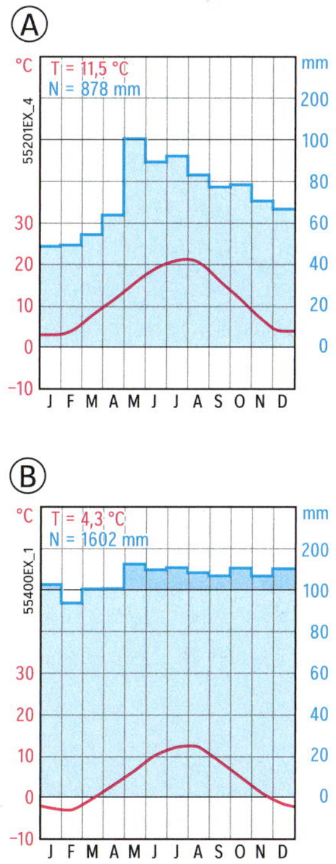

M6 *Klimadiagramme*

Übung 2

M1 *Fichtenmonokultur und naturnaher Mischwald*

Ein altes Sprichwort sagt: *„Zu fällen einen schönen Baum, braucht's eine halbe Stunde kaum. Zu wachsen, bis man ihn bewundert, braucht er, bedenk' es, ein Jahrhundert."*
Quelle: Roth, Eugen: Sämtliche Werke. Frankfurt a. M.: Fischer Taschenbuch Verlag 1995.

Forstwirtschaft im Schwarzwald im Wandel

Wenn du Förster Wachter nach seinem Motto fragst, zitiert er gerne das Sprichwort von Eugen Roth (M1). Er mahnt damit an, was man beim Umgang mit dem Wald bedenken muss: Man sollte nie mehr Holz schlagen, also fällen, als insgesamt nachwachsen kann. Und das dauert. Dieses alte Prinzip ist heute zum Zukunftsprinzip geworden: Es ist das Prinzip der **Nachhaltigkeit**. Aber was hat dies mit dem Schwarzwald zu tun?

Wald als Lebensgrundlage der Menschen

„Silva negra" – so nannten bereits die Römer den Schwarzwald. Er erhielt seinen Namen, weil es ein unwegsames Gebiet mit dunklen Misch- und Nadelwäldern war. Ab dem Mittelalter wurde der Wald wirtschaftlich genutzt. Er bildete die Lebensgrundlage der Menschen. Die vielen steilen Hänge und ungünstige Klimabedingungen in den Höhenlagen machten an vielen Stellen Landwirtschaft unmöglich. Der Holzvorrat erschien hingegen unerschöpflich und seine Nutzung durch die Holzwirtschaft wurde immer vielseitiger. Im 18. und 19. Jahrhundert wurde das Holz verwendet:

- als Baumaterial und Brennmaterial,
- für Kuckucksuhren und Schnitzereien,
- als Ausgangsstoff zur Gewinnung von Holzkohle für die Glasbläserei.

Entwaldung und Aufforstung

Durch die intensive Nutzung wurde der Schwarzwald zunehmend entwaldet, ohne hinreichend neue Bäume anzupflanzen. Im 18. Jahrhundert gab es nur noch etwa halb so viele Bäume wie heute. Man dachte um: Nun wurden die gerodeten Flächen wieder aufgeforstet. Hierzu wurde ein Baum benötigt, der schnell wuchs und zugleich einen hohen Holzertrag brachte. Dies war die Fichte. Heute sind wieder zwei Drittel des Schwarzwaldes bewaldet, die Hälfte davon als reine Fichtenbestände (Monokulturen).

Nachhaltige Nutzung für die Zukunft

Die Fichte findet bis heute vielseitige Verwendung, denn sie bietet viele Vorteile. Allerdings gibt es auch Nachteile (M3). Zudem wird der Baum durch ein wärmer und trockener werdendes Klima in den nächsten Jahrzehnten zunehmend schlechter wachsen (M4). Ein Ersatz ist auch schon in Sicht, die Douglsie. Aber auch diese ist keine wirklich zukunftsfähige Lösung. Vielerorts geht man alternativ zur naturnahen **Forstwirtschaft** über. Dabei forstet man mit verschiedenen heimischen Baumarten auf. Durch diesen Waldumbau werden aus reinen Nadelwäldern wieder naturnahe **Mischwälder**.

---

❶ Erkläre, wie der Schwarzwald zu seinem Namen gekommen ist (Text).

❷ Das Holz des Waldes wird vielseitig genutzt. Beschreibe, wie die Menschen den Wald früher nutzten und wo heutzutage das Holz seine Verwendung findet (Text, M2).

❸ Ordne die Aussagen des Forstrevierleiters den folgenden Aufgaben des Waldes zu: Nutzfunktion, Schutzfunktion, Erholungsfunktion. Begründe deine Zuordnung in einem kurzen Text (M2, ▣ Übung).

❹ a) Erkläre den Begriff Monokultur (Text).
b) Stelle die Vor- und Nachteile einer Fichtenmonokultur dar (M3).
c) Begründe, weshalb man heute statt Fichten verstärkt Douglasien pflanzt (M5).
d) Erläutere, warum man zukünftig naturnahe Wälder bevorzugen sollte.
e) Erkläre das Zitat M1. Beziehe das Konzept der Nachhaltigkeit mit ein (›S. 69 Info).

1. Jeder Quadratmeter Waldboden kann bis zu 200 Liter Wasser speichern. Dies schützt vor Überschwemmungen, aber auch vor Austrocknung bei großer Sommerhitze.
2. Er gibt sehr vielen Menschen Arbeit, so auch mir und allen anderen, die in der Forst- und Holzwirtschaft beschäftigt sind. Das reicht vom Förster und Waldarbeiter bis hin zum Arbeiter im Sägewerk und dem Holzhändler.
3. Der Wald hat eine ausgleichende Wirkung auf die Temperatur. Das ist jedem bestimmt schon aufgefallen. Im Sommer ist es im Wald nicht so heiß und im Winter nicht so extrem kalt.
4. Wir finden im Wald Erholung und Ruhe, denn der Wald schützt uns auch vor Lärm. Seine Gerüche und Farben wirken beruhigend.
5. Zu mir in den Wald kommen viele Jugendgruppen, um einen Tag im Wald zu verbringen und die Natur zu erleben. Das macht ihnen großen Spaß!
6. Holz wird in der Papier- und Verpackungsindustrie, als Baustoff und natürlich in der Möbelindustrie benötigt. Immer größere Bedeutung gewinnt das Holz aber wieder als Energielieferant. Sein Rohstoffpotenzial und die Besinnung auf nachwachsende Rohstoffe zugunsten von Klima und Umwelt sorgen dafür.
7. Die Luft wird durch die Wälder von Staub und Ruß gereinigt.
8. Der Wald produziert lebenswichtigen Sauerstoff. Ein Laubbaum produziert im Sommer durchschnittlich 10 – 15 kg Sauerstoff täglich, dies bedeutet, dass ein einziger Baum ungefähr 10 – 20 Menschen täglich ausreichend mit Sauerstoff versorgt.
9. Natürlich gibt der Wald vielen Waldtieren einen Lebensraum. Es ist keine geschützte Art bekannt, die ihren Lebensraum im Wald hat und ausgestorben wäre. Hier sind sie sicher.
10. Bäume schützen auch vor Bodenabtragung. So kann zum Beispiel weniger Boden vom Hang abrutschen, wenn dieser bewaldet ist.

M2 *Warum ist der Wald wertvoll? – Aussagen des Forstrevierleiters Christian Wachter* Übung

- Bereits kleine Fichten können als Christbäume oder Zaunpfähle verkauft werden.
- Fichtenholz ist leicht zu verarbeiten und sehr tragfest.
- Die Fichte ist wirtschaftlich sehr rentabel, vor allem als Anpflanzung in Monokulturen: Ihre Anpflanzung kostet wenig und sie wächst schnell.

- Die Fichte ist krankheitsanfällig; in Monokulturen breiten sich Schädlinge aus.
- Die Fichte wurzelt nur sehr flach, daher ist sie anfällig für Sturmschäden.
- Die Fichte fördert die Bodenverschlechterung durch einseitigen Nährstoffentzug und schwer zersetzbare Nadelstreu.
- Fichtenkulturen sind dunkel und eintönig.

M3 *Vorteile und Nachteile der Fichte*

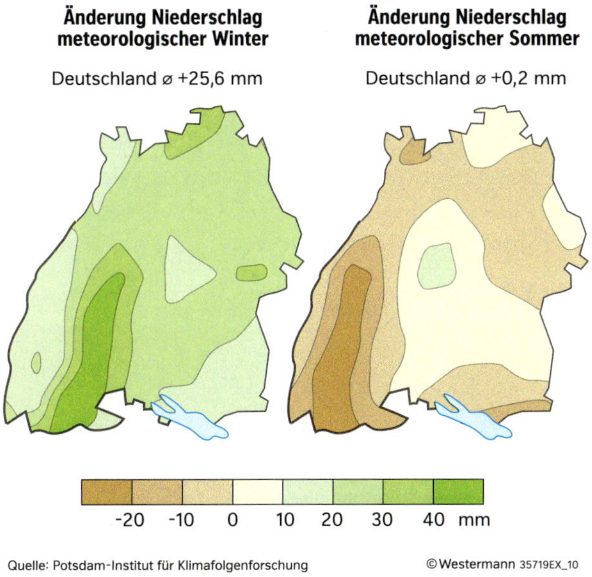

M4 *Veränderung des Niederschlags in Baden-Württemberg in den nächsten 100 Jahren im Worst-Case-Szenario* Karte

„Es ist jetzt schon abzusehen, dass die Fichte als Folge der anhaltenden Trockenheit und des damit verbundenen Borkenkäferbefalls unter Druck gerät und aus manchen Beständen sogar gänzlich verschwinden wird. Kaum eine andere Baumart ist in unseren Breiten von der Globalerwärmung so stark betroffen wie die Fichte. Damit stellt sich die Frage, welche Baumarten an ihre Stelle treten sollen oder überhaupt wie man die Wälder der Zukunft gestalten will. Die Wiederherstellung natürlicher Wälder ist dafür eine Empfehlung."
Quelle: Hoffman, Thomas/Schmidt-Vogt, Dietrich: Experteninterview zum Wandel des Schwarzwaldes. In: PG 9-2023, Braunschweig: Westermann, S. 23f.

Doch welche Baumart könnte die Fichte ersetzen? Einige Forstämter im Schwarzwald setzen auf die Douglasie. Auch sie wächst schnell. Der Nachteil: Als invasive Art könnte die nordamerikanische Art einheimische Pflanzen verdrängen.

M5 *Wird die Douglasie die neue Fichte?*

Ⓐ Kernzone des Nationalparks am Wilden See

Ⓑ Juniorranger im Nationalpark

Ⓒ Nationalparkzentrum Ruhestein

Ⓓ Dreizehenspecht

M1 *Eindrücke aus dem Nationalpark. Was macht einen Nationalpark so besonders?*

Der Nationalpark Schwarzwald

Der Flyer des Nationalparks Schwarzwald verrät es gleich: „Gemeinsam zum Wohle von Natur und Mensch“ (M5).

Mensch und Natur im Einklang?

Der Mensch nimmt sich zurück und darf gleichzeitig staunend beobachten, wie sich die natürlichen Prozesse entfalten. Bäume, die in Wirtschaftswäldern meist nur ein Drittel ihres natürlichen Alters erreichen, können hier mehrere Hundert Jahre alt werden – bis sie Licht und Platz machen für die nachfolgende Generation. Und auf scheinbar totem Holz sprießt neues Leben und bietet Lebensraum für viele Tier- und Pilzarten. Die Natur wird sich selbst überlassen und damit dieser Prozessschutz gelingt, wurde der Park in drei Zonen eingeteilt (M2).

Der Nationalpark ist aber auch für Menschen da. Gäste können auf ausgewiesenen Wegen wandern, Rad fahren, Wintersport betreiben oder einfach nur entspannen und beobachten.

In der Vergangenheit gab es viele Diskussionen, ob ein Nationalpark im Schwarzwald eingerichtet werden soll (M3). Am 1. Januar 2014 wurde er mit seinen 10 062 Hektar (ca. 100 km^2) schließlich als bisher einziger Nationalpark in Baden-Württemberg eröffnet.

Die Anliegen des Nationalparks

- Schutz natürlicher Prozesse, damit sich die Natur wieder von alleine entwickeln kann.
- Arten- und Naturschutz, um Lebensräume von Tier-, Pflanzen- und Pilzarten zu erhalten.
- Den menschlichen Einfluss der Vergangenheit auszugleichen (z. B. in entwässerten Mooren).
- Forschung betreiben, um z. B. Lebensweisen der Tiere zu beobachten oder aus den natürlichen Entwicklungen der Kernzone Rückschlüsse für den Wirtschaftswald zu ziehen.
- Umweltbildung und umweltverträgliche Tourismusangebote entwickeln, um den wilder werdenden Wald erlebbar zu machen.
- Schutz umliegender Wirtschaftswälder vor dem Borkenkäfer, ohne in der Kernzone in die natürliche Ausbreitung des Borkenkäfers einzugreifen.

Heute ist der Nationalpark ein beliebtes Ausflugsziel für Menschen aus aller Welt. Spannende Informationen bekommen sie im Nationalparkzentrum Ruhestein (M1 Ⓒ). Gäste können dort eine interaktive Ausstellung erleben oder vom Aussichtsturm den Blick auf den Wald genießen. Außerdem können im Nationalpark Wanderungen mit Rangern unternommen (M4) oder Kinder selbst zu Juniorrangern (M1 Ⓑ) ausgebildet werden.

❶ Beschreibe die Ziele des Nationalparks. Informiere dich auch auf der Internetseite (M5, Internetlink 1).

❷ Ordne die Fotos Ⓐ – Ⓓ aus M1 begründet in die Karte des Nationalparks (M2) ein.

❸ Lies den Blogeintrag zur Rangertour. Gestalte eine eigene Tour und verfasse dazu einen Blogeintrag (M4, Internetlink 2).

❹ a) Überprüfe die Argumente der Nationalparkgegner auf ihre Stichhaltigkeit (M3).
b) Beurteile: Müsste der Slogan „JA zum Wald“ besser „JA zum Holz“ heißen?

❺ „Der Nationalpark wird im Sinne der Nachhaltigkeit weiterentwickelt“. Begründe ausgehend von M6.

Internetlink 1

Kernzone: Hier ist die Natur sich selbst überlassen, der Mensch darf nicht eingreifen.
Entwicklungszone: Hier darf der Mensch die nächsten Jahre noch lenkend eingreifen, wie zum Beispiel beim Artenschutz. Nach und nach wird die Entwicklungszone aber zur Kernzone.
Managementzone: Rund um bzw. in den Randbereichen des Nationalparks ist ein 500 m breiter Streifen zu den umliegenden Wäldern ausgewiesen, in denen Holz- und Forstwirtschaft betrieben wird. Hier wird durch Waldmanagement versucht, den Einfluss des Menschen auszugleichen. Dieser Streifen soll als Pufferzone den umliegenden Wirtschaftswald vor Borkenkäferbefall schützen.

M2 *Lage des Nationalparks und Gebietseinteilung*

M5 *Flyer des Nationalparks*

Nein zum Nationalpark, ja zum Wald.

Befürchtung:
Umwandlung einer traditionellen, gewohnten und funktionellen Waldlandschaft in eine „Totholzwüste" bei Nichtpflege des Waldes. (Begründung: Ausbreitung des Borkenkäfers, der in Fichtenbeständen vorkommt und sich durch Nichtbekämpfung in der Kernzone des Nationalparks massenhaft vermehrt.)

Damit verbunden ist der ...
- Verlust der natürlichen Ressource Holz zu wirtschaftlichen Zwecken.
- Verlust des bewirtschafteten Waldes als Luftfilter.
- Verlust von Volksvermögen. (Der Wald der Kernzone hat einen Marktwert von 200 Millionen Euro.)
- Gefahr der Ausbreitung des Borkenkäfers auf den umliegenden Wirtschaftswald.
- Gefährdung und Verlust von Arbeitsplätzen in der Holzindustrie.

M3 *Motto und Argumente der Nationalparkgegner*

Mitbestimmung ist beim Nationalpark gesetzlich festgeschrieben. Ein Nationalparkrat tagt regelmäßig, um die Belange der Region zu vertreten. Er wird vom Nationalparkbeirat beraten. In diesem sind Interessensvertretungen aus z. B. Naturschutz, Forst, Tourismus oder der Wirtschaft. Auch Bürgerinnen und Bürger können sich regelmäßig beteiligen. Nationalpark- und Landesverwaltung versuchen, so gemeinsam zu Lösungen zu kommen, die die vielen Perspektiven berücksichtigen.

M6 *Beteiligung im Nationalpark*

Die Rangertour vom Ruhestein zum Wilden See ist nicht nur ein echter Hingucker – dank der fachkundigen Führung könnt ihr dabei sogar noch eine Menge lernen. Nationalparkblogger Oliver war mit der Kamera dabei.
Langsam aber sicher kämpft sich die Herbstsonne durch die Baumkronen. [...] Mit einem freundlichen, gut gelaunten „Hallo zusammen" begrüßt uns Torsten Kohl. Der 46-Jährige ist hauptamtlicher Ranger im Nationalpark – und führt uns heute über das Euting-Grab hinab zum Wilden See. 8,5 Kilometer ist diese Tour lang – dabei legen wir ganze 270 Höhenmeter zurück. „Wobei wir den Großteil davon direkt am Anfang hinter uns lassen", ergänzt er. Na dann – los geht's! [...]
Auf dem Gipfel angekommen steht die erste Verschnaufpause an. Schließlich gibt's hier direkt etwas zu sehen: „Wir stehen hier vor einer sogenannten Grinde", erklärt Ranger Torsten Kohl. Das wirft Fragen in der Gruppe auf. Welchen Zweck haben diese Flächen? Und wieso werden sie als Grinde bezeichnet? Torsten Kohl beantwortet alle Fragen – und sorgt für den ein oder anderen Aha-Effekt bei uns. „Es gibt mit Sicherheit Fragen, die auch ich nicht beantworten kann", erzählt er, als wir weiter in Richtung Euting-Grab laufen. „Wir Rangerinnen und Ranger haben hier im Nationalpark allerdings tolle Möglichkeiten, um uns fortzubilden. Und natürlich kann ich jederzeit meine Kollegen und Kolleginnen aus den Fachbereichen anhauen, wenn ich etwas wissen möchte." [...] So kann uns Torsten Kohl wenig später auch von den Häutungsgewohnheiten der Kreuzotter berichten, als er vor der malerischen Kulisse des Wildseeblicks ein Exemplar aus Plastik (glücklicherweise!) durch die Reihen gibt. [...]
Quelle: Gewald, Oliver: Mit der Rangertour zum Wilden See: Wissen macht Ah! Nationalpark Schwarzwald 04.11.2021: www.nationalpark-schwarzwald.de [Zugriff: 09.10.2023]

der Wilde See

M4 *Blogeintrag zur Rangertour*

Internetlink 2

Wir erkunden Baden-Württemberg

M1 *Der Schwarzwald – Attraktiv für den Tourismus*

Tourismus im Schwarzwald

Der Schwarzwald ist eine von Natur und Menschen vielfältig geprägte Landschaft. Er ist sehr attraktiv für Touristen. Viele Menschen verbringen hier ihren Urlaub, denn das **Mittelgebirge** hat einiges zu bieten (M1):
- Bergseen, Frei- und Erlebnisbäder, Abenteuer- und Freizeitparks, Freilichtmuseen und Geocaching-Routen,
- die Ferienstraße „Schwarzwaldhochstraße“, die bei Motorradfahrern sehr beliebt ist,
- Kurkliniken,
- Luxushotels und gehobene Gastronomie,
- einen Nationalpark,
- Wintersportmöglichkeiten (z. B. Rodeln, Ski- und Snowboardfahren, Eisklettern),
- Radwege und Mountainbikerouten,
- Wanderwege, darunter Fernwanderwege (M2).

Neue Chancen?

Obwohl der Schwarzwald insgesamt über hohe Besucherzahlen verfügt, gibt es Unterschiede zwischen den Regionen (M4). Ein Grund hierfür liegt in der Traditionen und dem Bekanntheitsgrad des südlichen Schwarzwaldes (z. B. Bollenhut, Schwarzwälder Schinken, Feldberg). Eine Förderung des Fremdenverkehrs ist auch in den anderen Regionen möglich. Zum Beispiel kann im nördlichen Schwarzwald der Nationalpark eine langfristige Chance bieten, Wirtschaft, Gesellschaft und Umwelt nachhaltig weiterzuentwickeln.

Quer durch den Schwarzwald

Großes touristisches Potenzial bietet auch der Westweg (M5). Dieser wurde als erster Fernwanderweg Deutschlands im Jahre 1900 vom Schwarzwaldverein angelegt. Er reicht von Pforzheim im Norden bis ins Dreiländereck nach Basel. Der Westweg gilt als eine der abwechslungsreichsten Wanderstrecken überhaupt. Er macht die Vielfalt des Mittelgebirges Schwarzwald erlebbar.

Anpassungen an den Klimawandel

Der Klimawandel stellt die Menschen, die im **Tourismus** arbeiten vor Herausforderungen. Sie müssen kreativ werden, um auch in Zukunft noch Geld verdienen zu können. Zum Beispiel ist die Schneesicherheit nicht mehr gegeben (M3, M6). So müssen alternative Angebote gefunden werden. Auch hier gilt das Motto der **Nachhaltigkeit**: Mensch und Natur im Einklang entwickeln.

---

❶ Ordne die Bilder in M1 und die im Text genannten Freizeitmöglichkeiten begründet in die Karte M2 ein.

❷ a) Erstelle aus M4 ein Säulendiagramm.
b) Begründe die Unterschiede bei den Übernachtungszahlen.

❸ a) Stelle mithilfe von M5 dar, welchen Attraktionen man auf dem Westweg begegnet (Internetlink).
b) Der Westweg verläuft mitten durch den Nationalpark Schwarzwald. Entwickle weitere Ideen, wie man attraktive Urlaubsangebote und Naturschutz vereinen kann.

❹ Gestalte ein Konzept, wie man den Nordschwarzwald noch attraktiver für Touristen machen und die Übernachtungszahlen steigern kann. Nutze auch ›S. 102 – 107.

Kapitelaufgabe: Mensch und Natur: Wie gut kennst du die Zusammenhänge? (›S. 85)
Mithilfe der Informationen, die du zu unseren vier Puzzleteilen gesammelt hast, kannst du nun folgende Frage beantworten: Warum gibt es im Schwarzwald so viel Tourismus und wie wirkt sich dieser auf Mensch und Natur aus?

M2 *Tourismus im Schwarzwald*

M5 *Der Westweg und sein Routenverlauf mit möglichen Etappenzielen*

Internetlink

M3 *Schneekanonen am Feldberg*

„Wir Skiliftbetreiber denken schon darüber nach, wie wir die Lifte öfter und vor allem ohne Schnee betreiben können. Die Schneesicherheit im Winter nimmt stark ab. Könnt ihr euch vorstellen, für welche Freizeitangebote man den Lift noch nutzen könnte?“

M6 *Ein Skiliftbetreiber erzählt*

	Übernachtungen im ...		
	Nord-schwarzwald	**mittleren Schwarzwald**	**Süd-schwarzwald**
2014	6,3 Millionen	5,3 Millionen	9,1 Millionen
2021	2,7 Millionen	2,9 Millionen	5,0 Millionen
2022	5,9 Millionen	5,9 Millionen	9,7 Millionen

Quelle: Statistisches Landesamt BW (gerundet)

M4 *Übernachtungszahlen im Schwarzwald nach Regionen*

Info

Der Bollenhut

Der Bollenhut (rot = unverheiratet) ist heute zum Symbol des Schwarzwalds geworden. Im Dorf Kirnbach wird der Brauchtum noch heute gepflegt: Konfirmation in Tracht, eine Trachtenkapelle und eine Tanzgruppe, die Kurrende, sorgen dafür.

M1 *Blick in die Landschaft von Oberschwaben*

Oberschwäbisches Alpenvorland – eine vom Eis geprägte Landschaft

Oberschwaben ist landschaftlich sehr abwechslungsreich. Im nördlichen Oberschwaben ist die Landschaft nur leicht hügelig. Je weiter du nach Süden kommst desto deutlicher treten die Hügelketten hervor. Es gibt viele Seen und Moore. Daher ist die Region als Ferien- und Kurgebiet sehr beliebt. Doch wie entstand diese Landschaft?

Das Alpenvorland zu den Kaltzeiten

Nicht immer herrschten in Mitteleuropa die gleichen Temperaturen wie heute. In den sogenannten Kaltzeiten war es bei uns deutlich kälter (Info). Als Folge davon sammelten sich in den Alpen gewaltige Schneemassen an. Durch den Druck der übereinanderliegenden Schneeschichten entstanden im Laufe der Zeit riesige Eispakete. Diese begannen, als **Gletscher** langsam das Gebirge herabzufließen (›S. 169 Info).
Die Gletscher drangen mehrfach bis weit ins **Alpenvorland** vor (M3). Sie transportierten riesige Mengen an Schutt und Geröll aus den Alpen ins heutige Oberschwaben. Zugleich schliffen sie auf der Unterseite den felsigen Untergrund ab und schürften lockeres Material heraus. Bis heute kann man diesen Gletscherschliff erkennen (M2).

Nach dem Abtauen der Gletscher

Als es wieder wärmer wurde, tauten die Gletscher und zogen sich in die Alpen zurück. Das mitgeführte Material blieb als **Moräne** liegen. Einige Blöcke, die Findlinge, sind riesig und scheinen nicht in die Landschaft zu passen (M4).
Die Grundmoränen sind die ehemals vom Gletscher mitgeführten und zerkleinerten Gesteinsmassen. Sie bilden flachwellige Landschaften. Manchmal schürfte der Gletscher tiefe Becken aus. So entstanden viele Seen, die wegen ihrer Entstehung **Zungenbeckenseen** genannt werden (›S. 116 M1). Heute sind viele davon teilweise zu Mooren oder Rieden (Sumpfgebieten) verlandet (M5). Die Endmoränen markieren den Eisrand während des weitesten Gletschervorstoßes. Sie bestehen aus großen Gesteinsbrocken und bilden Moränenhügel aus, die heute zumeist bewaldet sind. Schmelzwasser des Gletschers durchbrachen diesen Wall und schütteten weite, fast ebene Schotterflächen auf.
Die Abfolge von Grundmoräne mit Zungenbeckensee, Endmoräne und Schotterfläche nennt man glaziale Serie.

---

❶ Beschreibe die Oberflächenformen im Alpenvorland (M1 – M5, ›S. 116 M1).

❷ Ordne die Fachbegriffe im Modell-Kasten mithilfe des Textes den Buchstaben Ⓐ bis Ⓕ in der Grafik zu (Übung).

❸ Erläutere, warum die Landschaft in Oberschwaben so abwechslungsreich ist.

❹ Auch in Norddeutschland findet man vom Eis geprägte Landschaften:
a) Beschreibe mithilfe des Atlas die Lage und das Aussehen der Mecklenburgischen Seenplatte.
b) Benenne die Himmelsrichtung, aus der die Gletscher vorgedrungen sind und stelle Auswirkungen auf die Landschaftsformen dar.

M2 *Gletscherschliff*

M4 *Findling in Oberschwaben*

M5 *Wurzacher Ried*

Modell — Übung

Entstehung des Alpenvorlandes

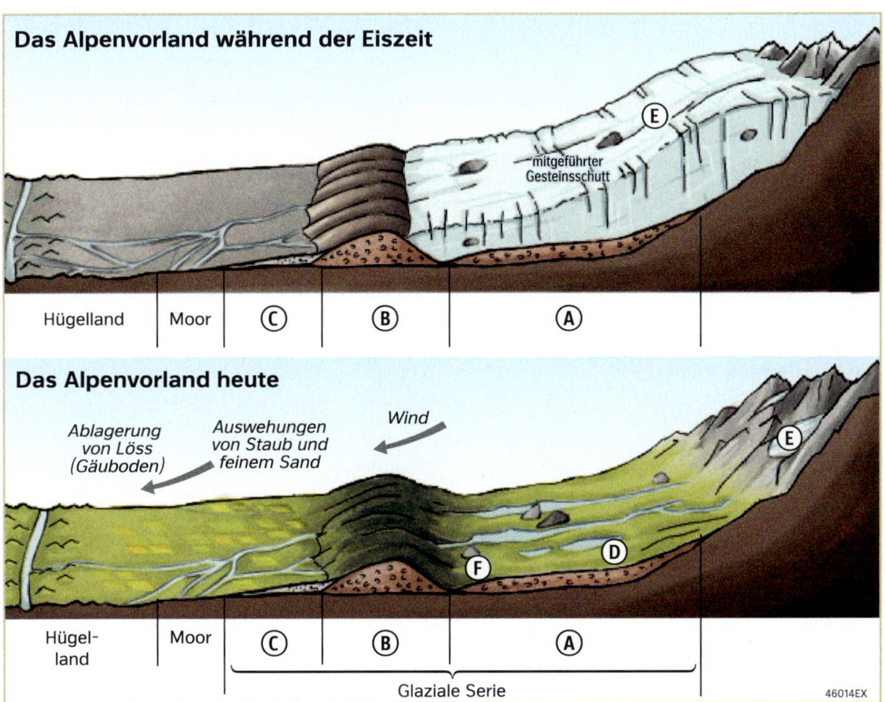

Gletscher **Endmoräne** **Schotterfläche**

Grundmoräne **Zungenbeckensee** **Findlinge**

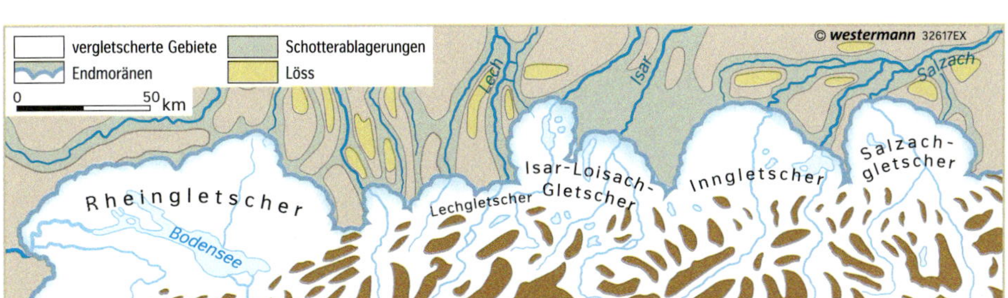

M3 *Das Alpenvorland während der letzten Kaltzeit (Würm) vor 20 000 Jahren*

Info

Kaltzeiten und Warmzeiten

Kaltzeiten sind Epochen der Erdgeschichte, in denen durchschnittlich bis zu 10 °C tiefere Temperaturen als heute herrschten. In der Umgangssprache werden sie Eiszeiten genannt. Sie wechseln sich mit Epochen ab, in denen die durchschnittlichen Temperaturen steigen, den Warmzeiten. Ihren Namen erhalten die einzelnen Kaltzeiten jeweils von Flüssen:

- vor ungefähr 800 000 Jahren: *Günz-Kaltzeit*
- vor ungefähr 450 000 Jahren: *Mindel-Kaltzeit*
- vor ca. 350 000 Jahren: *Riss-Kaltzeit*
- vor ungefähr 20 000 Jahren: *Würm-Kaltzeit*

M1 *Kühe auf der Weide...* *... und in einem modernen Melkstand*

Wieso leben im Landkreis Ravensburg so viele Rinder?

80 Milchkühe hat Bauer Moser mittlerweile in seinem Stall auf seinem Aussiedlerhof stehen. Es sei kein kleiner Betrieb mehr, meint er, aber hier in Oberschwaben sei das völlig normal.

Wandel in der Landwirtschaft

Schaut man sich die hiesigen Bauernhöfe an, so liegen sie oftmals als Einzelhöfe in der Landschaft und sind umgeben von Grünland. Die Milchviehhaltung als Form der **Landwirtschaft** hat in Oberschwaben mittlerweile Tradition. Früher bauten die oberschwäbischen Bauern mühsam Getreide und Flachs an (›S. 96 M3). Aus Flachs kann man Leinen herstellen, eine Stofffaser rein pflanzlichen Ursprungs. Anfang des 19. Jahrhunderts verdrängte aber zunehmend die billigere Baumwolle den oberschwäbischen Flachs. Die Bauern mussten sich eine andere Lebensgrundlage suchen.
Große Teile Oberschwabens eignen sich aber aufgrund des hügeligen Reliefs (›S. 110/111) und des Klimas (M3) nicht für den Ackerbau, sondern eher für **Grünlandwirtschaft**. So besannen sich die Bauern auf die Milchviehhaltung: 1880 wurde in Wolfegg eine der ersten Molkereigenossenschaften Oberschwabens gegründet.
Heute haben, wie Bauer Moser, die meisten Landwirte im **Alpenvorland** ihren Betrieb auf die Grünlandwirtschaft beziehungsweise Milchwirtschaft ausgerichtet. Sie haben sich spezialisiert und ihren Betrieb modern ausgestattet.

Beispiel für moderne Milchwirtschaft

Bauer Moser beliefert eine Käserei in Oberschwaben. Er berichtet, dass er dank moderner Maschinen die meiste Arbeit mit seiner Frau alleine bewältigen kann. Sein Großvater brauchte noch mehrere Arbeitskräften, denn früher wurde jede Kuh per Hand gemolken. Heute wird die Milch vom Melkstand direkt in einen Kühltank gepumpt. Der Milchlaster holt die Milch täglich ab und fährt sie dann in die Käserei.
Sein Land mäht Bauer Moser bis zu fünfmal im Jahr und verfüttert ein Teil der Mahd als getrocknetes Heu im Winter an seine Kühe. Das Gras wächst im Alpenvorland gut, denn das Klima begünstigt den Graswuchs.

1. Beschreibe die Bodennutzung Oberschwabens und des Allgäus anhand der Fotos (M1, M2, M7).
2. a) Ordne die Klimadiagramme Ⓐ–Ⓒ den Orten Ulm, Isny und Leutkirch begründet zu (M3, Übung, M4).
   b) Arbeite den Zusammenhang zwischen M3 und der Profilzeichnung M4 heraus.
3. a) Erkläre, warum es in Ulm nur 16 Milchkuhbetriebe gibt, im Landkreis Ravensburg aber 1100 (M5, M6).
   b) Vergleiche die Betriebszahlen im Landkreis Ravensburg mit denen im Stadtkreis Ulm (M5, M6)
4. Du planst mit deinen Eltern den Sommerurlaub in Oberschwaben. Begründe, welche Kleidung du in deinen Koffer packst (M3).
5. Stelle Zusammenhänge zwischen der landwirtschaftlichen Nutzung Oberschwabens und den Puzzleteilfragen auf ›S. 110 M1 dar.

M2 *Aussiedlerhof im Allgäu*

M7 *Landwirt beim Wenden des Grasschnitts*

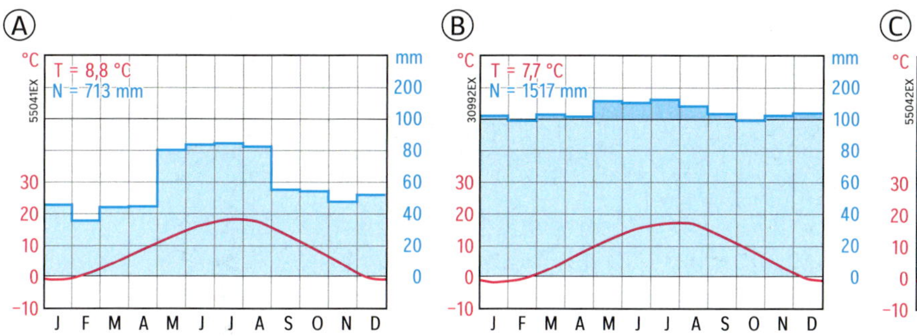

M3 *Klimadiagramme*

Übung

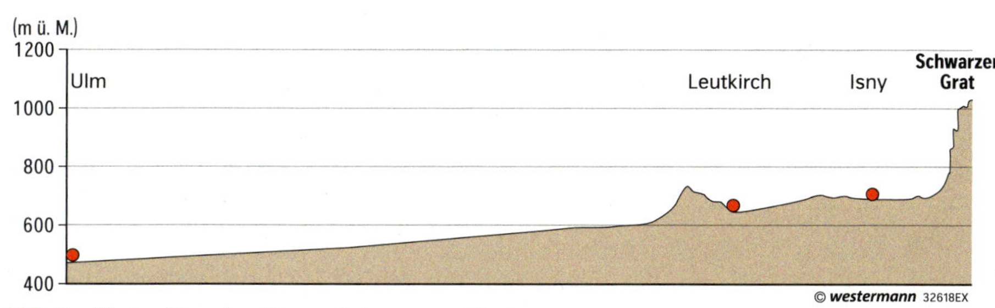

M4 *Profil der Strecke Ulm – Schwarzer Grat*

Landwirtschaftliche Betriebe mit ...	**2016**		**2020**		**Veränderungen 2020/2016**	
	Betriebe	**Tiere**	**Betriebe**	**Tiere**	**Betriebe**	**Tiere**
	Anzahl				**in %**	
Viehhaltung insgesamt	1926	122052	1785	114293	-7,3	-6,4
Rinder	1620	143904	1450	135690	-10,5	-5,7
Milchkühe	1287	70163	1100	65217	-14,5	-7,0
						Quelle: statistik-bw 2022

M5 *Landwirtschaftliche Betriebe im Landkreis Ravensburg*

Landwirtschaftliche Betriebe mit ...	**2016**		**2020**		**Veränderungen 2020/2016**	
	Betriebe	**Tiere**	**Betriebe**	**Tiere**	**Betriebe**	**Tiere**
	Anzahl				**in %**	
Viehhaltung insgesamt	61	3722	52	3316	-14,8	-10,9
Rinder	19	2287	18	2402	-5,3	5,0
Milchkühe	16	1009	13	1038	-18,8	2,9
						Quelle: statistik-bw 2022

M6 *Landwirtschaftliche Betriebe im Stadtkreis Ulm*

M1 *Besondere Anbauprodukte (Kulturen) am Bodensee*

Sonderkulturen – besondere Kulturen

Vielleicht hast du im Supermarkt schon einmal Obst oder Gemüse vom Bodensee gesehen. Der Nordrand des Bodensees hat sich zu einem der größten Obstanbaugebiete Deutschlands entwickelt. Aber nicht nur Obstplantagen findet man hier, sondern auch Gemüseanbauflächen.
Rund um Tettnang wird zudem Hopfen angebaut. Die Geschmacksstoffe des Hopfens werden beim Bierbrauen benötigt. Doch warum wachsen Äpfel, Salat, Tomaten und auch Hopfen am Bodensee so gut?

Günstiges Klima dank der Kaltzeit

Der Bodensee ist ein riesiger **Zungenbeckensee** aus der Kaltzeit (›S. 116). Aufgrund seiner großen Fläche und Tiefe verfügt er über eine große Wassermenge. Das Wasser wiederum hat auf die Lufttemperatur eine ausgleichende Wirkung.
Im Sommer wirkt der Bodensee wie ein Wärmespeicher. Wasser kann Wärme länger speichern als Luft und gibt diese gespeicherte Wärme im Winter langsamer an die Umgebung ab. Deshalb gibt es am Bodensee kaum Frosttage. Auf der Blumeninsel Mainau wachsen sogar Palmen. Im Sommer wird es hingegen in Bodenseenähe selten extrem heiß, da das Wasser die Lufttemperatur abkühlt. Das Klima am Bodensee eignet sich somit zum Anbau anspruchsvoller Nutzpflanzen, die als **Sonderkulturen** bezeichnet werden (M3).

Sonderkulturen: Besondere Kulturen

Sonderkulturen zwingen Landwirte zu einer intensiven Bewirtschaftung. Manche Betriebe besitzen daher weniger als zwei Hektar (ha) Anbaufläche. Dies entspricht zwei Fußballfeldern.
Obstbäume werden regelmäßig gespritzt und geschnitten. Die hohe Arbeitsintensität zeigt sich auch bei Beetpflanzen wie Salat und Gemüse: Im Frühjahr werden viele Beete mit Folien überdeckt. So kann fast das ganze Jahr über gesät, angebaut und geerntet werden. Dadurch wird die Erntemenge erhöht und das Angebot dieser eigentlich **saisonalen Produkte** zeitlich erweitert. Zudem wird der Anbau hochwertiger Sorten wie Spargel möglich.
Insbesondere der Hopfenanbau erfordert viel Arbeitszeit. Um ein Hektar Hopfen zu bewirtschaften, braucht der Landwirt ungefähr 650 Arbeitsstunden im Jahr. Im Vergleich dazu wird ein Hektar Getreide mit 25 Arbeitsstunden jährlich bewirtschaftet. Da der Hopfen vom Bodensee eine sehr gute Qualität besitzt und damit gute Erlöse bringt, sind aber auch schon kleine Arbeitsflächen rentabel.

---

1. Beschreibe anhand der Bilder welche Anbauprodukte für die Bodenseeregion typisch sind.
2. Erkläre den Verkaufsweg eines landwirtschaftlichen Produktes vom Bodensee deiner Wahl (M5, Übung).
3. a) Begründe, weshalb der Hopfenanbau als intensive Landwirtschaft bezeichnet wird (Text, M3, M5, M6).
   b) Überprüfe die Aussage der Landwirtin in M7.
4. a) Begründe, warum sich die Landschaft nördlich des Bodensees zu einem der größten Obstanbaugebiete Deutschlands entwickelt hat (Text).
   b) Erörtere, ob ein Landwirt aus Immenstaad sich für Grünlandwirtschaft (›S. 112) oder Sonderkulturen entscheiden soll.

M2 *Obsternte*

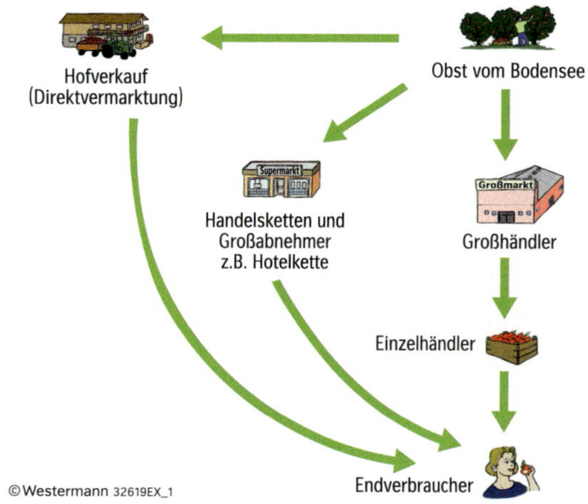

M5 *Verkaufswege der landwirtschaftlichen Waren*

Übung

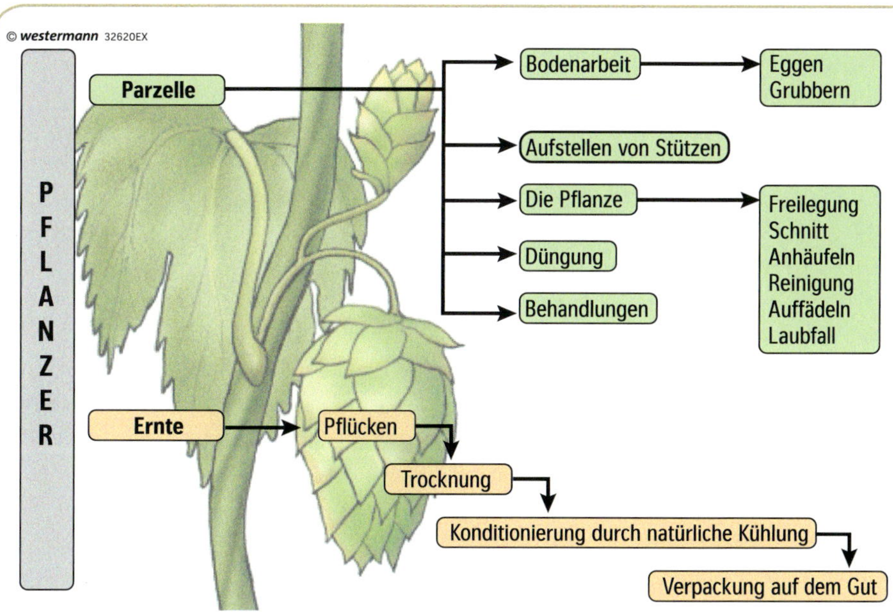

Sonderkulturen

Sonderkulturen benötigen eine besondere Pflege und sind damit sehr arbeitsintensiv. Die Landwirtin oder der Landwirt muss besonders viel Zeit aufwenden. Zu den Sonderkulturen zählen der Obst-, Gemüse-, Wein- und Hopfenanbau. Sonderkulturen haben auch besonders hohe Ansprüche an das Klima.

M3 *Sonderkultur Hopfen*

M7 *Eine Landwirtin berichtet*

M4 *Hopfengarten*

M6 *Hopfenblüten nach der Ernte*

M1 *Bodenseepanorama*

Trinkwasser aus dem Bodensee

Der Bodensee liegt im Süden Baden-Württembergs an der Grenze zur Schweiz und zu Österreich. Dominiks Cousin Marc wohnt in Bad Mergentheim. Dieser Ort liegt im Norden Baden-Württembergs, fast 200 km Luftlinie vom Bodensee entfernt. Trotzdem nutzt Marc jeden Morgen beim Zähneputzen das Wasser aus dem **See**. Wie ist das möglich?

Trinkwasserspeicher Bodensee

Der Bodensee ist aufgrund seiner Entstehung Europas größter natürlicher Trinkwasserspeicher (›S. 110). Zahlreiche Zuflüsse aus den Alpen sowie der Alpenrhein versorgen ihn mit frischem Wasser. Dieses wird dem See von 18 Wasserwerken über Pumpen entnommen. Es wird zunächst in riesigen Filteranlagen gereinigt und dann über ein weit verzweigtes Netz an Fernwasserleitungen verteilt (M2). Aus dem Bodensee werden täglich ungefähr 4 Millionen Menschen mit Trinkwasser versorgt.

Wandel in der Trinkwasserqualität

Mittlerweile ist die Qualität des Trinkwassers aus dem Bodensee wieder sehr gut. Bis in die 1980er-Jahre war dies aber nicht so. Damals gelangten große Mengen an Wasch- und Spülmitteln, Stoffe aus Industrieanlagen sowie Düngemittel aus der Landwirtschaft in das Gewässer. Dadurch trat eine sogenannte Überdüngung des Sees durch Phosphate auf (M3). Algen verbreiteten sich rasant und die Trinkwasserqualität wurde deutlich schlechter. Das stand im Widerspruch zu internationalen Vereinbarungen: Schon 1959 wurde die Internationale Gewässerschutzkommission für den Bodensee (IGKB) gegründet, um den See zu schützen.

Nachhaltige Nutzung mit Konfliktpotenzial

In der Folge wurden daher Schutzmaßnahmen auf den Weg gebracht, beispielsweise der Bau neuer Kläranlagen. Unterstützt wird die IGKB durch Naturschutzorganisationen. Zusätzlich sollen örtliche Planungen zur Nutzung des Sees und seines Ufers sowie internationale Abkommen zur Fischerei und der Schifffahrt die Entwicklung des Bodensees im Sinne der **Nachhaltigkeit** (›S. 69 Info) ermöglichen. Daraus ergeben sich aber Nutzungskonflikte. So wird zum Beispiel über die richtige Nutzung der Uferzone diskutiert (M4).

---

❶ a) Erkläre, warum der Bodensee als Trinkwasserspeicher für einen Großteil Baden-Württembergs bezeichnet werden kann (M2).
b) Erläutere, wie das Trinkwasser vom Bodensee zu Dominiks Cousin Mark gelangt (M2, Film).

❷ a) Beschreibe die Entwicklung der Phosphat-Phosphor-Konzentration (M3).
b) Erkläre die Entwicklung der Phosphat-Phosphor-Konzentration (M3, Text).

❸ Stelle den Interessenkonflikt am Bodensee dar (M4). Benutze dabei den Begriff Nachhaltigkeit.

❹ Differenziert: Wähle ein Arbeitsblatt aus und arbeite den Interessenskonflikt am Bodensee heraus.

Kapitelaufgabe: Mensch und Natur: Wie gut kennst du die Zusammenhänge? (›S. 85)
Mithilfe der Informationen, die du zu unseren vier Puzzleteilen gesammelt hast, kannst du nun folgende Frage beantworten: Warum sind das Oberschwäbische Alpenvorland und der Bodensee für die Versorgung der Menschen in der Region so bedeutsam?

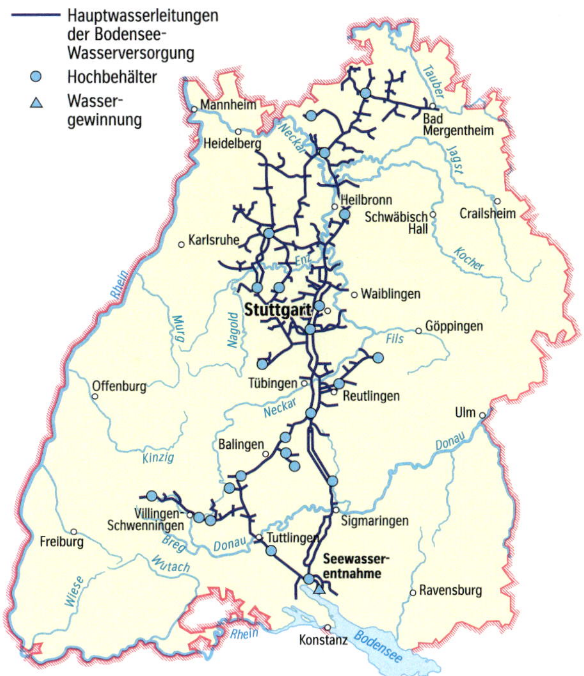

©Westermann 32621EX_1 Quelle: Zweckverband Bodensee-Wasserversorgung

M2 *Wasserversorgung aus dem Bodensee* Film

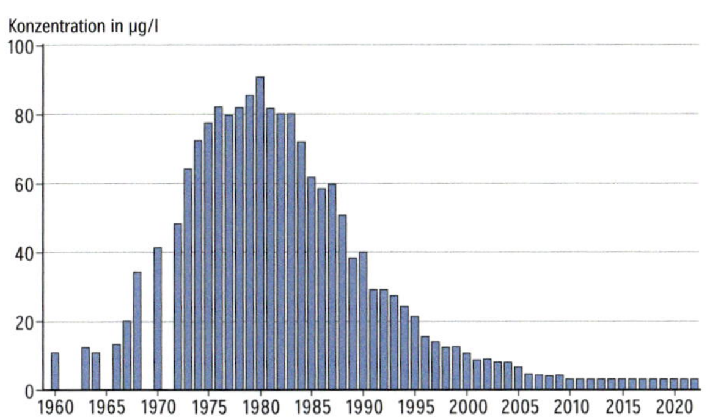

Quelle: Zweckverband Bodensee-Wasserversorgung ©Westermann 32622EX_1

M3 *Phosphat-Phosphor-Konzentration*

M5 *Bojen begrenzen das Wasserschutzgebiet über dem Entnahmebereich*

M6 *Quellbecken und Mikrosiebe*

M7 *Trinkwasserbehälter*

Tourist:
„Gerne machen wir Urlaub am Bodensee! Hier gibt es viele Campingplätze direkt am Ufer mit tollen, aufgeschütteten Stränden. Auch ist für die ganze Familie etwas geboten: Wassersport, Beachvolleyballfelder, Spaßbäder, Skaterplätze, Uferpromenaden und Golfplätze – was will man mehr?"

Bürgermeisterin:
„Natürlich sind wir um jeden Betrieb, der sich ansiedelt, froh. Er schafft Arbeitsplätze und bringt der Kommune Gewerbesteuern, die wir benötigen, um Schulen, Kindergärten, Bäder oder Sportplätze zu finanzieren. Auch können wir so neue Siedlungsflächen für Wohnungen erschließen."

Winzerin:
„Ich führe meinen Betrieb schon in der dritten Generation. Er ist die Lebensgrundlage meiner Familie. Ich brauche jeden Hektar für den Anbau meines Weines und möchte keine Landfläche verkaufen, egal ob für touristische Attraktionen, neue Wohnhäuser, Industrieflächen oder Schutzzonen."

Naturschützer:
„Das Ufer darf nicht noch mehr zugebaut werden. Dies ist schädlich für den See, da nötiger Lebensraum für Pflanzen und Tiere verloren geht. Gerade die Uferzone ist für eine natürliche Reinigung des Wassers wichtig! Wir brauchen Uferschutzgebiete und Kontrollen zum Schadstoffeintrag."

M4 *Nutzungs- und Interessenkonflikte am Bodensee*

M1 *Szenen aus der Landwirtschaft*

Der Landwirtschaft auf der Spur

Überall in Baden-Württemberg gibt es Bauernhöfe, die **Landwirtschaft** betreiben – auch in eurer Umgebung. Eine Hoferkundung ist interessant, denn hier sieht man einen solchen Betrieb einmal aus der Nähe.

Es gibt viel zu fragen!

Bevor es losgeht, solltet ihr euch informieren und gute Fragen überlegen. Diese stellt ihr dann vor Ort der Landwirtin oder dem Landwirt.
Zu folgenden Themen könnt ihr zum Beispiel Fragen stellen:

- Lage des Betriebes
- Naturraum (z. B. Boden, Oberflächengestalt, Niederschlag, Temperatur)
- Art des Betriebes (z. B. Ackerbau, Viehhaltung)
- Größe des Betriebes (z. B. Zahl der Arbeitskräfte, Fläche in Hektar)
- anfallende Arbeiten zu welchen Arbeitszeiten
- Zahl der Maschinen und ihre Verwendung
- Mittel, um die Erträge zu steigern (z. B. Dünger, besondere Pflanzen, Kraftfutter)
- Entwicklung des Betriebes (z. B. Spezialisierung, Intensivierung)
- mögliche Belastung der Umwelt (z. B. durch Gülle)
- Verkauf der Erzeugnisse (z. B. im Hofladen)
- zukünftige Vorhaben des Betriebes

Sucht nach der Adresse eines Bauernhofes in eurer Nähe. Fragt bei dem Hof an, ob ihr zu einer Erkundung kommen dürft. Nehmt auf jeden Fall ein kleines Geschenk als Dankeschön für die Familie des Bauernhofs mit. Die werden sich freuen.

Sollte es nicht klappen, dann geht auf virtuelle Exkursion (M2). Die Fragen sind dieselben.

Schritt für Schritt:
Möglicher Ablauf einer Hoferkundung

1. Schritt: Vorbereitung
Schreibt Fragen auf und sortiert sie nach Themen. Stellt sie auf einem Blatt zu einem Fragebogen zusammen.
Achtet auf die richtige Kleidung und festes Schuhwerk (im Winter kann es sehr kalt werden).

2. Schritt: Durchführung
Es gibt auf Bauernhöfen viel zu fotografieren!

3. Schritt: Ergebnisauswertung
Vergleicht den Hof mit Höfen, die ihr vielleicht bereits kennengelernt habt.

4. Schritt: Präsentation
Vielleicht könnt ihr Produkte mitbringen, die auf dem Hof erzeugt werden.

---

❶ a) Erkundet einen Bauernhof (Schritt für Schritt). Sucht dafür einen Bauernhof in euer Nähe oder geht auf virtuelle Exkursion (M2, virtuelle Exkursion).
b) Erstelle eine ausführlichen Dokumentation deiner Hoferkundung (M4).

❷ Erläutere die Begriffe in der Infobox. Nenne Beispiele.

❸ Vergleiche konventionelle und ökologische Landwirtschaft (Info, M3).

❸ Beschreibe die Landwirtschaft in Baden-Württemberg (M5).

Info

Kleine Landwirtschaftskunde

Mechanisierung: Einsatz von Maschinen in der Landwirtschaft anstelle von Handarbeit.

Intensivierung: Produktionssteigerung durch Einsatz von Maschinen, Dünger, verbesserten oder neuen Verfahren oder Pflanzenschutzmitteln.

Spezialisierung: Ausrichtung der Produktion auf nur ein oder wenige landwirtschaftliche Produkte.

Massentierhaltung: Intensive Form der Tierhaltung, bei der viele Tiere auf kleinem Raum und unter wirtschaftlich optimalen Bedingungen gehalten werden.

Konventionelle Landwirtschaft: Ausrichtung eines Betriebes auf massenhafte und maximal effektive Produktion, zumeist unter Anwendung von Mechanisierung, Intensivierung oder Massentierhaltung.

Ökologische (alternative) Landwirtschaft: Ausrichtung eines Betriebes auf natürliche Kreisläufe und artgerechte Tierhaltung, zum Beispiel durch Verzicht auf Dünger oder durch Weidehaltung anstelle von Stallhaltung. Er produziert daher weniger; seine Produkte müssen entsprechend teurer sein.

M2 *Flyer zur Planung eures Bauernhofbesuchs – real und virtuell* **virtuelle Exkursion**

Der Gründenhof

Lage: Der Gründenhof liegt in Kuppenheim im Landkreis Rastatt.

Art des Betriebs: Der Gründenhof hat sich vorrangig auf die tiergerechte landwirtschaftliche Produktion spezialisiert. Der Betrieb verfolgt das geschlossene Kreislaufsystem. So erhalten die Wollschweine Futter aus der eigenen Produktion.

Größe des Betriebs:
Hoffläche: 25000 qm
Weide- und Grünland: 100 000qm
Zahl der Tiere: 340 Schweine, 250 Hühner, 50 Puten, 280 Schafe, 30 Rinder und 17 Pferde.

Zahl der Maschinen:
...

M4 *Beispielprotokoll einer Hoferkundung*

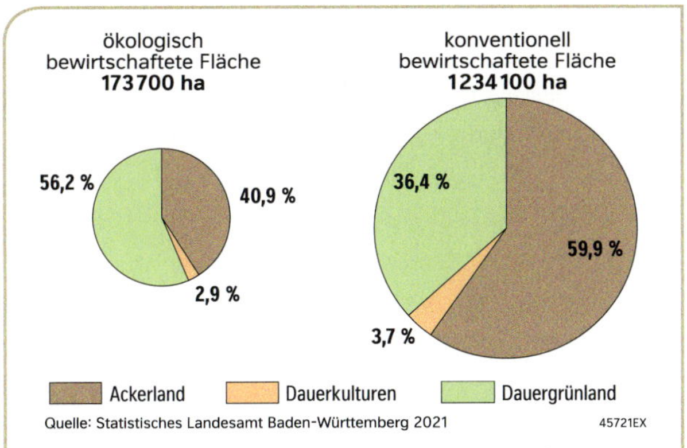

Heute: ca. 12 % ökologische Landwirtschaft
Ziel 2040: bis zu 40 %
Nebeneinkünfte:
1. Direktvermarktung (Hofläden, Automaten)
2. Tourismus (Ferien auf dem Bauernhof)
3. Biogasproduktion (Stromerzeugung)

M3 *Daten zur Landwirtschaft in Baden-Württemberg (2020)*

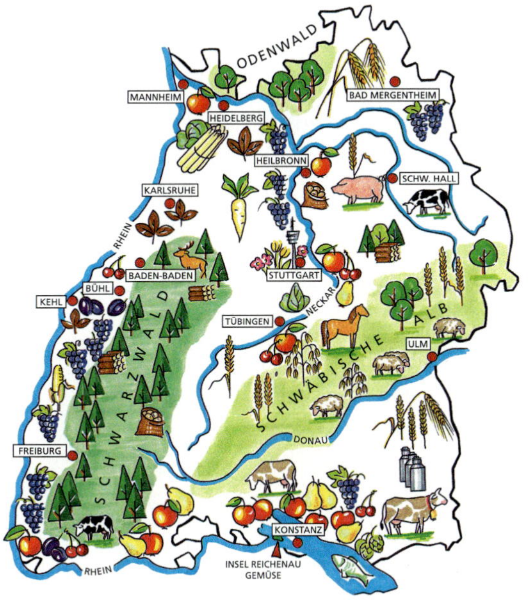

M5 *Landwirtschaft in Baden-Württemberg*

METHODE

M1 *Boden – Ein Spatenstich mit viel Inhalt*

Lebensgrundlage Boden

Wenn du eine Bodenprobe aus dem Schulgarten nimmst, siehst du sofort, aus was ein **Boden** besteht: Gesteinspartikel, Wasser, Luft, Pflanzenreste und Tierchen. Dies alles sind Hinweise darauf, wie der Boden entstanden ist.

Entstehung von Böden

Der Ausgangspunkt zur Entstehung von Böden ist die Verwitterung von **Gesteinen**. Das sogenannte **Ausgangsgestein** wird zerkleinert und zersetzt. So entstehen unterschiedlich große Partikel, an denen sich dann die Pflanzennährstoffe anlagern können (M2). **Bodenlebewesen** spielen eine weitere wichtige Rolle. Fallen zum Beispiel Blätter auf die Erde, beginnt ihre Arbeit: fressen, zerkleinern und ausscheiden (M3). Es entsteht fruchtbarer **Humus** im oberen Bereich der Böden. Er wird vor allem von Regenwürmern mit den Gesteinsteilchen vermischt. So entsteht am Ende der Boden, den du vom Umgraben kennst.

Gute Böden – schlecht Böden?

Ob ein Boden gut oder schlecht ist, hängt von vielen Faktoren ab. Die Zusammensetzung spielt eine wichtige Rolle: eine dicke Humusschicht mit vielen Lebewesen ist vorteilhaft. Wenn dieser Boden dann noch ausreichend Niederschläge erhält, um so besser. Die Pflanzen benötigen nämlich Wasser, um die Nährstoffe aus dem Boden aufzunehmen. Es ist aber auch wichtig, dass ein Boden für Landwirte gut zu bearbeiten ist. Zu tonig sollte er zum Beispiel nicht sein.

Bodenschutz ist Lebensschutz

Böden haben vielfältige Aufgaben (M4). Die Wichtigste ist sicherlich die Aufgabe als Anbaufläche für Lebensmittel. Dabei ist wichtig, dass Landwirte beim Pflügen, Sähen und Ernten den Boden nicht kaputt machen, sondern ihn schonend behandeln und nicht überbeanspruchen. Nur dann kann er auch in Zukunft gute Erträge bringen.

---

1. Beschreibe die Bestandteile einer Handvoll Boden. Nimm dazu eine Probe (M1).
2. a) Beschreibe den Ablauf der Bodenbildung in M2 und ordne die Textbausteine Ⓐ – Ⓓ begründet den Abbildungen ① – ④zu (Film 1) .
   b) Erläutere die Bedeutung der Pflanzen und Bodenlebewesen im Prozess der Bodenbildung (M1, M3, Übung).
   c) Erkläre, was einen guten Boden ausmacht.
3. Dominik meint, Boden sei „einfach nur Dreck“. Überprüfe seine Aussage.
4. Erläutere die vielfältigen Aufgaben von Böden (M4).
5. „Bodenschutz ist Lebensschutz“. Begründe diese Aussage (Film 3).
6. a) Führe den Versuch durch (Film 2). Er hilft dir beim Lösen des E-Moduls auf ›S. 100/101.
   b) Vergleiche Bodenproben aus dem Umfeld deiner Schule hinsichtlich Mächtigkeit und Zusammensetzung oder grabe mit einer Lehrkraft ein Bodenprofil (M2).

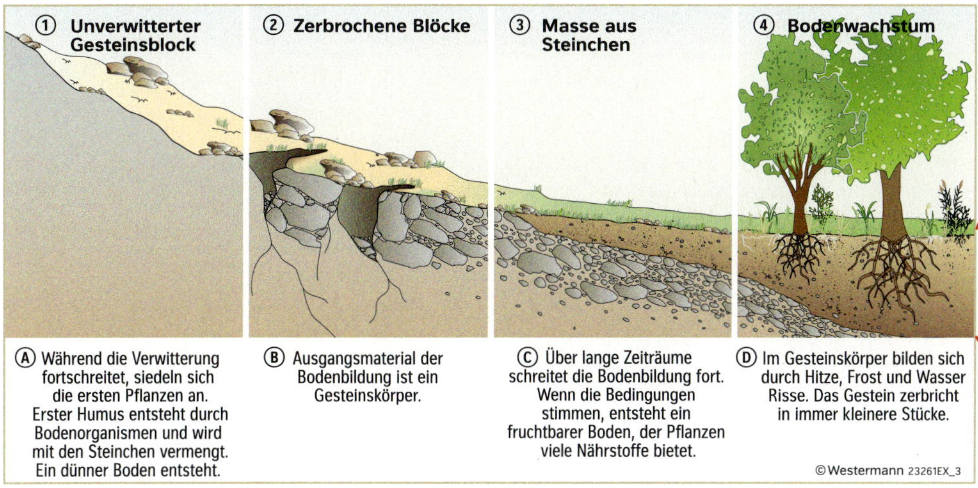

M2 *Ablauf der Bodenbildung – vom Ausgangsgestein zum Boden*

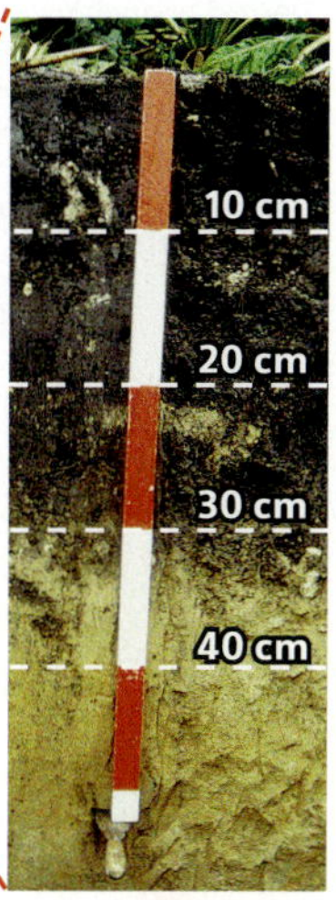

Film 1

M3 *Bodenlebewesen tragen wesentlich zur Bodenbildung bei – ein Blatt wird zersetzt*

Übung

Versuch

Film 2

Boden ausrollen – Versuch zu den Bodenarten

Material: Bodenproben von drei unterschiedlichen Orten (z. B. Acker, Sandkasten, Teichufer)

Überblick:

Sandboden: hoher Sandanteil (Korngröße < 2 mm), körnig, locker, wasserdurchlässig

Schluffboden: hoher Schluffanteil (Korngröße < 0,063 mm), weniger locker, geringere Wasserdurchlässigkeit

Tonboden: mindestens ein Drittel Ton (Korngröße < 0,002 mm), fein, klebrig, gut formbar, wasserstauend

Lehmboden: gleiche Anteile von Sand, Schluff und Ton, gut durchlüftet, kann gut Wasser speichern

Durchführung:
Befeuchte die erste Bodenprobe auf der Handfläche mit etwas Wasser. Versuche, die Bodenprobe zu einer Wurst zu rollen. Falls die Probe zerbröselt, handelt es sich um Sandboden. Wenn man eine Wurst von einer halben Bleistiftstärke ausrollen kann, liegt Lehmboden vor. Gelingt dies nicht, so ist es ein Schluffboden. Ist die Probe noch dünner ausrollbar, ist es ein Tonboden.

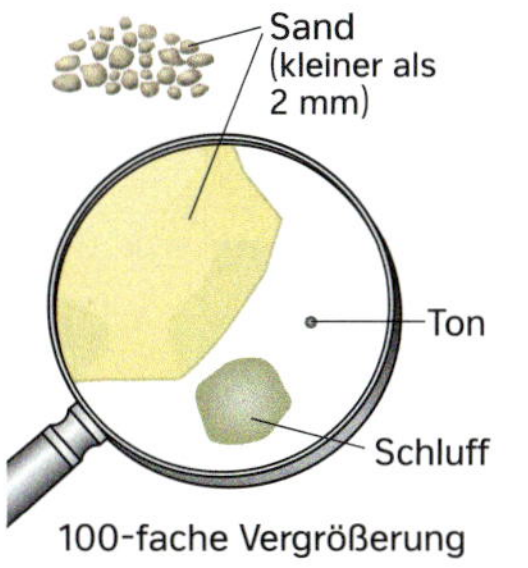

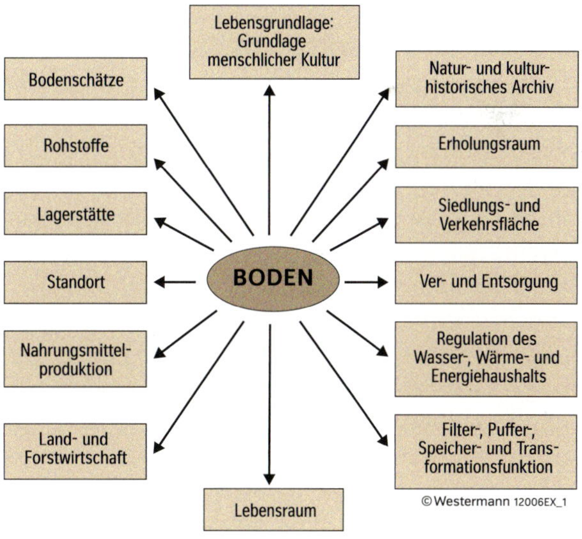

M4 *Aufgaben (Funktionen) von Böden*

Info

Humus

Als Humus bezeichnet man die gesamte abgestorbene Substanz des Bodens. Zum Großteil besteht diese Substanz aus Pflanzenresten, die von Bodenlebewesen in mikroskopisch kleine Teile zerlegt werden. Auch die Reste von Tieren und Mikroorganismen werden letzten Endes in Humus umgewandelt.

M1 *Unterschiedliche Orte in Baden-Württemberg*

Stadt und Land ergänzen sich

Wenn ihr in eurer Klasse die Frage stellt, wer von euch lieber auf dem Land oder in der **Stadt** leben möchte, dann werden die Antworten ganz unterschiedlich ausfallen. Es wird einige von euch geben, die lieber in der Stadt wohnen möchten und andere, die das Leben auf dem Land bevorzugen. Das liegt daran, dass **Dörfer** und Städte ganz unterschiedliche Dinge bieten. Deshalb kann sich die Entscheidung für ein Leben auf dem Land oder in der Stadt im Laufe eines Lebens auch verändern.

Stadt und Land ergänzen sich

Städte versorgen ihr Umland mit Waren und **Dienstleistungen**. Einkaufszentren, Bankfilialen, Krankenhäuser oder weiterführende Schulen (Gymnasium, Realschule) gibt es in der Regel nur in Städten. Universitäten, Spezialkliniken oder Geschäftszentren findet man oft nur in Großstädten. Viele dieser Einrichtungen sind in Dörfern nicht zu finden, manchmal gibt es nicht einmal ein Freibad, einen Arzt, einen Bäcker oder eine zuverlässige Internetverbindung.
Ländliche Räume übernehmen im Gegenzug aber auch wichtige Funktionen für städtische Räume. Auf dem Land befinden sich die meisten landwirtschaftlichen Flächen. So übernehmen die Dörfer eine Versorgungsfunktion für die Städte. Die Luftbelastung ist auf dem Land durch weniger **Verkehr** und Industrieanlagen sowie den großen Naturflächen geringer. Außerdem ist auf dem Land die Bebauung nicht so dicht wie in der Stadt. Man kann dort im Grünen wohnen oder sich in der Natur erholen. Es entstehen zwischen Stadt und Land also vielseitige Wechselbeziehungen.

Pendeln zwischen Stadt und Land

Immer mehr Menschen zieht es wieder aufs Land. Die Grundstücke und Immobilien sowie die Mieten sind in der Regel deutlich günstiger. Außerdem gibt es dort genug Fläche, um ein freistehendes Einfamilienhaus zu bauen. Viele Menschen wollen Abstand von der Hektik, dem Lärm und dem vielen Verkehr in der Stadt und bevorzugen auch die Nähe zur Natur. Da sich aber die meisten Arbeitsplätze (z. B. in großen Unternehmen oder im **Einzelhandel**) sowie viele wichtige Versorgungseinrichtungen (z. B. Einkaufszentren, Ärzte, Banken) in der Stadt befinden, sind die Menschen gezwungen zwischen Stadt und Land zu pendeln (Modell). Die täglichen Pendlerströme führen zweimal am Tag, nämlich früh morgens zu Arbeitsbeginn und abends nach Feierabend, zu einem erhöhten Verkehrsaufkommen. Der viele Verkehr verursacht Staus und führt zu einer starken Belastung der Luft und Umwelt.

1. Beschreibe ausgehend von M1, was für dich typisch Stadt und typisch Land ist.
2. a) Charakterisiere verschiedene Stadtgrößen anhand von M2.
   b) Nenne für die Stadtgrößen (M2) Beispiele aus deiner Umgebung.
3. Analysiere die Berufspendlerströme in Stuttgart (M3).
4. Arbeite aus den Materialien M1, M2 und M4 (Übung) die Funktionen von Städten und dem Land heraus.
5. „Stadt und Land ergänzen sich." Erkläre diese Aussage.

Großstadt

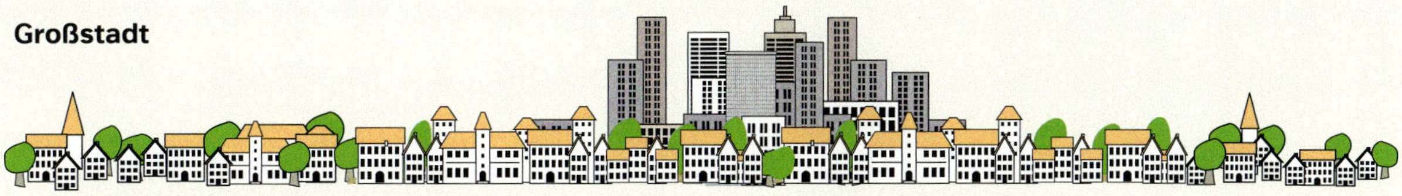

- Höhere Verwaltungsbehörden
- Hoch- und Fachschulen
- Spezialkliniken
- Große Kaufhäuser
- Sportzentrum (Stadion)
- Großbanken, Versicherungen
- Firmensitze
- Museen, Theater

Mittelstadt

- Gericht
- Weiterführende Schulen (Gymnasium, Realschule)
- Hallenbad, Freibad
- Krankenhaus
- Spezialgeschäfte
- Bankfilialen
- Parkanlagen
- Industriebetriebe

Kleinstadt

- Rathaus
- Grundschule
- Freibad, Sportplatz
- Apotheke, Arzt
- Handwerksbetriebe
- Fachgeschäfte
- Bankfilialen

M2 *Ausstattungsmerkmale bestimmter Städte*

Jahr	Einpendler	Auspendler
2013	223731	75186
2016	239392	87074
2019	257924	97310
2022	268716	101523

Quelle: Destatis 2023

M3 *Berufspendler in Stuttgart*

M4 *Stadt und Land ergänzen sich*

Übung

Modell

Pendler sind Menschen, die zwischen Stadt und Land hin und her pendeln. Berufspendler pendeln beispielsweise täglich zu ihrem Arbeitsplatz, Bildungspendler zu ihrer Schule oder Universität und Einkaufspendler zur entsprechenden Einkaufsmöglichkeit. Viele Menschen pendeln mit ihrem eigenen Verkehrsmittel wie dem Auto oder dem E-Bike. Als Ergänzung bietet der öffentliche Personennahverkehr (ÖPNV) die Möglichkeit mit der Bahn, dem Bus oder teilweise sogar mit dem Schiff (wo Wasserstraßen vorhanden sind) kürzere Distanzen zwischen Stadt und Land zurückzulegen. Wie stark das ÖPNV-Netz ausgebaut ist, hängt in der Regel von der Größe der Siedlungen ab.

Das Modell zeigt vereinfacht die wichtigsten Pendlerströme zwischen Stadt und Land.

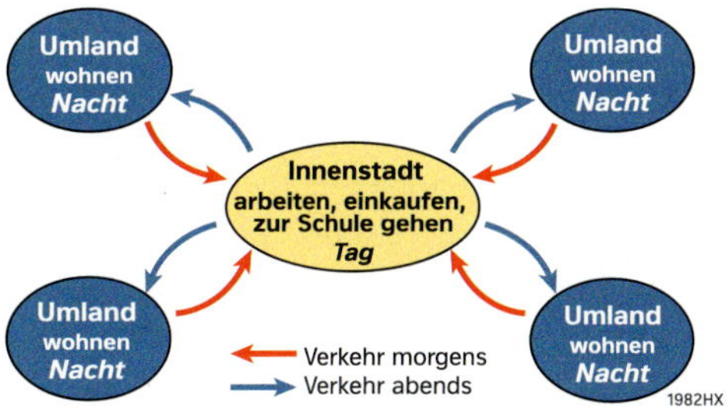

M1 *Luftbild von Tannheim (Dorf südlich von Villingen-Schwenningen)*

Leben in den Dörfern unseres Bundeslandes

Den Begriff „**Dorf**" verbinden viele von uns spontan mit dem Leben auf dem Land. Für Geographen ist ein Dorf eine ländliche Siedlung von mindestens 100 Einwohnern und ca. 20 Wohnhäusern. Außerdem muss ein Dorf ein Mindestmaß an Ausstattung aufweisen wie eine Kirche, eine Schule, eine Post, Einkaufsmöglichkeiten, ein Bürgermeister- bzw. Ortsvorsteheramt oder einen Gasthof. Für manche Wissenschaftler sind auch die Dorfgemeinschaft und die Natur sowie deren Nutzung entscheidende Merkmale.

Dörfer haben sich gewandelt

Über viele Jahrhunderte galten Dörfer als Orte, in denen **Landwirtschaft** betrieben wurde. Die Orte waren kaum bebaut und hatten eine geringe **Bevölkerungsdichte**. Heute haben Dörfer zwar immer noch weniger Einwohner und eine geringere Bevölkerungsdichte als **Städte**, einige sind aber zunehmend dichter bebaut und verfügen auch über Gewerbegebiete mit Industrieunternehmen. Dies liegt daran, dass Dörfer vor allem für junge Familien als Wohnort wieder attraktiver wurden. Außerdem haben sich Städte durch ihr enormes Wachstum bis weit ins Umland ausgedehnt.

Auf der einen Seite wohnen also wieder mehr Familien in den Dörfern, auf der anderen Seite ziehen aber immer noch viele junge Erwachsene von den Dörfern in die Städte, um zu studieren oder weil es dort ein größeres und vielfältigeres Angebot an Arbeitsplätzen gibt (›S. 122/123).

Dörfer sollen zukunftsfähig werden

Um die Abwanderung junger Menschen zu verhindern sollen Dörfer zukunftsfähiger gemacht werden. Man versucht die Ausstattung, Versorgung oder das Verkehrsnetz von Dörfern zu verbessern. So bekommt beispielsweise eine Hausärztin oder ein Hausarzt bis zu 30000 Euro Landesförderung, wenn sie oder er sich in Baden-Württemberg in einer ländlichen Gemeinde niederlässt, deren hausärztliche Versorgung nicht oder in naher Zukunft nicht mehr gesichert ist. In vielen Dörfern wurde und wird die Internetanbindung verbessert, damit sich dort mehr Unternehmen ansiedeln oder Arbeitnehmer von zu Hause aus arbeiten können. Auch die bessere Anbindung an den öffentlichen Nahverkehr (ÖPNV) soll die Attraktivität von Dörfern steigern.

---

1. a) Benenne einzelne Elemente, die du auf dem Luftbild M1 erkennen kannst.
   b) Arbeite aus dem Luftbild M1 typische Merkmale von Dörfern heraus.
2. Ordne den Fotos in M2 typische Merkmale und Funktionen von Dörfern zu.
3. a) Analysiere die Karten in M3 (Übung) hinsichtlich der Veränderung des Dorfes von 1950 bis heute.
   b) Erläutere Gründe für die Veränderungen.
   c) Beschreibe Veränderungen, die sich in Zukunft ergeben könnten.
4. „Den typischen ländlichen Raum gibt es nicht!" Begründe die Aussage (Erstaunlich!).

M2 *Typisches Dorfleben?*

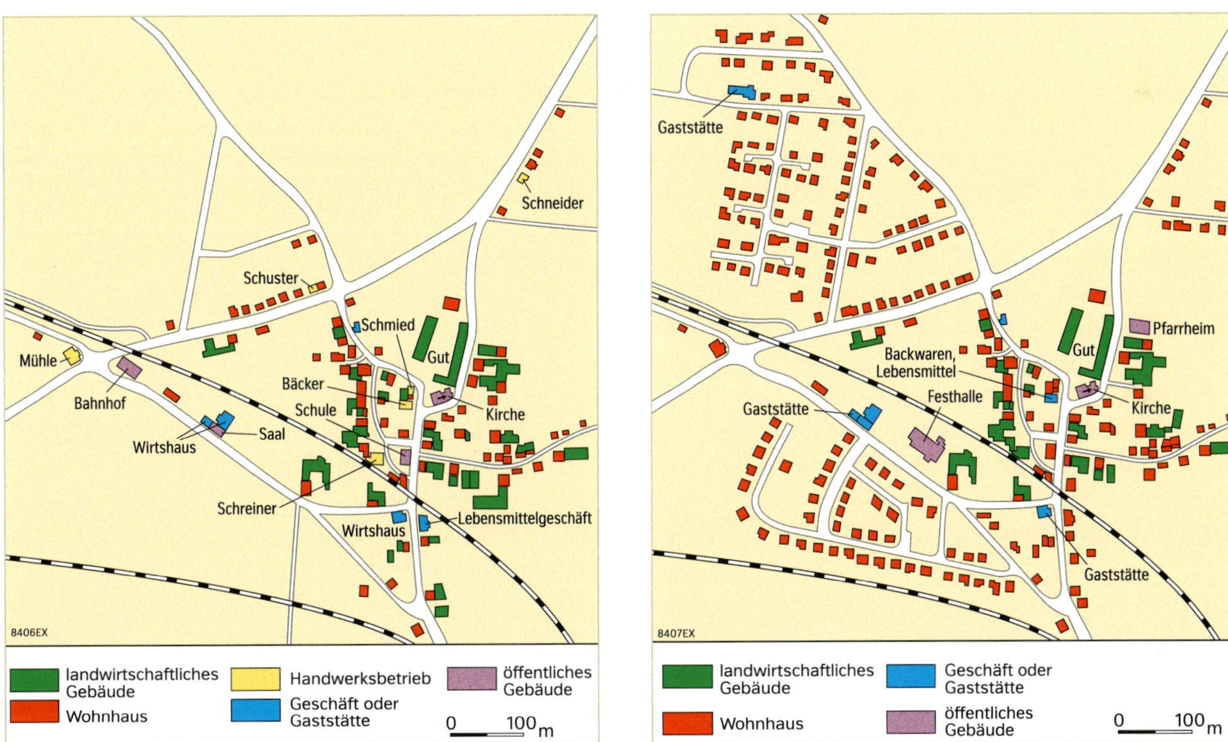

M3 *Beispiel eines Dorfes um 1950 …* *… und des gleichen Dorfes heute*

Übung

Erstaunlich!

In der Geographie wurde der ländliche Raum immer schon als Gegensatz zur Stadt begriffen. Also alles, was nicht städtisch ist bzw. zur Randzone der Stadt gehört, wird als ländlicher Raum bezeichnet. Merkmale des ländlichen Raumes sind beispielsweise eine größere Bedeutung der Landwirtschaft, eine geringere Bevölkerungsdichte oder höhere Freiflächenanteile. Heute wird eine Abgrenzung aber immer schwieriger, weil Stadt und Land enger miteinander verbunden sind und sich Dörfer ganz unterschiedlich entwickeln. Denzlingen, nahe Freiburg, gilt mit seinen knapp 14000 Einwohnern als größtes Dorf Baden-Württembergs. Und auch sonst erinnert das Dorf mit seinen großen Gewerbegebieten oder den vielfältigen Kultur- und Freizeitangeboten eher an eine Stadt. Demgegenüber steht Böllen im Landkreis Lörrach mit seinen knapp über 100 Einwohnern, das kleinste Dorf Baden-Württembergs. Es ist noch klassisch ländlich geprägt.

M1 *Schrägluftbild des Wasserturms in Mannheim*

Wie werte ich ein (Luft-)Bild aus?

Bilder können dir im Geographieunterricht in ganz unterschiedlicher Weise begegnen. Beispielsweise können über Fotos von Landschaften oder von Vulkanen, Gletschern oder Städten geographische Phänomene zu dir ins Klassenzimmer transportiert werden, sodass du dir eine bessere Vorstellung von diesen Dingen machen kannst. Einen noch besseren Eindruck von diesen Dingen erhält man über 360°-Fotos, in denen du dich scheinbar im Raum bewegen kannst (›S. 102 M1). Ganz besondere Fotos sind Luftbilder. Diese zeigen Landschaften oder Orte von oben, aus der Perspektive eines Flugzeugs. Der Blick von oben ist deshalb für den Geographieunterricht interessant, weil man aus der Vogelperspektive einen guten Überblick über die entsprechenden Landschaften oder Orte bekommen kann. Früher wurden Luftbilder mit Ballons, Zeppelinen oder auch Brieftauben gemacht, heute verwendet man Flugzeuge, Satelliten oder Drohnen. Prinzipiell unterscheidet man nach der Aufnahmetechnik, zwischen dem Senkrechtluftbild und dem Schrägluftbild.

Schräg- und Senkrechtluftbild

Beim Schrägluftbild wird das Foto nicht senkrecht von oben, sondern schräg aufgenommen (M1). Durch die Neigung erkennt man später auf dem Luftbild entsprechende Gegebenheiten wie Gebäudehöhen, Gebäudestrukturen, Geländeunterschiede, Bäume oder Berge besser. Durch die Perspektive schräg von oben lassen sich Schrägluftbilder bei der Auswertung sinnvoll in einen Vordergrund, in das Bildzentrum und einen Hintergrund einteilen.

Senkrechtluftbilder werden wie auch die Schrägluftbilder von Flugzeugen oder Drohnen gemacht, vor allem aber mithilfe von Satelliten. Hierbei schaut man direkt senkrecht von oben auf die Landschaft und ihre Bestandteile (›S. 124 M1). So sieht man beispielsweise Hausdächer, aber keine Hausfassaden. Eine Einteilung in einen Bildvorder- und Bildhintergrund ist daher nicht sinnvoll. Dafür lässt sich aber die Anordnung von Häusern, der Verlauf von Straßen oder Flüssen sowie die Geländenutzung gut erkennen. Deshalb werden die Senkrechtluftbilder auch als Grundlage zur Erstellung von **Karten** verwendet.

---

1. Beschreibe, warum Luftbilder für den Geographieunterricht interessant sind.
2. Vergleiche die beiden Luftbildtypen *Schrägluftbild* und *Senkrechtluftbild* in einer Tabelle (Text).
3. Die Luftbildauswertung M3 kann noch ergänzt werden. Arbeite mithilfe des Luftbildes und der OpenStreetMap-Karte (M2, Internetlink) weitere Informationen heraus.
4. Erstelle anhand der Schritt-für-Schritt-Anleitung eine eigene Luftbildauswertung zum Senkrechtluftbild von Tannheim (›S. 124 M1).

M2 *Kartenausschnitt von Mannheim (OpenStreetMap)*

Internetlink

Schritt für Schritt: Wir werten (Luft-)Bilder aus

1. Orientieren:
Die Bildunterschrift gibt dir erste Hinweise zum Aufnahmeort und Thema. Zur genauen Orientierung kann der Atlas oder eine Online-Karte (z. B. OpenStreetMap) verwendet werden. Mit diesen Zusatzmaterialien kannst du auch die Himmelsrichtungen bestimmen bzw. herausfinden, aus welcher Richtung das Bild aufgenommen wurde.

2a. Beschreibung/Analyse:
Für eine genaue Beschreibung und Analyse ist es hilfreich, das Bild in unterschiedliche Bereiche einzuteilen (Vorder- und Hintergrund sowie Zentrum des Bildes). Zur Unterstützung kannst du eine Karte verwenden.

2b. Erstellung einer Skizze:
Zur Verdeutlichung deiner Beschreibung kannst du mithilfe von Transparentpapier oder einer Folie eine beschriftete Skizze erstellen.

3. Erklärung:
Wichtig ist, dass du nicht nur die verschiedenen Elemente des Bildes beschreibst, sondern auch versuchst, mögliche Zusammenhänge zwischen den Elementen zu erklären (z. B.: Warum steht ein Gebäude genau da, wo es steht und welche Funktion hat es?).

4. Interpretation/Bewertung:
Nun gilt es die Hauptaussage des Bildes zusammenzufassen und evtl. eine eigene Bewertung zur Bildaufnahme zu tätigen (z. B.: Welche Absicht hat der Fotograf mit der Aufnahme wohl verfolgt?).

Beispielauswertung (von M1)

1. Das Schrägluftbild (M1) zeigt den Mannheimer Wasserturm. Dieser liegt nach Auswertung der Karte (OpenStreetMap, M2) am Friedrichsplatz. Er grenzt an die Innenstadt. Das Foto wurde von Südosten mit Blick nach Nordwesten aufgenommen.

2a. Im Bildvordergrund sind mehrstöckige Häuserzeilen zu erkennen. Im Bildzentrum sieht man einen Park mit Rasenflächen,Bäumen und einem Brunnen. Dahinter erhebt sich der eigentliche Wasserturm. Es handelt sich um einen aus Stein gebauten, runden Turm, mit kegelförmigem Dach. Um den Park herum sind weitere große Gebäude zu erkennen, links die Kunsthalle Mannheim und rechts das Kongresszentrum „Rosengarten". Hinter dem Wasserturm ist in Richtung Bildhintergrund eine mehrspurige Straße zu erkennen, der Kaiserring. Im Bildhintergrund befinden sich weitere mehrstöckige Häuserblocks. Hier befindet sich die Innenstadt mit vielen Geschäften des Einzelhandels.

2b. ggf. beschriftete Skizze (vgl. S. 48/49)

3. Das zentrale Bildelement stellt der Wasserturm mit dem Park dar. Er trug in der Vergangenheit als wichtiger Wasserspeicher zur Wasserversorgung der Stadt bei. Die planvoll angelegte Parkanlage unterstreicht seine frühere Bedeutung. Heute bietet die Anlage eine Möglichkeit zu Freizeitgestaltung und zur Erholung.

4. Da der Wasserturm mit dem Park im Bildzentrum steht, kommt dadurch seine historische und aktuelle Wichtigkeit für die Stadt zum Ausdruck. Dies war sicher auch die Absicht des Fotografen.

M3 *Auswertung des Luftbildes von Mannheim (M1)*

100900-012-01
www.diercke.de

Digital+
WES-121698-127

M1 *Luftaufnahme der Großstadt Ulm*

Übung

Leben in den Großstädten unseres Bundeslandes

Wenn die Bewohner eines **Dorfes** in eine Großstadt kommen, so fallen ihnen zunächst die vielen Menschen auf. In einer **Stadt** wie Stuttgart, Karlsruhe, Mannheim oder Freiburg leben weit über 100000 Einwohner. Die **Bevölkerungsdichte** ist hoch (›S. 45 Info).

Städte werden nach der Einwohnerzahl in Größenklassen eingeteilt. In Kleinstädten leben weniger als 20000 Einwohner, in Mittelstädten weniger als 100000 Einwohner und in Großstädten weniger als eine Million Einwohner. Wenn die Einwohnerzahl einer Stadt die Millionengrenze überschreitet, spricht man von einer Millionenstadt. Beispiele sind Berlin, München oder Hamburg. Die **Landeshauptstadt** Stuttgart ist mit 600000 Einwohnern die größte Großstadt in Baden-Württemberg.

Die dichte Bebauung, meist mit mehrgeschossigen Häusern, ist ein weiteres Merkmal einer Großstadt. Überall finden sich Wohnhäuser, Einkaufszentren, Industrieanlagen, Bahnhöfe oder Bürogebäude. In Städten konzentrieren sich daher andere Wirtschaftsbereiche als in Dörfern (Info, ›S. 124/125).

Leben in der Großstadt, Leben in den Vierteln

In den Wohnvierteln einer Stadt gibt es neben den niedrigen Einfamilienhäusern auch Mehrfamilienhäuser mit vier bis fünf Etagen und Hochhäuser mit vielen Wohnungen. Trotz der dichten Bebauung und dem vielen **Verkehr** gibt es in den Wohnvierteln meist auch Spielplätze. Ihre Freizeit verbringen die Menschen gern in Erholungsvierteln: Parkanlagen, Grünflächen oder der Stadtwald bieten Möglichkeiten zur Naherholung.

In anderen **Stadtvierteln** (›S. 40) wird vor allem gearbeitet: Industrieanlagen wachsen oft zu Industriegebieten zusammen. Gebäude für **Dienstleistungen,** liegen dagegen eher in der Innenstadt. Einzelhandelsgeschäfte und große Warenhäuser bilden Einkaufsstraßen. Auch Arzt- und Anwaltspraxen befinden sich meist in zentraler Lage. Da die Mieten hoch sind, gibt es hier kaum Wohnungen.

Die Stadt erfüllt unsere Grundbedürfnisse (M4) also in bestimmten Stadtvierteln. Daher kann man eine (Groß-)Stadt gliedern (Modell).

❶ Beschreibe die Merkmale einer Großstadt ausgehend von der Luftaufnahme von Ulm (M1, Übung).

❷ a) Deine Grundbedürfnisse werden in bestimmten Stadtvierteln erfüllt. Beschreibe die Lage der verschiedenen Stadtviertel im Modell.
b) Vergleiche deinen Schulort mit dem Modell einer Großstadt.

❸ a) Nenne Beispiele aus deinem Schulort für Betriebe aus allen drei Wirtschaftsbereichen (Info).
b) Arbeite für die vier Großstädte die Gesamtzahl der Erwerbstätigen heraus. Erstelle ein Säulendiagramm (M3, ›S. 44/45).

❹ **Gruppenarbeit** zu den vier größten Städten Baden-Württembergs:
a) Erstellt zu eurer Großstadt eine Tabelle mit folgenden Bereichen: Lage, Stadtviertel, Verkehr, Einwohnerzahl, Erwerbstätige, besondere Funktion (M3, ›S. 130 – 133, Atlas, Internet).
b) Vergleicht diese vier Großstädte.

Modell

Die Großstadt im Überblick

Großstädte in Baden-Württemberg sind ganz verschieden im Aufbau und ihrem Aussehen: Manche haben beispielsweise einen historisch gewachsenen unregelmäßigen Innenstadtbereich, andere einen geplanten geometrischen Aufbau.
Dennoch treten in den meisten Großstädten bestimmte Merkmale immer auf, sodass man sie in einem Modell zusammenfassen kann.

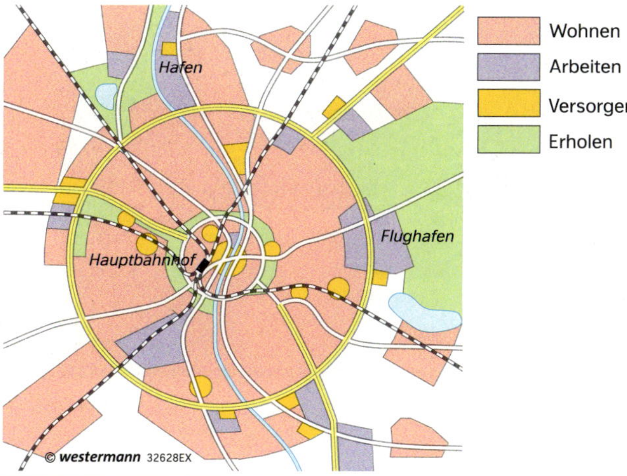

Quelle: Statistisches Landesamt Baden-Württemberg 2022 ©Westermann 38725EX_1

M2 *Die größten Städte in Baden-Württemberg*

Info

Die drei Wirtschaftsbereiche

1. Land- und Forstwirtschaft
2. Produktion (Industrie und Handwerk)
3. Dienstleistung (Gaststätten, Hotels, Banken, Versicherungen, Krankenhäuser, Arztpraxen, Einzelhandel, Schulen, Verwaltung)

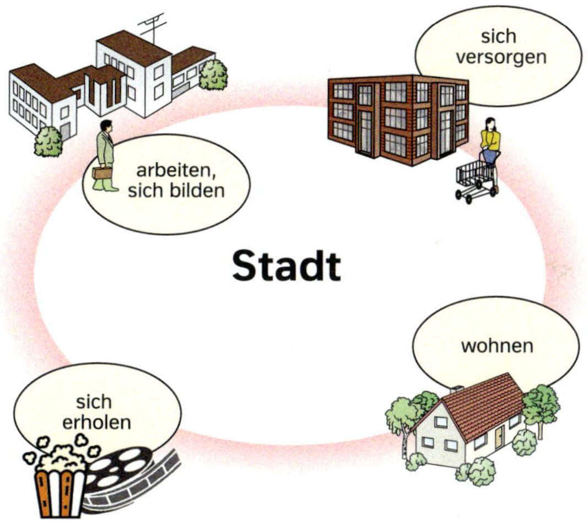

M4 *Aufgaben (Funktionen) einer Stadt*

	Stuttgart	Karlsruhe	Mannheim	Freiburg
Einwohnerzahl	626000	307000	312000	232000
Erwerbstätige...				
... im land- und forstwirtschaftlichen Bereich	800	300	300	500
... im produzierenden Bereich	100000	37000	59000	21000
... im Dienstleistungsbereich	431000	202000	182000	160000
Durchschnittspreis für Bauland pro m²	2300	700	600	1300
Güterumschlag in der Schifffahrt in t	749000	6800000	7500000	0
Fluggäste	6900000	1300000	<200000	0
Touristenübernachtungen pro 1000 Einw.	5200	3000	4600	8700

Quelle: Statistisches Landesamt BW 2023 und andere

M3 *Zahlen zu den vier größten Städten in Baden-Württemberg*

Wir erkunden Baden-Württemberg

M1 *Stuttgarter Schlossplatz*

M2 *Das Landtagsparlament*

Gruppe 1: Stuttgart

Was lerne ich alles auf dem Gymnasium?

Diese und weitere wichtige Entscheidungen für Baden-Württemberg werden im Landtag in Stuttgart getroffen. Stuttgart ist die Landeshauptstadt sowie Sitz der Landesregierung und damit das politische Zentrum unseres Bundeslandes.

Die Bedeutung Stuttgarts als Industriestadt reicht weit über Baden-Württemberg hinaus: Hier haben viele weltweit tätige Firmen ihre Zentrale, wie Bosch oder Mercedes-Benz (M4). Da es in Stuttgart viele Arbeitsplätze gibt, ist die Zahl der Pendler besonders groß (›S. 123 Modell). Hinzu kommen Stadttouristen und Menschen aus dem Umland, welche die Stuttgarter Innenstadt zum Einkaufen nutzen. Stuttgart ist zugleich ein überragendes Dienstleistungszentrum: Die Königsstraße, die längste Fußgängerzone Deutschlands, bietet große Kaufhäuser, elegante Fachgeschäfte, Büros für Anwälte und unterschiedliche Freizeiteinrichtungen wie Kinos, Museen und Theater.

Die zukünftige Entwicklung der Landeshauptstadt wird durch den Bau des neuen Hauptbahnhofes mit seinen unterirdischen Gleiszufahrten geprägt. Das Erscheinungsbild der Innenstadt wird sich wesentlich ändern.

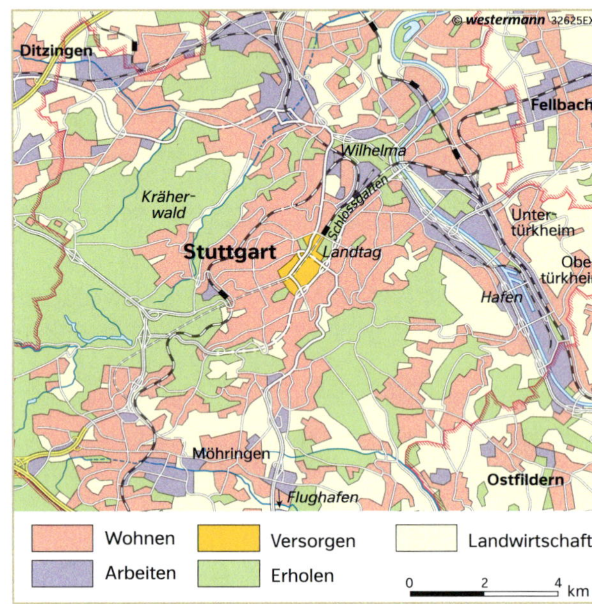

M3 *Karte der Flächennutzung (vereinfacht)*

M4 *Mercedes-Benz Werk Stuttgart-Untertürkheim*

❶ Gruppenarbeit (›S. 128 Aufgabe 4): Bearbeitet das Beispiel Stuttgart.

Wahlalternativen

❶ Werte das Bild M4 aus (›S. 127). Charakterisiere das Stadtviertel.

❷ a) Charakterisiere Stuttgart als politisches Zentrum unseres Bundeslandes (M1 – M3).
b) Vergleiche Stuttgart mit der Bundeshauptstadt Berlin (›S. 36/37, ›S. 40/41).

M1 *Schloss und Schlossplatz*

M2 *Häuser und Straßenbahn in der Weststadt*

Gruppe 2: Karlsruhe

Wo kann ich gleichzeitig in 32 Straßen blicken?

Dies ist wahrscheinlich nur in Karlsruhe möglich. Vom Schloss aus strahlen die Straßen fächerartig aus. Sie ziehen sich größtenteils durch Grünflächen und im Süden durch die Innenstadt. Diesem geometrischen Aufbau verdankt die Stadt den Beinamen „Fächerstadt“ (M3). Karlsruhe wird aber auch die „Stadt des Rechts“ genannt, da hier das Bundesverfassungsgericht seinen Sitz hat. Wird hier Recht gesprochen, gilt dies für ganz Deutschland.

An der Karlsruher Universität wurde der erste deutsche Internet-Knoten in Betrieb genommen. Noch heute steht Karlsruhe für zukunftsweisende Forschung: Das Karlsruher Institut für Technologie (KIT) ist das größte Forschungszentrum Deutschlands und der größte Arbeitgeber in der Stadt (M4).

Große Waldgebiete, die bis an die Innenstadt heranreichen, bieten den Menschen eine Möglichkeit der Naherholung. Mit den speziell ausgerüsteten Karlsruher Straßenbahnen, die auch das Schienensystem der Deutschen Bahn nutzen können, kann man aber auch bis in den Schwarzwald fahren, ohne umzusteigen.

M3 *Flächennutzung in Karlsruhe (vereinfacht)*

M4 *Roboter made in Karlsruhe*

❶ Gruppenarbeit (›S. 128 Aufgabe 4): Bearbeitet das Beispiel Karlsruhe.

Wahlalternativen

❶ a) Werte das Bild M1 aus (›S. 127).
b) Beschreibe den besonderen Aufbau der Karlsruher Innenstadt.

❷ Charakterisiere das Karlsruher Stadtviertel Weststadt (M2).

M1 *Universität im Mannheimer Schloss*

M2 *Uferpromenade in Neckarstadt-Ost*

Gruppe 3: Mannheim

Auf der Suche nach dem neuen Laden in N4?

Mannheims Innenstadt zwischen Rhein und Neckar ist als Gitter angelegt. Die einzelnen Quadrate werden dabei aus einer Kombination von Buchstabe und Zahl benannt – wie bei einem Planquadrat. Das erleichtert die Suche nach einem bestimmten Ort, beispielsweise dem Einkaufsladen in N4. Die Innenstadt wird von zwei breiter ausgebauten Straßen durchzogen, die sich im Zentrum am Paradeplatz treffen und als Fußgängerzonen dienen. Geprägt wird die Innenstadt vom barocken Schloss, welches heute das Zentrum der Universität bildet (M1), und einem repräsentativen Wasserturm (›S. 126).
Die Quadratestadt liegt sehr verkehrsgünstig an der Mündung des Neckars in den Rhein und besitzt einen der größten Binnenhäfen in Europa (M4). Durch den ICE-Bahnhof hat die Stadt auch gute Bahnverbindungen in alle Himmelsrichtungen: Man kann mit dem Zug ohne Umsteigen nach Paris, Berlin oder in die Schweiz fahren.
Bekannt wurde Mannheim auch durch die Gründung der Popakademie (2003), welche viele junge Musiker anzieht. Mannheim ist seit 2014 offiziell „City of Music".

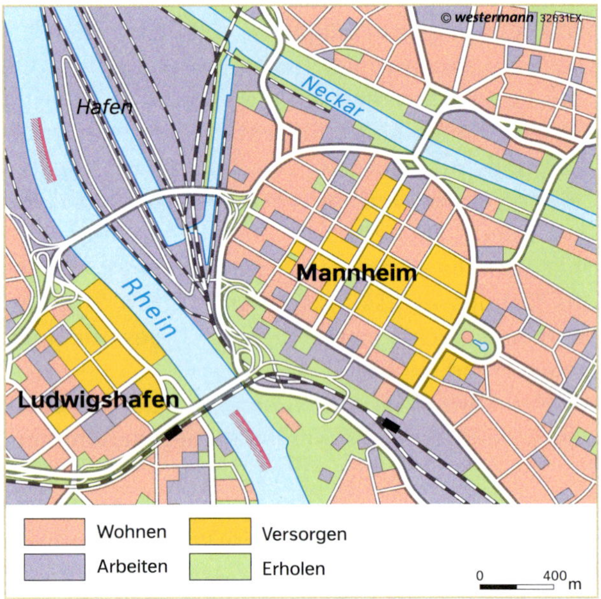

M3 *Karte der Flächennutzung (vereinfacht)*

M4 *Hafenviertel*

❶ Gruppenarbeit (›S. 128 Aufgabe 4): Bearbeitet das Beispiel Mannheim.

Wahlalternativen

❶ Erstelle eine Lageskizze von Mannheim (›S. 48/49). Begründe die günstige Verkehrslage der Stadt.

❷ Charakterisiere anhand von M2 das Stadtviertel mit der Mannheimer Uferpromenade.

Wir erkunden Baden-Württemberg

M1 *Münster mit Markt und Altstadt*

M2 *Freiburger Innenstadt mit Bächle*

Gruppe 4: Freiburg im Breisgau

Wochenendausflug mit der Familie?

Freiburg wäre eine gute Idee! Denn Freiburg liegt ziemlich genau auf dem 48° Breitenkreis, ist damit die südlichste Großstadt Deutschlands und bekannt für ihr sonniges und warmes Klima („Sonnenstadt"). Touristenfreundlich ist die Stadt auch: Während die Eltern nach dem Besuch des Münsters (M1) in der Fußgängerzone der Altstadt schlendern, laufen die Kinder denselben Weg einfach im Bach. Die Freiburger Bächle sind kleine Wasserrinnen in den Gassen und Straßen der Altstadt und sorgen für Abkühlung an warmen Sommertagen (M2). Die Altstadt umschließt den Freiburger Münster mit seinem zentralen Platz für die Wochenmärkte. Sie ist Wahrzeichen dieser Großstadt im Breisgau und Ziel vieler Touristen. Zudem gilt Freiburg auch als „Tor zum Schwarzwald" (›S. 98).

Freiburg ist auch Standort für Hightech: Durch die günstige Lage und Nähe zur Universität haben sich Unternehmen der Solartechnik angesiedelt. Man entwickelt eine Solar-Region: In einigen Wohnvierteln wird durch Solarenergie und eine besondere Bauweise mehr Energie erzeugt, als die Haushalte verbrauchen (Plusenergiehäuser, M4).

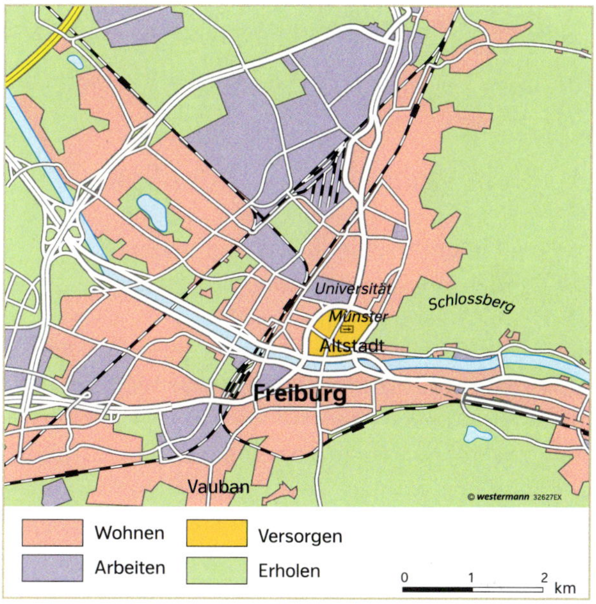

M3 *Karte der Flächennutzung (vereinfacht)*

M4 *Im Stadtviertel Vauban (größtenteils autofrei)*

❶ Gruppenarbeit (›S. 128 Aufgabe 4):
Bearbeitet das Beispiel Freiburg im Breisgau.

Wahlalternativen

❶ Begründe die Attraktivität von Freiburg im Breisgau für Touristen.

❷ Charakterisiere das Freiburger Stadtviertel Vauban (M4).

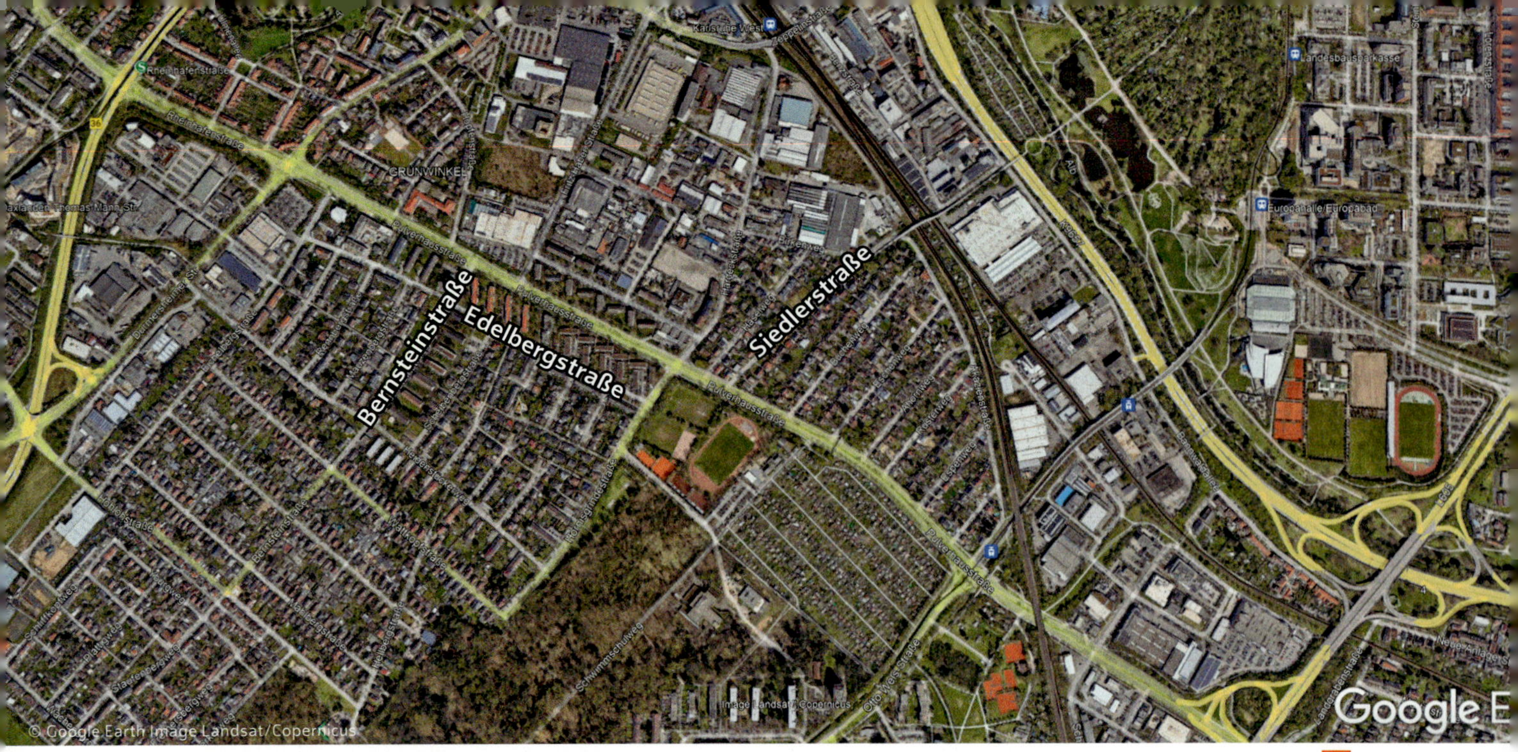

M1 *Ausschnitt von Karlsruhe-Grünwinkel in Google Earth*

Übung

Unserem Wohnviertel auf der Spur

Wohnen in unterschiedlichen Wohnvierteln

Die Schülerinnen und Schüler der Klasse 5a eines Karlsruher Gymnasiums wohnen in verschiedenen Stadtteilen. Drei Kinder wohnen im Karlsruher Stadtteil Grünwinkel. Da nur wenige ihrer Mitschüler diesen Stadtteil kennen, stellen sie ihr Wohnviertel vor. Dazu haben sie zu den Straßen, in denen sie wohnen, Texte geschrieben und Fotos gemacht. Zunächst zeigen sie ihren Mitschülerinnen und Mitschülern ein Satellitenbild des Staddteils Grünwinkel, auf dem sie die Straßen markiert haben (M1). Dann zeigen sie ihre Fotos und lesen ihre Text vor (M2).

Schnell wird dabei deutlich, dass Wohnen ganz unterschiedlich sein kann. Manche wohnen in Hochhäusern mit tollem Weitblick, andere in Einfamilienhäusern mit einem Garten um das Haus und andere in Reihenhäusern mit direkten Nachbarn. Auch die Nähe zu öffentlichen Verkehrsmitteln, zu Einkaufsmöglichkeiten oder Freizeitangeboten ist ganz unterschiedlich. Jeder Wohnort hat seine Vor- und Nachteile.

Verschiedene Wohn- und Nutzungsformen

Die Art und Weise, wie das Viertel von den Menschen genutzt wird, ist sehr unterschiedlich. Im Bereich „Wohnen" finden man beispielsweise Hochhäuser, Reihenhäuser oder Einfamilienhäuser. Viele Flächen werden aber auch für den Bereich „Arbeit" benötigt. So gibt es zum Beispiel Fabriken, Lagerhallen oder Einkaufszentren. Manche Bereiche sind Flächen, die für die „Freizeit" genutzt werden können. Hierzu gehören z. B. Gärten, Sportplätze, Parks oder kleine Seen und Teiche. Und letztlich benötigt man auch Flächen für den Verkehr, damit Menschen sich fortbewegen können. Als Beispiele für solche Flächen könnte man Bahnstrecken oder größere Straßen nennen. Auch im Wohnviertel von Nadine, Lea und Erik (M2) sind alle diese Wohn- und Nutzungsformen zu finden.

---

❶ a) Ordne die Aussagen von Nadine, Erik und Lea begründet den drei Straßen zu (M2).
b) Ordne die Straßen, in denen die Kinder wohnen (M2), einer Position im Satellitenbild M1 zu.

❷ Arbeite Vor- und Nachteile der drei verschiedenen Wohnformen heraus (M2).

❸ a) Beschreibe die Besonderheiten deines Wohnviertels/deiner Straße. Nutze dazu einen Online-Kartendienst.
b) Stelle dein Wohnviertel/deine Straße deinen Mitschülerinnen und Mitschülern vor. Orientiere dich dabei an den Fragen aus der Wohnviertel-Analyse.
c) Vergleiche dein Wohnviertel/deine Straße mit dem Wohnviertel einer Mitschülerin oder eines Mitschülers. Arbeitet Gemeinsamkeiten und Unterschiede heraus.

❹ Ordne die Wohn- und Nutzungsformen, die im Text beschrieben werden, begründet verschiedenen Positionen im Satellitenbild M1 zu (Übung).

Nadine: *Die Straße ist ruhig. Autos fahren nur selten. Der Fluss Alb und ein großer Park sind nicht weit. Zum Europabad sind es nur zehn Minuten mit dem Fahrrad. Es gibt leider keinen Bäcker in der Nähe und zur Eisdiele muss ich auch recht weit laufen. Ganz in der Nähe unseres Hauses beginnt ein großes Gewerbegebiet, in dem viele Menschen arbeiten.*

Edelbergstraße im Grünwinkel

Bernsteinstraße im Grünwinkel

Lea: *Unser Haus liegt in einem neuen Teil von Grünwinkel. Hier wohnen mehrere Familien in einem modernen Haus zusammen. Die Häuser sind aber nicht sehr hoch und liegen an der großen Pulverhausstraße. In der Nähe unserer Wohnung beginnt ein großer Wald, in dem wir gerne spielen. Auch ein Fußballplatz ist in der Nähe, sodass es nicht schlimm ist, dass wir beim Haus nur wenige Grünflächen haben. Die Schule ist schon ein Stückchen weg, der Weg in die Innenstadt ist weit, aber wir können ja mit dem Bus dorthin fahren.*

Erik: *Vor 100 Jahren gab es hier noch Felder und Wiesen. Mittlerweile ist ein Stadtteil entstanden, in dem viele Menschen in Wohnblocks leben, die meist mehr als 3 Stockwerke haben. Unser Haus ist eines der höchsten. Die Schule ist nah, ebenso viele Einkaufsmöglichkeiten, sogar ein großer Baumarkt, die alle jenseits der großen Pulverhausstraße liegen. Auf den Grünanlagen zwischen den Häusern gibt es kleinere Spielplätze.*

Siedlerstraße im Grünwinkel

M2 *Aussagen von Kindern aus dem Grünwinkel*

Wohnviertel Analyse

1. Schritt: Vorbereitung

Besorge dir eine Kopie von einem Stadtplan oder nutze einen Online-Kartendienst. Markiere die Straße, in der du wohnst (bei langen Straßen reicht auch ein Straßenabschnitt). Mache ein gutes Foto von der Straße.

2. Schritt: Durchführung

Verfasse den Text:

1. *Beschreibe die Wohnhäuser.*

a) Welche Hausformen gibt es (Mehrfamilienhäuser mit wie vielen Stockwerken, Reihenhäuser, Ein- bis Zweifamilienhäuser)?

b) Grenzen die Häuser direkt an den Bürgersteig oder gibt es Vorgärten?

2. *Beschreibe die Straße oder den Straßenabschnitt.*

a) Ist die Straße eine Anliegerstraße oder eine Straße mit Durchgangsverkehr?

b) Gibt es alte oder neu gepflanzte Bäume?

c) Gibt es Geschäfte? Welche?

3. *Beschreibe das Wohnumfeld.*

a) Gibt es in der Nähe Grünanlagen oder Parks?

b) Gibt es in dem Wohnviertel einen Spielplatz?

c) Gibt es in dem Wohnviertel Handwerksbetriebe?

4. *Beschreibe, wie gut bestimmte Häuser/Plätze erreichbar sind.*

a) Wie weit ist es zum nächsten Supermarkt?

b) Wie weit ist es zur nächsten Grundschule und zum nächsten Gymnasium?

c) Wie erreichst du den nächsten Sportplatz oder das nächste Schwimmbad?

d) Wie erreicht man die City?

3. Schritt: Präsentation

Stelle dein Wohnviertel deinen Mitschülerinnen und Mitschülern vor. Gehe dabei so vor wie die Schülerinnen und der Schüler aus Karlsruhe-Grünwinkel.

Kompetenzcheck

	Ich kann ...	Teste dich!	Hilf dir!
Orientierung (Orientierungskompetenz)	... die Lage wichtiger Städte, Flüsse und Gebirge in Baden-Württemberg beschreiben. ... die Landschaften Baden-Württembergs verorten.	1. Benenne die Städte, Flüsse, Gebirge, Nachbarstaaten und Nachbarbundesländer, sowie die Landschaften Baden-Württembergs in M1. 2. Ordne die Städte in M5–M7 einer Landschaft in M1 zu. Nutze den Atlas.	›S. 86/87 ›S. 86/87
Inhalt (inhaltsbezogene Kompetenzen)	... die Landschaften Baden-Württembergs beschreiben. ... die Formung von Landschaften erklären. ... an einem Beispiel die Nutzung der Landschaft und damit verbundene Probleme darstellen. ... Merkmale und Funktionen von Dörfern und Städten vergleichen. ... die Wirtschaftsbereiche sowie Formen der Landwirtschaft beschreiben. ... die Vorteile einer nachhaltigen Nutzung beurteilen.	3. Erstelle zu einer Landschaft in Baden-Württemberg eine Tabelle mit den folgenden Bereichen: Lage, Landschaftsform, Entstehung, Nutzung, Probleme. 4. Ordne mithilfe von ›S. 122 M2 die Fotos M5 – M7 einer Siedlungsform zu. 5. Beschreibe anhand des Fotos M5 typische Funktionen und Angebote einer Stadt 6. Vergleiche Siedlung A und B und ordne jeweils eine Siedlungsform zu (M3). 7. Erkläre die unterschiedliche Einpendlerzahl (M3). 8. Nenne in M2 die falschen Begriffe. Begründe deine Wahl. 9. Beschreibt Grundbegriffe. Spielt hierzu Tabu (M4, Kopiervorlage). 10. Ordne, wenn möglich, die Grundbegriffe eindeutig den vier Puzzleteilen der Geographie zu. 11. Würdest du gern in Vauban wohnen (›S. 133 M4)? Beurteile das Stadtviertel. 12. Wer wird „Geo-Champion" (■ Quiz)?	›S. 86/87 ›S. 122/123 ›S. 122/123 ›S. 128/129 ›S. 122/123 ›S. 122/123 ›S. 118/119 ›S. 87 M2 ›S. 128/129
Methode und Anwendung (prozessbezogene Kompetenzen)	... mithilfe von Fotos gezielt Informationen zu einem Ort oder einer Landschaft gewinnen. ... Arbeitsmethoden wie Kartierung oder Protokoll anwenden, um während einer Exkursion Informationen zu einem Ort oder einer Landschaft zu gewinnen. ... Höhenprofile erstellen und beschreiben.	13. Analysiere ein Luftbild deiner Wahl (M5 – M7). 14. Ihr habt eine Exkursion unternommen. Vergleiche deine Kartierung oder dein Protokoll mit dem einer Mitschülerin oder eines Mitschülers. Macht euch auf Fehler aufmerksam und gebt euch Tipps, was man besser machen kann. 15. Erstelle ein Profil von der Hornisgrinde nach Tübingen (›S. 88 M1) und beschreibe es.	›S. 126/127 ›S. 118/119 ›S. 134/135 ›S. 88/89

A – Z: Grundbegriffe des Kapitels (vergleiche Lexikon ›S. 222)
Ablagerungsgestein, Abtragung, Ackerbau, Ausgangsgestein, Bevölkerungsdichte, Binnenhafen, Boden, Bodenlebewesen, Bundesland, Dienstleistung, Dorf, Einzelhandel, Ergussgestein, Erosion, Fluss, Geographisches Informationssystem (GIS), Gäulandschaft, Gestein, Grundbedürfnisse, Grundmoräne, Höhenlinie, Humus, Karte, Klima, Landeshauptstadt, Landwirtschaft, Maßstab, Mittelgebirge, Nachhaltigkeit, Naherholung, Nationalpark, Naturraum, Niederschlag, Pendler, regionales Produkt, Relief, Rohstoff, saisonales Produkt, See, Stadt, Stadtviertel, Standort, Tal, Tourismus, Umwelt, Verkehr, Verwitterung, Vulkan, Wirtschaft, Wirtschaftsbereiche
Schwäbische Alb: Albtrauf, Doline, Karsthöhle, Schichtstufe, Temperatur, Trockental, Tropfstein, Zeugenberg
Schwarzwald: Deckgebirge, Grundgebirge, Mischwald, Steigungsregen, Forstwirtschaft
Oberschwäbisches Alpenvorland: Alpenvorland, Endmoräne, Findling, Gletscher, Grundmoräne, Grünlandwirtschaft, Kaltzeit, Milchwirtschaft, Moräne, Schotterfläche, Sonderkultur, Zungenbeckensee
Oberrheinisches Tiefland: Grabenbruch, Tiefland

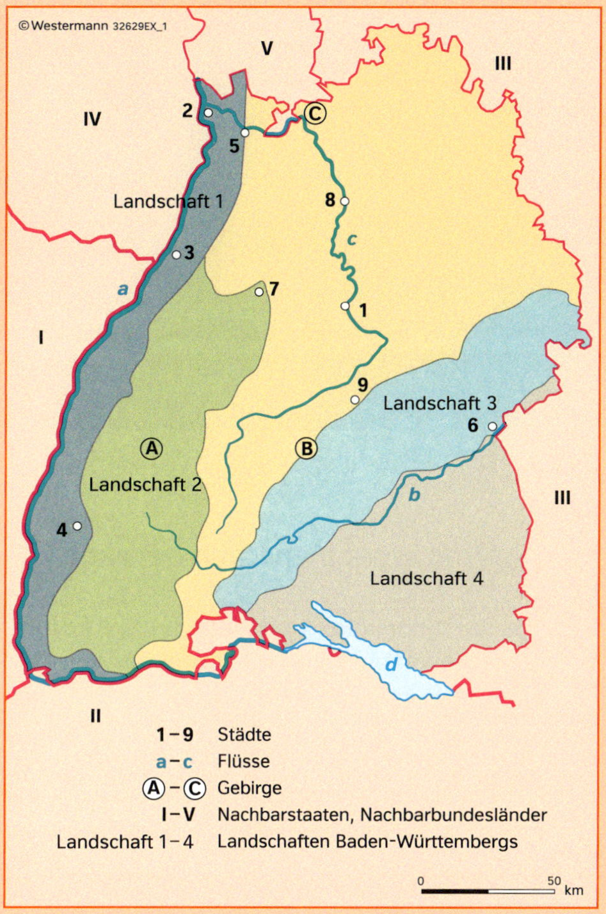

M1 *Stumme Karte Baden-Württembergs*

Ⓐ Mechanisierung, Intensivierung, konventionelle Landwirtschaft, Handwerk
Ⓑ Ackerbau, Grünlandwirtschaft, Holzwirtschaft, Tierhaltung
Ⓒ Bauernhof, Dorf, Stadt, ländlicher Raum
Ⓓ Boden, Wetter, Pflanzen, Wald
Ⓔ Wirtschaftsbereich, Dienstleistung, Produktion, Verkehr

M2 *Landwirtschaft: Suche den Außenseiter!*

Merkmal	Siedlung A	Siedlung B
Einwohner	120 000	1000
Erwerbstätig im:		
landwirtschaftlichen Bereich	*1000*	*50*
produzierenden Bereich	*25 000*	*0*
Dienstlistungsbereich	*40 000*	*20*
Einpendler	*50 000*	*0*

M3 *Was für eine Siedlung ist das?*

M4 *Kartenspiel zu den Grundbegriffen*

M5 *Ulm (119 000 Einwohner)*

M6 *Friedrichshafen (58 000 Einwohner)*

M7 *Reichental/Gernsbach im Murgtal (800 Einwohner)*

CHECK

Digital+
WES-121698-137

M1 *Blick vom nördlichen Teil des Schwarzwaldes auf das Oberrheinische Tiefland*

TRANSFER

Das Oberrheinische Tiefland – von der Natur geschaffen, vom Menschen geprägt

Der Naturraum

Das Oberrheinische **Tiefland** hebt sich deutlich von den umgebenden **Mittelgebirgen** ab. Ganz eben erscheint diese Landschaft. Der Rhein, der in diesem 300 km langen Abschnitt auch Oberrhein genannt wird, durchfließt die Ebene wie in einem **Tal**. Er führt mit seinen Nebenflüssen Sand und Kies aus den Gebirgen mit sich. Diese lagern sich aufgrund der geringen Fließgeschwindigkeit in der Ebene ab und formen sie (›S. 148/149).
Vor 50 – 70 Millionen Jahren wölbte sich im heutigen Südwestdeutschland die Erdkruste. Seitdem bricht der Scheitel dieser Aufwölbung ein, der Rheingraben sinkt von Basel bis Frankfurt am Main ab. Gleichzeitig heben sich bis heute die am Rande des **Grabenbruchs** gelegenen Mittelgebirge (›S. 103).

Klimagunst

Klimadiagramme von Stationen aus dem Oberrheinischen Tiefland (M7, ›S. 102/103) zeigen gemäßigte Niederschläge und hohe Temperaturen, da die Ebene tiefer liegt als die umgebenden Mittelgebirge. Zudem können warme Luftmassen aus der Mittelmeerregion durch die Öffnung des Oberrheinischen Tieflands nach Süden gut in dieses einströmen. Es ist daher die wärmste Region in Baden-Württemberg.

Nutzung durch den Menschen

Die Klimagunst der Landschaft führt zu intensiver Landwirtschaft mit **Sonderkulturen** (›S. 115 M3). Seit der Oberrhein begradigt wurde und ab Basel schiffbar ist, siedelten viele Unternehmen an dieser Wasserverkehrsstraße (M2). Die Arbeitsplätze zogen die Menschen an. Siedlungen wuchsen zu Mittel- und Großstädten (›S. 122 – 129). Die **Bevölkerungsdichte** ist hoch. Zugleich kann man sich im Oberrheinischen Tiefland mit den Verkehrsmitteln Auto, Bahn und Schiff gut fortbewegen (M6).

---

❶ a) Beschreibe die Landschaftsform des Oberrheinischen Tieflands.
b) Erkläre die Entstehung des Grabenbruchs (›S. 103 M3).

❷ a) Vergleiche das Klima des Oberrheinischen Tieflands mit dem im Schwarzwald (M7, ›S. 103 M6).
b) Erkläre, wie der Mensch die Klimagunst nutzt (M4, M5).

❸ Begründe die Verkehrsgunst des Oberrheinischen Tieflands und die hohe Bevölkerungsdichte (M6).

❹ Überprüfe folgende Aussagen auf Richtigkeit. Begründe deine Antwort:
1. Kräfte aus dem Erdinnern schufen den Rheingraben (›S. 103 Modell).
2. Die vier größten Städte in Baden-Württemberg liegen im Rheingraben (›S. 130 – 133).
3. Der Mensch nutzt den Rhein und die Lage in der Tiefebene (M6).

❺ a) Vergleiche den Rhein vor und nach der Begradigung (M2, Film).
b) Beurteile die Renaturierung aus ökologischer Sicht (M3, M5).

Kapitelaufgabe: Mensch und Natur: Wie gut kennst du die Zusammenhänge? (›S. 85)
Mithilfe der Informationen, die du zu unseren vier Puzzleteilen gesammelt hast, kannst du nun folgende Frage beantworten: Warum wird die Oberrheinische Tiefebene als Gunstraum bezeichnet?

M2 *Von der Natur geschaffen (alter natürlicher Rheinverlauf) und vom Menschen geprägt (schiffbarer Rhein)* Film

Zurück zur Natur
Vor sehr langer Zeit hat der Rhein eine einzigartige wilde Flusslandschaft geschaffen (Auenlandschaft). Sie bot Heimat für viele Tiere und Pflanzen, die hier einen geeigneten Lebensraum fanden. Vor allem im letzten Jahrhundert wurde davon durch Begradigung, den Bau von Hochwasserdeichen, Siedlungs- und Industrieflächen vieles zerstört. Mit Renaturierungsprojekten ändert sich das: Die Landschaft am Rhein wird an einigen Stellen wieder natürlicher gestaltet. Die besonderen Lebensräume und Arten natürlicher Flussauen breiten sich wieder aus.

M3 *Natur geht wieder vor*

M4 *Das Klima ermöglicht Spargelanbau*

M6 *Verkehrsachse Oberrhein*

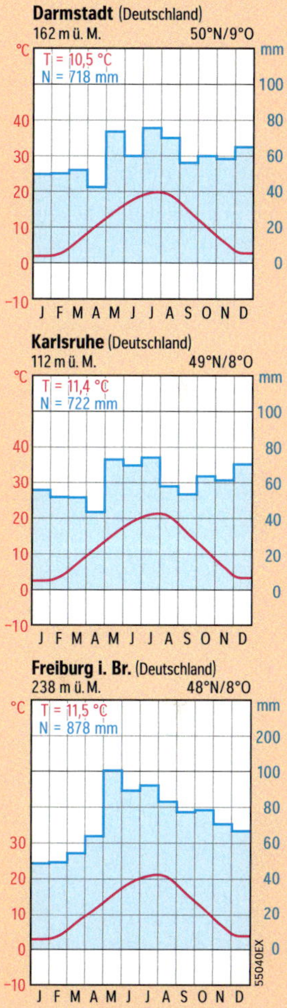

M7 *Temperaturen im Jahr*

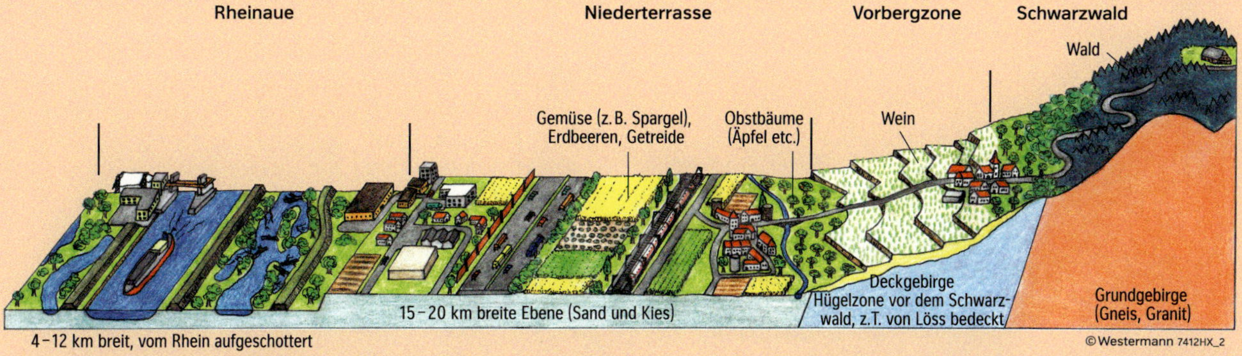

M5 *Profil vom Oberrheinischen Tiefland in den Schwarzwald*

TRANSFER

Unser Kontinent Europa – wir orientieren uns

M1 *„In Vielfalt geeint" lautet das Motto der Europäischen Union*

Die Staaten Europas

Heute gibt es, wenn man die Türkei und Zypern zu Europa zählt, 48 **Staaten** in Europa. Die politische Abgrenzung entspricht dabei nicht immer der geographischen, was das Beispiel Zypern zeigt (›S. 147 M2). Eine kulturelle Abgrenzung ist noch schwieriger vorzunehmen.
Die Staaten Europas unterscheiden sich hinsichtlich ihrer Größe und Einwohnerzahl stark. Es gibt Zwergstaaten, die so groß wie eine Kleinstadt sind (z. B. Monaco). Russland ist dagegen allein mit seinem 3,9 Mio. km² großen europäischen Anteil ein riesiges Land. Außerdem gibt es in Europa reine Küstenländer wie Irland und reine Binnenländer, die keinen Zugang zum Meer haben, wie Ungarn.

Die Europäische Union

Die europäischen Staaten werden häufig in Gruppen zusammengefasst, zum Beispiel hinsichtlich ihrer Lage (M2). Daneben haben sich die meisten Staaten in Europa zu einem Bündnis zusammengeschlossen: Gemeinsam bilden sie die Europäische Union (EU), die eine gemeinsame und friedliche Entwicklung der Staaten unterstützen soll (M3, Info). Ein Ziel ist, dass die Bewohner und Unternehmen in allen Mitgliedstaaten einkaufen und ihre Waren verkaufen können, ohne dafür Abgaben (Zölle) bei der Ein- oder Ausfuhr (Import und Export) der Waren zu bezahlen.
Der EU gehören derzeit 27 Staaten an (2023). Weitere Staaten wollen der Europäischen Union beitreten und haben einen Aufnahmeantrag gestellt.

1 Erstelle eine Tabelle und ergänze für jede Region mindestens vier Länder (M2, Übung, Atlas).

Staaten-gruppe	Nummer in M2	Staat	Haupt-stadt	Länder-kenn-zeichen
Nord-europa	2	Norwe-gen	Oslo	...
...				

2 a) Ergänze deine Europa-Tabelle aus Aufgabe 1 um die Spalte EU-Mitglied (M3).
b) Kennzeichne in deiner Tabelle die Staaten farbig, in denen der Euro als Zahlungsmittel gilt (M3).

3 Erläutere, welche Vorteile die EU den Menschen bietet, die in der Staatengemeinschaft leben (Text).

4 Nenne Staaten, die Mitglied der EU werden möchten (Internet).

5 a) Arbeite heraus, welche Veränderungen es im Jahr 2020 in der Europäischen Union gegeben hat.
b) Erläutere die Folgen, die diese Veränderungen hatten bzw. bis heute haben (M3, Internet).

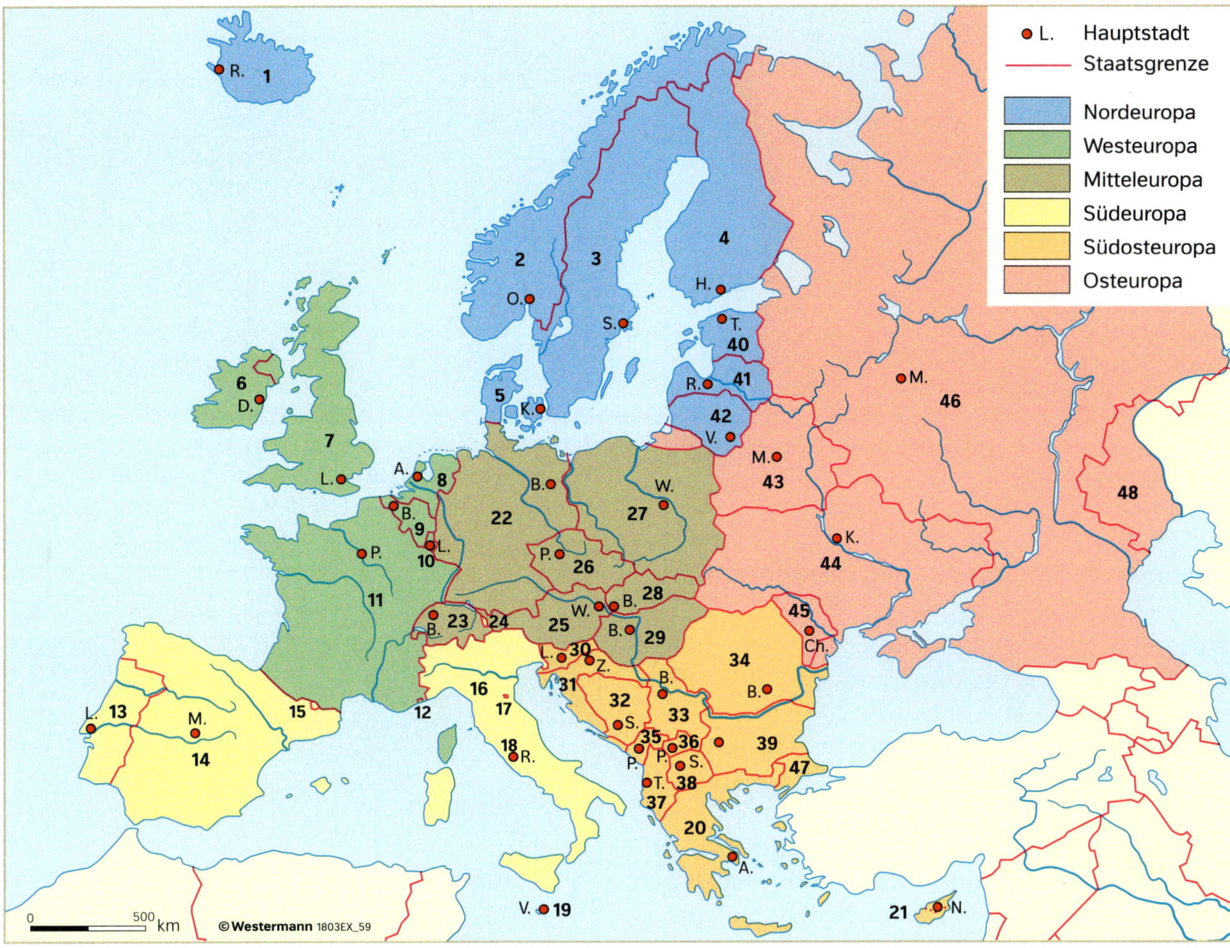

M2 *Länder und Abgrenzungen innerhalb Europas*

Übung

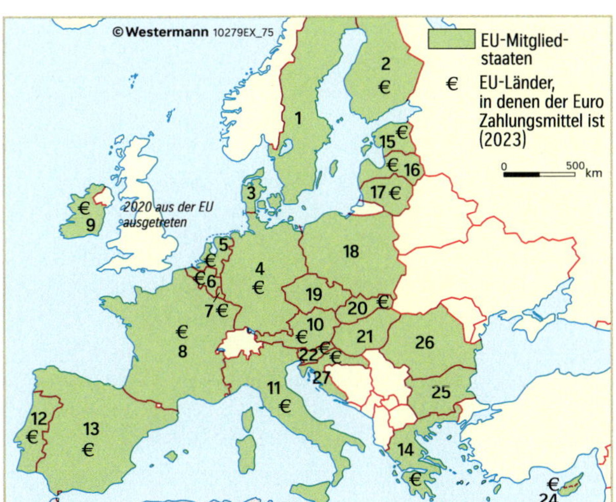

M3 *Länder der Europäischen Union (EU, Stand 2023)*

Info

Die Europaflagge wurde im Jahre 1955 zum ersten Mal vorgestellt. Der Kreis aus zwölf goldenen Sternen soll die Einheit und die Geschlossenheit der europäischen Völker darstellen. Die Zahl Zwölf ist ein Symbol für Vollkommenheit und Vollständigkeit. Der blaue Hintergrund steht für den Himmel.

Erklärung 1

Der Name Europa kommt vermutlich aus Asien und stammt von dem Wort „ereb" (dunkel) ab. Von Asien aus gesehen liegt Europa im Westen. Da dort abends die Sonne untergeht, haben die Menschen Europa als Abendland bezeichnet.

Erklärung 2

Eine Sage aus der Götterwelt des griechischen Altertums (1800 bis 300 v. Chr.):
Der Göttervater Zeus verliebte sich in eine schöne Königstochter namens Europa, die im Gebiet des heutigen Libanon lebte. Als sie eines Tages am Strand des Mittelmeeres spielte, verwandelte sich Zeus in einen Stier und entführte Europa auf die griechische Insel Kreta. Seitdem trägt der Kontinent, auf dem die Königstochter von da an lebte, den Namen „Europa".

M4 *Woher stammt der Name Europa?*

E-Modul

E-Modul

Erstelle im E-Modul gemeinsam mit Lea, Leon und Tante Gina einen Reiseführer und lerne die Länder, die Großlandschaften sowie die Klimazonen Europas und noch vieles mehr kennen.

Tabellenkopf (Kopfzeile)	
Feld	Zeile
Spalte	

M1 *Aufbau einer Tabelle*

Stadt	Einw. in Mio.		Fläche in km²	Einw./ km²
	1970	2020		
Istanbul	2,1	15,46	5343	2894
Moskau	6,9	12,6	2511	5018
London	7,4	8,98	1572	5712
Sankt Petersburg	3,9	5,38	1439	3739
Berlin	3,2	3,68	892	4126

M2 *Die fünf größten Städte Europas (gerundet)*

Wie erstelle und werte ich Tabellen aus?

Zahlen werden oftmals in Tabellen zusammengestellt. Das ist übersichtlicher, als die Zahlen alle in einem Text unterzubringen.
Eine Tabelle hat einen Titel oder eine Unterschrift. Darin soll angegeben sein, welche Informationen sie enthält.
Tabellen bestehen aus Zeilen und Spalten (M1). In der Kopfzeile ist vermerkt, welche Informationen in den einzelnen Spalten stehen. In der Randspalte findest du, welche Informationen in den Zeilen zu finden sind. Im Tabellenfeld sind die Zahlen untergebracht (M2).

Schritt für Schritt: Wir werten eine Tabelle aus

1. Nenne das Thema der Tabelle: Lies die Unterschrift der Tabelle und den Tabellenkopf genau durch. Dort findest du Hinweise zum Thema. Schlage Begriffe, die du nicht kennst, im Lexikon nach.
2. Werte die Zeilen aus: Achte darauf, ob sich die Zahlen der Tabelle nur auf ein Jahr oder auf mehrere Jahre beziehen. Wenn es mehrere Jahre sind, kannst du die Werte der einzelnen Jahre miteinander vergleichen und Entwicklungen aufzeigen.
3. Werte die Spalten aus: Suche jeweils die höchste und niedrigste Zahl in den Spalten heraus. Vergleiche einzelne Zahlen miteinander. Untersuche, ob es Zusammenhänge zwischen den Zahlen einzelner Spalten gibt.
4. Zusammenfassung: Fasse die Ergebnisse in einem kurzen Text zusammen. Benutze dabei die in der Tabelle verwendeten Begriffe.

❶ Überprüfe mithilfe von M2, ob die Aussagen ①–⑩ in M3 richtig sind. Korrigiere die falschen Aussagen.

❷ a) Werte Tabelle M2 aus. Gehe dabei nach den einzelnen Punkten zum Auswerten einer Tabelle vor (Schritt für Schritt ›S. 144).
b) Vergleiche deine Ergebnisse mit denen deiner Mitschüler. Einigt euch auf einen gemeinsamen Text.

❸ Erstelle Tabellen (Schritt für Schritt ›S. 145).
a) Zu den fünf Städten Europas mit den meisten Touristenübernachtungen pro Jahr und ihren zugehörigen Ländern (M4).
b) Zu zehn Ländern in der Karte M5 mit Hauptstadt, Fläche und Einwohnerzahl.

❹ Arbeite Angaben zur Bevölkerungsdichte in den EU-Staaten heraus (M5, ›S. 45 Info). Ergänze deine Tabelle aus Aufgabe 1b.

❺ Starte das E-Modul und erstelle für den Reiseführer eine Tabelle zu den Hauptstädten Mitteleuropas.

① In Istanbul lebten 2020 etwa dreimal so viele Einwohner wie in Berlin.
② In allen dargestellten Städten Europas ist die Einwohnerzahl von 1970 bis 2020 angestiegen.
③ London hatte im Jahr 2020 etwa 1 Million weniger Einwohner als 1970.
④ In Moskau ist die Einwohnerzahl stärker angestiegen als in Sankt Petersburg.
⑤ Je mehr Einwohner eine Stadt hat, desto größer ist sie auch.
⑥ Istanbul ist am schnellsten gewachsen.
⑦ Je dichter die Bevölkerung zusammenlebt, umso kleiner ist die Stadtfläche.
⑧ London ist die am dichtesten besiedelte Stadt in Europa.
⑨ Berlin ist in den letzten Jahrzehnten besonders stark angewachsen.
⑩ In Moskau leben mehr als doppelt so viele Menschen wie in Sankt Petersburg.

M3 *Richtig oder falsch?*

London (71,2 Mio.) – Paris (52,6 Mio.) – Rom (28,6 Mio.) – Berlin (32,9 Mio.) – Barcelona (19,3 Mio.)

Deutschland – Großbritannien – Spanien – Italien – Frankreich

M4 *Die fünf Städte Europas mit den meisten Touristenübernachtungen pro Jahr (2018) und ihre zugehörigen Länder*

Schritt für Schritt:
Wir erstellen eine Tabelle

1. Formuliere die Unterschrift der Tabelle so kurz wie möglich. Sie muss folgende Angaben enthalten: Namen des Raumes, auf dem sich die Tabelle bezieht (z. B. Europa)/ Thema (z. B. die größten Städte).
   Zusätzlich kannst du das Jahr nennen, auf das sich die Zahlen beziehen (z. B. 2020).
2. Lege die Gliederung des Tabellenkopfes fest. Verwende kurze und eindeutige Begriffe (z. B. Stadt, Einwohner). Achte darauf, dass die Spalten breit genug sind.
3. Schreibe die Namen (z. B. Namen der größten Städte) nicht wahllos untereinander (z. B. steht ganz oben die größte Stadt, ganz unten die kleinste).
4. Schreibe die Namen und Zahlen in den Spalten untereinander. Achte bei den Zahlen darauf, dass sie richtig untereinander stehen.
5. Zeichne mit dem Lineal waagerechte Striche unter dem Tabellenkopf und nach den einzelnen Zeilen.
6. Zeichne mit dem Lineal senkrechte Striche zwischen den einzelnen Spalten.

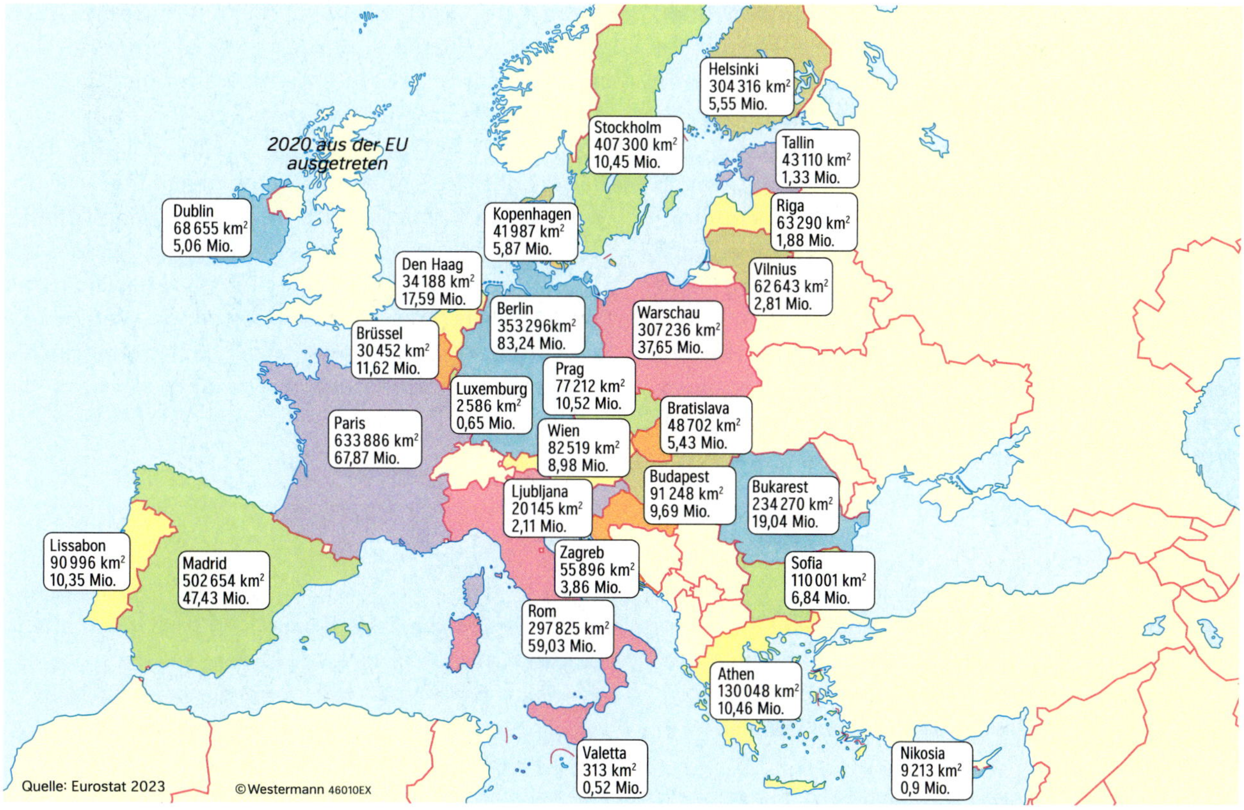

M5 *Grundlegende Daten zu den Ländern der Europäischen Union: Hauptstadt, Fläche und Einwohnerzahl (2022, Ländernamen siehe Atlas)*

METHODE

M1 *Vergleicht man die Landschaften Europas dann unterscheiden sich diese deutlich. Kannst du die Unterschiede beschreiben?*

Die Großlandschaften Europas

Mit einer Fläche von etwa zehn Millionen km² ist Europa nach Australien der zweitkleinste **Kontinent**. Die **Küsten** im Norden, Süden und Westen bilden natürliche Grenzen. Die Ostgrenze ist nicht so eindeutig, denn Europa und Asien bilden eine große Landmasse: Eurasien. Dieses Buch folgt einer geographischen Abgrenzung entlang von Meeren, Meerengen, Senken und Gebirgen wie in M4 gezeigt. Umstritten ist, ob der Kaukasus teilweise noch zu Europa gezählt werden sollte. Auch entspricht die geographische Abgrenzung nicht der politischen (›S. 142/143).
Europas Küste ist durch viele **Inseln** und **Halbinseln** stark zergliedert. Das Landesinnere wird, wie Deutschland, durch verschiedene Landschaftsformen geprägt: **Tiefländer**, **Mittelgebirge** und **Hochgebirge** (M2).

Gewässer in Europa

Vor allem im Norden Europas finden sich aufgrund der Kaltzeiten (›S. 111) viele **Seen**. Auch zahlreiche **Flüsse** durchziehen den Kontinent. Ihre Fließrichtung steht in engem Zusammenhang mit der Oberflächengestalt, dem Relief.
Einige der Flüsse münden in einem Delta. Hier lagert der Fluss das mittransportierte Material ab, weil er im Tiefland nicht mehr so schnell fließt. Dabei schüttet er sich selbst seinen Abfluss zu und bildet so ein verästeltes Flusssystem aus, das immer weiter ins Meer hinauswächst. Wegen seiner dreieckigen Form wurde es nach dem griechischen Buchstaben Delta Δ benannt.

1. Ordne die Fotos (M1) den Großlandschaften in M2 zu. Begründe deine Zuordnung.
2. Beschreibe die Lage des westlichsten, nördlichsten, östlichsten und südlichsten Punktes Europas (M3, Atlas).
3. a) Benenne Gebirge, Flüsse und Seen, Meere und Meerengen sowie Inseln und Halbinseln in der Übungskarte M2 (Übung).
   b) Beschreibe die Verteilung der Großlandschaften in Europa (M2).
4. Zeichne M4 in dein Heft. Benenne die natürlichen Grenzen in den Kästchen (M2).
5. Gestalte einen kurzen Vortrag zu einer Großlandschaft. Stelle diese deiner Klasse genauer vor.
6. Starte das E-Modul und lerne die Großlandschaften Europas besser kennen.

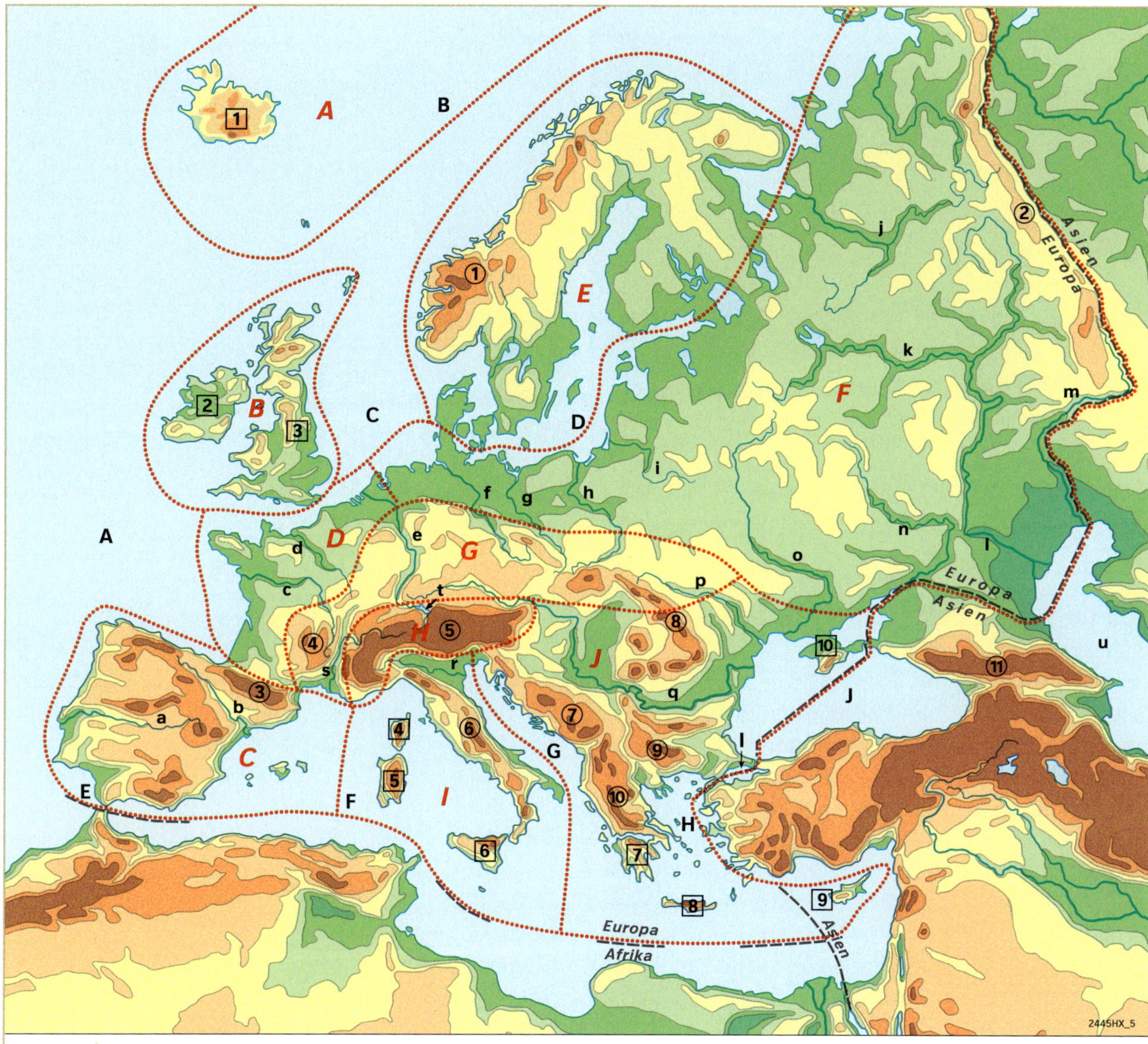

- - - - Grenze Europas zu Asien und Afrika
········ Grenze einer Großlandschaft

①–⑪ Gebirge
a – u Flüsse, Seen

A – J Meere, Meerengen
1 – 10 Inseln, Halbinseln

A Subpolare Inseln
B Britische Inseln
C Iberischer Raum
D Westeuropäisches Tiefland
E Skandinavien
F Mittel- und Osteuropäisches Tiefland
G Mittelgebirge
H Alpenraum
I Apenninenraum
J Balkan

0 250 500 750 km

M2 *Topographische Übungskarte zu Europa*

Übung

nördlichster Punkt des europäischen Festlandes	Kinnarodden (Norwegen) 71°N
südlichster Punkt des europäischen Festlandes	Punta de Tarifa (Spanien)
höchster Berg (*abhängig von der Abgrenzung zu Asien)	Elbrus* (5642 m) Mont Blanc (4810 m)
tiefster Punkt	Kaspische Senke (–26 m)
längster Fluss	Wolga (3531 km)
größter See	Ladogasee (17 703 km²)

M3 *Rekorde Europas (Natur)*

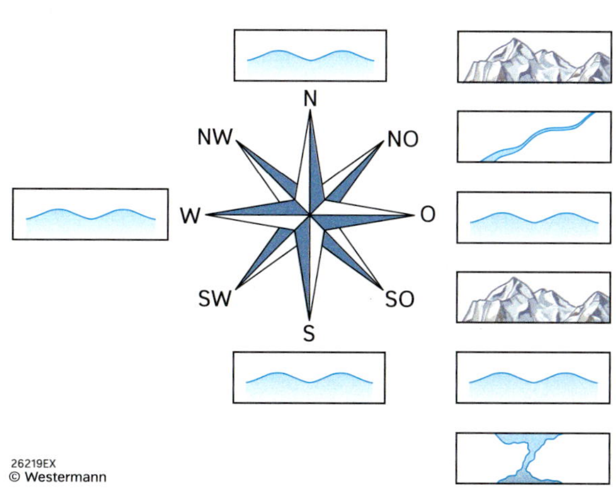

M4 *Die natürlichen Grenzen Europas*

M1 *Flüsse formen Landschaften – die Partnach bei Garmisch-Partenkirchen und die Elbe bei Bad Schandau*

Aus dem Tagebuch eines Flusses

Vom Gebirge bis in die Ebenen

Flüsse gibt es auf allen Kontinenten unserer Erde, während der Sommermonate sogar in der Antarktis. Auf ihrem Weg von der Quelle bis zur Mündung transportieren Flüsse nicht nur Wasser, Gestein und Geröll. Sie formen auch die Landschaft, durch die sie fließen. Dadurch entstehen je nach Untergrund und Fließgeschwindigkeit des Flusses, unterschiedliche Talformen (M5). Diese sind charakteristisch für die jeweiligen Flussabschnitte. Einen Fluss kann man in vier Abschnitte gliedern (M2):

Oberlauf

Flüsse entspringen in Gebirgen. Dort tragen sie Gestein ab, das sie auf ihrem Weg ins **Tal** mitnehmen. Aufgrund des hohen Gefälles hat das Wasser eine hohe Fließgeschwindigkeit und somit auch viel Kraft. Die mitgeführten Steine reiben am Untergrund des Flussbettes. Dadurch gräbt sich der Fluss im Laufe von Millionen Jahren immer tiefer und formt dabei tiefe, schmale Täler.

Mittellauf

Im Mittellauf sind sowohl das Gefälle als auch die Fließgeschwindigkeit geringer. Der Fluss gräbt sich nicht mehr so stark in die Tiefe, sondern trägt Material seitlich an den Ufern ab. Das Flussbett und auch das Tal werden breiter. Größere Steine werden hier bereits abgelagert, kleinere Steine und Sandkörner transportiert der Fluss weiterhin mit sich.

Unterlauf

Im Unterlauf ist die Landschaft, durch die der Fluss fließt, viel flacher. Jedoch bringt der Fluss noch einigen Schwung mit sich und beginnt deswegen zu mäandrieren. Er pendelt sich aus. Die Schlingen, die dabei entstehen, nennt man Mäander (M4). Die Fließgeschwindigkeit nimmt weiter ab und es findet nur wenig Abtragung statt. Stattdessen überwiegt die Sedimentation. Je näher der Fluss Richtung Mündung kommt, desto mehr werden auch die kleineren Steine und Sandkörner abgelagert.

Mündung

Der Bereich, in dem ein Fluss in ein anderes Gewässer fließt oder das Meer erreicht, wird Mündung genannt. Ist im Bereich der Mündung ins **Meer** das Gelände flach, ist die Fließgeschwindigkeit langsam und die Sedimentation dadurch besonders stark. Der Fluss verzweigt sich wie die Äste eines Baumes in mehrere kleinere Flussarme. Es bildet sich ein Delta (›S. 146).

---

❶ a) Ordne die Bilder in M1 einem Flussabschnitt im Schaubild M2 zu.
b) Ordne die Bilder in M1 einer Talform aus M5 zu und begründe (Übung 2, Film 1).
c) Erkläre, wie die Talformen in den Bildern M1 entstanden sind (M3, M5, Übung 1, Film 1).

❷ Erkläre die Entstehung von Prallhang und Gleithang (Info, M6, Film 2).

❸ Erläutere den Zusammenhang zwischen Gefälle, Tiefenerosion, Seitenerosion, Materialart und Sedimentation (M3, Übung 1).

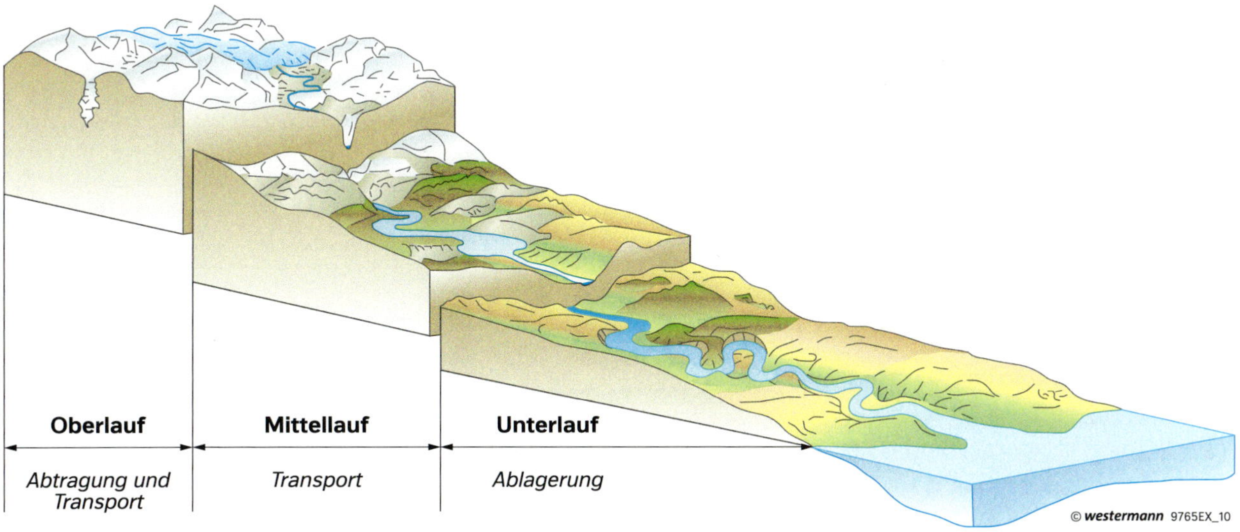

M2 *Blockbild eines Flusslaufs*

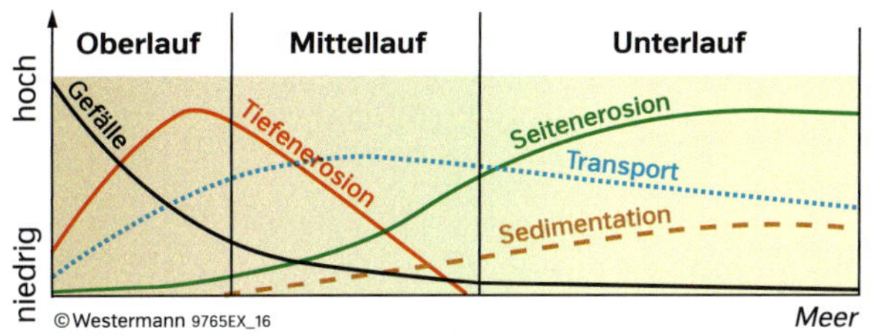

M3 *Abtragung, Ablagerung und Sedimentation im Flusslauf*

Übung 1

Info

Mäander
Am Gleithang (Mäander-Innenseite) ist die Strömung eines Flusses sehr gering, was zur Ablagerung von Material (Sedimentation) führt. Am Prallhang (Mäander-Außenseite) sorgt der Stromstrich, die Linie der höchsten Fließgeschwindigkeit, für Abtragung (Erosion). Durch andauernde Seitenerosion und Sedimentation verlagert sich der Mäander ständig.

M4 *Mäander eines Bachlaufs*

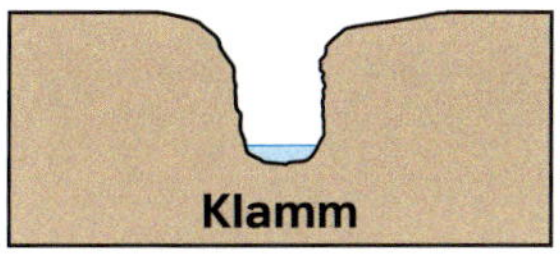

- im Oberlauf des Flusses (Fluss trägt ab)
- sehr steile Talhänge
- Fluss nimmt oft gesamte Talsohle ein

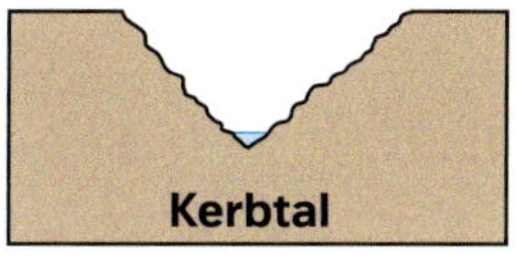

- im Oberlauf des Flusses (Fluss trägt ab)
- steile Talhänge
- sehr schmale Talsohle

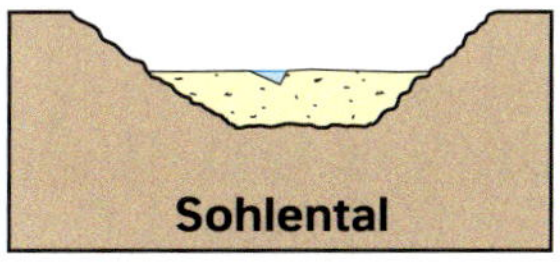

- im Mittellauf des Flusses (Wechsel von Abtragung und Ablagerung)
- mäßig geneigte Talhänge
- flache, breite Talsohle

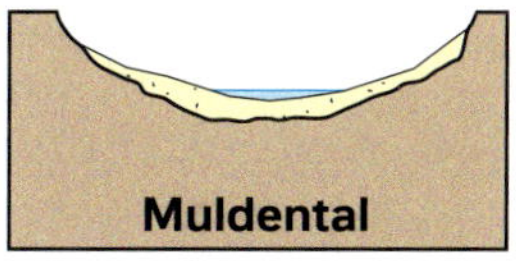

- im Unterlauf (Fluss lagert ab)
- flache Talhänge
- flache, breite Talsohle

©Westermann 9623EX_28

M5 *Talformen*

Übung 2, Film 1

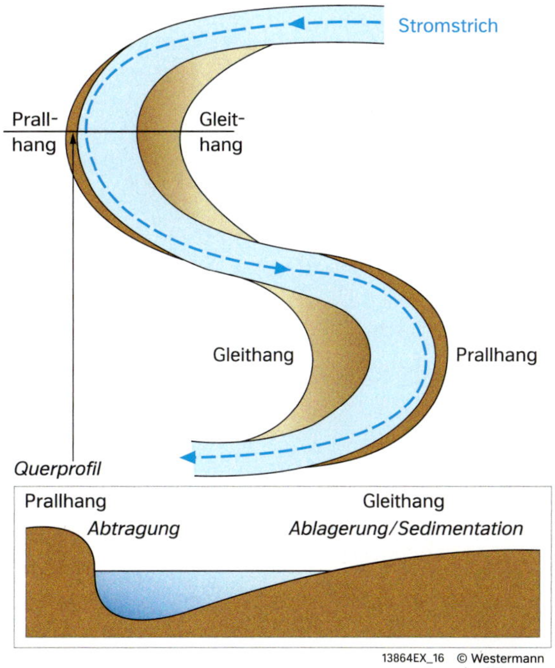

M6 *Vorgänge am Prall- und Gleithang eines Flusses*

Film 2

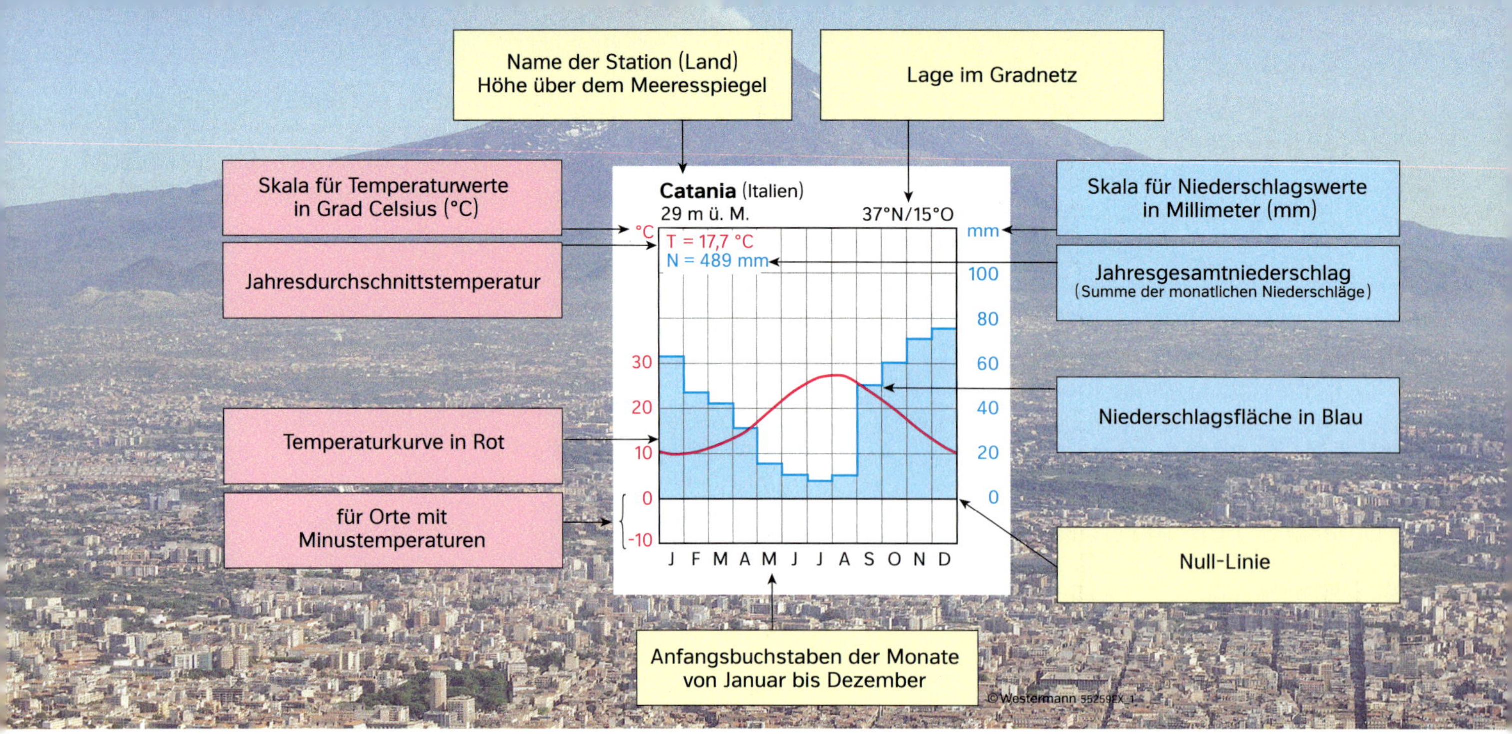

M1 *Aufbau eines Klimadiagramms am Beispiel von Catania*

Wie werte ich ein Klimadiagramm aus?

Mit dem Zeichnen von **Klimadiagrammen** hast du dich bereits beschäftigt (›S. 56/57). Zur Wiederholung: In dem Klimadiagramm eines Ortes lassen sich die monatlichen Durchschnittstemperaturen und die mittleren Monatsniederschläge darstellen (M1). Die **Temperaturen** werden auf der linken Achse, die **Niederschläge** auf der rechten Achse abgelesen. Dabei sind die Niederschlagswerte rechts immer doppelt so hoch wie die Temperaturwerte links.

Durch die Auswertung eines Klimadiagramms lässt sich eine Klimastation sogar ohne Gradnetzangabe einer Klimazone (›S. 152/153) zuordnen:

- Wie hoch ist die Jahresdurchschnittstemperatur, wie hoch der Jahresgesamtniederschlag?
- Welches ist der wärmste oder kälteste Monat?
- Wie hoch ist der Unterschied zwischen diesen beiden Monaten?
- Welches ist der Zeitraum mit dem höchsten, welches der mit dem geringsten Niederschlag?
- Wie sind die Niederschläge über das Jahr verteilt?
- Welche Monate sind besonders feucht (humid), welche besonders trocken (arid)?

Klimadiagramm und Temperaturen

Die Monatsdurchschnittstemperatur ergibt sich, wenn alle Tagesdurchschnittstemperaturen (›S. 53) eines Monats zusammenzählt und durch die Anzahl der Tage geteilt werden. Für die Jahresdurchschnittstemperatur wird die Summe der Monatsdurchschnittstemperaturen durch 12 dividiert (›S. 54).

Klimadiagramm und Niederschläge

Die Summe aller Niederschläge eines Monats bezeichnet man als Monatsniederschlag. Die Summe der mittleren Monatsniederschläge ergibt den Jahresgesamtniederschlag (›S. 54).

Humides und arides Klima

„Humid" ist lateinisch und bedeutet „feucht". Bei humidem **Klima** fällt an einem Ort mehr Niederschlag als Wasser verdunstet, so dass für Pflanzen genügend Wasser zur Verfügung steht.

„Arid" ist lateinisch und bedeutet „trocken". Bei aridem Klima fällt an einem Ort weniger Niederschlag als Wasser verdunstet. Pflanzen können daher zumeist nur eingeschränkt wachsen.

---

❶ Erkläre den Unterschied zwischen aridem und humidem Klima (Text).

❷ a) Werte eines der Klimadiagramme (M2, M3) mithilfe der Schritt-für-Schritt-Anleitung sowie M5 aus. Orientiere dich an der Beispielauswertung M4.
b) Ordne die Klimadiagramme einer Klimazone *zu* (›S. 152).

❸ Werte ein von dir gezeichnetes Klimadiagramm aus (›S. 56/57).

❹ Auch Lea und Leon beschäftigen sich mit Klimadiagrammen. Werte mit ihnen zusammen die Klimadiagramme im E-Modul aus.

Schritt für Schritt: Wir werten ein Klimadiagramm aus

Orientierung

1. Suche die Station, von der das Klimadiagramm stammt, im Atlas. Eventuell helfen dir die Gradnetzangaben. Erstelle eine Lagebeschreibung.

Beschreibung

2. Nenne die Jahresdurchschnittstemperatur und den Jahresgesamtniederschlag. Beschreibe den Gang der Temperatur und des Niederschlags von Januar bis Dezember. Gibt es ausgeprägte Trocken- und Regenzeiten? Nenne die Monate mit den höchsten und niedrigsten Werten (Maximum und Minimum).
3. Beschreibe die Niederschlagsverhältnisse und leite daraus Tendenzen hinsichtlich der Wasserverfügbarkeit, z.B. für Pflanzen, ab.

Erklärung

4. Nenne mögliche Gründe für den Verlauf von Temperatur und Niederschlag sowie für die Extremwerte.
5. Ordne das Klimadiagramm einer Klimazone der Erde zu.

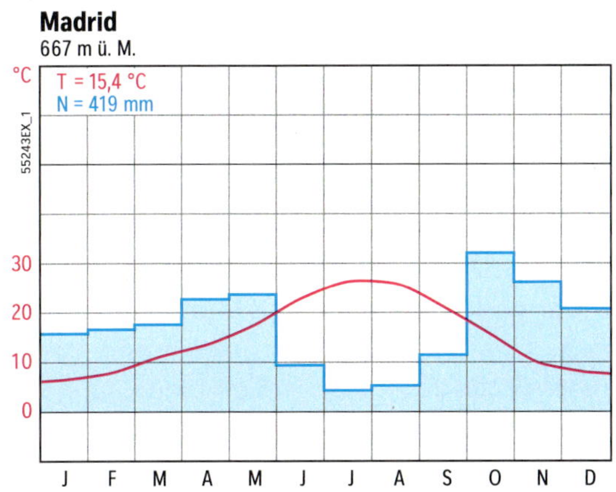

M2 *Klimadiagramm von Madrid*

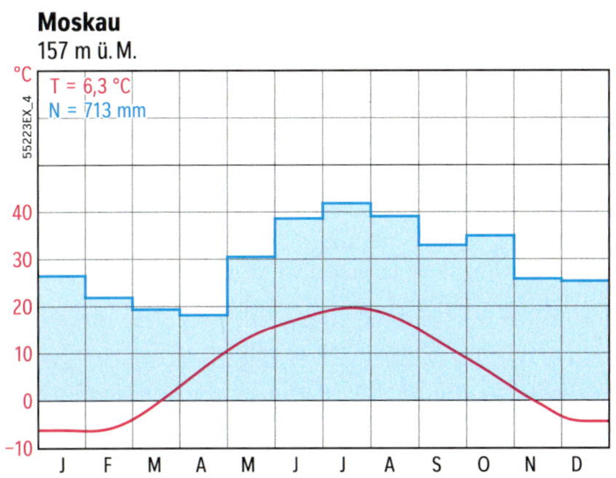

M3 *Klimadiagramm von Moskau*

Beispielauswertung (von M1)

1. Catania liegt in Süditalien, auf der Insel Sizilien (37° Nord und 15° Ost). Der Ort liegt 29 Meter über dem Meeresspiegel.
2. Die Jahresdurchschnittstemperatur beträgt 17,7 °C, der Jahresgesamtniederschlag 489 mm. Die Temperatur steigt von Januar bis August um etwa 17 °C an und fällt bis Dezember wieder um etwa 17 °C. Das Temperaturmaximum wird im Juli/August mit etwa 27 °C erreicht, das Temperaturminimum im Januar mit etwa 10 °C.
Der Niederschlag fällt hauptsächlich in den Wintermonaten Januar bis April und September bis Dezember. Maximal fallen im Dezember etwa 75 mm und minimal im Juli etwa 7 mm Niederschlag.
3. In Catania fallen von Januar bis März und von September bis Dezember wesentlich mehr Niederschläge als in den Sommermonaten. Das Winterhalbjahr ist humid, also feucht. Die Sommermonate sind arid, also insgesamt sehr trocken.
4. Es fällt auf, dass nur in den Wintermonaten genügend Niederschlag fällt, es muss sich also um ein Winterregengebiet handeln. Auch sind die Temperaturen immer hoch, keine Temperatur liegt unter 0 °C, was für eine südliche Lage spricht.
5. Die Station liegt in der subtropischen Zone.

M4 *Auswertung des Klimadiagramms von Catania (M1)*

Monatsmittel-temperaturen	
> 30 °C	sehr heiß
25 – 30 °C	heiß
20 – 25 °C	sehr warm
15 – 20 °C	warm
10 – 15 °C	mäßig warm
5 – 10 °C	mild
0 – 5 °C	kühl
−5 – 0 °C	mäßig kalt
−10 bis −5 °C	kalt
−15 bis −10 °C	sehr kalt
> −15 °C	extrem kalt

Jahresniederschläge	
< 200 mm	sehr gering
200 bis 400 mm	gering
400 bis 800 mm	mittel
800 bis 1500 mm	hoch
> 1500 mm	sehr hoch

M5 *So schätzt du richtig ein – Stufen der Monatsmitteltemperaturen sowie der Jahresniederschläge*

100900-096-01 www.diercke.de 100900-096-02 www.diercke.de

Digital+
WES-121698-151

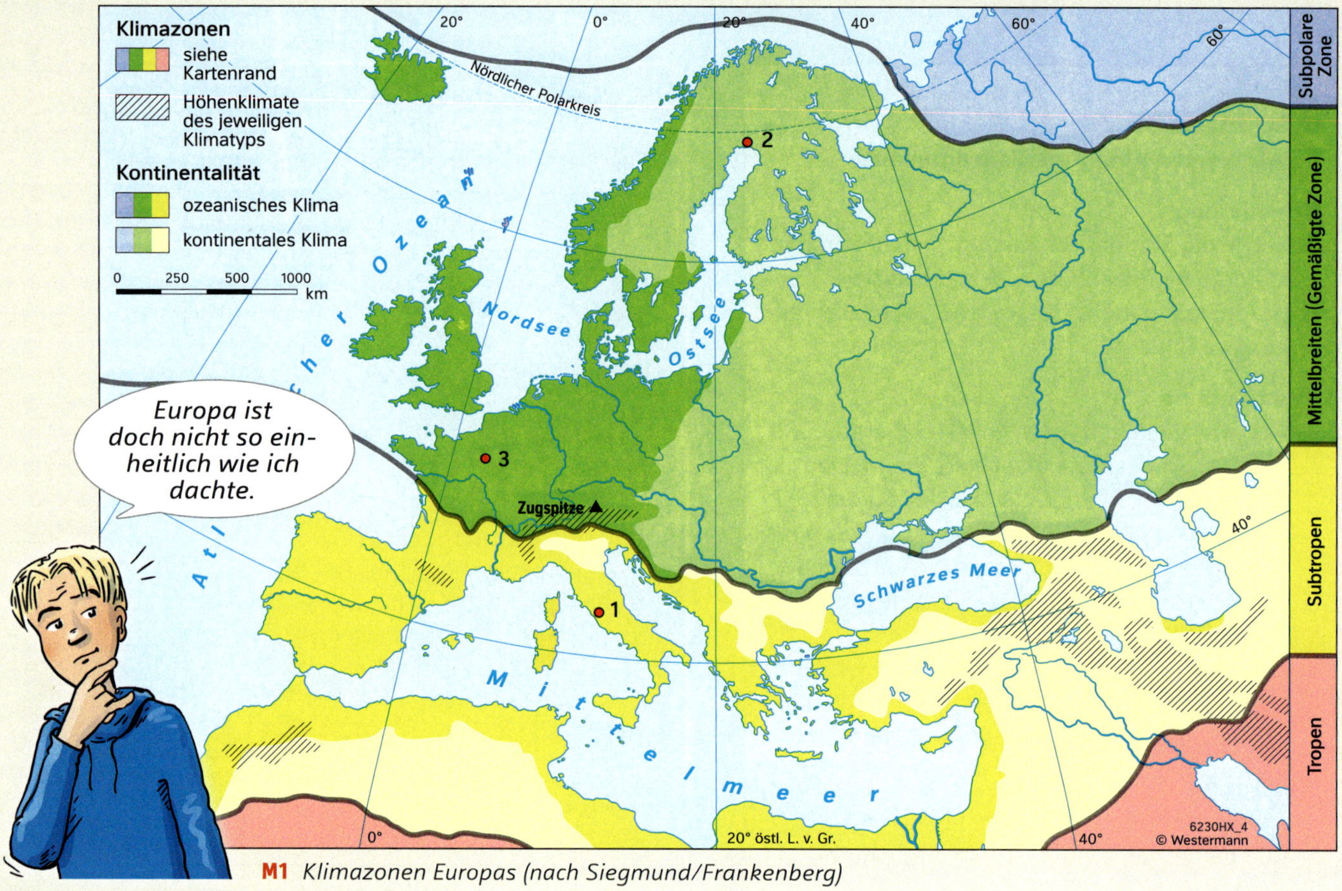

M1 *Klimazonen Europas (nach Siegmund/Frankenberg)*

Die Klimazonen Europas

Kalt erscheint den meisten Menschen das **Klima** im Norden Europas. In Nordnorwegen bedeckt zum Beispiel eine geschlossene Schneedecke das Land für mehr als ein halbes Jahr. Im Sommer steigt die **Temperatur** nur an wenigen Tagen über 20 °C. Im Süden Europas fällt dagegen nur selten Schnee. Im Sommer wird es dafür heiß: Im Juli und August steigen die Temperaturen fast täglich auf über 30 °C. Wie ist das zu erklären?
Temperatur und **Niederschlag** sind die zwei Hauptmerkmale des Klimas. Räume, in denen ein ähnliches Klima herrscht, werden Klimazonen genannt. Diese ziehen sich wie Gürtel um die **Erde**. Die Klimazonen folgen jedoch nicht wie mit dem Lineal gezogenen den Breitenkreisen (›S. 14/15), sondern sind sozusagen ausgebeult (M1). Ein Grund dafür ist der Einfluss kalter und warmer Meeresströmungen. Die unterschiedliche Verteilung von Land und Wassermassen auf der Erde sowie die Lage und Höhe der Gebirge beeinflussen die Ausdehnung der Klimazonen ebefalls (›S. 154/155).

In Europa werden die subpolare Zone, die Mittelbreiten und die Subtropen unterschieden:

- Subpolare Zone: Die Jahresdurchschnittstemperatur liegt zwischen – 10 °C und 0 °C. Es gibt kurze, frostfreie Sommer und lange Winter. Dauerfrostböden sind oft die Folge.
- Mittelbreiten: Die Jahresdurchschnittstemperatur liegt zwischen 0 °C und 12 °C.
- Subtropen: Die Jahresdurchschnittstemperatur liegt zwischen 12 °C und 24 °C. Es gibt meist heiße, trockene Sommer und milde, feuchte Winter.

1. Erstelle eine Liste der Klimazonen Europas von Norden nach Süden (M1). Arbeite ihre Merkmale heraus und ergänze die Liste.
2. Beschreibe den Verlauf der Klimazonen in Europa. Nenne dazu die Breitengrade, die die Zonen ungefähr begrenzen (M1, Atlas).
3. a) Ordne die Klimadiagramme Ⓐ – Ⓒ (M3) einem der Orte 1 – 3 in M1 zu. Begründe deine Entscheidung durch die Auswertung der Klimadiagramme.
   b) Erstelle ein Klimadiagramm für Reykjavík oder Athen (M4). Werte es aus (›S. 150/151) und verorte es in M1.
4. Differenziert: Arbeite Informationen über die Klimazonen heraus. Wähle ein Arbeitsblatt aus und wende dein Wissen an.
5. Begründe, in welcher Klimazone Sascha lebt (M5, M7).
6. Auch Lea, Leon und Tante Gina schauen sich die Klimazonen Europas an. Starte das E-Modul.

M2 *März nahe Bodø*

M6 *März nahe Palermo*

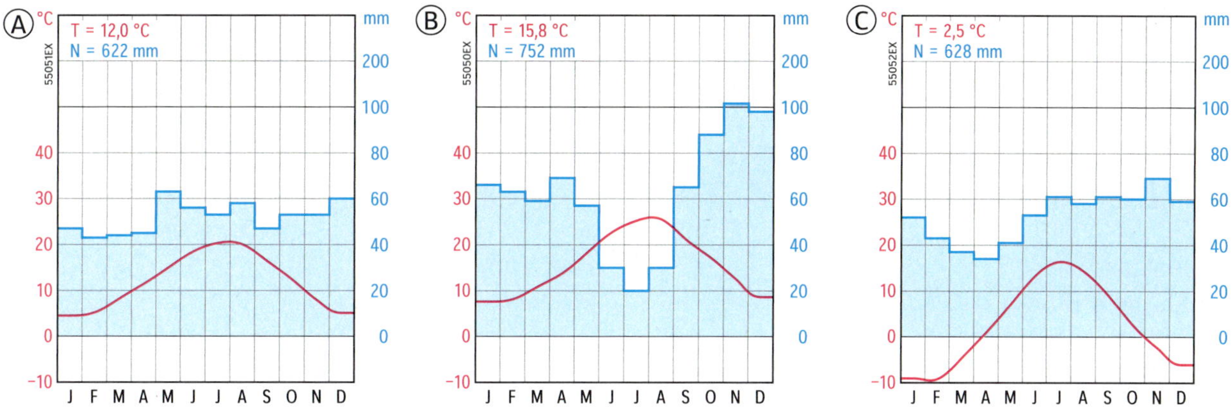

M3 *Klimadiagramme*

Reykjavík (Island), 61 m ü. M., 64° N/21° W

	J	F	M	A	M	J	J	A	S	O	N	D	Jahr
T (in °C)	-0,5	0,4	0,5	2,9	6,3	9,0	10,6	10,3	7,4	4,4	1,1	0,2	**4,3**
N (in mm)	76	72	82	58	44	50	52	62	67	86	73	79	**799**

Athen (Griechenland), 15 m ü. M., 37° N/23° O

	J	F	M	A	M	J	J	A	S	O	N	D	Jahr
T (in °C)	10,2	10,5	12,4	16,0	20,6	25,0	27,8	27,6	24,3	19,3	15,4	12,0	**18,4**
N (in mm)	45	48	44	25	14	6	6	8	10	48	51	66	**371**

M4 *Klimatabellen von zwei europäischen Hauptstädten*

Ich heiße Sascha und lebe nördlich des 60. Breitenkreises in einer Hafenstadt am arktischen Ozean, nahe der Grenzen zu Norwegen und Finnland. Jetzt im Juli haben wir gerade 14 °C, das ist schön warm. Aber bald werden schon wieder Minusgrade sein. Die Sommer sind hier kurz und die Winter sehr lang. Trotzdem haben wir im Winter einen eisfreien Hafen, da Ausläufer des Golfstroms bis zu uns reichen. Das ist wichtig für meinen Papa, der als Fischer arbeitet.

M5 *Sascha berichtet*

M7 *Saschas Heimatstadt*

M1 *Ewiges Eis und Schnee in den Schweizer Alpen vs. Wälder und Wiesen am Rand der Donau in Bayern*

Klimabestimmende Faktoren

Breitenlage

Die **Sonne** strahlt große Mengen an Energie auf die Erde ab. Aber nicht alle Gebiete der Erde erhalten die gleiche Energiemenge. Am **Äquator** steht die Sonne sehr steil. Je weiter wir uns auf der Nordhalbkugel nach Norden bewegen, desto tiefer steht die Sonne am Himmel. Aufgrund der Erdkrümmung fallen die Sonnenstrahlen immer flacher ein, je mehr man sich in Richtung **Pole** bewegt (M2). Dadurch verteilt sich die Strahlenmenge über eine größere Fläche. Das Gebiet wird weniger erwärmt und es wird kälter. Die natürliche Vegetation ändert sich.

Höhenlage

Auch in Mitteleuropa gibt es in den Alpen eine Zone mit ewigem Eis und Schnee. Je höher man hinaufklettert, desto kälter wird es. Im Allgemeinen nimmt die **Temperatur** alle 100 Höhenmeter um 0,4 – 1,0 °C ab. Die Vegetation hat sich der Höhenlage angepasst (›S. 168/169). Im Gebirgsklima der Alpen wachsen zum Beispiel ab etwa 1300 m keine Laubbäume mehr, bei etwa 1700 m ist die Grenze für Nadelbäume.

Lage zum Meer

Wasser ist ein Wärmespeicher. Im Sommer nimmt es Wärme langsam auf und im Winter gibt es Wärme langsam ab (Versuch). Das hat eine ausgleichende Wirkung auf das Klima. Im Jahresverlauf führt das zu geringeren Temperaturgegensätzen und relativ milden Temperaturen (Modell). Die Sommer bleiben kühl, die Winter mild (ozeanisches oder **maritimes Klima**).

Je weiter ein Ort vom Meer entfernt liegt, desto weniger beeinflusst das Meer sein Klima. Die in Europa vorherrschenden Westwinde gleichen Extreme im Sommer und Winter nicht mehr aus. Im östlichen Europa sind die Sommer daher heiß und die Winter kalt (**kontinentales Klima**).

Bodenart und Bodenbedeckung

Ein wichtiger Faktor ist auch, ob der Boden mit Gras, Bäumen, Gestein, Wasser, Schnee oder Siedlungsflächen bedeckt ist. Siedlungsflächen werden wärmer als beispielsweise schneebedeckte Flächen, da dunkle Flächen die Wärme besser aufnehmen.

Anthropogene Faktoren

Auch vom Menschen gemachte Bedingungen, wie Bebauung und Abwärme, wirken sich auf das Klima aus.

---

1. Beschreibe, wie verschiedene Faktoren das Klima beeinflussen (Text).
2. Erkläre den unregelmäßigen Verlauf einer Klimazone (›S. 152 M1, Text).
3. Erkläre, warum es in Äquatornähe warm und in den Polargebieten kalt ist (M2).
4. Charakterisiere das West-Ost-Klimaprofil (Modell).
5. Erläutere den Verlauf des Golfstroms (M3, Film, Atlas).
6. Begründe die folgende Aussage: Meere sind Wärmespeicher.

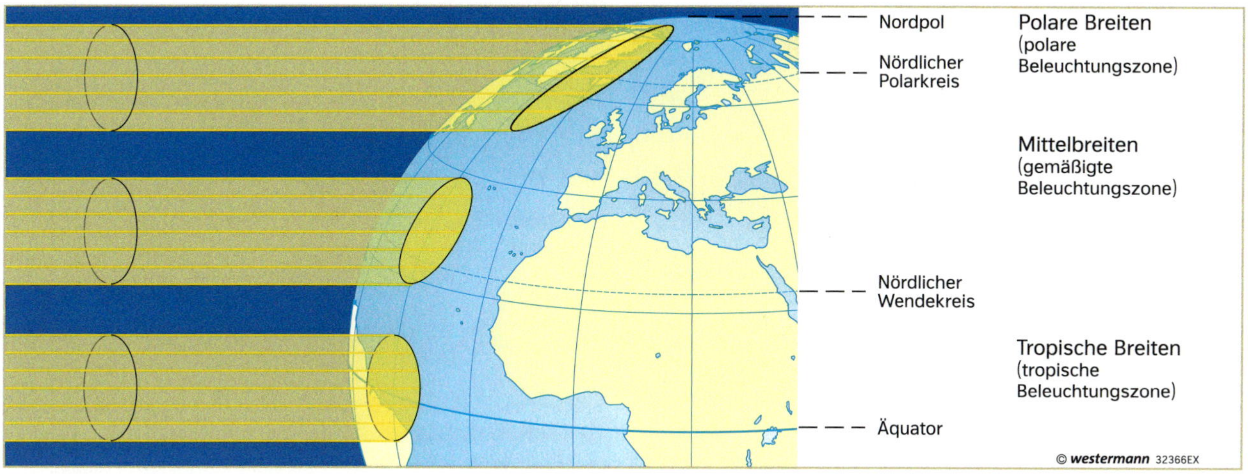

M2 *Einfallswinkel der Sonnenstrahlen und ihre Wirkung*

Der Golfstrom

Der Golfstrom ist eine warme Meeresströmung. Er fließt vom Golf von Mexiko bis in den Nordatlantik, wo er als Nordatlantikstrom bezeichnet wird.
Der Einfluss des Golfstroms auf die Temperatur des Nordatlantiks und seiner Nebenmeere ist sehr groß. Er transportiert gewaltige Energiemengen nach Europa. So verschafft er Europa ein Klima, das landwirtschaftliche Nutzung bis nach Skandinavien möglich macht (Erstaunlich!).

M3 *Verlauf und Wirkung des Golfstroms* **Film**

Erstaunlich!

Palmen in Irland? Apfelbäume in Nordnorwegen? Sandtigerhaie im nördlichen Atlantik? Auf den ersten Blick scheint dies in dieser Klimazone unmöglich. Dennoch leben diese Tiere und Pflanzen entgegen ihrer üblichen Verbreitungsgebiete auch an einigen Stellen weit im Norden. Verantwortlich dafür ist der Golfstrom.

Versuch

Versuch zur Erwärmung von Wasser und Land

Vergleichsmessung

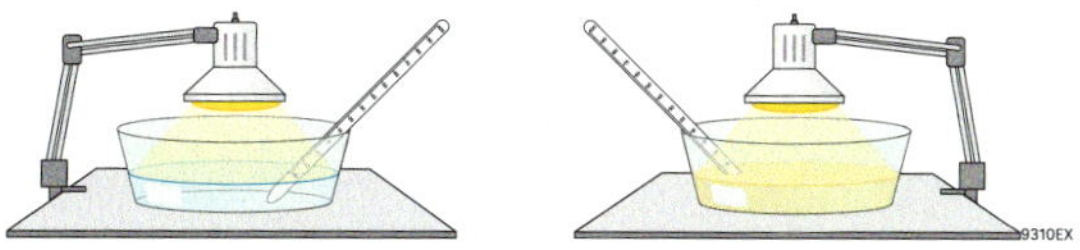

Modell

Einfluss des Meeres auf das Klima

West-Ost-Klimaprofil durch Europa bei etwa 50° Nord:

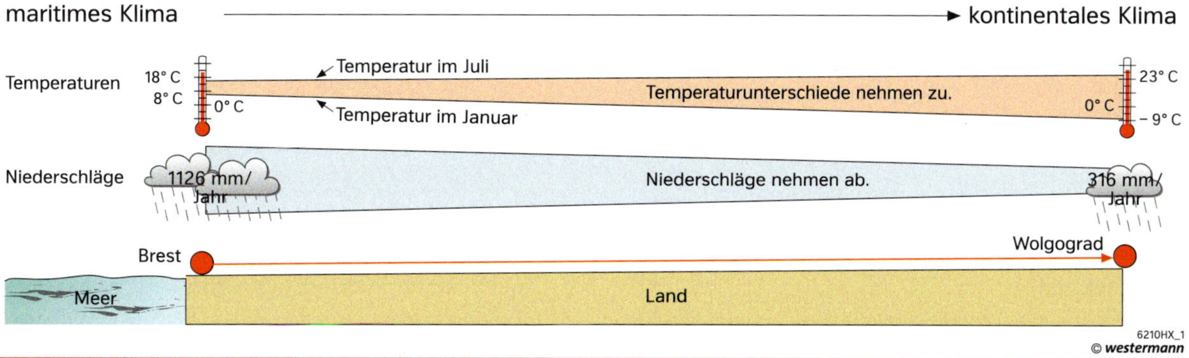

M1 *Vielfältige Vegetation in Europa*

Die Vegetationszonen Europas

Europa wird in verschiedene Klimazonen unterteilt (›S. 152 M1). Diese klimatischen Unterschiede wirken sich auch auf den Pflanzenbewuchs aus, denn die Vegetation passt sich an das Klima an. Gebiete mit ähnlicher Vegetation werden als Vegetationszonen bezeichnet. Entscheidend für das Pflanzenwachstum sind die **Temperatur** (Anzahl der Tage mit Tagesmittel über 5 °C = Vegetationsperiode) und die **Niederschläge**.

Tundrenzone

In der **Tundra** bestimmen niedrige Temperaturen und die kurze Vegetationsperiode das Aussehen der Landschaft. Die meiste Zeit des Jahres liegt die Tundra unter einer dicken Schneedecke verborgen. Nur in den kurzen Sommermonaten, wenn die Temperaturen über 0 °C steigen, zeigt sich die Vegetation aus Moosen und Flechten. Bäume können bei den niedrigen Temperaturen nicht wachsen.

Boreale Nadelwaldzone (Taiga)

In dieser Zone befindet sich das größte zusammenhängende Waldgebiet der Erde, die Taiga. Laubwälder können hier kaum gedeihen, da die Winter zu lang und zu kalt sind. Im Sommer werden Temperaturen erreicht, die unseren Sommertemperaturen gleichkommen. Typische Baumarten dieser nördlichen **borealen Nadelwälder** sind z. B. Fichten, Kiefern, Tannen und Lärchen.

Laub- und Mischwaldzone

Die Temperaturen sind in dieser Zone hoch genug, sodass Laubwälder gedeihen können. Hier wachsen zum Beispiel Buchen und Eichen. Naturbelassene Wälder findet man heute nur noch in einigen Flussauen und an Gebirgshängen. Die Vegetation dieser Zone wurde vom Menschen stark verändert. Noch im Mittelalter war Europa von **Laubwäldern** und **Mischwäldern** bedeckt. Dann rodete der Mensch sie, um Platz für Felder und Siedlungen zu schaffen.

Zone der Hartlaubgehölze

Die Macchie ist ein niedriger Buschwald und Teil der **Hartlaubvegetation**. Er besteht aus einem dornigen, manchmal zwei bis vier Meter hohen Dickicht. Die immergrünen Pflanzen schützen sich durch Hartlaub und tief reichende Wurzeln gegen Austrocknung in den heißen und regenarmen Sommern.

---

❶ Beschreibe die Verbreitung der verschiedenen Vegetationszonen in Europa (M2).

❷ Begründe die Aussagen:
a) In der nördlichen Nadelwaldzone gedeihen kaum Laubbäume).
b) In der Laub- und Mischwaldzone finden sich nur wenige natürliche Wälder.

❸ a) Ordne die Klimadiagramme in M3 den Vegetationszonen (M1, M2) zu.
b) Erstelle eine Tabelle zu den Vegetationszonen Europas und deren Klimamerkmalen. Berücksichtige: Vegetationszone, räumliche Verbreitung, Vegetation, Klimazone, klimatische Voraussetzungen (M2, Übung).

M2 *Vegetationszonen Europas*

Übung

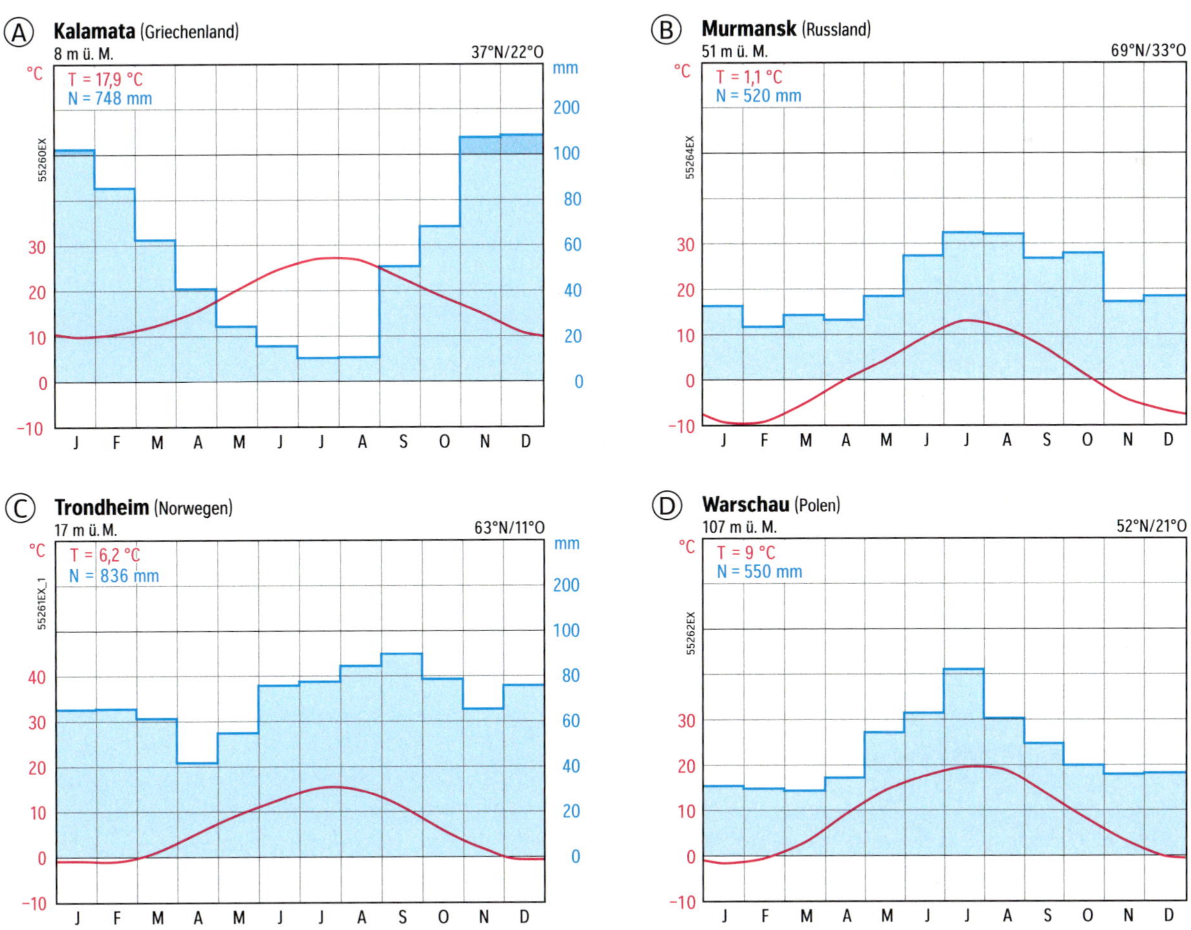

M3 *Klimadiagramme*

Kompetenzcheck

	Ich kann ...	Teste dich!	Hilf dir!
Orientierung (Orientierungskompetenz)	... die Lage wichtiger Städte, Flüsse und Gebirge Euopas beschreiben. ... die Länder Europas und ihre Hauptstädte verorten. ... die Großlandschaften Europas verorten. ... die Klimazonen Europas charakterisieren. ... die Vegetationszonen Europas charakterisieren.	1. Nenne zehn ausgewählte Länder Europas und jeweils ihre Hauptstadt (Atlas, M1). Sie sollten aus unterschiedlichen Regionen Europas stammen. Benenne auch die Großlandschaft. 2. Benenne wichtige Großlandschaften (M1). 3. Beschreibe die Anordnung der Klimazonen in Europa (M1). 4. Ordne die Fotos in M2 von Norden nach Süden.	›S. 142/143 ›S. 146/147 ›S. 152/153 ›S. 156/157
Inhalt (inhaltsbezogene Kompetenzen)	... die Staaten Europas benennen. ... Länder Europas miteinander vergleichen. ... die Großlandschaften beschreiben. ... den Verlauf von Flüssen und die Entstehung verschiedener Talformen erklären. ... die Klimazonen charakterisieren. ... klimabestimmende Faktoren beschreiben. ... maritimes und kontinentales Klima erklären. ... die Vegetationszonen charakterisieren.	5. Vergleiche die Lage der in M5 genannten Länder mit Ungarn. Nutze auch den Atlas. 6. Charakterisiere die folgenden Talformen: Klamm, Kerbtal, Sohlental, Muldental. 7. Erkläre die Skizze der klimabestimmenden Faktoren (M3). 8. „Ohne den Golfstrom würde das Klima und damit das Leben in Irland anders aussehen." Erkläre diese Aussage. 9. Begründe Unterschiede in den Getreideerträgen (M5). 10. Sortiere die Begriffe aus M4 sinnvoll und entscheide dich jeweils für eine passende Überschrift. 11. Beschreibt Grundbegriffe. Spielt hierzu Tabu (Kopiervorlage). 12. Ordne, wenn möglich, die Grundbegriffe eindeutig den vier Puzzleteilen der Geographie zu (›S. 11). 13. Wer wird „Geo-Champion" (▣ Quiz)?	›S. 142/143 ›S. 148/149 ›S. 154/155 ›S. 154/155 ›S. 156/157 ›S. 156/157
Methode und Anwendung (prozessbezogene Kompetenzen)	... Tabellen erstellen. ... Tabellen auswerten. ... Klimadiagramme auswerten.	14. Werte die Tabelle M5 aus. 15. Erstelle eine Tabelle zu den Daten Getreide, Einwohner und Fläche (M5, ›S. 145 M5). 16. Ordne die Klimadiagramme in M6 den Klimazonen in M1 zu. 17. Ordne die Klimadiagrammen in M6 den Vegetationszonen in M2 zu.	›S. 144/145 ›S. 144/145 ›S. 152/153 ›S. 156/157

A – Z: Grundbegriffe des Kapitels (vergleiche Lexikon ›S. 222)
Abtragung, Ablagerung, Äquator, arid, borealer Nadelwald, Europäische Union (EU), Erde, Fluss, Golfstrom, Halbinsel, Hartlaubvegetation, Hochgebirge, humid, Insel, Klima, klimabestimmende Faktoren, Klimadiagramm, Klimazone, Kontinent, kontinentales Klima, Küste, Laubwald, Mäander, maritimes Klima, Meer, Meeresströmung, Mischwald, Mittelbreiten, Mittelgebirge, Niederschlag, Nordhalbkugel, Pol, Relief, See, Sonne, Staat, subpolare Zone, Subtropen, Tal, Temperatur, Tiefland, Tundra, Vegetationsperiode, Vegetationszone

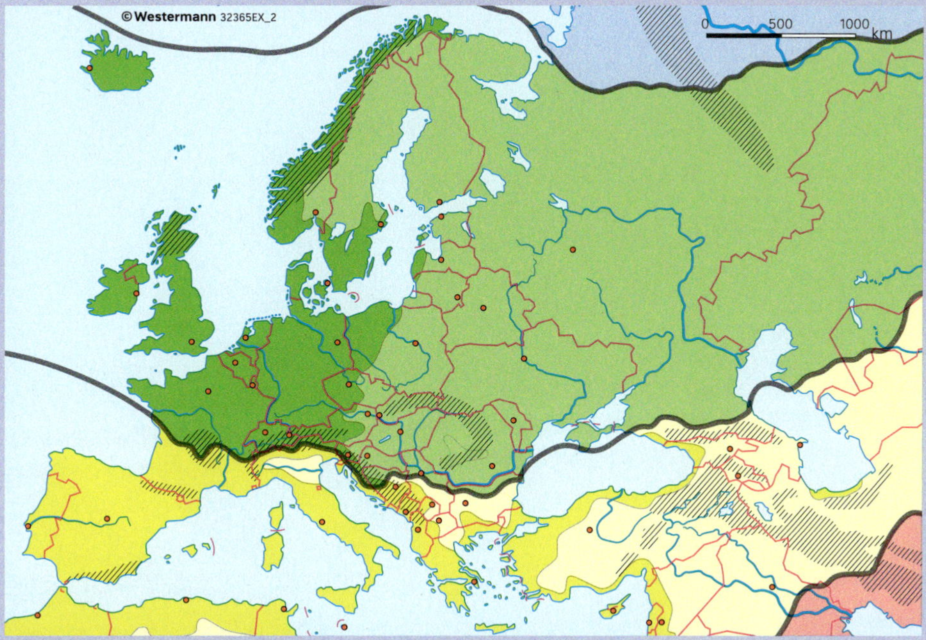

M1 *Stumme Karte Europas*

M2 *In verschiedenen Klima- und Vegetationszonen Europas*

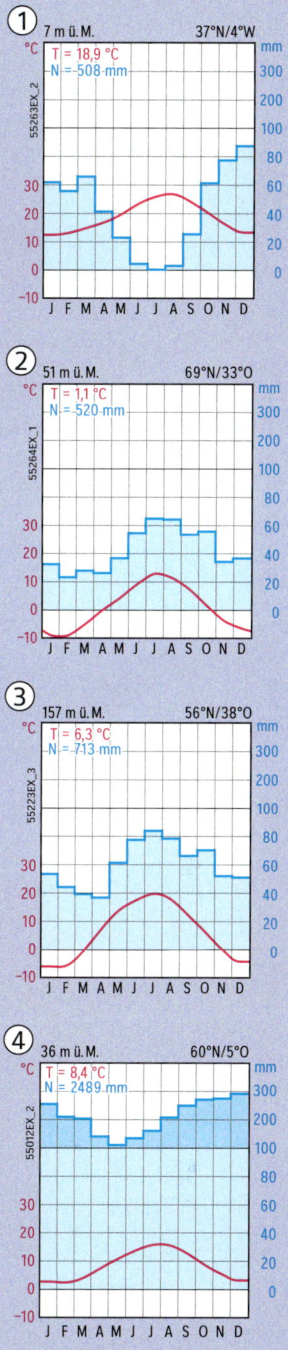

M6 *Klimadiagramme*

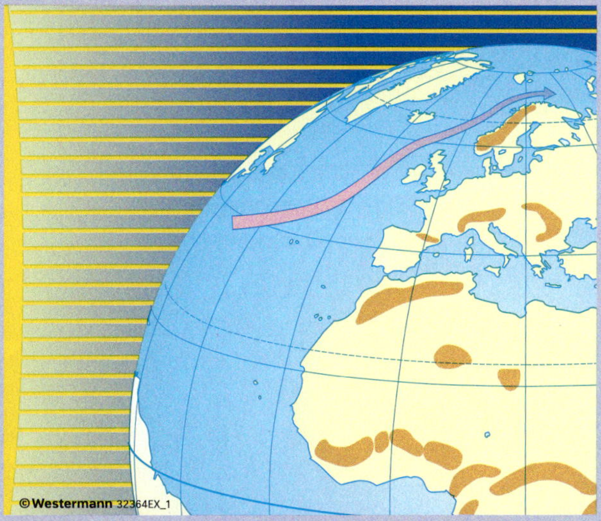

M3 *Klimabestimmende Faktoren*

subpolare Zone – Höhenlage – Spanien – Macchie – Alpenraum – Kroatien – Subtropen – Finnland – Ungarn – Irland – borealer Nadelwald – Britische Inseln – Breitenlage – Balkan – Mittelbreiten – Lage zum Meer – Tundra

M4 *Was gehört zusammen?*

	Getreideerzeugung in 1000 Tonnen
Deutschland	42 397
Finnland	2 636
Frankreich	66 830
Spanien	25 487

M5 *Getreideproduktion einiger EU-Staaten (2021)*

Digital+
WES-121698-159

CHECK

Wir erkunden Europa – Raumbeispiele

Bachalpsee in den Schweizer Alpen

Fjord in Norwegen
Mountainbikes in den Alpen
Strand auf Mallorca

Unterwegs in Europa!

Delias Bruder Tom hat gerade sein Abitur bestanden und möchte bald anfangen, Geographie zu studieren. Davor macht er aber noch mit dem Rucksack eine große Reise durch Europa. Tom ist davon überzeugt, dass geographisches Wissen einem dabei hilft, die Räume und das Handeln der Menschen in ihnen besser zu verstehen. Um Delia zu testen, verrät er ihr nicht, wohin ihn seine Reise führt, aber er schickt ihr immer wieder Fotos, die ihr Hinweise geben.

0 100 200 300 km

Kapitelaufgabe

Kannst du Landschaften „lesen“ und zuordnen?
Arbeite Toms Reiseziele heraus. Geographie hilft dir dabei. Analysiere die Fotos genau und begründe, wo Tom die Fotos aufgenommen hat. Wenn du dir nicht sicher bist, weißt du noch nicht genug über seine Reiseziele. Versuche dann, das Rätsel zu einem späteren Zeitpunkt zu lösen.

M1 *Bergsteiger in den Alpen*

Die Alpen

Die Alpen sind mit ihren hohen verschneiten Gipfeln und ihrer außergewöhnlichen Natur für uns eine faszinierende Landschaft. Beim Skifahren oder beim Wandern lassen sich die Berge erkunden. Wenn man sich aber zu einer Tour in die schöne Bergwelt aufmacht, muss man sich der besonderen Bedingungen bewusst sein, die einen im Gebirge erwarten: Unwegsames Gelände, steile Berghänge sowie schnelle Wetterwechsel sind nur einige davon.

Lawinen und Massenbewegungen

Im Winter droht eine weitere Gefahr: Der Schnee, der die Oberfläche bedeckt, kann in Form einer **Lawine** in Sekundenschnelle ins Tal stürzen und Personen, aber auch Straßen oder Häuser unter sich begraben und zerstören (M2). Ob sich eine Lawine löst, hängt von verschiedenen Bedingungen ab: von der Art und Anordnung des Schnees, vom Untergrund und von den Temperaturen. Lawinen werden immer wieder auch von Menschen ausgelöst. Vor allem nach starken Schneefällen und bei Tauwetter ist die Lawinengefahr groß. Auch ein Gletschersturz, bei dem plötzlich losgebrochenes Gletschereis lawinenartig ins Tal niedergeht, ist möglich. Dies zeigte das Unglück am Marmolata-Gletscher in Italien im Juli 2022 (M6).

Wenn die Hänge nach dem Winter durch Schmelzwasser oder starken Regen sehr feucht sind, können Muren entstehen. Dabei handelt es sich um Schlammströme, die sich schnell ins Tal bewegen und großen Schaden anrichten können (M5). Genau wie Steinschläge oder Bergstürze gehören Muren zu den Massenbewegungen.
Lawinen und Muren sind in den Alpen typische **Naturereignisse**. Sie können Menschen töten oder Bauwerke zerstören. Solche Ereignisse bezeichnet man dann als **Naturkatastrophe**. Der Mensch versucht sich davor zu schützen (M4). Dies ist vor allem dort notwendig, wo der Wald abgeholzt wurde. Neben baulichen Schutzmaßnahmen verringert ein angepasstes Verhalten die Gefahren.

Lawinenwarndienst

Um der Gefahr durch Lawinen vorzubeugen, gibt es den Lawinenwarndienst. Dieser erfasst das Wetter und die Schneedecke. Unter Berücksichtigung der Hangneigung gibt er täglich die Lawinengefahr in den Stufen 1 bis 5 heraus:
1 = geringe Gefahr
2 = mäßige Gefahr
3 = erhebliche Gefahr
4 = große Gefahr
5 = sehr große Gefahr, keine Skitouren möglich!

1. Das Foto (M1) zeigt Bergsteiger in den Alpen. Nenne die besonderen Umweltbedingungen, an die ihre Ausrüstung angepasst ist.
2. Erkläre die Begriffe Lawine, Gletschersturz, Mure, Steinschlag und Bergsturz.
3. Ordne die Schutzmaßnahmen den Naturereignissen zu, vor denen sie schützen sollen (M4, Übung).
4. Die meisten Lawinenopfer verunglücken bei Gefahrenstufe 3 (Erstaunlich!). Begründe!
5. Lawinen und Massenbewegungen sind uns vor allem aus den Alpen bekannt. Begründe, weswegen diese Ereignisse gerade dort vorkommen.

M2 *Lawinenabgang*

M5 *Folgen eines Murenabgangs*

Schutz vor Lawinen –
Wie verhalte ich mich richtig?

1. Für Abwärtsläufer:
Markierte Pisten dürfen nicht verlassen werden!
2. Für Tourenläufer:
Richtige Routenwahl nach folgenden Grundsätzen:
- Vor Tourenbeginn erfahrene Bergführer nach sicheren Routen fragen. Zwischen Bäumen oder an flachen Stellen sind lawinensichere Punkte.
- Schwünge im steilen Gelände vermeiden, weil dadurch Lawinen ausgelöst werden können.
- Großen Abstand zu möglichen Lawinenbahnen einhalten. Im Zweifelsfall umkehren oder andere Route ins Tal wählen.
- Lässt sich bei einer Skitour das Durchqueren eines lawinengefährdeten Geländes nicht vermeiden, sollte sich immer nur ein Skifahrer im Gefahrenbereich befinden.

M3 *Aus einem Merkblatt des Alpenvereins*

M6 *Rettungseinsatz an einer Gletscherspalte nach dem Gletschersturz an der Marmolata im Juli 2022*

Erstaunlich! Internetlink

Das WSL Institut für Schnee- und Lawinenforschung SLF sammelt seit 1936/37 Daten zu allen Lawinenunglücken in der Schweiz. Im Schnitt kommen jährlich 24 Menschen ums Leben. Während der letzten 20 Jahre geht die Todeszahl in Häusern und auf Verkehrswegen stark zurück, 90% der Lawinenopfer sterben im Gelände. Im langjährigen Vergleich kommen die meisten Lawinenopfer bei erheblicher Lawinengefahr, also bei Lawinenwarnstufe 3, ums Leben.

M4 *Schutzmaßnahmen gegen Lawinen und Massenbewegungen*

Übung

M1 *Gesteinsfalte in den Alpen*

Die Alpen – ein Hochgebirge in Europa

Die Alpen sind Europas größtes **Hochgebirge** (›S. 46/47). Der Mont Blanc ist mit 4810 m ü. M. ihr höchster Gipfel. Von Hochgebirgen spricht man, wenn Gebirge ihre Umgebung mit wenigstens 1500 m überragen. Sie weisen hohe Felswände, steil aufragende Gipfel und tief eingeschnittene **Täler** auf. Die Gebirgskämme sind sehr schmal und am Fuß der Hänge sammelt sich abgetragener Gesteinsschutt. Auf den höchsten Gipfeln liegen das ganze Jahr über Eis und Schnee.

Die Ausdehnung der Alpen umfasst 1000 km in West-Ost-Richtung und 250 km in Nord-Süd-Richtung. Aufgrund der vorherrschenden **Gesteine** lassen sich die nördlichen und südlichen Kalkalpen sowie die Zentralalpen unterteilen (M2). Sieben Staaten haben Anteil an diesem Gebiet.

Die Entstehung der Alpen

Die Alpen gehören zu den jungen Gebirgen der Erde: Vor etwa 100 Millionen Jahren, als noch die Dinosaurier lebten, begann sich Afrika allmählich nach Norden zu verschieben und sich auf Europa zuzubewegen.

Diese Bewegung Afrikas verkleinerte das Ur-Mittelmeer (auch Tethys genannt), das Afrika von Europa trennte (Modell). Das heutige Mittelmeer ist ein Rest dieses Ozeans. Zugleich gerieten auch die Ablagerungen am Meeresboden (z. B. Kalk- und Tonsedimente, ›S. 90) sowie die Gesteinsschichten darunter unter hohen Druck. Teile der Gesteine wurden dabei durch Druck und Hitze umgewandelt. Dieser Vorgang spielte sich tief unter der Erdoberfläche ab und dauerte viele Millionen Jahre. Vor ungefähr 50 Millionen Jahren begannen sich schließlich die Gesteinsschichten unter dem seitlichen Druck zu verformen und sich aufzufalten. Ein Faltengebirge entstand (M1).

Der nach wie vor anhaltenden Auffaltung der Alpen wirken an der Erdoberfläche abtragende Kräfte entgegen. Die damit verbundenen Prozesse werden Verwitterung und **Abtragung** genannt (Info). Durch Verwitterung werden die Steine verändert und zerkleinert. Bäche, Flüsse und **Gletscher** transportieren das lockere Material in die Täler und schließlich in das nördliche oder südliche Vorland der Alpen. Schwerkraft, Wind, Wasser und Eis wirken so der Auffaltung entgegen. Ohne diese Abtragung würden die Alpen heute etwa 10 000 m hoch sein.

---

❶ Nenne Merkmale eines Hochgebirges (M3, ■ Übung).

❷ Erstelle auf einem DIN A4-Blatt eine Skizze mit dem Umriss der Alpen. Trage die Alpenstaaten, fünf Alpenstädte (> 100 000 Einw.), fünf Alpengipfel sowie drei Alpenpässe ein (Atlas).

❸ Erkläre, was Kalkstein und Gesteinsschutt im Alpenvorland über die Entstehung der Alpen aussagen.

❹ Teil des Schulfestes ist eine Ausstellung zum Thema „Die Alpen – ein Hochgebirge in Europa“. Gestalte für deine Klasse den Beitrag zur Entstehung der Alpen.

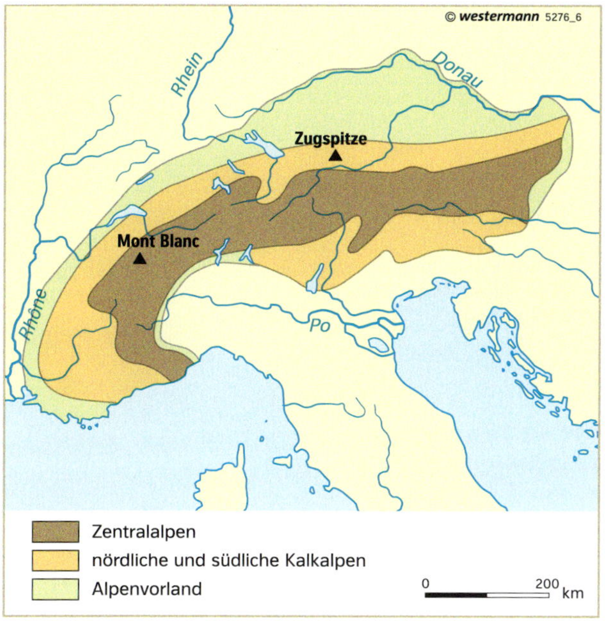

M2 *Der Alpenraum im Überblick*

Versuch

Die Entstehung der Alpen im Klassenzimmer
Material: bunte Handtücher als Gesteinsschichten

Falte verschiedene bunte Handtücher auf die gleiche Größe. Lege mehrere Lagen so aufeinander, dass die gefaltete Kante nach vorne zeigt. Nähere nun beide Enden des Handtuchstapels langsam einander an. Wiederhole den Versuch mehrmals mit unterschiedlichem Druck und Tempo. Beschreibe deine Beobachtungen.

Modell

Film

Entstehung der Alpen

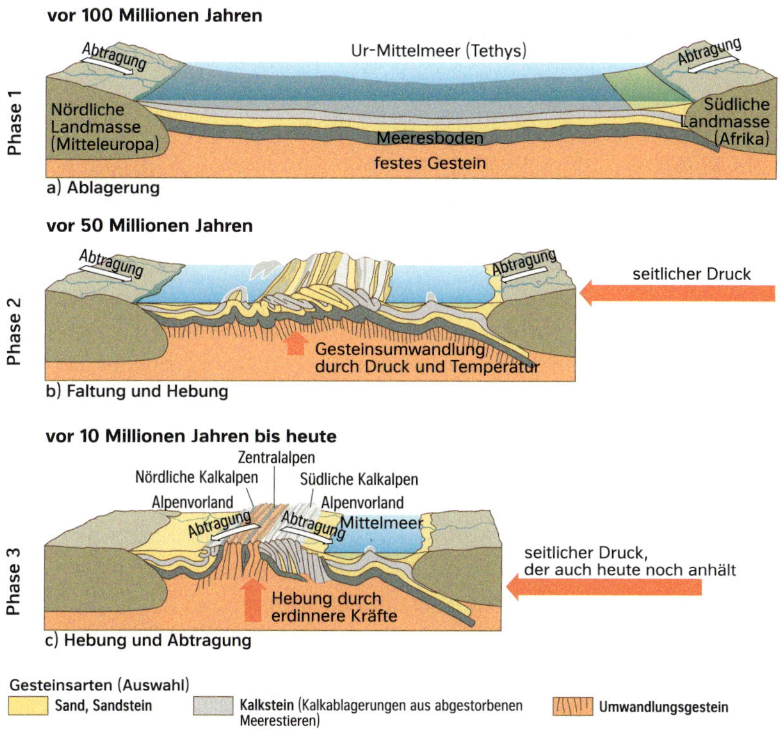

M3 *In den Alpen sieht man die Merkmale eines Hochgebirges*

Übung

Info

Verwitterung
Unter Verwitterung versteht man die Veränderung, Zerkleinerung und schließlich Zersetzung von Gesteinen an der Erdoberfläche.
Gesteine sind ständig der Sonne, dem Regen oder dem Frost ausgesetzt. Das hat Folgen: Durch den Wechsel von Wärme und Kälte entstehen zum Beispiel feine Risse im Gestein, in die Wasser eindringen kann. Bei Frost dehnt dieses sich aus und lockert den Gesteinsverband. Auch Pflanzenwurzeln können Gesteine „sprengen". Neben dieser mechanischen Zerkleinerung tragen aber auch Lösungsvorgänge zur Verwitterung bei.

Abtragung (Erosion)
Die Verwitterung schafft die Voraussetzungen zur Erosion. Die Abtragung von Gestein erfolgt durch fließendes Wasser, Gletschereis oder die schleifende Wirkung des Windes, wenn in der Luft Sandteilchen mitgeführt werden. Die abtragende Kraft übernimmt zumeist auch den Transport. Die Anziehungskraft der Erde bewirkt zudem, dass von steilen Wänden ganze Blöcke herunterfallen.

M1 *Garmisch-Partenkirchen mit Blick auf die Zugspitze*

360°-Video

Höhenstufen in den Alpen

Man muss nicht weit reisen, um in die Zone des ewigen Eises und Schnees vorzudringen: Wenn man auf 700 m Höhe in Garmisch-Partenkirchen in die Zugspitzbahn steigt und die 18 km lange Strecke zur Zugspitze zurücklegt, findet man dort als Urlauberattraktion sogar ein Iglu-Dorf (M3). Das liegt daran, dass es auf den Bergen, abgesehen von bestimmten Wetterlagen, immer kälter ist als im Tal. Die **Temperatur** nimmt mit zunehmender Höhe ab.

Später Frühling, früher Winter

Dadurch verkürzt sich auch die Zeit, in der die Vegetation wachsen kann. Nicht alle Pflanzen können mit diesen Bedingungen umgehen. Daher verändert sich die Vegetation mit zunehmender Höhe. Es bilden sich **Höhenstufen** der Vegetation aus (M2).

Die Grenzen der einzelnen Höhenstufen liegen je nach Himmelsrichtung und Sonneneinstrahlung unterschiedlich hoch, doch die Abfolge ist überall ähnlich: Im Tal sieht man **Laubwald** und **Mischwald**, darüber nur noch Nadelbäume. Diese Bäume werden mit zunehmender Höhe immer kleiner und stehen oft allein (Waldgrenze).

In einer Höhe von ungefähr 1700 m wachsen keine Bäume mehr (Baumgrenze). Hier sieht man alpine Matten (natürliche Wiesen), die von Fels und Schutt abgelöst werden. Wenn die Zugspitzbahn 2000 m Höhenunterschied überwunden hat, steht man in der Welt der **Gletscher**.

Die Gletscher der Alpen

Die heutigen Gletscher sind Reste der letzten Kaltzeit. Denn in den Kaltzeiten bedeckten mächtige Gletscher weite Teile der Alpen und flossen auch ins **Alpenvorland**, wo sie die typischen Landschaftsformen prägten (Info, ›S. 110/111). Auf ihrem Weg veränderten sie aber auch die Oberflächenformen der Alpen. Die Gletscher formten aus Flusstälern (›S. 148/149) die tiefen und breiten Trogtäler, die wegen ihrer Form auch U-Täler heißen (M4). Sie trugen damit maßgeblich zur Talbildung in Europa bei.

Heute finden sich nur in den Hochlagen der Alpen Gletscher. In ihrem Eis sind große Teile der regionalen **Niederschläge** gespeichert, der Ursprung vieler **Flüsse** befindet sich hier. Die Gletscher werden durch steigende Temperaturen in den letzten Jahrzehnten immer kleiner.

---

1. Nenne die Besonderheiten der natürlichen Bedingungen für Pflanzen und Tiere im Hochgebirge.
2. Ordne dem Foto (M1) die Höhenstufen aus M2 zu (M2, Übung, Film).
3. Begründe die folgende Aussage: „Wanderungen auf Gletschern sind gefährlich!“
4. Delia und Dominik machen mit ihren Eltern Urlaub in den Alpen. Dominik ist in Garmisch-Partenkirchen, Delia in der Nähe von Bozen. Abends bekommt Delia eine Textnachricht: „Wir sind heute bis auf 2000 m gewandert. Das war sehr anstrengend! In dieser Höhe gibt es keinen Wald mehr. Liebe Grüße, Dominik“ Nun ist Delia verwundert. Sie weiß, dass in ihrer Urlaubsregion auf 2000 m sehr wohl noch Wald zu finden ist. Erkläre!
5. Differenziert: Arbeite mithilfe des Arbeitsblattes die wichtigsten Informationen über die Höhenstufen in den Alpen heraus.

Kapitelaufgabe: Fotos (›S. 162/163)
Kannst du nun ein Foto genauer zuordnen?

Höhe	Jahresdurchschnittstemperatur	Jahresniederschlag
2500 m	- 2,5°C	2 000 mm
1900 m	1,5°C	1 700 mm
1700 m	2,5°C	1 500 mm
1300 m	4,5°C	1 300 mm
800 m	7°C	1 000 mm

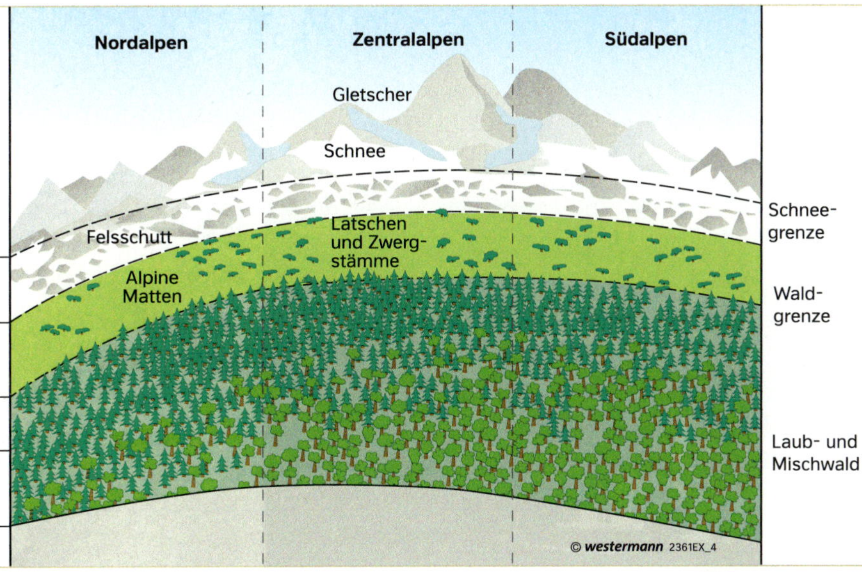

M2 *Höhenstufen in den Alpen*

Übung, Film

Info

Kleine Gletscherkunde

Gletscher: Strom einer Eismasse, die langsam talwärts fließt.
Kar: Mulde im Fels unterhalb der Gipfel, in der sich der Neuschnee sammelt und der Gletscher entsteht.
Nährgebiet: Teil des Gletschers, der oberhalb der Schneegrenze liegt. Hier fällt der Niederschlag fast nur als Schnee. Wenn das Gletschereis dicker wird, beginnt es sich zu bewegen. Alpengletscher fließen mit 40 bis 150 m pro Jahr talwärts.
Zehrgebiet: Teil des Gletschers, der unterhalb der Schneegrenze liegt. Hier taut das Eis langsam ab.
Gletschertor: Öffnung im Eis am unteren Ende des Gletschers, an der sich das Schmelzwasser sammelt und ins Tal fließt.
Gletscherspalten: Sie entstehen durch das Fließen des Gletschers ins Tal. Dabei wird die Eisoberfläche zerrissen. Gletscherspalten können sehr tief sein. Bei Neuschnee sind sie verdeckt.
Moräne: Vom Gletscher mitgeführter Schutt, der an seinem Ende (Endmoräne), am Rand (Seitenmoräne) oder am Grund (Grundmoräne) abgelagert wird.
Trogtal: Von einem Gletscher geprägtes Tal, dessen Querschnitt einem U ähnelt.

M3 *Eingang zum Iglu-Dorf*

M4 *Das Lauterbrunnental in der Schweiz*

M1 *Urlaubsregionen in Südtirol: Villnösstal im Sommer und Grödnertal im Winter*

Die Alpen – attraktiv für den Tourismus

Als **Hochgebirge** (›S. 166) sind die Alpen ein besonderer Naturraum. Die hohen Gipfel und schroffen Formen, die Überformung durch die **Gletscher** und die **Höhenstufen** (›S. 168) machen den Reiz dieser Region aus. Durch die besonderen natürlichen Bedingungen gibt es hier Pflanzen und Tiere, die man sonst nicht zu sehen bekommt. Die Natur beeindruckt die Menschen.

Die Alpen sind daher ein sehr beliebtes Reiseziel. Jedes Jahr fahren über 60 Millionen Besucher in diese Region, um ihren Urlaub in den Bergen zu verbringen. Aufgrund der großen Anzahl von Urlaubern (Touristen) spricht man von Massentourismus in den Alpen. Im Sommer kann man hier wandern, mit dem Fahrrad fahren oder an Seen baden, im Winter fällt der Niederschlag überwiegend als Schnee und so findet man gute Wintersportbedingungen vor (M5). Der Schnee lädt zum Skifahren, zum Snowboarden oder zum Rodeln ein. Daher gibt es in den Alpen sowohl im Sommer als auch im Winter eine Hauptsaison.

Die Alpenlandschaft wird seit langem durch den Menschen beeinflusst. Die Land- und Forstwirtschaft hat die meisten der Höhenstufen geprägt (›S. 169 M2). Ein Beispiel hierfür ist die **Almwirtschaft** (›S. 196/197), die in den Alpen lange Zeit eine wichtige Rolle gespielt hat. Sie wird heute noch betrieben, hat aber eine geringere Bedeutung. Denn es gibt eine ertragreiche Alternative: In vielen Regionen der Alpen ist heute der **Tourismus** die wichtigste Einnahmequelle. Viele Einheimische arbeiten in Serviceberufen, zum Beispiel als Bergführer, Skilehrer oder als Angestellte in Hotels oder Restaurants. Auch die Almhütten werden heute oftmals touristisch genutzt, um Gäste zu beherbergen (M4).
Um die Einmaligkeit und Schönheit der Naturlandschaft auch in Zukunft zu sichern, wurden in den letzten Jahrzehnten viele Maßnahmen zum Schutz der Alpen ergriffen (M3).

1. Nenne Aktivitäten, die man bei einem Urlaub in den Alpen besonders gut durchführen kann (M1, M2).
2. Sowohl das Villnösstal als auch das Grödnertal liegen in der Nähe von Bozen. Orientiere dich und plane mit dem Atlas die Anreise von deinem Heimatort nach Bozen. Nenne die größeren Städte und die Pässe, die du passierst.
3. Arbeite heraus, mit welchen touristischen Angeboten die Geisleralm im Sommer und im Winter lockt (M4, Internetlink).
4. Almwirtschaft war eine wichtige Form der Landwirtschaft in den Alpen, spielt aber heute keine große Rolle mehr. Erkläre diesen Sachverhalt.
5. Begründe die Schutzmaßnahmen, die in den letzten Jahrzehnten in den Alpen ergriffen wurden (M3).

M2 *„Die Alpen sind zu jeder Jahreszeit toll!"*

M4 *Die Geisleralm*

Internetlink

Info

Tourismus in den Alpen

Im 19. Jahrhundert begann mit der bergsteigerischen Erschließung der Fremdenverkehr oder auch Tourismus im Alpenraum, zunächst vorrangig im Sommer. Ab 1900 entwickelte sich auch der Wintertourismus, der durch den Bau von Bergbahnen und Liften schnell zunahm. Die Menschen aus den Städten und Regionen des Alpenvorlandes haben heutzutage mehr Freizeit. Viele unternehmen regelmäßig Tages- oder Wochenendausflüge in die nahe gelegenen Berge. Hier erholen sie sich vom Arbeitsalltag oder gehen einer der zahlreichen Sportmöglichkeiten nach.

Skigebiete:	12
Gesamtanzahl Liftanlagen:	450
Pistenkilometer gesamt:	1200
Pistenkilometer mit Beschneiungsanlagen:	1116 (93 %)
Gesamtzahl Schneekanonen:	4600
Gesamtfläche Dolomiti Superski:	3000 km²
Gesamtzahl Schneeraupen:	324

M5 *Skigebiet „Dolomiti Superski" in Zahlen*

Schutzgebiete

In den letzten Jahrzehnten wurden über 900 Schutzgebiete in den Alpen eingerichtet. Sie gehören verschiedenen Schutzgebietstypen wie Nationalparks oder Naturparks an und umfassen ungefähr 23 Prozent der Alpenfläche. Sie sind im Netzwerk ALPARC organisiert.

Von großer Bedeutung sind die Nationalparks: In solchen Gebieten gelten strenge Schutzbestimmungen, um die Tier- und Pflanzenwelt vor der Zerstörung zu bewahren. Die Nutzung solcher Gebiete unterliegt strengen Regeln, die sich aber von Land zu Land unterscheiden können.

UNESCO Welterbe

Seit 1972 gibt es einen Vertrag, der zum Ziel hat, weltweit besonders bedeutende Objekte oder Gebiete aus Kultur und Natur für die Zukunft zu bewahren. Sie werden von den Vereinten Nationen (United Nations, UN) als Welterbe für die Menschheit ausgezeichnet.

Diese Auszeichnung geht mit der Verpflichtung einher, für den Schutz und die Erhaltung dieser Objekte oder Gebiete zu sorgen.
In den Alpen gibt es fünf Naturerbestätten und 13 Kulturerbestätten.

Alpenschutzkonvention

Seit 1995 gibt es die Alpenschutzkonvention. Diese regelt Maßnahmen zum Schutz und zur nachhaltigen Entwicklung der Alpen zwischen den Staaten mit Alpenanteil. Die Vertragsparteien verpflichten sich zum Beispiel, natürliche Lebensräume zu erhalten oder wiederherzustellen.

Nutzungsansprüche sind sorgfältig zu prüfen sowie geeignete Maßnahmen zur Luftreinhaltung und zum Bodenschutz zu ergreifen, Gewässer sind zu schonen und die Berglandwirtschaft zu erhalten. Der Bergwald soll naturverträglich genutzt und der Verkehr auf die Schiene verlagert werden.

M3 *Maßnahmen zum Schutz der Alpen*

M1 *Skigebiet „Dolomiti Superski" im Winter (›S. 171 M5)*

Tourismus verändert den Alpenraum

In vielen Alpenregionen sind große Teile der Einheimischen auf die Einnahmen aus dem **Tourismus** angewiesen. Weil die Konkurrenz zwischen den Tourismuszentren groß ist, versuchen die Orte, ihren Gästen immer mehr Angebote zu machen. Die Zahl der Fremdenverkehrseinrichtungen, wie zum Beispiel Seilbahnen oder Parkplätze, steigt. Die Bergwelt wird für die Urlauber Stück für Stück umgestaltet. Diese Veränderungen beeinflussen die Natur und auch die Menschen vor Ort. Viele fordern daher, sich mehr mit den Auswirkungen des Tourismus zu beschäftigen, um die Alpen zu entlasten (›S. 174/175).

Massentourismus und Umweltschutz

Der Tourismus hat den Einfluss des Menschen auf die Alpenlandschaft nochmals vergrößert. Für die Besucher wurden viele Täler und Berghänge mit Straßen, Hotels und Fremdenverkehrseinrichtungen bebaut. Der Reiseverkehr mit dem Auto belastet die Umwelt durch Abgase und Lärm. Der Massentourismus ist sogar bis in große Höhen vorgedrungen: Mountainbikefahrer und Wanderer können scheue Alpentiere stören oder die Grasschicht beschädigen, wenn sie die Wege verlassen. Das ist problematisch, da Pflanzen in diesen Höhenlagen nur sehr langsam wachsen.
Für Skipisten und Lifte wurden Waldflächen abgeholzt. In vielen Skigebieten gibt es Beschneiungsanlagen, mit denen die Saison verlängert wird. Diese behindern aber die darunterliegenden Pflanzen in ihrem Wachstum. Die Bearbeitung der Pisten mit Schneeraupen kann die Pflanzendecke sogar beschädigen. Gerade der Verlust von Wald und einer geschlossenen Pflanzendecke ist ein Problem, weil so die Gefahr von Lawinen, Muren oder Steinschlägen steigen kann (›S. 164/165).
Damit ergibt sich die Notwendigkeit, die Natur der Alpen zu schützen und diese einmalige Landschaft zu bewahren.

---

1. a) Beschreibe die Entwicklung der Touristenübernachtungen in Wolkenstein, St. Ullrich, St. Christina und in Villnöss (M4).
   b) Vergleiche die Übernachtungszahlen der verschiedenen Orte miteinander.
2. Vergleiche die Karten M3. Beschreibe dabei die Veränderungen (Übung). Nutze auch die aktuelle Karte im Atlas (S. 124) oder online (Karte).
3. Die Grafik M2 und der Film zeigen den Zusammenhang zwischen Natur, Tourismus und Wirtschaft.
   a) Beschreibe die Wirkungen.
   b) Erkläre diesen Zusammenhang.
4. Snowboarden, Mountainbiken, Gleitschirmfliegen und Wildwasserfahren sind Trendsportarten. Erkläre die Gefahren, die sich daraus für die Natur der Alpen ergeben können.
5. „Der Alpentourismus zerstört sich selbst." Erörtere diese Aussage.

Kapitelaufgabe: Fotos (› S. 162/163)
Kannst du nun ein Foto genauer zuordnen?

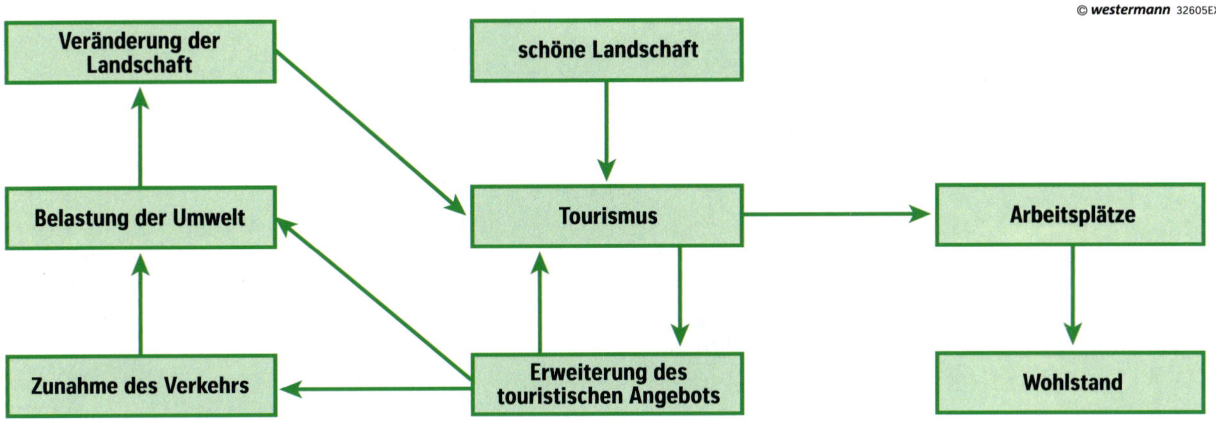

M2 *Der Tourismus und seine Auswirkungen*

Film

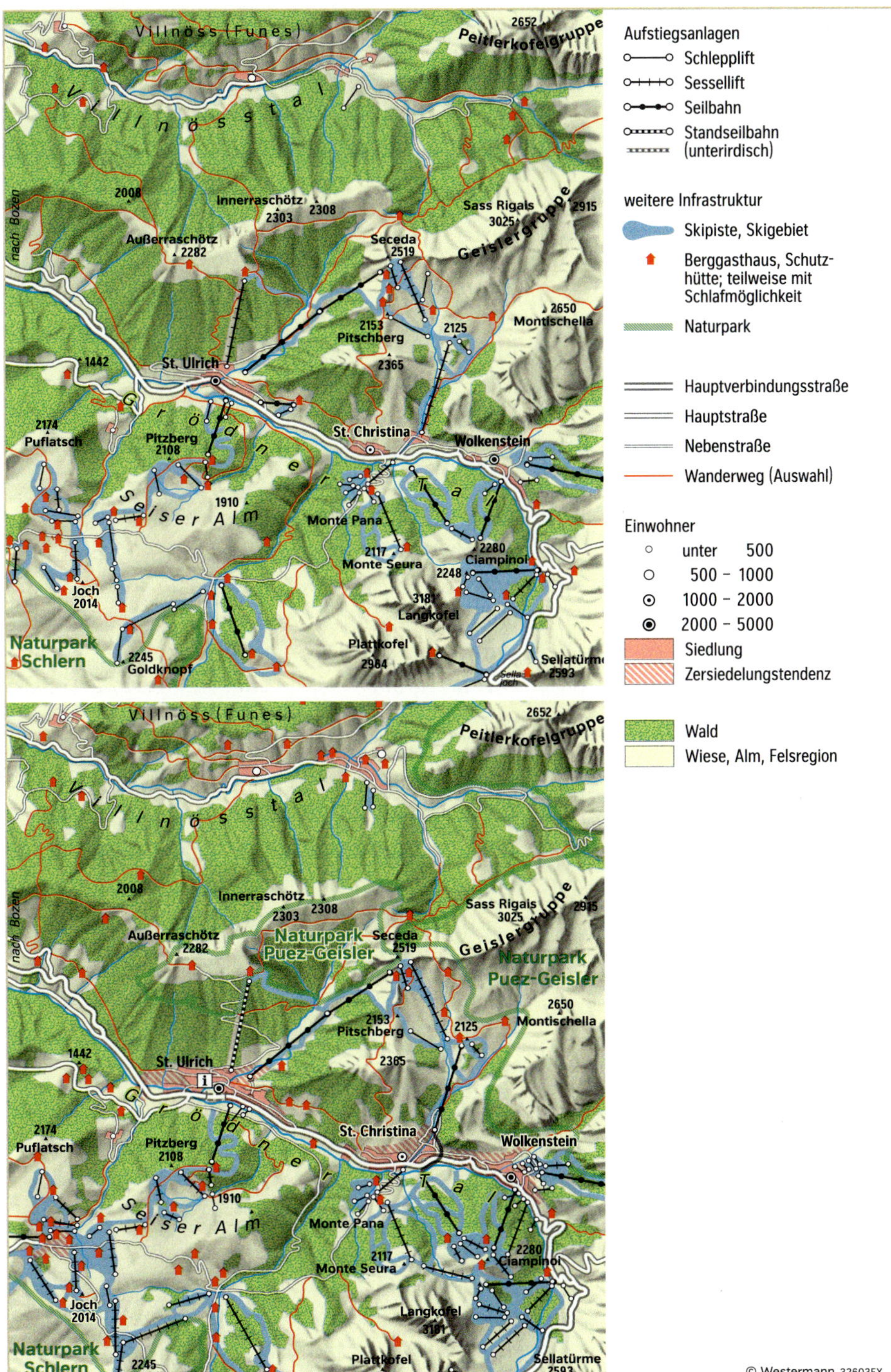

M3 *Villnösstal und Grödnertal (1974, oben und 2011, unten)*

Übung, Karte

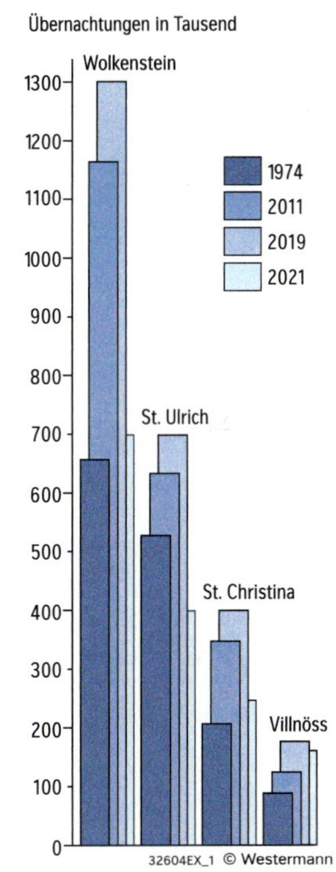

M4 *Entwicklung der Touristenübernachtungen im Villnösstal und im Grödnertal (ausgewählte Orte)*

M1 *Der Naturpark Puez-Geisler in Südtirol*

Ein möglicher Weg – sanfter Tourismus

In den vergangen Jahrzehnten wurde zunehmend klar: Der Massentourismus in den Alpen hat seine Grenzen (›S. 172/173). Daher denkt man in einigen Gemeinden um. Die Verantwortlichen versuchen, im Sinne der **Nachhaltigkeit** zu handeln (›S. 69 Info). Es geht nicht mehr darum, möglichst viele Touristen anzulocken, sondern einen Fremdenverkehr anzubieten, der den Urlaubern, den Einheimischen und der Natur gerecht wird. Ziel ist ein sanfter **Tourismus**. Damit bezeichnet man eine Form des Fremdenverkehrs, der die Umwelt wenig belastet und der auf das Leben und die Kultur der Einheimischen Rücksicht nimmt. Maßnahmen des sanften Tourismus sind zum Beispiel Sperrungen für den Autoverkehr, Bauverbote für Hochhäuser und Begrenzung der Skipisten. Auch versucht man wenige Ressourcen wie zum Beispiel Wasser zu verbrauchen und ökologischen Strom zu erzeugen.

Das Villnösstal – ein Raumbeispiel

In Südtirol (Italien) liegt die Gemeinde Villnöss mit etwa 2600 Einwohnern im gleichnamigen Tal. Sie wird aus sechs kleinen Orten gebildet, von denen St. Peter die größte Siedlung ist. Der Talboden und seine Hänge werden landwirtschaftlich genutzt. Auch der Tourismus ist eine wichtige Einnahmequelle. Es gibt Hotels, Pensionen oder die Möglichkeit, auf dem Bauernhof Ferien zu machen. Am Ende des Tals befindet sich der Naturpark Puez-Geisler (M1), der Teil des UNESCO Weltnaturerbes Dolomiten ist (M3).
Die Gemeinde Villnöss gehört zum Netzwerk Alpine Pearls, einem Zusammenschluss von momentan 19 Urlaubsorten in den Alpen (M2). Dieser Weg zum sanften Tourismus hat sich gelohnt, denn bislang wurde die Landschaft im Villnösstal für die Touristen nur wenig verändert. Die einzigartige Schönheit des Tals wurde erhalten.

❶ a) Nenne Anforderungen an den sanften Tourismus (M2, Film, Text).
b) Überprüfe, inwieweit das Villnösstal diese Anforderungen erfüllt (M1 – M4).

❷ a) Erstelle eine Mindmap zum Thema sanfter Tourismus. Übertrage dazu die begonnene Mindmap in dein Heft und vervollständige sie (Schritt für Schritt).
b) Erstelle eine Mindmap zum Thema Massentourismus.

❸ Arbeite mögliche Antworten auf die Puzzleteilfragen heraus (›S. 164 M1).

❹ Erörtere, ob der sanfte Tourismus eine Möglichkeit ist, die Naturlandschaft zu erhalten und den Tourismus zu fördern.

❺ Differenziert: Der sanfte Tourismus versucht Nutzung und Schutz der Alpen zu verbinden. Dabei müssen alle Beteiligten Rücksicht nehmen. Arbeite Möglichkeiten heraus: Wähle hierzu ein Arbeitsblatt.

Wie ordne ich ein Thema mithilfe einer Mindmap?

Schritt für Schritt: Wir vernetzen Begriffe und legen eine Mindmap an

Eine Mindmap (englisch „Gedankenkarte") ist eine Zeichnung aus Begriffen und Verbindungslinien. Du legst sie an, um deine Gedanken zu einem Thema zu ordnen. Wichtige Gesichtspunkte (Schlüsselbegriffe) bilden Hauptäste, untergeordnete Begriffe werden auf Nebenästen dargestellt.

1. Verwende am besten ein Blatt quer. Schreibe in die Mitte des Blattes das Thema und umkreise es.
2. Überlege nun wichtige Begriffe (die sogenannten Schlüsselbegriffe) zum Thema. Zeichne für jeden Schlüsselbegriff ausgehend vom mittleren Kreis einen Hauptast. Trage auf den Hauptast das jeweilige Schlüsselwort ein. Du kannst hierzu auch verschiedene Farben verwenden.
3. Überlege zu jedem Schlüsselwort untergeordnete Begriffe. Zeichne an die Hauptäste Abzweigungen und trage diese Begriffe auf diesen Nebenästen ein.
4. Von diesen Nebenästen kannst du noch weiter untergeordnete Nebenzweige eintragen, wenn dir noch Unterpunkte einfallen.

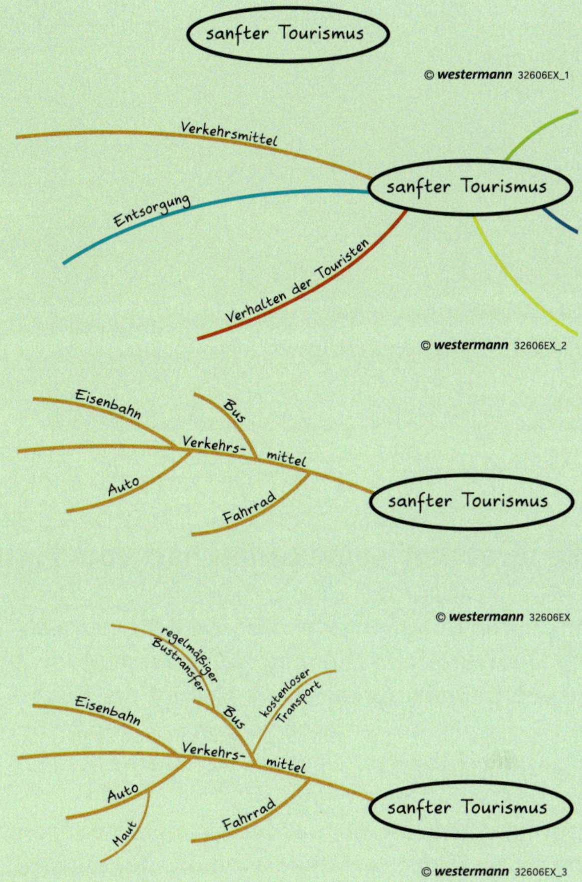

ALPINE . PEARLS
eco-friendly escapes

Um Teil des Netzwerkes „Alpine Perlen" sein zu können, müssen Ferienorte bestimmte Kriterien erfüllen. Dazu gehören zum Beispiel:

1. Möglichkeit einer umweltfreundlichen An- und Abreise und die Möglichkeit, auch vor Ort ohne eigenes Auto mobil zu sein (z. B.durch Shuttledienste, Wander- und Skibusse, Taxis, E-Autos, Fahrräder und E-Bikes)
2. Ausrichtung auf erneuerbare Energien
3. Berücksichtigung von Belangen des Naturschutzes in Bezug auf den Tourismus (z. B. Nähe zu einem Schutzgebiet, Verbesserung der Biodiversität)
4. Verpflichtung, vor allem regionale Produkte zu verwenden und die regionale Küche zu fördern
5. Erhaltung der Schönheit und Besonderheit der Region

M2 *Villnöss als Mitglied der „Alpine Pearls"* Film

DOLOMITI DOLOMITEN DOLOMITES DOLOMITIS
FONDAZIONE UNESCO

Seit 2009 sind die Dolomiten wegen ihrer landschaftlichen Schönheit und ihres geologischen Wertes Weltnaturerbe. Die Welterbestätte setzt sich aus neun Teilgebieten zusammen, die sich über drei Regionen im Nordosten Italiens erstrecken.

M3 *Weltnaturerbe Dolomiten*

Das Projekt „Achtsam am Berg" hat das Ziel, Touristen und Einheimischen im Weltnaturerbe Dolomiten umweltfreundliches Verhalten näher zu bringen. Die beiden wichtigsten Themen sind dabei Trinkwasser und Abfallvermeidung. So gibt es z. B. ausgewiesene Trinkwasserpunkte, an denen Besucher ihre mitgebrachten Wasserflaschen auffüllen können. So entsteht auch weniger Müll, da keine Einwegflaschen benötigt werden.

M4 *Achtsam am Berg*

METHODE

M1 *Fjordlandschaft in Norwegen*

Skandinavien – eine Landschaft vom Eis geformt

Nordeuropa und insbesondere die heutigen Länder Skandinaviens (Norwegen, Schweden sowie teilweise Finnland) waren die Heimat der Wikinger. Diese wilden Seefahrer lebten unter anderem in den fruchtbaren Talsohlen der **Fjorde**, wo sie Landwirtschaft betrieben.
Geprägt wurde die Heimat der Wikinger vor allem durch den Druck und die Bewegung der Eismassen während der letzten Kaltzeiten (›S. 111), mit einem Höhepunkt vor ungefähr 21000 Jahren. Damals war Skandinavien völlig vom Eis bedeckt. **Gletscher** aus dem Gebirge hatten sich zu einer einzigen Eismasse vereinigt. Dieses Inlandeis war bis zu 3800 m dick und bewegte sich langsam nach Süden.
Dabei schuf es die für Skandinavien typischen Oberflächenformen (M1, M2, M4 – M6). Spitze Berge, wie wir sie aus dem Urlaub in den Alpen kennen (›S. 164 M1), fehlen im Skandinavischen Gebirge völlig. Stattdessen findet man hier flachwellige Hochflächen, Felsbuckel und Felswannen, Trogtäler sowie Fjorde.
Skandinavien wird von einer warmen Meeresströmung beeinflusst, dem Golfstrom (›S. 155 M3). Die vorherrschenden Westwinde transportieren die über dem **Meer** aufgenommene Wärme weit ins Landesinnere. Dadurch können auch im hohen Norden Europas Gebiete teilweise noch landwirtschaftlich, in jedem Fall aber forstwirtschaftlich, genutzt werden (›S. 178/179).

1. Benenne die Staaten, Meere und Städte in M3 (Übung).
2. Erstelle einen Steckbrief zu einem skandinavischen Land.
3. a) Wähle aus M4 eine Oberflächenform aus. Verorte diese in M2 und in einer Atlaskarte.
   b) Erkläre mit eigenen Worten das Entstehen dieser Oberflächenform.
4. Vergleiche mithilfe des Atlas in einer Tabelle die Vergletscherung Nordeuropas mit der der Alpen während der letzten Eiszeit.

M2 *Landschaftsquerschnitt – Oberflächenformen in Skandinavien* Übung

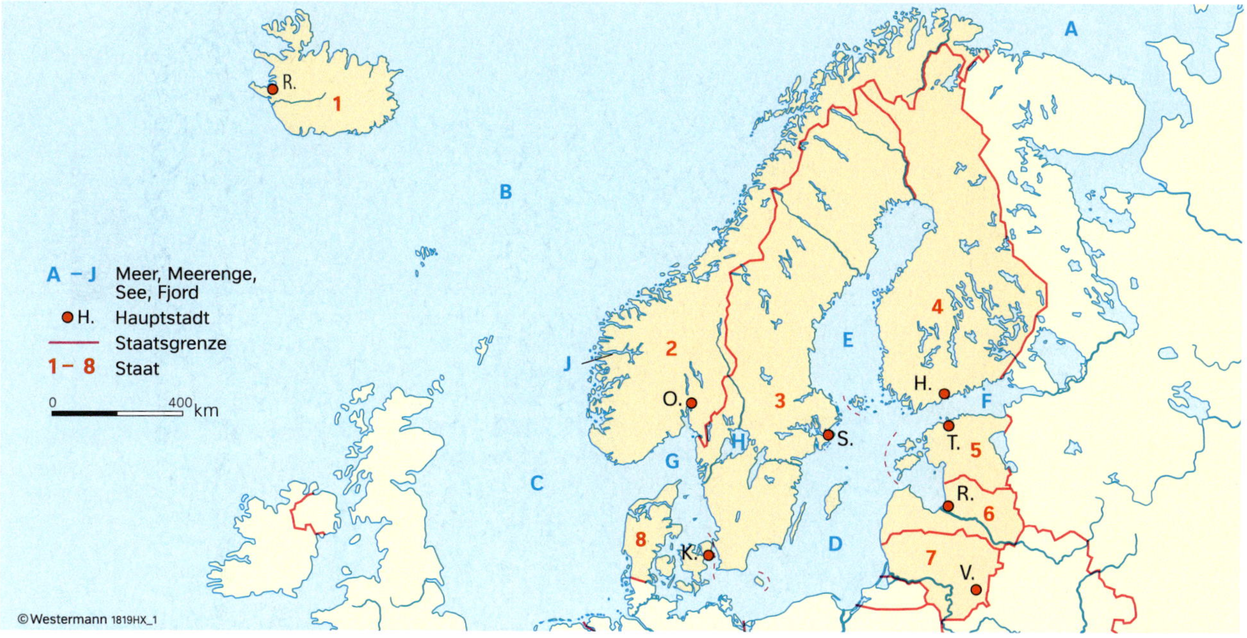

M3 *Lage und Gliederung Nordeuropas*

Übung

Rundhöcker sind von den Gletschermassen abgeschliffene Berge oder Felshügel. An den Küsten Skandinaviens ragen viele dieser Rundhöcker als Inseln aus dem Meer hervor. Man bezeichnet sie dann als ***Schären***. Alleine im sogenannten Schärengarten von Stockholm befinden sich mehr als 24000 dieser Felsinseln.

Fjorde sind steilwandige Täler, die im Querschnitt wie ein „U" aussehen. Diese sogenannten ***Trogtäler*** wurden während der Eiszeit von Gletscherzungen ausgeschliffen. Nach dem Abschmelzen des Eises konnte das ansteigende Meerwasser weit in die Täler eindringen. Dabei bildeten sich bis zu 200 km lange Fjorde. Man findet sie heute an der Küste Norwegens.

Die von den Gletschern abgeschliffenen Hochflächen oberhalb der Nadelwaldgrenze werden als ***Fjell*** bezeichnet. Durch das Abhobeln der Bergspitzen weisen die Hochgebirge Skandinaviens einen geringen Höhenunterschied auf. Das Fjell ist meist spärlich bewachsen. Man findet hier häufig Moose, Flechten, Wollgräser und Zwergbäume.

M4 *Typische Oberflächenformen Skandinaviens*

M5 *Fjell*

M6 *Schären und Rundhöcker*

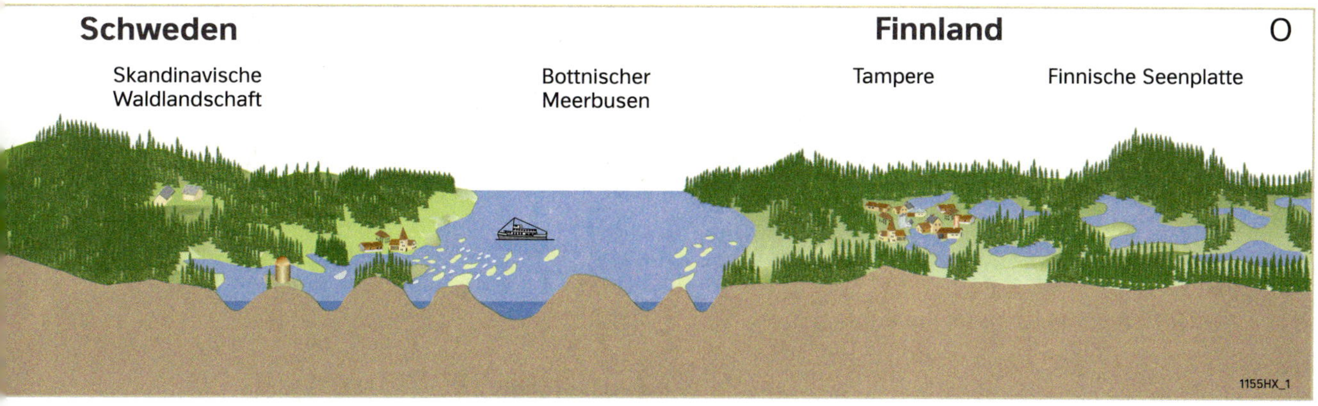

M1 *Vergleich der Jahresringe einer finnischen Fichte mit denen einer gleichaltrigen Fichte aus dem Schwarzwald*

Holz – das grüne Gold Finnlands

Aufgrund seiner Lage hat Finnland Anteil an der borealen Nadelwaldzone (›S. 156). Daher blickt die **Forstwirtschaft** in den **borealen Nadelwäldern** Finnlands auf eine lange Tradition zurück. Seit dem Mittelalter werden die finnischen Wälder forstwirtschaftlich genutzt. Der Wohlstand Finnlands beruht auf seinen Wäldern und der dort vorhandenen holzverarbeitenden **Industrie**.

Der heute sorgsame Umgang mit dem „grünen Gold" führt dazu, dass die Landfläche Finnlands zu 76 % mit Wald bedeckt ist. Die wichtigsten Baumarten sind Kiefern (47 % der Bäume), Fichten (34 %) und Birken (15 %). Der jährliche Holzeinschlag in Finnland beläuft sich auf annähernd 70 Mio. Kubikmeter Holz. Mit dieser Holzmenge könnte man die Allianzarena in München jährlich 25 Mal randvoll befüllen. Auch heutzutage macht die Forstwirtschaft noch etwa 20 % aller finnischen Exporte aus und ist damit nach der Metallbranche der drittwichtigste Wirtschaftszweig des Landes.

Dass der **Rohstoff** Holz aus finnischen Wäldern sehr gefragt ist, hängt mit der hohen Qualität des Holzes zusammen. Aufgrund der kalten Temperaturen ist die Vegetationsperiode (›S. 156) für Bäume sehr kurz. Das Holz ist deshalb sehr hart und widerstandsfähig.

1. a) Beschreibe das Foto M1.
   b) Begründe mithilfe von M4, aus welchem Monat die Aufnahme stammen könnte.
2. Bestimme die Vegetationsperiode von Pflanzen in Joensuu (M4).
3. Die Stora Enso AG ist einer der größten Papierhersteller der Welt.
   a) Beschreibe den Aufbau des Werksgeländes (M6, Übung 2).
   b) Vergleiche mithilfe des Atlas das Werk Stora Enso mit einem anderen holzverarbeitenden Betrieb in der Umgebung des Betriebes.
4. Erstelle eine Liste in deinem Heft zu Produkten in deinem Klassenzimmer, die aus Holz gewonnen wurden (M2, Übung 1).
5. a) Erkläre mithilfe von M5 (Film) die folgenden Aussagen:
   1. „Hier oben im Norden [Finnlands] läuft mit Landwirtschaft und Ackerbau nicht viel!"
   2. „Holz ist das grüne Gold Finnlands!"

   b) Stelle entsprechend der Puzzleteilfragen auf ›S. 176 M1 einige Zusammenhänge dar.

Kapitelaufgabe: Fotos (›S. 162/163)
Kannst du nun ein Foto genauer zuordnen?

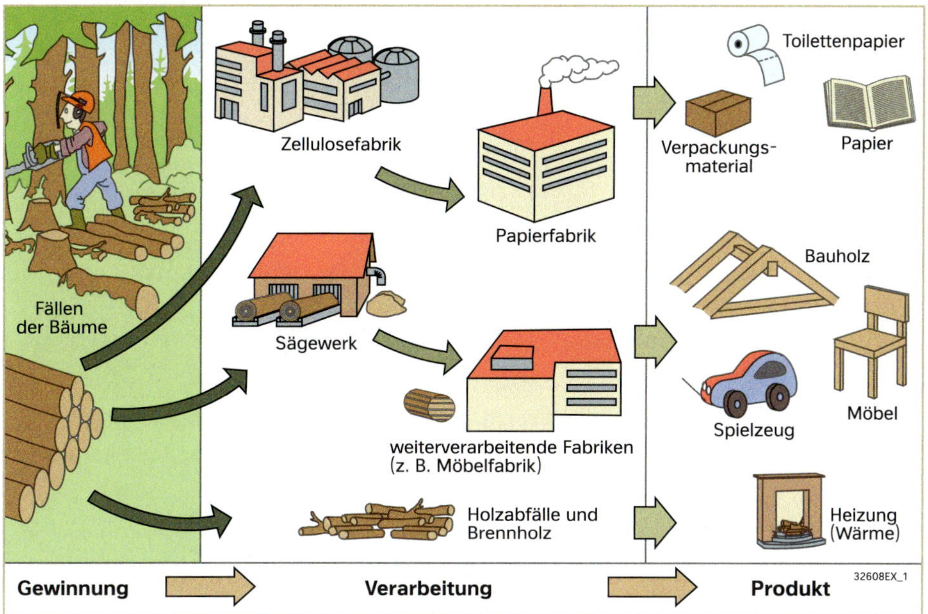

M2 *Holznutzung und Holzverarbeitung in Finnland*

Übung 1

Info

Vegetationsperiode/ Wachstumszeit
Dies ist der Zeitraum im Laufe eines Jahres, in dem Pflanzen wachsen, blühen und Früchte ausbilden können. Neben einem ausreichendem Niederschlag benötigen Pflanzen ausreichende Wärme. Dies ist gegeben, wenn das Tagesmittel der Temperatur über 5 °C liegt.

M3 *Vegetation in Finnland*

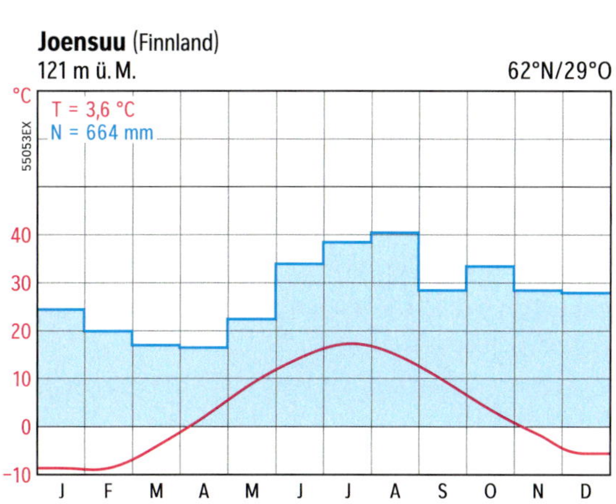

M4 *Klimadiagramm Joensuu*

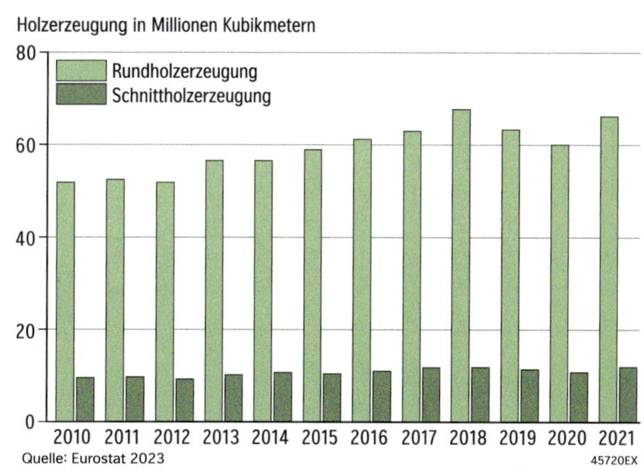

M5 *Rund- und Schnittholzerzeugnisse in Finnland (2010 bis 2021)*

Film

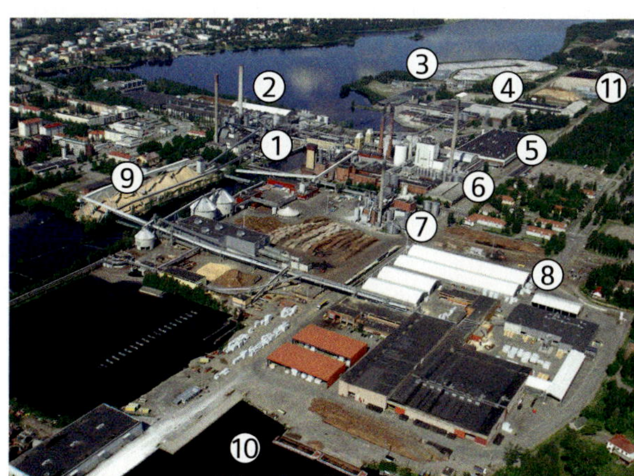

① Kraftwerk
② Furnierschichtholzwerk
③ biologische Abwasserkläranlage
④ Altpapieraufbereitung
⑤ Kartonwerk
⑥ Zellstoffwerk
⑦ Holzbehandlung (Entrindung)
⑧ Sägewerk
⑨ Holzschnitzel
⑩ Holzhafen
⑪ Hafen

Übung 2

M6 *Werksgelände der Stora Enso AG in Varkaus*

M1 *Nicht-nachhaltige Forstwirtschaft und nachhaltige Forstwirtschaft im Vergleich*

Nachhaltige Forstwirtschaft – gut und billig?

Damit späteren Generationen die Einnahmequelle aus dem „grünen Gold“ (›S. 178) erhalten bleibt, wird in Finnland jedes Jahr nur so viel Holz gefällt, wie nachwächst. Diese Grundregel nennt man **Nachhaltigkeit** (›S. 69 Info). Dabei wird auch darauf geachtet, den Wald nicht durch Abgase oder schmutzige Abwässer zu schädigen.
"Den Wald nutzen und schützen" gilt als das Motto einer modernen **Forstwirtschaft**. Um dies gewährleisten zu können, kontrollieren Förster und Försterinnen die Waldbewirtschaftung und den Zustand unserer Wälder sehr genau. Einzelne Bäume, die gefällt werden dürfen, werden mit einer Sprühdose markiert und anschließend geerntet. Den Kahlschlag ganzer Flächen (vgl. M1 linkes Bild) meidet man. Er findet heute nur noch nach einem Borkenkäferbefall oder einem schweren Sturmereignis statt.

Das FSC®-Siegel

Produkte, die aus nachhaltig bewirtschafteten Waldflächen hergestellt wurden, erhalten das sogenannte FSC-Siegel. Der Forest Stewardship Council® (FSC) ist eine internationale Organisation, die sich für den Schutz von Wäldern einsetzt. Hierfür legt sie Standards fest, die eine nachhaltige Waldbewirtschaftung ermöglichen sollen. Forstbetriebe oder Produkte, die einer solchen Waldbewirtschaftung folgen, können ein Siegel erhalten und dies so nachweisen.
Von einigen Umweltschützern wird dieses Siegel allerdings auch kritisiert. Sie weisen auf Holzprodukte mit FSC-Siegel hin, deren Holz aus scheinbar nicht nachhaltig bewirtschafteten Waldflächen stammt.

FSC ®

M2 *Das FSC-Siegel*

Übung

---

❶ a) Vergleiche die Bilder in M1 miteinander.
b) Erläutere, wodurch sich die Holzernte unterscheidet.
c) Benenne die Auswirkungen für die Umwelt, die du bei der Holzernte (M1 linkes Bild) vermutest.

❷ Begründe, weshalb die Aussage von Hans Karl von Carlowitz (1713) „Schlage nur so viel Holz ein, wie der Wald verkraften kann!“ heute besonders wichtig erscheint.

❸ Beschreibe weitere Möglichkeiten, die Natur nachhaltig zu bewirtschaften.

❹ Es gibt zahlreiche Öko-Siegel, die eine schonende Waldbewirtschaftung zusichern. Vergleiche die Siegel miteinander und ordne diese nach ihrer Stärke (M2, Übung, Internet).

❺ a) Erstelle eine Auswertung der Texte M5 und M6 gemäß der Schritt-für-Schritt-Anleitung.
b) Vergleiche die beiden Texte M5 und M6 miteinander.

❻ Erörtere die folgende Aussage: „Günstige Möbel können aus nachhaltiger Forstwirtschaft stammen!“

Wie werte ich Texte aus?

Schritt für Schritt: Wir werten Texte aus

Lesen

1. Lies dir den Text aufmerksam durch.
2. Schlage dir unbekannte Wörter in einem Lexikon nach (kursiv markiert).

Orientierung

3. Stelle Begriffe/Sätze heraus, die dir für die dargestellte Position besonders wichtig erscheinen (unterstrichen).

Aufteilen

4. Teile den Text in inhaltlich zusammenhängende Abschnitte ein, zum Beispiel durch Striche.

Zusammenfassen

5. Gib jedem Abschnitt eine passende Überschrift (grün markiert) und fasse den Text Abschnitt für Abschnitt in vollständigen Sätzen zusammen.

Bewertung

6. Überlege nun, welche Absicht der Autorin oder dem Autor des Textes zugrunde liegt: Will der Text hauptsächlich informieren, eine Meinung äußern oder zu etwas auffordern?

Ausschnitte einer Beispielauswertung: Wohnst du noch oder zerstörst du schon?

(mögliche Überschrift: Gigantischer Holzbedarf)
„100 Millionen Möbelstücke verkauft der Konzern pro Jahr in seinen Einrichtungshäusern rund um den Globus. Der Holzbedarf ist mit über 13,6 Millionen *Kubikmetern* entsprechend gigantisch (...).

(mögliche Überschrift: Langsam wachsende Wälder)
Ein großer Teil der Möbelhölzer stammt aus dem hohen Norden Russlands, wie die sehr feinen *Jahresringe* verraten. Im kühlen Klima nahe des *Polarkreises* wachsen die Bäume nur sehr langsam.

(mögliche Überschrift: Schützenswerte Urwälder gepachtet)
300000 Hektar *Naturwald* hat die *IKEA-Tochter* Swedwood allein in *Karelien* gepachtet. Seitdem geht es dem Wald an den Kragen, darunter viele bisher von der Holzindustrie unberührte Flächen.

(mögliche Überschrift: Zerstörung der Urwälder)
Tonnenschwere Erntemaschinen legen innerhalb von Sekunden die jahrhundertealten Bäume um. 800 Stück pro Tag *rodet* jedes der Ungetüme, *entastet* die Stämme und stapelt sie für den Abtransport ins Möbelwerk. Die fast mannshohen Reifen durchpflügen den weichen, sumpfigen Waldboden. Es wird Jahrzehnte dauern, bis sie sich wieder davon erholen (...)."

M3 *Beispielauswertung*

Raumbeispiel: Holzwirtschaft in Karelien – zwei Sichtweisen

M4 *Karte Karelien*

Wohnst du noch oder zerstörst du schon?

„100 Millionen Möbelstücke verkauft der Konzern pro Jahr in seinen Einrichtungshäusern rund um den Globus. Der Holzbedarf ist mit über 13,6 Millionen Kubikmetern entsprechend gigantisch (...). Ein großer Teil der Möbelhölzer stammt aus dem hohen Norden Russlands, wie die sehr feinen Jahresringe verraten. Im kühlen Klima nahe des Polarkreises wachsen die Bäume nur sehr langsam. 300000 Hektar Naturwald hat die IKEA-Tochter Swedwood allein in Karelien gepachtet. Seitdem geht es dem Wald an den Kragen, darunter viele bisher von der Holzindustrie unberührte Flächen. Tonnenschwere Erntemaschinen legen innerhalb von Sekunden jahrhundertealte Bäume um. 800 Stück pro Tag rodet jedes der Ungetüme, entastet die Stämme und stapelt sie für den Abtransport ins Möbelwerk. Die fast mannshohen Reifen durchpflügen den weichen, sumpfigen Waldboden. Es wird Jahrzehnte dauern, bis sie sich wieder davon erholen (...)."

Quelle: Ikea: Wohnst du noch oder zerstörst du schon. Hamburg: Rettet den Regenwald e. V., Petition 2012–2014. www.regenwald.org [Zugriff: 10.10.2023]

M5 *Protestaktion von Umweltschützern*

IKEA zur Tätigkeit von Swedwood in Karelien:

„ (...) Der Standort von Swedwood in Karelien ist vom FSC zertifiziert. Ein jüngst durchgeführtes FSC-Audit [eine Untersuchung] beweist, dass das Unternehmen nach russischen FSC-Standards arbeitet. Wir nehmen die Behauptungen sehr ernst und haben umfangreiche Untersuchungen unter Beteiligung eines externen FSC-Zertifizierers eingeleitet. Sollten die Untersuchungen Missstände zutage bringen, werden Swedwood und IKEA selbstverständlich entsprechende Maßnahmen einleiten. IKEA akzeptiert ausschließlich Holz aus Wäldern mit hohem Erhaltungswert oder intakten Naturwäldern, wenn eine verantwortungsvolle Bewirtschaftung dieser Wälder nachgewiesen wird. Zulieferer müssen in der Lage sein, die Herkunft ihres Holzes zu dokumentieren. Alle unsere Zulieferer von Holzerzeugnissen werden regelmäßig überprüft."

Quelle: Stellungnahme von IKEA zur Tätigkeit von Swedwood in Karelien. Hofheim-Wallau: IKEA Deutschland GmbH & Co. KG 14.03.2021. www.facebook.com [Zugriff: 10.10.2023]

M6 *Stellungnahme von IKEA zu den Vorwürfen*

M1 *Längsschnitt durch ein Fisch- und Fabrikschiff sowie ausgewählte Fangmengen in Tausend Tonnen (2021)*

Nahrung aus den Meeren Nordeuropas

Küstenfischerei und Hochseefischerei

Aufgrund des Fischreichtums im Nordatlantik spielt der Fischfang in den Küstenstädten Norwegens wirtschaftlich eine große Rolle. Die Mehrzahl der Fischer arbeitet in Küstennähe und betreibt damit die sogenannte Küstenfischerei. Die Fischkutter kehren meist täglich in den Hafen zurück und beliefern den örtlichen Fischhandel.

Daneben gibt es auch bis zu 150 m lange Fang- und Fabrikschiffe mit Netzen größer als ein Fußballfeld, die den gefangenen Fisch direkt auf dem Schiff verarbeiten (M1, M6). Sie fahren auf das offene Meer hinaus und betreiben Hochseefischerei. Der Nordatlantik zählt zu den besten Fanggründen der Welt, da hier Plankton, die Nahrungsgrundlage vieler Fische, reichhaltig vorhanden ist. Durch Überfischung sind die Fischbestände jedoch stark geschrumpft (Info). Eine der größten Bedrohungen für die Fischbestände stellen nach Ansicht der Umweltschützer die großen Fischfangflotten und deren Fangmethoden dar. Aber auch die illegale Fischerei trägt in einem hohen Maße zur Plünderung der Weltmeere bei. Bereits in den 1960er-Jahren fanden erste Bemühungen statt, die Fischbestände durch internationale Absprachen zu schützen. Auf Grund mangelnder Kontrollen blieben die Bestrebungen allerdings oft ohne Wirkung.

Nachhaltige Fischerei

„Fange nur so viele Fische, wie nachwachsen können“, ist der Ansatz des nachhaltigen Fischfangs. Um die Fischbestände zu sichern und den Rückgang aufzuhalten, fordern Umweltschützer und Experten deshalb folgende Maßnahmen:

- Begrenzung der Fangmengen für einzelne Fischarten (Fangquote),
- Vergrößerung der Maschen der Fangnetze, um Jungfische zu schonen,
- Einhaltung von Schonzeiten, während der die jeweiligen Fischarten laichen,
- Einrichtung von (fangfreien) Schutzzonen,
- Einsatz schonender Fangmethoden, um Beifang zu reduzieren.

Was kannst du dazu beitragen?

Jeder Verbraucher kann selbst einen Beitrag zum Schutz der Fischbestände leisten. Achte beim Kauf des Fisches darauf, nicht-gefährdete Fischarten zu kaufen. Hierzu gibt es Fischratgeber (z. B. von Greenpeace oder dem WWF), die man als Checkliste für den Einkauf verwenden kann (M4). Außerdem informieren Umweltsiegel auf Verpackungen darüber, ob der Fisch aus einer nachhaltigen Fischerei stammt.

1. Beschreibe den Weg eines Seelachses vom Nordatlantik zum Supermarkt in deiner Nähe (M1, M2).
2. Überprüfe mithilfe eines Fischratgebers, ob der Kauf der in deinem Supermarkt angebotenen Fische eine gute Wahl wäre (M4, Internetlink).
3. a) Beschreibe mithilfe des Exkurs-Textes und des Filmes die Vor- und Nachteile der Aufzucht von Fischen in einer Aquakultur.
   b) Erkläre, weshalb die Fischzucht in Aquakulturen von den Betreibern als „blaue Revolution“ bezeichnet wird.
4. Differenziert: Erstelle ein Mystery zur Beantwortung der Leitfrage: „Wer ist verantwortlich für den starken Rückgang des Rotbarsches?“ (Arbeitsblatt).

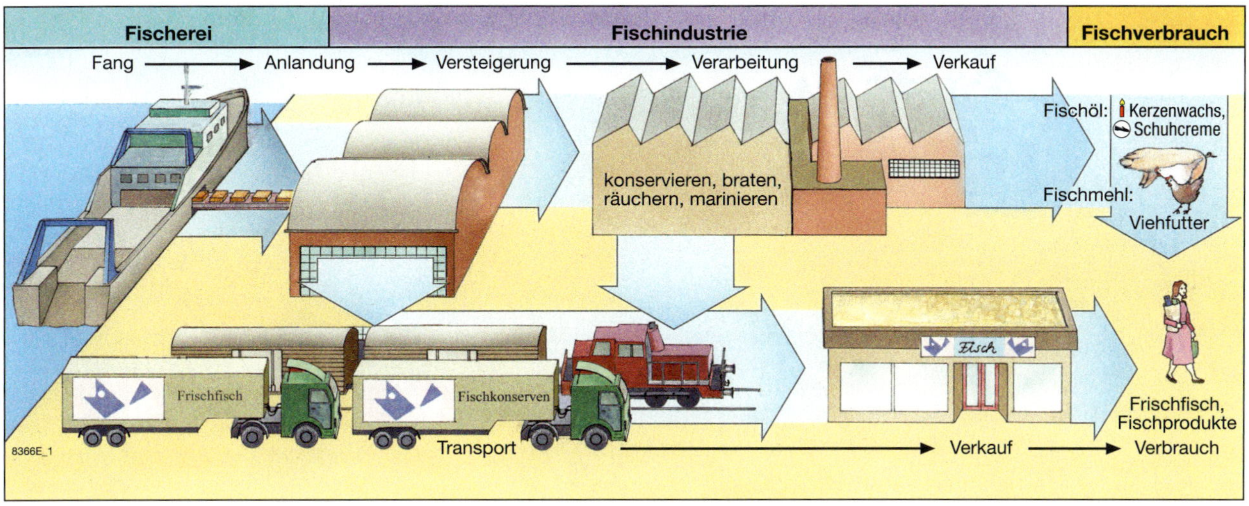

M2 *Vom Fischfang zum Verkauf*

Exkurs Film

Fisch von der Farm – Fischzucht in einer Aquakultur

Da die Fischbestände trotz Fangquote und Verbot bestimmter Fangmethoden weiter zurückgehen, beschreiten Fischer in Norwegen einen anderen Weg: Sie züchten Fische in Aquakulturen. Jungdorsche werden in Stahlkäfigen großgezogen und Lachse wachsen in Netzkäfigen in Fjorden. Gefüttert werden sie von computergesteuerten, vollautomatischen Futterkästen.

Aber es gibt auch Nachteile: Krankheiten sind in Aquakulturen, in denen die Fische auf engstem Raum leben, häufig und gefürchtet. Sie müssen mit Medikamenten und Chemikalien bekämpft werden. Darüber hinaus belasten die Ausscheidungen der Fische das Wasser der engen Fjorde.

„Die Herausforderung ist es, die großen Fischschwärme zu finden. Dafür ist die „Helen Mary“ aber mit der modernsten Technik ausgerüstet. Mit den Schallwellen eines Echolots spüren wir Fischschwärme auf und können sogar ihre Größe und Wanderrichtung genau bestimmen. Mithilfe von Computern wird dann das kilometerlange Fangnetz in die perfekte Position gebracht und ins Wasser gelassen. Wenn das Netz voll ist, ziehen starke Seilwinden den Fang an Bord, wo er direkt weiterverarbeitet wird. So können wir innerhalb weniger Stunden 60 Tonnen Kabeljau verarbeiten.“

M3 *Bericht des Kapitäns des deutschen Fabrikschiffes „Helen Mary“*

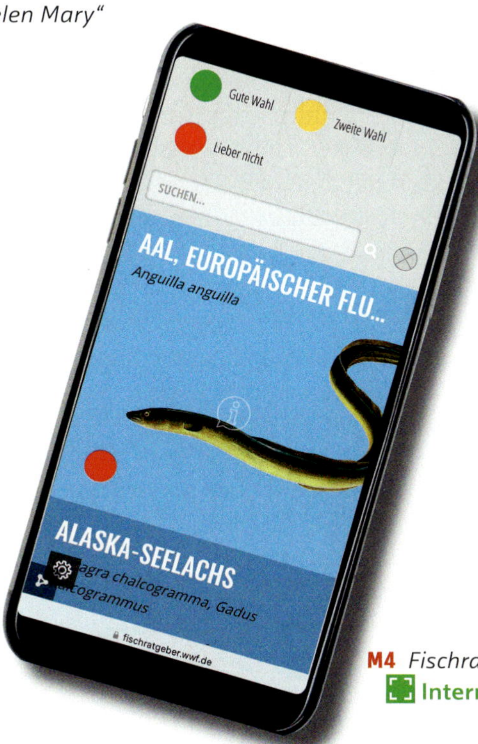

M4 *Fischratgeber*
Internetlink

Info

Überfischung

Von Überfischung spricht man, wenn in einem Fanggebiet so viele Fische gefangen worden sind, dass nicht mehr ausreichend Jungfische nachwachsen und sich vermehren können. In den nordeuropäischen Meeren gelten 41 Prozent der Fischbestände als überfischt (Stand: 2020).

M1 *Orangenplantage am Fuß des Ätna*

Vulkane im Süden Europas – Segen und Fluch

Im Süden Europas leben die Menschen unter besonderen Naturbedingungen. Denn neben Erdbeben gibt es im Mittelmeerraum aktive **Vulkane**. Vor einem Vulkanausbruch sammelt sich in der Magmakammer flüssige und bis 1200 °C heiße Gesteinsschmelze (Magma). Die darin enthaltenen Gase drücken die Schmelze nach oben. Wird der Schlot durch erkaltetes, älteres Magma verstopft, erhöht sich der Druck in der Kammer so lange, bis es zu einem explosionsartigen Vulkanausbruch kommt. Dabei werden Gesteinsbrocken und Asche hochgeschleudert und abgelagert.
Die Vulkane der Region haben oft eine kegelförmige Gestalt. Sie bauen sich aus ihrem eigenem Auswurfmaterial auf. Dabei wechseln sich ausgetretene Magma (Lava) und Asche in Schichten ab. Man bezeichnet diese Vulkane deshalb als Schichtvulkane (M3).

Eine vulkanische Besonderheit stellen die Kanarischen Inseln dar. Diese Inselgruppe im Atlantik gehört trotz ihrer geografischen Nähe zu Afrika politisch zu Spanien und damit zu Europa. Die Kanaren reihen sich mehr oder weniger auf einer Linie auf und sind alle vulkanischen Ursprungs, die **Inseln** sind sozusagen der Reihe nach aus dem Meer „gewachsen". Einige der Inseln sind auch heute noch vulkanisch aktiv. Eine der längsten Ausbrüche in der jüngsten Vergangenheit ereignet sich auf der Insel La Palma im Jahr 2021. Über mehrere Austrittsstellen traten fast drei Monate lang große Lavamengen aus. Die Lavaströme zerstörten auf ihrem Weg zum Atlantik mehr als 1300 Wohnhäuser, 70 km Straßen und 370 ha Bananenplantagen

1. Ordne den Fotos (M1, M3) einen möglichen Standort in der Karte M2 zu. Begründe.
2. Beschreibe die Vorgänge beim Ausbruch eines Schichtvulkans (M3, Text, Modell, 360°-Film).
3. a) Begründe: „Der Ätna ist Segen und Fluch zugleich!" (M2, M3)
   b) Erkläre, wie es möglich ist, Ziegen als Frühwarnsysteme einzusetzen (M3, Internet).
4. Stelle die Folgen des Ausbruchs des Cumbre Vieja auf der kanarischen Insel La Palma (2021) dar (Übung).
5. a) Führe den Versuch zum Vulkanausbruch durch (Versuch).
   b) Stelle deine Ergebnisse dar.
   c) Vergleiche deinen Versuchsvulkan mit dem Modell eines Schichtvulkans.
6. Differenziert: Analysiere mögliche Folgen des Ausbruchs des Vesuvs (Arbeitsblatt).

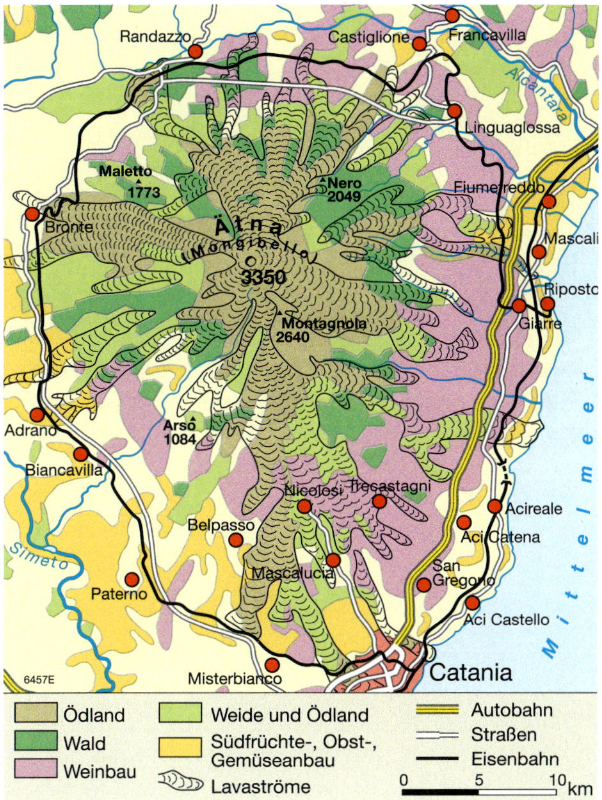

M2 *Landnutzung am Ätna*

Modell

360°-Film

Aufbau eines Schichtvulkans

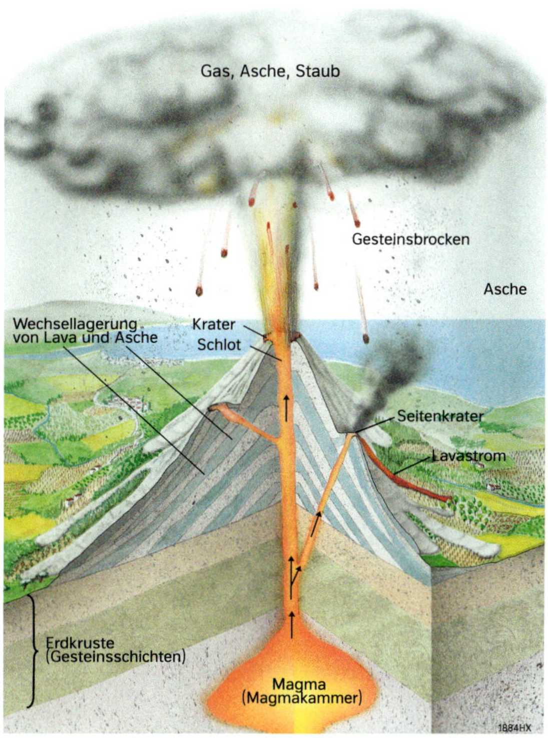

„Ich bin Sizilianer und lebe schon immer am Fuß des Ätna. Der Vulkan ermöglicht es meiner Familie seit Generationen, hier Obst- und Weinbau zu betreiben. Die Vulkanböden sind fruchtbar und speichern hervorragend das Wasser. Bei unseren trockenen Sommern auf Sizilien ist das wichtig. Die günstigen Anbaubedingungen sichern uns hohe Erträge. Leider können aber durch Vulkanausbrüche Teile unserer Reben oder Obstplantagen zerstört werden. Manchmal werden sogar Ortsteile zerstört. Der Ätna wird von Wissenschaftlern ständig beobachtet. Sie versuchen, möglichst genau vorherzusagen, wann der Vulkan ausbricht und wo Schutzmaßnahmen nötig sind. Neuerdings werden Ziegen als Frühwarnsystem eingesetzt. Ich frage mich, wie das funktionieren soll ..."

M3 *Ein Landwirt berichtet*

Versuch

Vulkanausbruch im Klassenzimmer

Du benötigst:

- Backpulver
- Zitronensäure
- Spülmittel
- rote Tinte
- 1 Paar Einmalhandschuhe
- Pipette mit Wasser gefüllt
- Ton
- Verschlusskappe eines Stiftes (oder Ähnliches)
- Papier
- Tesafilm
- Zahnstocher
- Löffel

Durchführung:

1. Modelliere aus Ton einen Vulkan und forme an der Spitze ein daumenbreites Loch.
2. Stecke in das Loch die Verschlusskappe. Sie bildet den Vulkankrater.
3. Falte aus dem Papier einen Trichter, welcher in den Krater passt.
4. Schütte eine Löffelspitze Backpulver und eine Löffelspitze Zitronensäure mithilfe des Trichters in den Krater und mische das Pulver mit dem Zahnstocher gut durch.

Jetzt müssen du und dein Team schnell sein! Besprecht in der Gruppe am besten vor dem Versuch, wer welche Aufgabe übernimmt.

5. Gib zwei Tropfen Spülmittel hinzu (*Person 1*).
6. Ziehe Einmalhandschuhe an und öffne mit dem Zahnstocher die Tintenpatrone. Gib zwei Tropfen rote Tinte hinzu (*Person 2*).
7. Fülle mit der Pipette/oder einem Löffel so lange Wasser hinzu, bis die Verschlusskappe (= Krater) gefüllt ist (*Person 3*).
8. Beobachtet, was passiert.

M1 *Sonne pur am Strand von Cala Pi (Mallorca)*

Tourismus am Mittelmeer

Sonne und Meer sind das Wichtigste

Viele Menschen sagen, der Urlaub sei für sie die schönste Zeit im Jahr. Sie verreisen, um sich vom Alltag zu Hause und der anstrengenden Arbeit zu erholen. Junge Leute wollen was erleben. Sie suchen Spaß und Action.

Im Sommer ist für viele Menschen vor allem eines wichtig: ein Urlaub am **Meer** ohne Regen. Also entscheiden sie sich für eine Urlaubsregion, wo es mit hoher Wahrscheinlichkeit im Sommer trocken und warm ist. Deshalb sind vor allem die Länder am Mittelmeer beliebte Reiseziele für Millionen Urlauber. Sie fahren zum Beispiel nach Italien, Griechenland, Kroatien und Spanien (M2). Neben den klassischen Übernachtungsmöglichkeiten in Hotels oder Ferienwohnungen, erfreuen sich in Küstennähe ausgedehnte Campingparks größter Beliebtheit. In den letzten Jahren scheint das glamouröse Campen (kurz: „Glamping") besonders gefragt zu sein. Es kombiniert den Komfort eines Hotels mit der Naturverbundenheit eines Outdoor-Urlaubs.

Voraussetzungen

Die meisten Mittelmeer-Touristen verwenden heute das Flugzeug als Verkehrsmittel, um an ihren Urlaubsort zu kommen. Diese schnelle Erreichbarkeit weiter entfernter Ziele war eine der Voraussetzungen für die dortige schnelle Entwicklung des **Tourismus**. Am Mittelmeer begann sie zwischen 1950 und 1960. Weitere Voraussetzungen waren die damals steigenden Einkommen bei sinkenden Arbeitszeiten. Die Menschen in Deutschland und anderswo hatten so mehr Geld und Freizeit zur Verfügung.

Mit der steigenden Zahl an Touristen stellten sich die Orte am Mittelmeer immer mehr auf den Tourismus als Einkommensquelle ein. Riesige Campingplätze, Hotelanlagen, Restaurants, Geschäfte und unterschiedlichste Freizeiteinrichtungen wurden gebaut und man begann, an den Stränden Liegen und Sonnenschirme zu vermieten.

---

❶ a) Beschreibe die Lage der Fremdenverkehrsorte in M2 (■ Übung 1).
b) Begründe, die Lage der Fremdenverkehrsorte.

❷ Erläutere Dominiks Aussage (M1). Beschreibe Gründe für die Beliebtheit Mallorcas bei Reisenden aus Deutschland (M3, M4, ■ Übung 2, M5)

❸ Ordne die Nummern der Erzählungen von Dominik (M6) an die Stellen in der Karte (M7) ein, an die sie deiner Meinung nach am besten passen. Begründe deine Zuordnung.

❹ Für einen zweiwöchigen Familienurlaub auf Mallorca wird deine Hilfe benötigt.
a) Erstelle eine Rundreise zu den interessanten Sehenswürdigkeiten auf der Insel.
b) Begründe den optimalen Zeitraum für diese Reise (M4, ■ Übung 2)
c) Begründe, für welche Urlaubsart und für welches Verkehrsmittel du dich entscheiden würdest (M7, ■ Film).

M2 *Urlaubsregionen im westlichen Mittelmeer*

Übung 1

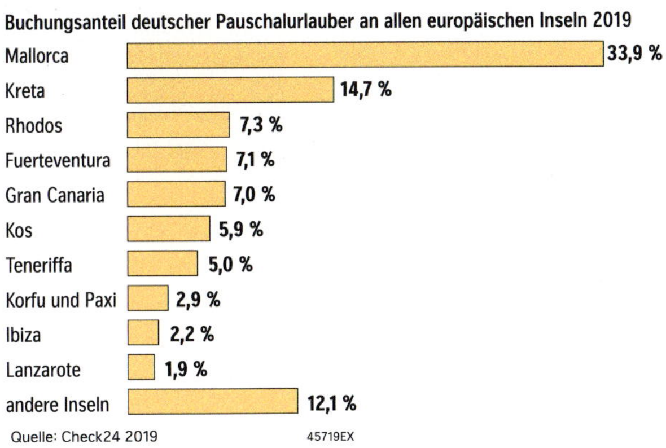

M3 *Die beliebtesten europäischen Urlaubsinseln*

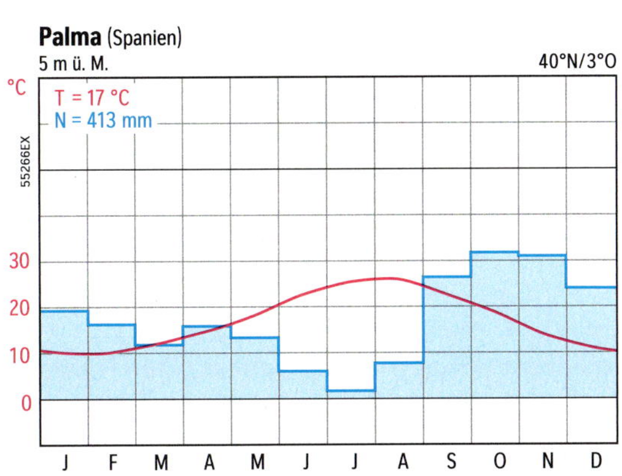

M4 *Klimadiagramm von Palma de Mallorca*

Übung 2

Frau Perez vom Tourismusbüro:
„Guten Tag! Darf ich Sie fragen, warum Sie Ihren Sommerurlaub auf Mallorca verbringen?"
Herr Räther: *„Wir sind hier, weil wir drei kleine Kinder haben und ein Urlaub am Strand für sie am schönsten ist. Das Wasser ist warm und die Kinder können im Sand spielen."*

Frau Perez: *„Darf ich auch Sie fragen: Warum haben Sie Mallorca gewählt?"*
Frau Neumann: *„Ich bin den Regen in Deutschland einfach leid; ich habe mich nach Sonne gesehnt! Es gab noch einige günstige Angebote, und der Flug ist kurz. Man ist schnell am Urlaubsziel."*

M5 *Umfrage am Strand von Pollenca (Mallorca)*

1. Nach dem anstrengenden Aufstieg auf den Puig Major genieße ich die Abfahrt entlang der Küste, vorbei an Olivenhainen.
2. Etwa 30 km westlich von Palma suche ich eine Burg, die umgeben von Wäldern ist.
3. Diese Region der Insel ist sehr heiß – schattenspendende Wälder sucht man vergebens.
4. Endlich sind wir am Strand – während meine Eltern nebenan Golf spielen.
5. Wir wollten mit dem Boot zum Cap fahren – doch jetzt kann man hier nicht ankern.
6. Hier auf dem Marktplatz werden Oliven und Obst verkauft, die aus der eigenen Gemeinde sind.
7. Mein Onkel fährt jedes Jahr hierher, weil es die einzige Stadt mit Jachthafen weit und breit ist.
8. Wir sind in einer Hotelanlage direkt am Strand, das einzige, was nervt, ist der Fluglärm.

M6 *Dominik unterwegs auf Mallorca*

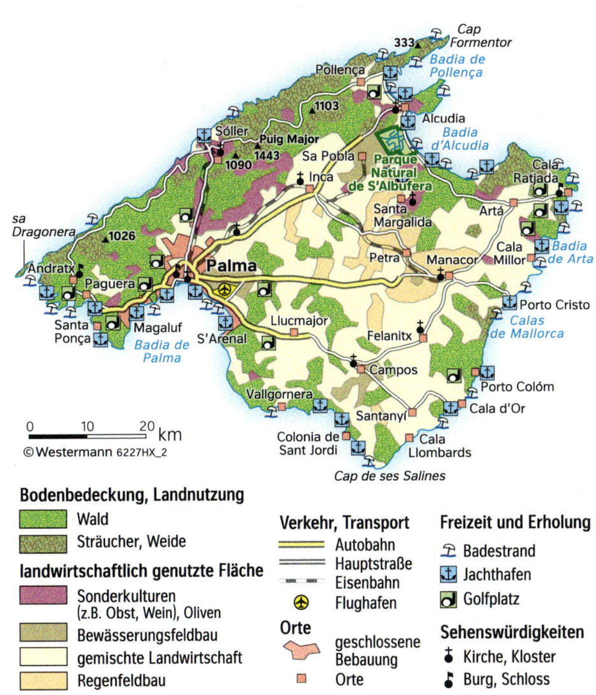

M7 *Landnutzung auf Mallorca*

Film

100900-109-03
www.diercke.de

Digital+
WES-121698-187

M1 *Veränderung der Landschaft durch den Tourismus – Beispiel Santa Ponca 1968 und 2023* **Satellitenbild**

Massentourismus – ein Problem?

Massentourismus auf Mallorca

In der Hochsaison landet etwa alle fünf Minuten ein Passagierflugzeug mit ungefähr 300 Touristen auf dem Flughafen von Palma de Mallorca. Im Jahr 2021 besuchten fast sieben Millionen Menschen die **Insel**, die selbst gut 900 000 Einwohner hat (M2). Mit klimatisierten Reisebussen werden die Touristen in die Hotels und Clubanlagen der Insel gebracht, wo sie alle **Dienstleistungen** in Anspruch nehmen können (Pauschalreise).
Früher waren die Orte kleine Fischer- oder Bauerndörfer. Die Bewohner der Insel konnten ihre Grundstücke teuer verkaufen. Heute stehen dort dichtgedrängt mehrstöckige Hotels, Souvenirläden, Supermärkte sowie Restaurants. In der Nähe entstanden Freizeitanlagen, wie Aquaparks, Golfplätze und Einkaufszentren. Außerdem werden an den Stränden der Badeorte zahlreiche Wassersportarten angeboten. Auch Ausflugsfahrten mit Booten zum Schnorcheln, Angeln oder als „Piratentour mit dem Partyboot" werden an jedem noch so kleinen Hafen angepriesen.

Mallorca Opfer des eigenen Erfolgs?

Die meistbesuchte Urlaubsinsel Europas gerät allerdings zunehmend an ihre Grenzen: Zur Hochsaison drängen sich Touristen dicht an dicht an den Badestränden und entlang der belebten Flanier- und Einkaufsstraßen. Die Zufahrtsstraßen und Parkplätze der vielen Touristenorte platzen aus allen Nähten und erscheinen völlig überfüllt. Die Inselregierung möchte per Gesetz den Massentourismus stark einschränken und den Partytourismus vielerorts ganz verbieten. Schon vor Beginn der Hauptreisezeit im Sommer besuchen viele Partygänger die Mittelmeerinsel und verwandeln die Strandpromenade der Playa de Palma zu einem Schauplatz trinkfreudiger Touristen. Die Hoteliers und Anwohner beklagen sich massiv über Lärm, Müllberge und unschöne Hinterlassenschaften der Partygäste. Inzwischen hat ein Umdenken eingesetzt. Viele Einheimische und Touristen unterstützen dies. Sie wünschen sich schnellstmöglich eine sanfte Form des **Tourismus** (›S. 74).

1. Beschreibe auffällige Veränderungen des Landschaftsbildes in M1 (Satellitenbild).
2. Erkläre die Aussage des Inselbewohners, dass der Massentourismus zunehmend die Lebensgrundlage der Einheimischen zerstört (M1).
3. Begründe ausgehend von der Karikatur M5 die Aussage, dass am Massentourismus nur die Anderen verdienen.
4. Beurteile den Urlaub in einer Finca auf dem Land im Hinblick auf seine Folgen für Natur, Kultur und Umwelt (M2, M3, Übung).
5. Bewerte die Aussage von Marcia in M4. Sollte Mallorca auch andere Einkommensmöglichkeiten erschließen, anstatt nur auf Tourismus zu setzen?

Kapitelaufgabe: Fotos (›S. 162/163)
Kannst du nun ein Foto genauer zuordnen?

M2 *Finca auf dem Land*

M5 *Karikatur*

Der Tourismus der Zukunft ist nachhaltig

„Ein „Immer weiter so" kann sich Mallorca nicht leisten. Die Tourismusbranche hat sich davon zu lösen, immer nur auf [wirtschaftliches] Wachstum zu schauen. Vielmehr müssen Lösungen für einen Qualitätstourismus der Zukunft gefunden werden. Nachhaltigkeit ist das Gebot der Stunde. Ein nachhaltiger Tourismus muss nicht nur Wohlstand schaffen, sondern auch zur Erhaltung und zum Schutz der Ressourcen der Natur beitragen [,einschließlich der Tier- und Pflanzenwelt, der biologischen Vielfalt und der Ökosysteme]. Er muss aber auch zum Schutz und zur Förderung der kulturellen Vielfalt und des Wohlbefindens der auf den Inseln lebenden Menschen beitragen, hochwertige Arbeitsplätze schaffen und die lokale Wirtschaft unterstützen [...]. Die Kreislaufwirtschaft ist ein weiterer Aspekt, der bei der Regionalregierung ganz oben auf der [Liste] steht. Das Gesetz für Kreislaufwirtschaft und Nachhaltigkeit im Tourismus schreibt vor, dass die Hoteliers einen Fünf-Jahresplan erstellen müssen, der jedes Jahr auf Wirksamkeit in Sachen Ressourcenschonung und Abfallreduzierung überprüft wird, insbesondere in den Bereichen Energie, Wasser, Materialien und Lebensmittel."

Quelle: Schlosser, Ines: Der Tourismus der Zukunft ist nachhaltig. Palma: Mallorca Magazin 09.03.2023. www.mallorcamagazin.com [Zugriff: 10.10.2023]

M3 *Zukünftige Entwicklung des Tourismus* Übung

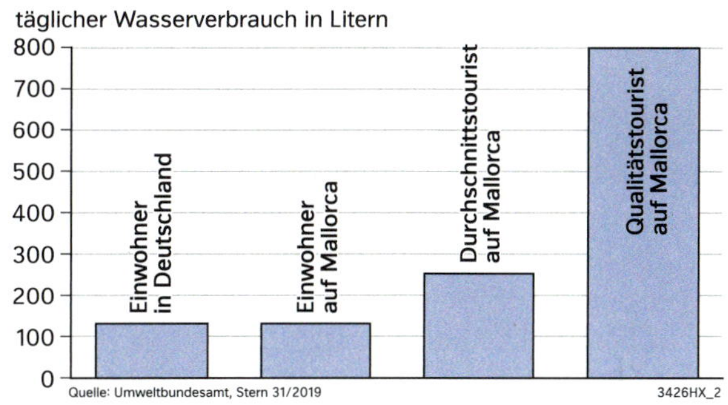

M6 *Wasserverbrauch im Vergleich*

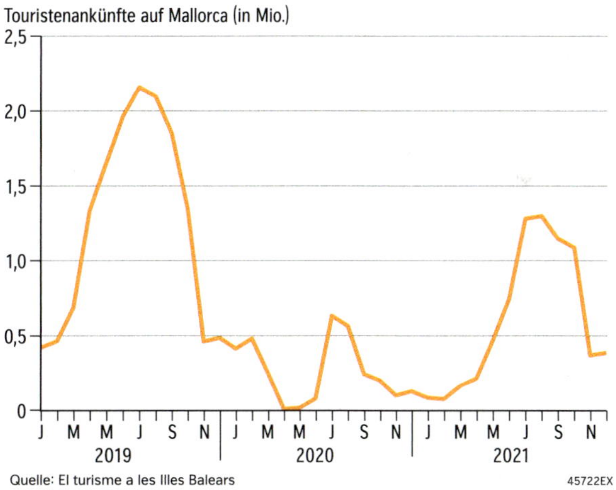

M7 *Mallorca – Zahl der Urlauber nach Monaten*

„Wenn wir nicht aufpassen, verbauen wir uns unsere schöne Insel mit Hotels, Einkaufszentren und Straßen. Dabei gibt es bereits viele Umweltprobleme: Die vielen Autos verstopfen die Straßen und belästigen durch Lärm und Abgase. Die Mülldeponien sind überfüllt. Besonders ernst ist der Wassermangel; das Trinkwasser reicht teilweise nicht mehr aus. Daher wurde eine Meerwasserentsalzungsanlage in Betrieb genommen, die mit enormem Energieverbrauch einen Großteil des Bedarfs der Insel deckt. Wir sind für die Einführung einer Umweltsteuer, um den Tourismus zu begrenzen. Das Ausweichen auf andere Tourismusangebote reicht nicht aus. Luxustouristen verbrauchen oftmals mehr Rohstoffe als Pauschaltouristen."

M4 *Meinung von Marcia, Umweltaktivistin auf Mallorca*

Karte

M1 *In den Huertas von Murcia – Wasserüberleitung durch den Tajo-Segura-Kanal*

Agrarprodukte aus Südeuropa

Wer im Urlaub in den Sommermonaten von den trockenen Hochflächen Zentralspaniens (Meseta) zur Mittelmeerküste hinabfährt, wird überrascht sein: Hier gibt es viele bewässerte Obst- und Gemüseäcker, die sogenannten Huertas. Auf diesen werden Früchte wie Melonen, Tomaten, Paprika, Artischocken, Erdbeeren und zum Teil sogar Reis angebaut. Vor allem wachsen hier aber Orangen-, Zitronen- und Mandarinenbäume. Diese Nutzpflanzen können nur bei ausreichend Sonnenschein, den sie zum Reifen ihrer Früchte benötigen, und monatlichen Durchschnittstemperaturen von über 10 °C gedeihen.

Ein anderer wichtiger Anbaufaktor sind die Niederschläge: Gemüse benötigt jährlich gleichmäßige Niederschläge in einer Gesamthöhe von etwa 700 mm. Für Zitrusfrüchte sind sogar 1200 mm Jahresniederschlag erforderlich. Da in Spanien die Sommermonate aber trocken sind und mehr Wasser verdunstet als Niederschlag fällt, müssen die Bauern ihre Felder bewässern. Aus diesem Grund bezeichnet man diese **Landwirtschaft** auch als **Bewässerungsfeldbau**. Der Bewässerungsfeldbau unterscheidet sich von der Landwirtschaft in Deutschland, die zumeist ohne Bewässerung und nur mit dem Niederschlag auskommt. Deshalb wird diese auch **Regenfeldbau** genannt.

---

1 a) Vergleiche das Klima von Stuttgart (›S. 57 M3) mit dem von Murcia (M2).
b) Begründe mittels M2 und dem Text die Aussage des Huerta-Bauern José Costa: „Damit wir hier in unseren Huertas Obst und Gemüse anbauen können, sind wir komplett vom Wasser abhängig."(M3)

2 a) Stelle dar, wie das Wasser auf die Huertas kommt (M1, M4).
b) Erläutere Vor- und Nachteile der Furchen- und der Tröpfchenbewässerung (M5, Film 1, M6, Film 2).

3 a) Beschreibe die Entwicklung des Anbaus in Foliengewächshäusern rund um Almería (Atlas, M7, Timelapse).
b) Bewerte die Anbaumethoden (M5 – M8) im Hinblick auf die Folgen für Bauern, Saisonarbeiter und Konsumenten in Deutschland.

4 a) Erstelle eine Liste mit Anbauprodukten aus einem Mittelmeerland, die du in deinem Supermarkt findest.
b) Wähle fünf Agrarprodukte aus. Arbeite mithilfe des Atlas heraus, wo mögliche Anbauregionen für diese Produkte sein könnten.

5 Beurteile im Hinblick auf Agrarprodukte aus Südeuropa folgende Aussage:
„In unseren Supermärkten sind Lebensmittel im Überfluss vorhanden und billig. Aber die industrielle Landwirtschaft hat einen hohen Preis!"

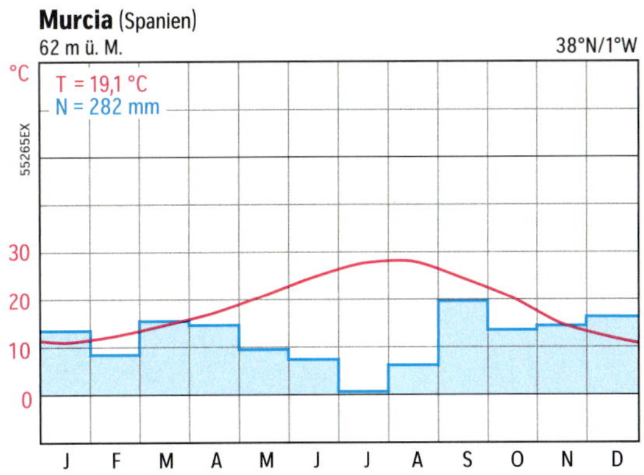

M2 *Klimadiagramm Murcia*

M5 *Traditionelle Furchenbewässerung* Film 1

„Damit wir hier in unseren Huertas Obst und Gemüse anbauen können, sind wir komplett vom Wasser abhängig. Dieses kommt aus über 400 km Entfernung über Rohre und Kanäle auf unsere Äcker. Früher haben die meisten von uns mit ***Furchenbewässerung*** *gearbeitet. Dabei versickert und verdunstet aber viel Wasser. Heute arbeiten daher viele Bauern mit* ***Tröpfchenbewässerung****. Dabei erhalten die Pflanzen aus Plastikschläuchen mit feinen Düsen nur so viel Wasser, wie sie benötigen. In Almería verwenden viele Bauern* ***Foliengewächshäuser****. Die Pflanzen wachsen dort auf künstlichem Boden. Ein Computer steuert ihre Versorgung mit Wasser, Dünger und Pflanzenschutzmittel. Es wird keine Heizung benötigt, aber sehr viel Wasser. Um einen hohen Gewinn zu erzielen, werden viele billige Hilfskräfte genutzt. Ich habe gehört, dass die Lebensbedingungen dieser Saisonarbeiter schlecht sein sollen. Außerdem sollen einige der Anbauprodukte durch Pflanzenschutzmittel belastet sein."*

M3 *Huerta-Bauer José Costa berichtet*

M6 *Moderne Tröpfchenbewässerung* Film 2

M7 *Foliengewächshäuser in Südspanien* Timelapse

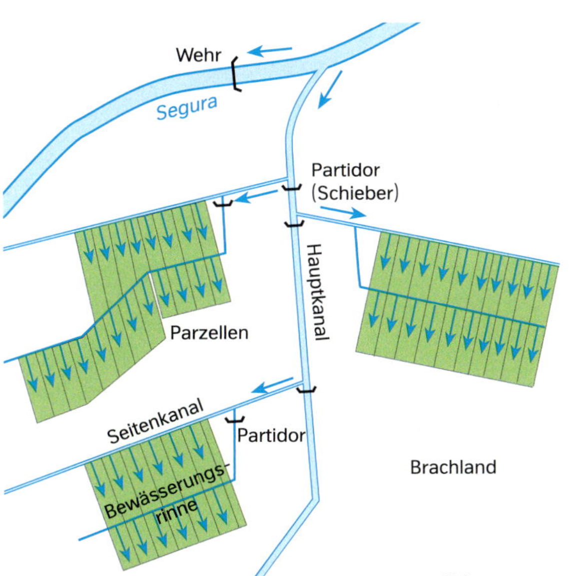

M4 *Wasserverteilung in den Huertas von Murcia*

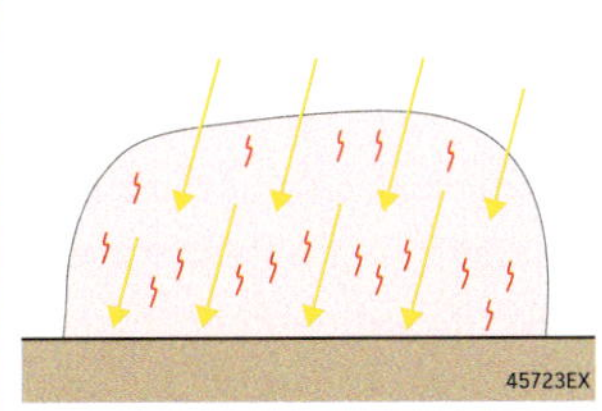

Sonnenlicht dringt ungehindert ein und erhitzt Boden und Luft; die Platikfolie verhindert das Entweichen der Wärme und Feuchtigkeit der Luft.

Vergleich: Auto im Sommer bei geschlossenen Fenstern.

M8 *Der Treibhauseffekt in Foliengewächshäusern*

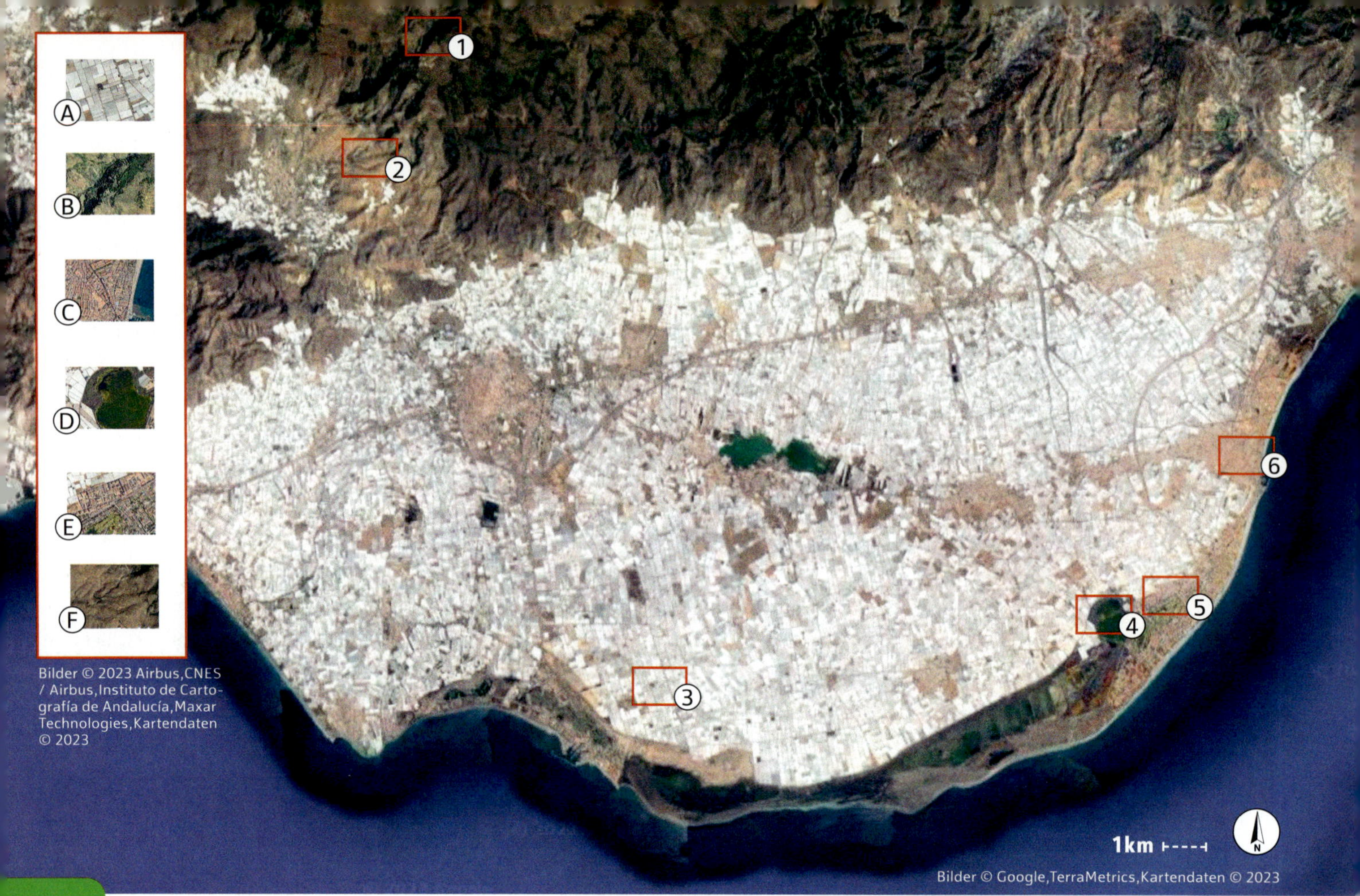

M1 *Satellitenbild von Campo de Dalias* Satellitenbild

Wie werte ich ein Satellitenbild aus?

Satelliten sind Raumflugkörper, die zumeist die **Erde** umrunden und dabei bestimmte Aufgaben übernehmen. Satelliten, die zur Beobachtung der Erdoberfläche genutzt werden, nennt man Erdbeobachtungssatelliten. Sie fliegen in etwa 700 km Höhe und in weniger als zwei Stunden um die Erde.

Wozu die Erde aus der Ferne beobachten?

Die Aussage „mit Abstand betrachtet wird vieles klarer“ beschreibt das Ziel der Erdbeobachtung durch Satelliten recht treffend.

Sie helfen uns, Geschehnisse in kaum zugänglichen Gebieten auf der Erdoberfläche aufzuspüren und zu beobachten. So lassen sich zum Beispiel die Ausbreitung von Wüsten, das Wachstum von Städten oder das fortschreitende Waldsterben genauso untersuchen, wie die Auswirkungen von Naturkatastrophen. Mithilfe von Satellitendaten ist es auch möglich, zügig Hilfe in Krisengebieten zu koordinieren. Ebenso ist es möglich, die Bewegung bestimmter Wolkendecken zu beobachten, um daraus genaue Wettervorhersagen ableiten zu können.

❶ Beschreibe, wie ein Satellitenbild entsteht (M2, M3, Internet).

❷ Ordne die Bildausschnitte Ⓐ–Ⓕ den sechs Rahmen im Satellitenbild zu (M1, Satellitenbild). Gib den Bildausschnitten einen geeigneten Namen. Begründe.

❸ Erstelle eine Auswertung des Satellitenbildes M1. Befolge dabei möglichst genau die Schritt-für-Schritt-Anleitung zur Auswertung eines Satellitenbildes. Vervollständige die angefangene Lösung.

❹ Überprüfe die folgenden Aussagen mithilfe des Satellitenbildes M1. Stelle falsche Aussagen richtig:

1. Die größten Bereiche des Bildausschnittes sind grüne Wiesen und Wälder.
2. Die weißen bis hellgrauen Flächen sind Treibhäuser. Manche von diesen sind größer als ein Fußballfeld.
3. Zwischen den Treibhäusern liegen kleine Dörfer. Größere Städte gibt es auf dem Bildausschnitt keine.

❺ Starte das E-Modul. Analysiere den Landnutzungswandel in Campo de Dalías und seine Auswirkungen auf Mensch, Natur und Umwelt.

Schritt für Schritt: Wir werten Satellitenbilder aus
(teilweise Beispielauswertung M1)

Einordnung des Satellitenbildes („Wo"?)
- Verortung des Satellitenbildes
(Auf dem Satellitenbild ist das Anbaugebiet Campo de Dalia westlich der Stadt ... dargestellt.)
- Bestimmung der Größenverhältnisse und des Maßstabs („Wie groß"?)
(Die Nord-Süd und Ost-West-Ausdehnung des Satellitenbildes beträgt etwa ... km.)
- Bestimmung des Aufnahmezeitpunktes (Jahr, ggf. Jahres- und Tageszeit)
(Aufnahmezeitpunkt: 2023)
- Feststellen der Himmelsrichtung
(Auf dem Satellitenbild ist ... oben, es ist also eingenordet.)

Gliederung des Satellitenbildes
- Grobgliederung des Bildes in Gebiete gleicher Bedeckung (Wald, Wiese, Siedlung, ...)
(Auf dem Satellitenbild lassen sich grob drei Bildbereiche voneinander abgrenzen: ...)
- wenn sinnvoll, Kartenskizze erstellen

Bildinhalt beschreiben („Was"?)
- Identifikation von Bildelementen nach Legende: Unterscheidung nach Form (Punkt, Linie, Fläche), Farbe, Helligkeit, Struktur, Größe, Schattierung
- Verteilung der Bildelemente beschreiben
(Im oberen Teil des Bildes erkennt man eine gebirgige Landschaft (kaum bis spärlich bewachsen). Im unteren Teil des Bildes überwiegen ...)
- Auffälligkeiten beschreiben
- Kartenskizze beschriften (ggf. mit Legende)

Auswertung („Warum"?)
- Interpretation der Bildinhalte (Erkennen und Deuten möglicher Zusammenhänge)
*(Der spärliche natürliche Bewuchs in der Tiefebene hängt damit zusammen, dass ...
Im Anbaugebiet lässt sich ein dichtes Straßennetz erkennen. Dies weist darauf hin, dass ...)*
- Satellitenbild mit Karte (aus Atlas) vergleichen
(Die Atlaskarte S. 139, Nr. 3 zeigt, dass ...)
- Einbinden von Zusatzmaterialien (Fotos, Schulbuch, Internet, digitalen Kartendiensten (OpenStreetMap, Google Earth, Google Maps, ...)
- Herausfinden, was das Bild nicht zeigt
(Das Bild lässt nicht erkennen, ob ...)

„Solche Satellitensysteme kosten mehr als eine Milliarde Dollar! Ein Satellit muss viele Jahre unter Weltraumbedingungen funktionieren, jeden Tag Aufnahmen von der Erdoberfläche machen und diese an eine Bodenstation senden. Den Strom hierfür liefert ein großes Solarpanel. Von der Bodenstation aus werden die Flugbahn und Lage des Satelliten sowie die Kameras mit den Aufnahmesensoren gesteuert. Die Daten des Satelliten werden mit dem Computer ausgewertet."

M2 *Bericht eines NASA-Wissenschaftlers*

M3 *Erdbeobachtungssatellit (Sentinel 2A/B)*

E-Modul E-Modul

www.diercke.de/lernmodule/almeria

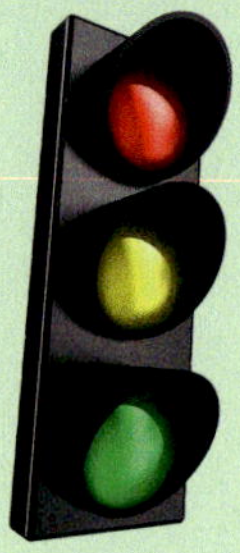

Kompetenzcheck

	Ich kann ...	Teste dich!	Hilf dir!
Orientierung (Orientierungskompetenz)	... die Lage ausgewählter Staaten, Städte und Meere beschreiben. ... Fotos gezielt aufgrund meiner Landschaftskenntnisse verorten.	1. Benenne die Staaten, Städte, Inseln und Meere in der stummen Karte (M1, ◙ Übung). 2. Beschäftige dich abschließend mit den Fotos von Toms Reise. Ordne sie begründet einem Raum zu. M6 hilft dir dabei.	›Atlas ›S. 162/163
Inhalt (inhaltsbezogene Kompetenzen)	... die Besonderheiten der naturräumlichen Ausstattung der Alpen als Hochgebirge erklären. ... die Besonderheiten der naturräumlichen Ausstattung Nord- oder Südeuropas erklären. ... die Gefährdung durch Lawinen oder andere Naturgefahren darstellen. ... geeignete Schutzmaßnahmen beurteilen. ... den Tourismus als Nutzungsmöglichkeit erklären. ... die Auswirkungen des Tourismus auf die Umwelt erkennen und beschreiben. ... den sanften Tourismus als Möglichkeit nachhaltigen Handelns darstellen. ... für Nord- oder Südeuropa eine weitere Nutzungsmöglichkeit beschreiben.	3. Beschreibt Grundbegriffe. Spielt hierzu Tabu (M3, Kopiervorlage). 4. Sortiere die Schutzmaßnahmen nach ihrer Wirksamkeit gegen Lawinen und begründe die Reihenfolge (›S.165 M4). 5. Ein Begriff in der Reihe passt nicht dazu! Finde diesen und begründe deine Entscheidung (M4). 6. Beschreibe Auswirkungen des Tourismus auf die Umwelt anhand von M2. Ergänze die Beschreibungen durch Beispiele aus dem Buch und eigene Urlaubserfahrungen. 7. Suche den Außenseiter und begründe deine Wahl (M5). 8. Ordne, wenn möglich, die Grundbegriffe des Kapitels den vier Puzzleteilen der Geographie zu (›S. 11 M2). 8. Wer wird „Geo-Champion" (◙ Quiz)?	›S. 164/165 ›S. 176-183 ›S. 170-175 ›S. 186-189 ›S. 170-175
Methode und Anwendung (prozessbezogene Kompetenzen)	... mithilfe eines Satellitenbildes geographische Informationen gewinnen. ... eine Mindmap erstellen und mit dieser geographische Informationen ordnen. ... eine Textauswertung erstellen und damit einen Informationstext sinnvoll und zielführend gliedern.	9. Werte ein Satellitenbild deiner Wahl aus diesem Buch aus. Befolge die Schritte zur Auswertung eines Satellitenbildes. 10. Erstelle als Vorbereitung für die Klassenarbeit eine Mindmap zum Thema „Alpen". Dabei sollen die Themen der Doppelseiten jeweils die Schlüsselbegriffe bilden. 11. Werte einen Meinungsbericht aus diesem Kapitel aus, z. B. ›S. 181 M4. Befolge hierzu die sechs Schritte der Textauswertung (›S. 181).	›S. 192-193 ›S. 175 ›S. 181

A–Z: Grundbegriffe des Kapitels (vergleiche Lexikon ›S. 222)
Erde, Fluss, Gestein, Gletscher, Landwirtschaft, Meer, Nachhaltigkeit, Niederschlag, Satellit, Temperatur, Tourismus, Umwelt, Wetter
Alpen: Abtragung, Almwirtschaft, Alpenvorland, Arbeitskraft, Baumgrenze, Faltengebirge, Hochgebirge, Höhenstufe, Laubwald, Lawine, Massenbewegung, Massentourismus, Mischwald, Mure, Naturereignis, Naturkatastrophe, sanfter Tourismus, Tal, Trogtal, Verwitterung, Waldgrenze
Nordeuropa: borealer Nadelwald, Fjell, Fjord, Forstwirtschaft, Hochseefischerei, Industrie, Inlandeis, Küstenfischerei, Landwirtschaft, Rohstoff, Rundhöcker, Schäre, Trogtal
Südeuropa: Bewässerungsfeldbau, Dienstleistung, Insel, Lava, Magma, Pauschalreise, Regenfeldbau, Vulkan, Vulkanausbruch

CHECK

M3 *Kartenspiel zu den Grundbegriffen*

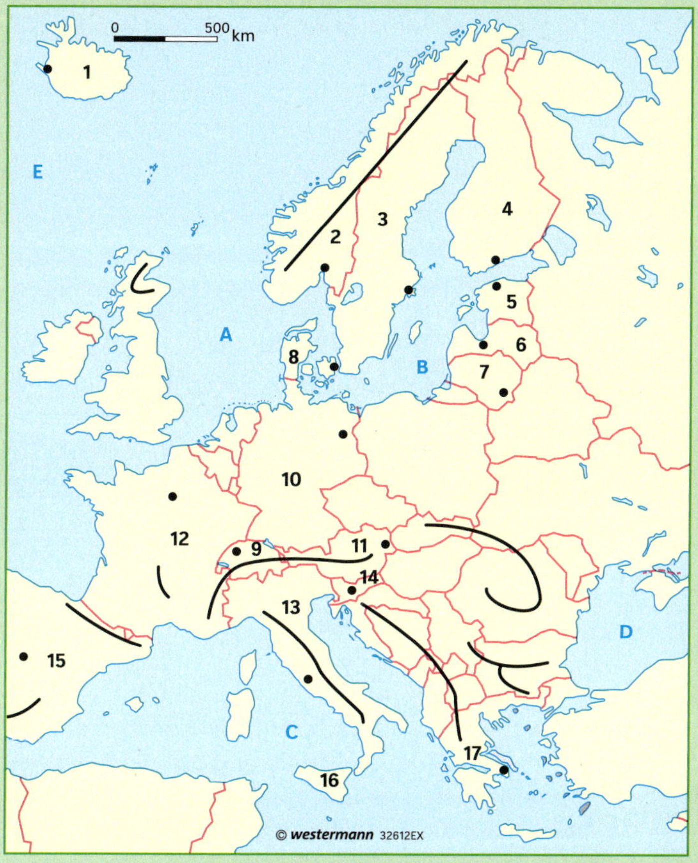

M1 *Stumme Karte Europa* Übung

Ⓐ Fjell, Fjorde, Schären, Inlandeis
Ⓑ Trogtäler, Gletscherzunge, Landwirtschaft, Schären
Ⓒ Fjell, Moose, Flechten, Nadelwald
Ⓓ Golfstrom, Westwinde, Land- und Forstwirtschaft, Kälte

M4 *Nordeuropa: Suche den Außenseiter!*

Ⓐ Massentourismus, Fremdenverkehrseinrichtungen, Einheimische, Arbeitsplätze
Ⓑ Alm, Hotel, Disko, Bauernhof
Ⓒ Nachhaltigkeit, Tourismus, Arbeitsplätze, Ausbau von Skipisten

M5 *Tourismus: Suche den Außenseiter!*

M2 *Bildcollage mit Urlaubsgebieten in Europa sowie ausgewählten Umweltauswirkungen*

Kapitelaufgabe

Konntest du das Rätsel um Toms Reiseziele lösen? Die Fotos geben keine eindeutigen Hinweise, sie könnten an verschiedenen Orten in Europa aufgenommen sein. Wichtig ist, dass du deine Lösung geographisch begründen kannst!
Weil Delia keine Ruhe geben wollte, hat ihr Tom folgende Informationen zukommen lassen:

Foto 1: 46° 25'N / 8° 04'O

Foto 2: 59° 13'N / 17° 31'O

Foto 3: 39° 40'N / 19° 42'O

Foto 4: 46° 38'N / 11° 45'O

Kannst du jetzt herausfinden, wohin Tom seine Reise geführt hat?

M6 *Toms Reiseziele* (› S. 162/163)

M1 *Almabtrieb*

Die Almwirtschaft nutzt Höhenstufen

TRANSFER

Der **Kontinent** Europa ist so groß, dass er in Teilregionen mit unterschiedlichen Klimazonen gegliedert werden kann (›S. 152/153). Diese beeinflussen die Art und Weise, wie wir Menschen zum Beispiel die Landschaften Nordeuropas (›S. 176 – 183) oder Südeuropas (›S. 184 – 193) nutzen. Dies gilt auch für das Gebirgsklima und die **Höhenstufen** (›S. 168).

Die Almwirtschaft in den Alpen

In den Alpen wird seit Jahrhunderten eine besondere Form der Viehhaltung betrieben, die **Almwirtschaft** (auch: Alpwirtschaft). Sie nutzt gezielt die Bedingungen der verschiedenen Höhenstufen. Die Tiere werden im Frühjahr auf die Alm bzw. Alp getrieben. Dort bleiben sie über den Sommer und nutzen dort die Weiden der höheren Gebirgslagen. Das schont die Flächen in den Tälern. Zugleich werden die Tiere durch die Bewegung und das Futter auf den Weiden widerstandsfähiger. Im September erfolgt der Almabtrieb und im Winter werden die Tiere im Tal im Stall gehalten. Zumeist treibt man Rinder auf die Almen, seltener auch Schafe, Ziegen, Pferde und Schweine. In vielen Betrieben werden vor allem Jungtiere und Ochsen auf die Alm gebracht, da die Milchkühe im Tal leichter gemolken und die Milch besser abtransportiert werden können. Werden auch Milchtiere auf der Alm gehalten, so wird die Milch dort oft direkt zu Käse weiterverarbeitet. Man spricht dann von einer Sennalm.

Die Arbeit auf den Almen ist anstrengend und auf drei Monate begrenzt, die Unterbringung ist oft einfach. Es ist es heute schwer, **Arbeitskräfte** für den Almbetrieb zu finden. Dabei ist die Almwirtschaft für die Erhaltung der Kulturlandschaft wichtig: Mahd und Weide sind die Grundlage für die vielfältige und schöne Pflanzenwelt der Wiesen und Weiden, die auch Touristen anziehen. In tieferen Lagen würden schnell Sträucher und Büsche nachwachsen.

1. a) Die einzelnen Höhenstufen der Vegetation (›S. 168) ermöglichen unterschiedliche Nutzungen. Ordne die Nutzung der Almwirtschaft den passenden Höhenstufen zu (Modell).
   b) Begründe, weshalb die Kühe nicht das ganze Jahr auf der Alm bleiben.
   c) Benenne Bedingungen für einen guten Almstandort.
2. Erläutere die Aufgaben, welche die Almwirtschaft für die Menschen und Tiere im Gebirge erfüllt (Text, Übung).
3. Beschreibe und erkläre die Veränderungen in der Almwirtschaft am Beispiel der Schweizer Alp Tannboden (M2).
4. Die Almwirtschaft gilt als typisch für die Alpen, sie wird oder wurde aber auch in anderen europäischen Gebieten betrieben. Ermittle mithilfe des Atlas die Gebiete, die dafür in Frage kommen könnten. Begründe deine Wahl.
5. Stelle Zusammenhänge zwischen den Puzzleteilfragen in M1 dar.

Modell

Almwirtschaft

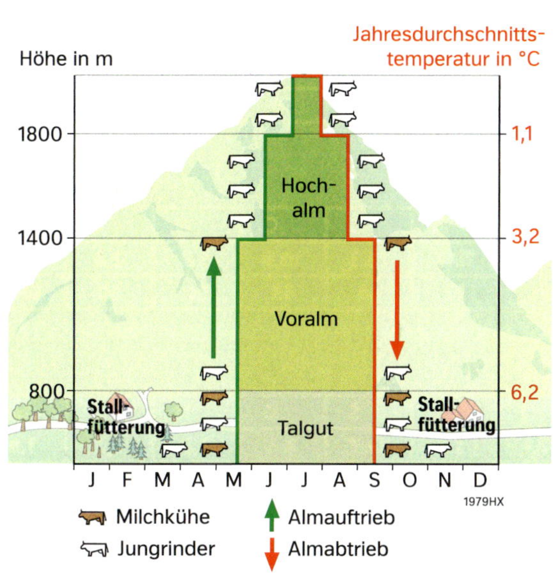

Info

Gebirgsklima

Die durchschnittliche Lufttemperatur nimmt mit zunehmender Höhe im Gebirge ab. Dadurch entstehen Höhenstufen der Vegetation. Diese beruhen auf den sich verändernden klimatischen Bedingungen, ähnlich der Entstehung von Klimazonen in Europa von Norden nach Süden.

Oft kann man in den Alpen Klimagegensätze auf engstem Raum beobachten: Die Nordhänge sind oft so kalt, dass auch in tieferen Lagen nur Nadelwald wächst. Hänge mit Südausrichtung sind dagegen für den Anbau günstiger, da sie wärmer sind. Die Alpen bilden ein großes Hindernis für Luftströmungen in Nord-Süd-Richtung. An den Rändern des Gebirges werden die Luftmassen zum Aufsteigen gezwungen. Es bilden sich Steigungsregen (›S. 55 Modell) mit sehr hohen Niederschlägen.

Ein weiteres Merkmal des Gebirgsklimas sind die schnell einsetzenden Wetterumschwünge.

Alp Tannenboden
Lage: Flumserberg (Schweiz, Kanton St. Gallen)
Größe der Alp: 180 ha Alpfläche, davon 115 ha Weideflächen
Höhe: 1399 m ü. M.
Infrastruktur: Sennerei mit verpachtetem Gastbetrieb und mehrere Almgebäude
Erreichbarkeit: mit Pkw und öffentlichen Verkehrsmitteln (Gondel, Bus)
Auftriebszahlen: 100 Milchkühe
Auftriebszeiten: etwa 100 Tage (von Anfang Juni bis Mitte September)
Produkte: unterschiedliche Molkereiprodukte aus ca. 120000 kg eigener Milch und zusätzlich Milch der Nachbaralp

Die Alp Tannenboden ist eine moderne Alp, auf der auch die Tradition bewahrt wird. Neben der Produktion von vielfältigen Milcherzeugnissen setzt die Alp auf den Tourismus.

In einer Brauchtumskäserei können die Besucher selbst Käse herstellen oder dank der Schaukäserei dabei zusehen, wie die Milch weiterverarbeitet wird. Die Alp bietet ein Restaurant und Übernachtungsmöglichkeiten. Sie ist daher ein guter Ausgangspunkt für Wanderungen oder Ausflüge. Zusätzlich finden einige Veranstaltungen statt, wie z. B. ein Alpgottesdienst im Juli, der geschmückte Alpabzug im September oder ein Käsemarkt mit Kuhrennen im Oktober. Während der Skisaison wird der Stall zur Fondue-Hütte umgebaut. Loipen und Huskytouren führen an der Alp vorbei.
Auf der Alp Tannenboden wird eine Vielzahl unterschiedlicher Milchprodukte hergestellt. Darunter Käse, Butter und Jogurt. Insgesamt sind drei Personen für die Versorgung der Tiere und die Käseproduktion angestellt. Die Produkte werden direkt auf der Alp verkauft. Außerdem haben sich die Alp Tannenboden und acht weitere Alpen im Jahr 2018 zusammengeschlossen und vermarkten ihre Produkte gemeinsam unter der Marke „Alpkäserei Flumserberg“ auch über das Internet.

M2 *Beispiel für eine Sennalm*

Klimadaten Baden-Württemberg

Heidelberg (Deutschland), 110 m ü. M.

	J	F	M	A	M	J	J	A	S	O	N	D	**Jahr**
T (in °C)	2,8	3,8	7,4	11,6	15,6	18,8	20,8	20,4	16,0	11,3	6,6	3,6	**11,6**
N (in mm)	48	45	49	43	70	65	73	64	56	60	61	63	**697**

Stuttgart (Deutschland), 318 m ü. M.

	J	F	M	A	M	J	J	A	S	O	N	D	**Jahr**
T (in °C)	2,1	3,0	6,6	10,7	14,6	18,1	20,0	19,7	15,3	10,8	5,9	2,8	**10,8**
N (in mm)	40	33	38	35	77	76	81	72	48	53	50	50	**653**

Stötten (Deutschland), 734 m ü. M.

	J	F	M	A	M	J	J	A	S	O	N	D	**Jahr**
T (in °C)	-0,7	-0,1	3,5	7,8	11,8	15,2	17,1	17	12,7	8,3	3,2	0,2	**7,9**
N (in mm)	76	61	79	63	109	100	127	98	82	85	83	86	**1049**

Freiburg i. Br. (Deutschland), 238 m ü. M.

	J	F	M	A	M	J	J	A	S	O	N	D	**Jahr**
T (in °C)	2,9	3,8	7,5	11,2	15,3	18,9	20,8	20,4	15,9	11,4	6,6	3,8	**11,5**
N (in mm)	49	49	54	64	104	89	92	83	77	79	71	67	**878**

Feldberg/Schwarzwald (Deutschland), 1496 m ü. M.

	J	F	M	A	M	J	J	A	S	O	N	D	**Jahr**
T (in °C)	-2,4	-2,8	-0,4	2,8	6,7	10,2	12,2	12,3	8,5	5,4	1,1	-1,6	**4,3**
N (in mm)	117	94	103	103	165	150	156	142	132	153	134	153	**1602**

Weingarten/Kr. Ravensburg (Deutschland), 440 m ü. M.

	J	F	M	A	M	J	J	A	S	O	N	D	**Jahr**
T (in °C)	0,3	1,0	5,1	9,2	13,7	17,2	18,8	18,2	13,8	9,3	4,4	1,1	**9,3**
N (in mm)	56	49	60	61	102	111	107	101	74	65	67	74	**927**

Vogtsburg-Oberrotweil/Kaiserstuhl (Deutschland), 223 m ü. M.

	J	F	M	A	M	J	J	A	S	O	N	D	**Jahr**
T (in °C)	2,5	3,4	7	11	15,1	18,6	20,3	19,8	15,4	11	6,2	3,4	**11,2**
N (in mm)	31	32	38	48	83	72	83	67	58	61	50	42	**666**

Reutlingen-Betzingen (Deutschland), 360 m ü. M.

	J	F	M	A	M	J	J	A	S	O	N	D	**Jahr**
T (in °C)	1,4	2,2	5,9	10	14,1	17,6	19,4	18,9	14,5	10	5,2	2,2	**10,1**
N (in mm)	43	39	48	49	92	88	96	87	59	60	56	53	**770**

Donaueschingen (Deutschland), 677 m ü. M.

	J	F	M	A	M	J	J	A	S	O	N	D	**Jahr**
T (in °C)	-0,6	0	3,7	7,8	12	15,8	17,6	17	12,7	8,4	3,4	0,3	**8,2**
N (in mm)	60	51	53	51	85	87	91	81	57	63	58	72	**809**

Klippeneck (Deutschland), 974 m ü. M.

	J	F	M	A	M	J	J	A	S	O	N	D	**Jahr**
T (in °C)	-0,8	-0,4	2,8	6,7	10,6	14,3	16,2	16,1	11,9	7,9	3,1	0,1	**7,3**
N (in mm)	65	57	64	65	106	102	117	98	70	75	71	73	**963**

Öhringen (Deutschland), 274 m ü. M.

	J	F	M	A	M	J	J	A	S	O	N	D	**Jahr**
T (in °C)	1,7	2,4	6,1	10,3	14,4	17,8	19,6	19,3	14,9	10,3	5,5	2,6	**10,4**
N (in mm)	58	53	62	47	74	67	79	72	61	69	63	76	**781**

Heilbronn (Deutschland), 167 m ü. M.

	J	F	M	A	M	J	J	A	S	O	N	D	**Jahr**
T (in °C)	2,2	3	6,8	11	15,1	18,5	20,2	19,7	15,2	10,6	6	3	**10,9**
N (in mm)	52	46	51	39	72	66	78	65	57	62	58	66	**712**

Konstanz (Deutschland), 428 m ü. M.

	J	F	M	A	M	J	J	A	S	O	N	D	**Jahr**
T (in °C)	1,2	2,1	6,0	10,2	14,5	18,1	19,9	19,5	15,0	10,3	5,2	2,0	**10,3**
N (in mm)	46	45	51	57	89	100	96	98	69	63	57	63	**834**

Der Diercke Klimagraph

Mit dem Diercke Klimagraph kannst du ganz einfach eigene Klimadiagramme erstellen. Du gibt den Namen der Station, die Höhe in Metern, Temperaturen und Niederschläge in das Online-Tool ein. Dieses zeichnet dir dann das Klimadiagamm.

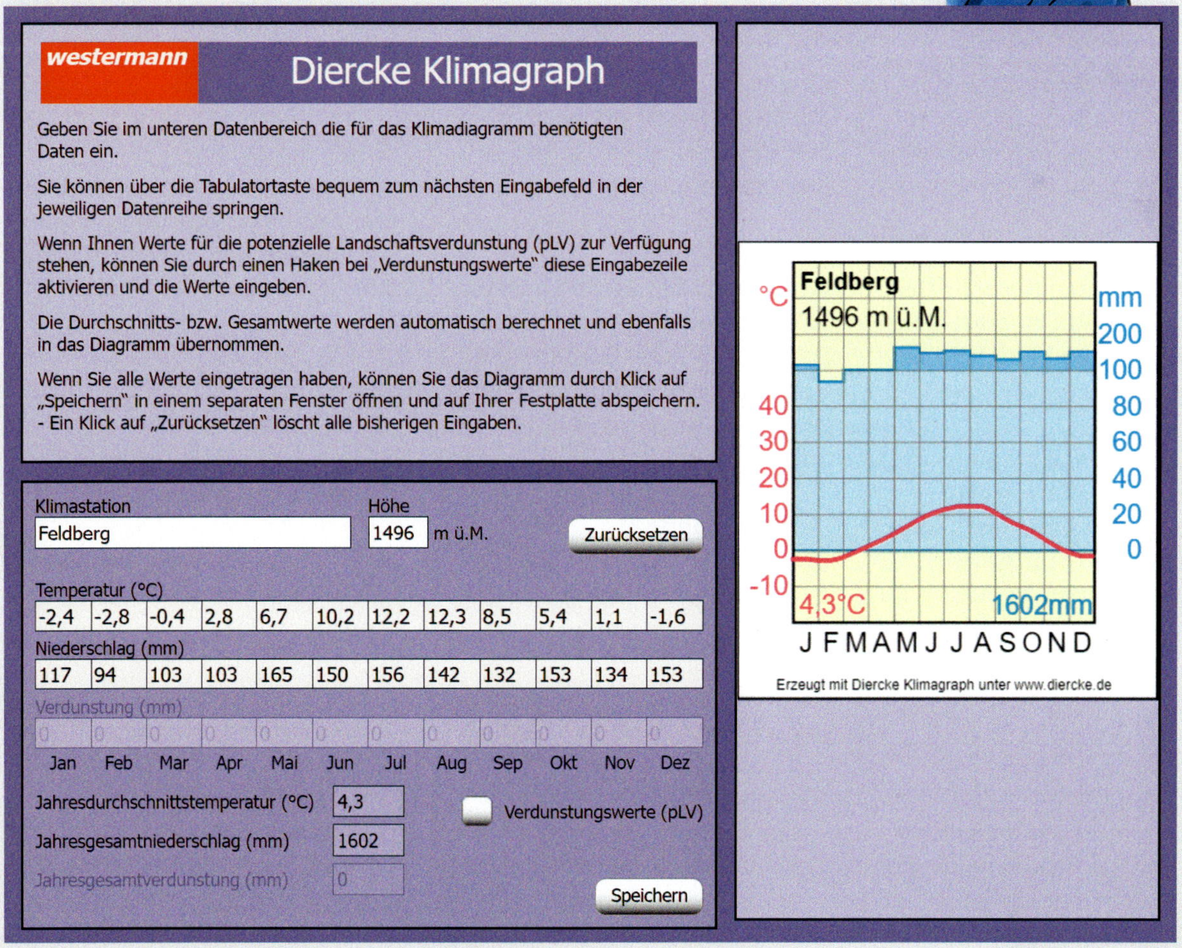

M1 *Klimadaten zum Feldberg im Diercke Klimagraph*

Internetlink

Digital+
WES-121698-199

Kapitel 1

›S. 10, Aufgabe 4:
Eine mögliche geographische Frage wäre:
„Wie wirkt sich der Anbau von Orangen auf die Landschaft und das Klima aus?“
Zur Beantwortung benötigst du mindestens die Puzzleteile: Erdoberfläche, Atmosphäre, Wirtschaft

›S. 12, Aufgabe 2b:
Für die Tabelle kannst du z. B. folgende Spaltenüberschriften verwenden: Planet, Durchmesser, Entfernung von der Sonne, Oberflächentemperatur.
Für einige Informationen musst du ggf. im Internet recherchieren.

›S. 18, Aufgabe 5b:
Beachte die hellen und dunklen Bereiche im Satellitenbild. Die Symbole für Sonne und Mond sind für die Bearbeitung der Aufgabe 5b nicht wichtig. Sie zeigen, dass die Sonne bzw. der Mond zu dem Zeitpunkt an der Stelle senkrecht über der Erdoberfläche stehen.

›S. 22, Aufgabe 1:
Nutze als Spaltenüberschriften die Begriffe: Objektname, Atlasseite, Kartennummer, Gradfeld, Kategorie.

›S. 24, Aufgabe 3:
Die Beschreibung von Lisa könnte folgendermaßen beginnen: „Zunächst starte ich in Richtung Osten und laufe bis zur Friedensbrücke, dann überquere ich, ...“

Kapitel 2

›S. 36, Aufgabe 1:
Nutze Himmelsrichtungen und das Gradnetz, bestimme die Entfernung zu deinem Schulort und nenne den Fluss, der durch Berlin fließt.

›S. 36, Aufgabe 4:
Tabellenvorlage:

Merkmal	Berlin	Schulort
Einwohnerzahl		
Museen		

›S. 38, Aufgabe 2:
Entscheide zunächst, welche Karte geeignet ist. Miss dann die Strecke auf der Karte mit einem Lineal. Die Maßstabsleiste liefert schließlich die Strecke in Wirklichkeit.

›S. 42, Aufgabe 1:
Baden-Württemberg hat das Wappen L. L ist der erste Buchstabe des Lösungswortes.

›S. 42, Aufgabe 5:
Zu welchem Bundesland gehört Erfurt? Nutze das Internet und bestimme den Sommerferienanfang in diesem Bundesland.

›S. 46, Aufgabe 3:
Suche die Maßstabsleiste. Sie hilft dir die richtige Länge der Strecken zu berechnen.

›S. 48, Aufgabe 4:
Was kennzeichnet die Lage von München und deinem Schulort? Denke an Flüsse, Gebirge und Seen, die in der Nähe sind. Arbeite mit der Schritt-für-Schritt-anleitung und dem Atlas.

›S. 50, Aufgabe 3:
In welche Richtung biegen sich die Bäume. Denk an die Hauptwindrichtung in Deutschland.

›S. 58, Aufgabe 2:
a) So kannst du deinen Text beginnen: „Regionen in Deutschland mit früher Apfelblüte sind...“
b) So kannst du deinen Text beginnen: „In Regionen, in denen die Apfelblüte früh beginnt, sind die Temperaturen...“

›S. 66, Aufgabe 1b:
Achte besonders auf die Verteilung der Niederschläge und die unterschiedlichen Durchschnittstemperaturen in den jeweiligen Monaten. Überlege, wann ein Urlaub an der Nordsee interessant wäre und was man dann an der Nordsee machen könnte.

›S. 68, Aufgabe 2b:
Entscheide, ob und wie sehr die jeweilige Person gegen oder für das Projekt „Offshore-Windpark Nordergründe“ ist und begründe das kurz, z. B.:
Der Bürgermeister (+2 bis +3) begrüßt das Projekt wegen der wirtschaftlichen Einnahmen, weiß aber auch, dass es Probleme mit sich bringen kann.

›S. 70, Aufgabe 3b:
Bemerke, dass Langeoog offenbar sowohl als Lebensraum für verschiedene Wildtiere von Bedeutung ist, zugleich aber auch intensiv für die Erholung genutzt wird.

›S. 80, Aufgabe 6:
Hinweis: Der Nationalpark Harz greift nicht in natürliche Abläufe im Wald ein und bekämpft somit auch keine Baumschädlinge.

Kapitel 3

›S. 86, Aufgabe 2:
Neben dem Satellitenbild auf ›S. 84/85 eignen sich hierfür auch die Karten auf ›S. 204 – 209, dein Atlas sowie die Überblickskarte zu den Landschaften auf ›S. 137.

›S. 90, Aufgabe 3:
Mögliche Gliederung der Liste:
- Gesteinsart
- Gesteinsbeispiel
- Entstehung
- Vorkommen in BW (Atlas)
- Anwendung im Alltag

›S. 92, Aufgabe 3:
Um diese Aufgabe zu lösen, musst du die Entstehung von Schichtstufen erklären, wie sie im Modell auf ›S. 93 dargestellt ist. Folgende Textbausteine können dir bei deiner Erklärung helfen:
harte und weiche Gesteinsschichten;
Kräfte im Erdinneren;
Schrägstellung der Schichten;
Abtragung durch Eis;
Wasser und Wind

›S. 92, Aufgabe 5:
Tabellenvorlage:

	Ober-flächen-formen	**Nutzung**
Alb-vorland		- Siedlung - Industrie
Albtrauf	- wellig - bewaldete Kuppen	
Kuppen-alb		
Flächen-alb		

›S. 93, Aufgabe 3:
So beginnt das Fließschema zum Kalklösungsprozess:
Kohlenstoffdioxid (CO_2) gelangt in Regenwasser → Wasser wird sauer → ...
Jetzt musst du das Fließschema nur noch fortsetzen, indem du folgende Bausteine in die richtige Reihenfolge bringst:
saures Wasser löst den Kalkstein;
Karstformen entstehen;
Kohlensäure entsteht;
saures Wasser dringt in den Kalkstein ein

›S. 112, Aufgabe 2b:
Ermittle zunächst die Höhenlagen der Messstationen. Stelle dann einen Zusammenhang zwischen den Klimadaten und der Höhenlage her (Je höher der Ort liegt, desto...). Falls du Probleme hast, so schau auf ›S. 55 nach.

›S. 112, Aufgabe 3a:
Um diese Aufgabe beantworten zu können, musst du dir den Text auf ›S. 112 genau durchlesen. Leutkirch und Isny sind Orte im Landkreis Ravensburg.
›S. 114, Aufgabe 4:
a) Der Bodensee dient als Wärmespeicher. Im Winter wirkt er also ausgleichend auf das Klima.
b) Immenstaad liegt am Bodensee. Beachte bei der Beantwortung vor allem die Temperatur und die Niederschlagsmenge. Informationen zur Grünlandwirtschaft findest du auf ›S. 112.

›S. 124, Aufgabe 3b:
Beziehe neben dem Text auf ›S. 124 auch ›S. 122/123 mit ein.

Kapitel 4

›S. 142, Aufgabe 3:
Berücksichtige dabei die Vorteile von Privatpersonen sowie die Vorteile von Firmen.

›S. 146, Aufgabe 1:
Berücksichtige die Vegetation, Gewässer, Gebirge und Senken.

›S. 154, Aufgabe 2:
Berücksichtige die Verteilung der Landmassen sowie Gebirge und Meeresströmungen.

›S. 156, Aufgabe 3a:
Wichtigste Anhaltspunkte sind: Jahresniederschlag, Niederschlagsverteilung sowie die Länge einer durchschnittlichen Temperatur von über 5 °C im Jahresverlauf.

Kapitel 5

›S. 168, Aufgabe 4:
Lokalisiere die Orte im Atlas. Beachte Abbildung M2 und bedenke, welchen Zusammenhang es zwischen der Lage des Ortes und der Waldgrenze gibt.

›S. 172, Aufgabe 2:
Tabellenvorlage:

Vergleich zu	**Karte 1974**	**Karte 2011**
Siedlungen		
Berggast-häuser/ Schutzhütten		
Aufstiegs-anlagen/ Skilifte		
Skipisten		
Straßen		
Naturparks		

Wenn du die Karte im Atlas oder die digitale Ergänzung nutzt, ergänze die Tabelle um eine vierte Spalte „Karte 2023“.

›S. 176, Aufgabe 2:
Der Atlas und Online-Suchmaschinen (z. B. www.kindernetz.de , www.fragfinn.de, www.blinde-kuh.de) helfen dir beim Erstellen des Steckbriefes.
Recherchiere zu den folgenden Aspekten:
- Land
- Nachbarländer
- Hauptstadt
- große Städte
- angrenzende Meere
- große Seen
- lange Flüsse
- Gebirge
- Berge
- höchster Berg
- Bodenbedeckung
- Bodennutzung
- Hauptanbaufrüchte
- Bergbau
- Industrie
- Stromerzeugung
- Verkehr
- wichtige Flughäfen
- wichtige Häfen
- Besonderheiten

›S. 178, Aufgabe 3b:
Schaue dir in deinem Diercke Weltatlas (2023) auf S. 115 die Karte 3 an.
Tabellenvorlage:

	Stora Enso AG	**z. B.: Metsä-Fibre**
Wie kommt das Holz zum Standort? (Reihenfolge beachten)		
Wie groß ist der jährliche Holzbedarf?		
Welche Fabriken sind in der Umgebung angesiedelt?		
Wie wird das Holz verarbeitet?		

›S. 184, Aufgabe 5:
b) Tabellenvorlage:

Aufgabenstellung	
Materialien	
Durchführung Skizziere den Versuchsablauf bzw. -aufbau oder notiere stichpunktartig den Versuchsablauf.	
Beobachtung Notiere chronologisch alle Versuchsbeobachtungen. Berücksichtige hierbei auch alle beobachtbaren Auffälligkeiten.	
Auswertung Formuliere ein Ergebnis bzw. bewerte das Ergebnis.	

c)
Vergleiche deinen eigenen Versuchsvulkan mit dem Modell eines Schichtvulkans zuerst im Hinblick auf das Erscheinungsbild und den Aufbau.Trage Gemeinsamkeiten und Unterschiede in eine Tabelle ein.
Vergleiche die beiden Vulkane dann im Hinblick auf den Ausbruch. Trage auch hier wieder Gemeinsamkeiten und Unterschiede in eine Tabelle ein.

›S. 188, Aufgabe 1:
Online-Kartendienste wie Google Maps helfen dir beim Bestimmen der Bildelemente.
Eingabe:
39°30‘09.5‘‘N 2°27‘59.2‘‘E
Folgende Kriterien sollten insbesondere berücksichtigt werden:
- Verkehrsinfrastruktur (z.B. Straßen, Parkplätze, Eisenbahnlinien)
- Bebauung (z.B. Wohnhäuser, Hallen)
- Küstenlandschaft
- Häfen
- Naturlandschaft (z.B. Wälder, Wiesen)

›S. 188, Aufgabe 4:
Tabellenvorlage:

	Positiv	**Negativ**
Natur		
Kultur		
Umwelt		

›S. 190, Aufgabe 1a:
Tabellenvorlage:

	Stuttgart	**Murcia**
Höhenlage des Ortes		
Koordinaten im Gradnetz		
Jahresdurchschnittstemperatur		
wärmster Monat		
kältester Monat		
durchschnittlicher Jahresniederschlag		
niederschlagsreichster Monat		
niederschlagsärmster Monat		

›S. 196, Aufgabe 1a:
Berücksichtige: Höhenstufen der Vegetation, Naturgefahren, Erreichbarkeit, klimatische Bedingungen.

Hilfreiche Sätze zum Beantworten von Aufgaben

Beim Bearbeiten von Karten

- Die thematische Karte informiert über ...
- Die physische Karte von ...
- Die Kartenüberschrift heißt ...
- Die Karte stellt ... dar.
- Die Region erstreckt sich ...
- Das Gebiet liegt ... (tief/hoch/nördlich von/...).
- Die Landschaft ist ... (flach/hügelig/gebirgig/...).
- Die Stadt liegt (am/im) ...
- Städte liegen ... (verstreut/gebündelt/wie an einer Perlenschnur aufgereiht/...).
- Die Grenzen verlaufen ...
- Die Flüsse ... (verlaufen/entspringen/münden/durchqueren/...).
- Die Stadt liegt etwa ... Kilometer (südlich/nördlich) von ...

Beim Bearbeiten von Texten

- Der vorliegende Text (Zeitungsartikel/Schülerbuchtext) ... ist am ... von ... geschrieben. Er trägt den Titel ... und ist abgedruckt in ...
- Er beschäftigt sich mit ... Er erläutert ...
- Es wird berichtet, wie ...
- Er gibt Auskunft über ...
- Es geht im Text um ...
- Der Text nennt Beispiele zu ...
- Der Text begründet, ...
- Zusammenfassend ist festzuhalten: ...
- Das bedeutet, dass ...
- Die Absicht des Verfassers ist, ...

Beim Bearbeiten von Diagrammen

- Es handelt sich um ein ... (Säulendiagramm/Liniendiagramm...).
- Die Überschrift lautet: ...
- Die Säulen/Linien zeigen ...
- Die Längen der Säulen stellen ... dar.
- Es ist Folgendes festzustellen: ...
- Die Entwicklung hat ... (zugenommen/abgenommen/ist etwa gleich geblieben/...).
- Das Diagramm erläutert die Zusammenhänge zwischen ... und ...

Beim Bearbeiten von Fotos und Grafiken

- Das Foto/das Bild/die Grafik zeigt ...
- Mithilfe der Bildunterschrift kann man feststellen ...
- Das Wichtigste auf dem Foto/auf dem Bild/in der Grafik ist ...
- Das Foto/das Bild/die Grafik macht deutlich, dass ...
- Das Foto/das Bild/die Grafik verdeutlicht ...

Fotos

- Das Foto ist ein Schrägluftbild/Senkrechtluftbild ...
- Im Vordergrund sieht man ...
- In der Mitte erkennt man ...
- Im Hintergrund sieht man ...
- Die Landschaft ist ...
- Besonders eindrucksvoll ist, ...

Grafiken

- Die Grafik zeigt auf, dass ...
- Die Grafik verdeutlicht, dass ...
- Die Pfeile zeigen die Beziehung zwischen ... und ...
- Die Grafik stellt die Verbindung zwischen ... und ... dar.
- Die Grafik veranschaulicht ...

Beim Bearbeiten von Tabellen

- Der Titel der Tabelle lautet: ...
- Die Tabelle stellt ... (z. B. die Entwicklung der Einwohnerzahlen in .../...) dar.
- Die Zeilen zeigen (z. B. einzelne Städte/Staaten/Produktionsmengen/...).
- Die Spalten zeigen (z. B. die Einwohnerzahlen der Städte in einem bestimmten Jahr/...).
- Es ist zu erkennen, dass im Jahr ... die Stadt ... die meisten Einwohner hat.
- Es ist festzustellen, dass die Einwohnerzahl der Stadt ... (zugenommen/abgenommen/...) hat.
- Insgesamt ist festzustellen, dass ...
- Die Angaben erklären ...
- Die Werte verdeutlichen ...

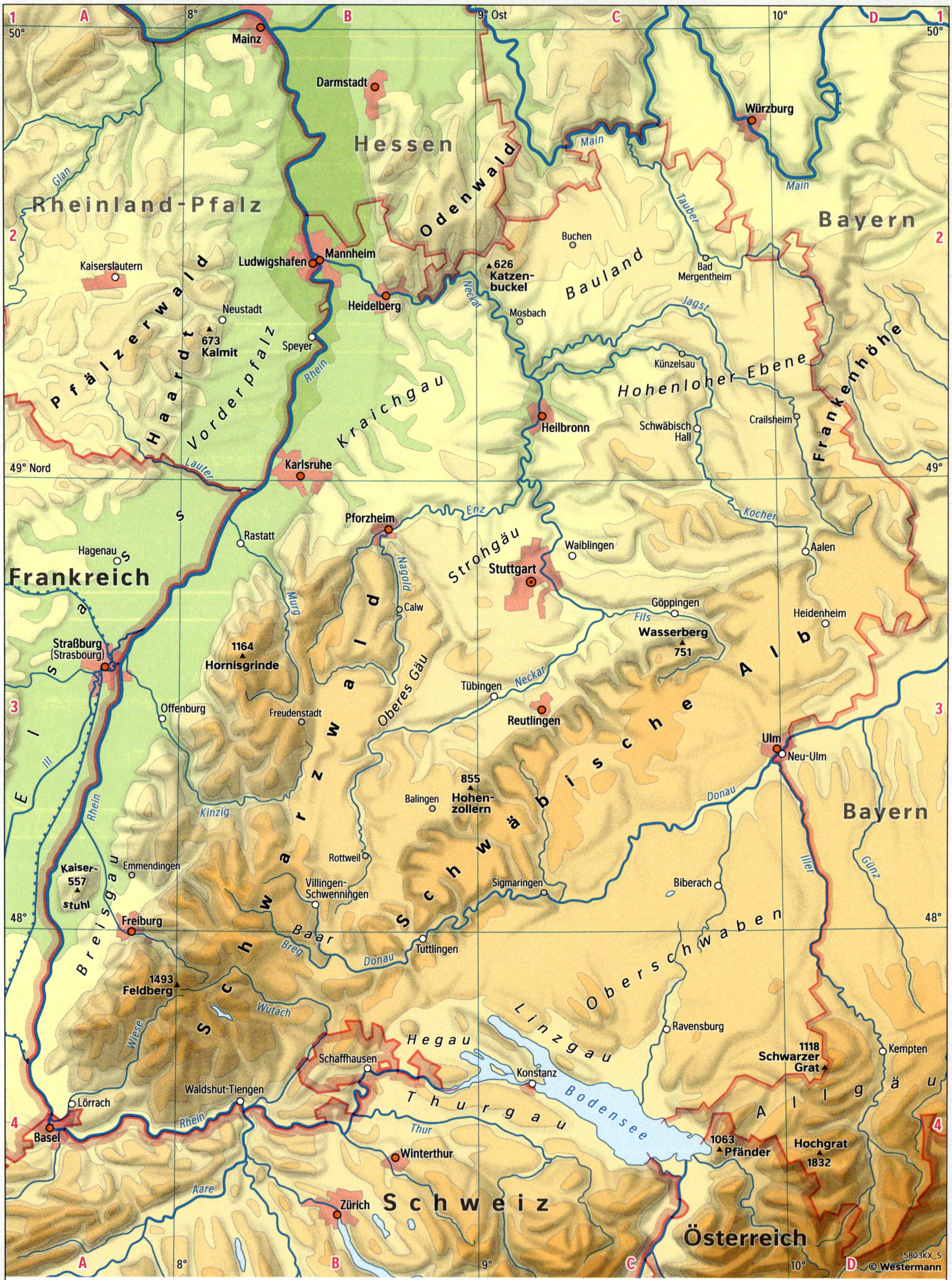

Landhöhen (in Meter)

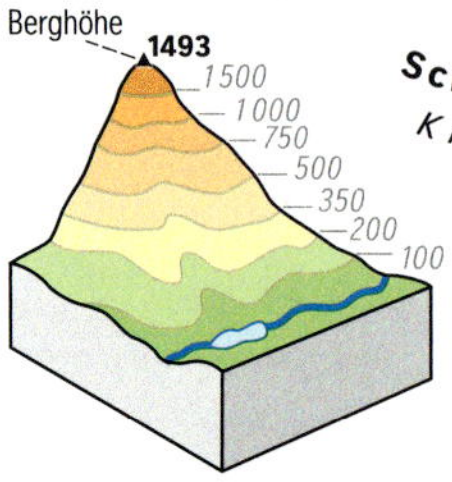

Feldberg	Name eines Berges
Schwarzwald	Name eines Gebirges
Kraichgau	Name einer Landschaft

Gewässer

- Fluss
- Kanal
- See

Orte (Einwohnerzahl)

- 500 000 – 1 000 000
- 100 000 – 500 000
- 20 000 – 100 000
- unter 20 000
- geschlossene Besiedlung

Verwaltung

- Staatsgrenze
- Landesgrenze

Maßstab 1 : 1 400 000

0 10 20 30 km

Verwaltung

- Staatsgrenze
- Landesgrenze
- Regierungs-bezirksgrenze
- Landkreisgrenze

Schweiz Name eines Staates

Bayern Name eines Bundeslandes

Freiburg Name eines Regierungsbezirks

Enzkreis Name eines Landkreises, der nicht nach dem Sitz des Landkreises benannt ist

AA Kraftfahrzeug-Kennzeichen

Verwaltungssitze

- Landeshauptstadt
- Sitz eines Regierungsbezirkes
- Sitz eines Land- oder Stadtkreises

Maßstab 1:1400000

0 10 20 30 km

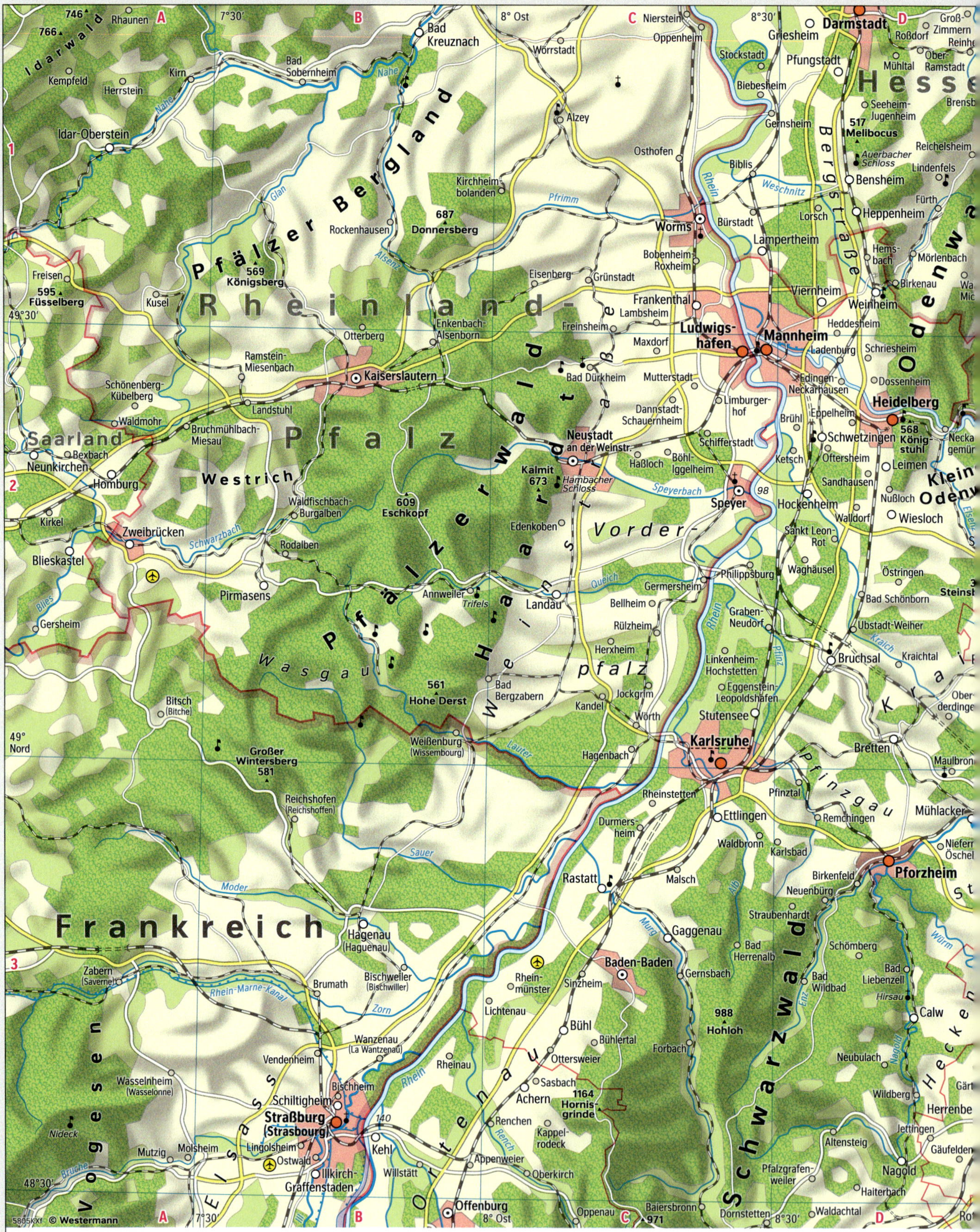

Orte (Einwohnerzahl)
- über 500 000
- 100 000 – 500 000
- 50 000 – 100 000
- 20 000 – 50 000
- unter 20 000
- Schloss, Burg
- Kirche, Kloster

Staaten und Verwaltung
- Staatsgrenze
- Landesgrenze
- **Stuttgart** Landeshauptstadt
- Regierungsbezirksgrenze
- **Karlsruhe** Sitz eines Regierungsbezirks

Verkehr
- Autobahn
- Straße
- Eisenbahn (Hauptstrecke)
- Eisenbahn (Nebenstrecke)
- Eisenbahntunnel
- Flughafen

Gewässer
- Fluss
- Kanal
- See
- schiffbarer Fluss
- schiffbarer Kanal

Bodenbedeckung
- geschlossene Besiedlung
- Wald
- Wiese, Weide
- vorwiegend Ackerland
- 561 Berg mit Berghöhe (in Met…
- 98 sonstige Landhöhe (in Met…

Maßstab 1 : 700 000 0 5 10 15 km

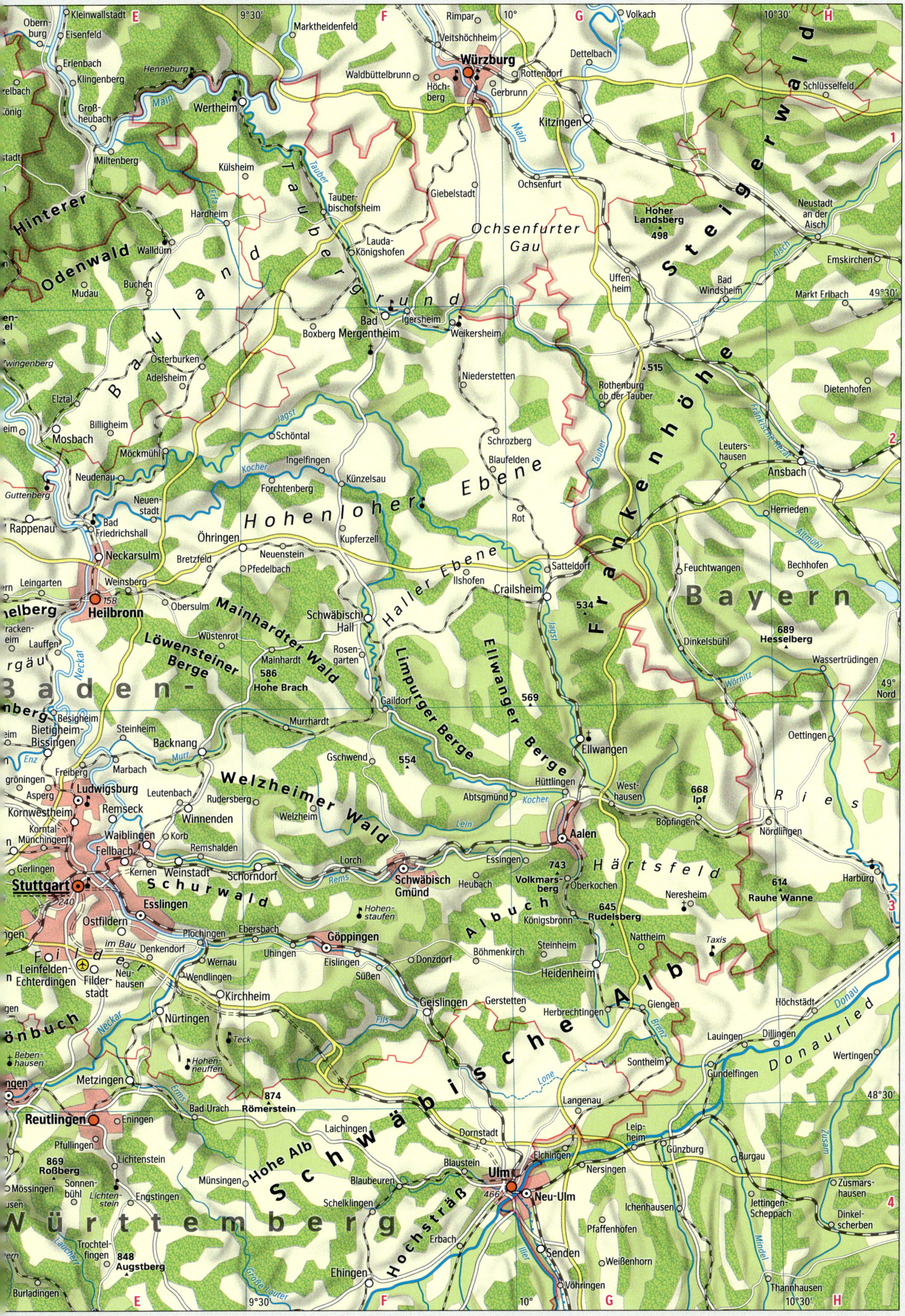
Würzburg
Heilbronn
Stuttgart
Ulm
Neu-Ulm
Ansbach
Aalen
Schwäbisch Gmünd
Göppingen
Esslingen
Ludwigsburg
Reutlingen
Bad Mergentheim
Crailsheim
Ellwangen
Heidenheim
Nördlingen
Rothenburg ob der Tauber
Kitzingen
Ochsenfurt
Wertheim
Mosbach
Öhringen
Schwäbisch Hall
Backnang
Waiblingen
Schorndorf
Kirchheim
Nürtingen
Metzingen
Geislingen
Ehingen
Günzburg
Dillingen
Dinkelsbühl
Feuchtwangen
Baden-
Württemberg
Bayern
Schwäbische Alb
Hohenloher Ebene
Frankenhöhe
Steigerwald
Odenwald
Bauland
Taubergrund
Ochsenfurter Gau
Haller Ebene
Limpurger Berge
Ellwanger Berge
Löwensteiner Berge
Mainhardter Wald
Welzheimer Wald
Schurwald
Albuch
Härtsfeld
Ries
Donauried
Hohe Alb
Filder
Main
Neckar
Tauber
Jagst
Kocher
Donau
Iller
Rems
Fils
9°30'
10°
10°30'
49°
49°30'
48°30'
E
F
G
H

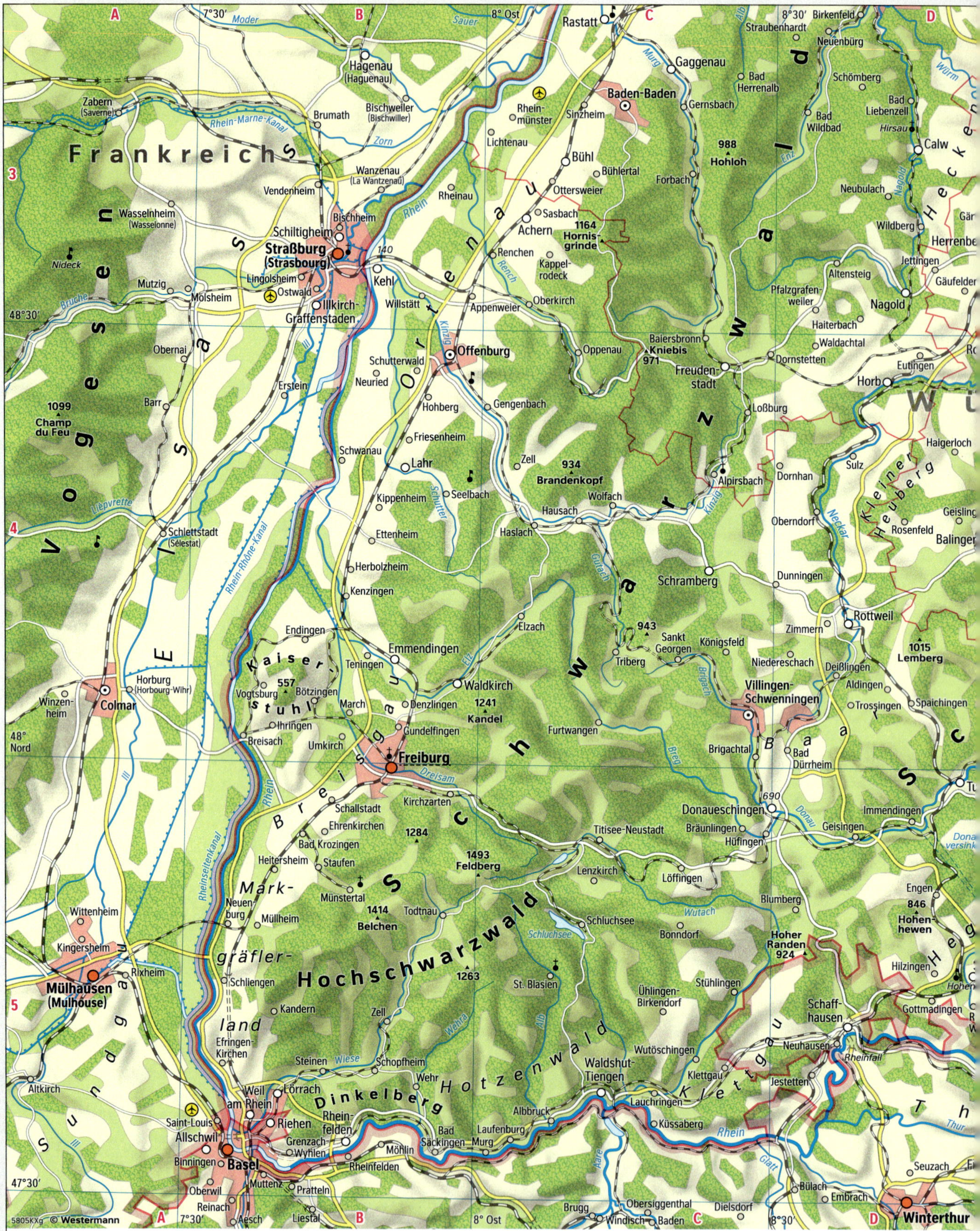

Orte (Einwohnerzahl)
- über 500 000
- 100 000 – 500 000
- 50 000 – 100 000
- 20 000 – 50 000
- unter 20 000
- Schloss, Burg
- Kirche, Kloster

Staaten und Verwaltung
- Staatsgrenze
- Landesgrenze
- **Stuttgart** Landeshauptstadt
- Regierungsbezirksgrenze
- **Freiburg** Sitz eines Regierungsbezirks

Verkehr
- Autobahn
- Straße
- Eisenbahn (Hauptstrecke)
- Eisenbahn (Nebenstrecke)
- Eisenbahntunnel
- Flughafen

Gewässer
- Fluss
- Kanal
- See
- schiffbarer Fluss
- schiffbarer Kanal

Bodenbedeckung
- geschlossene Besiedlung
- Wald
- Wiese, Weide
- vorwiegend Ackerland
- 1493 Berg mit Berghöhe (in Me[tern])
- 240 sonstige Landhöhe (in Me[tern])

Maßstab 1 : 700 000 0 5 10 15 km

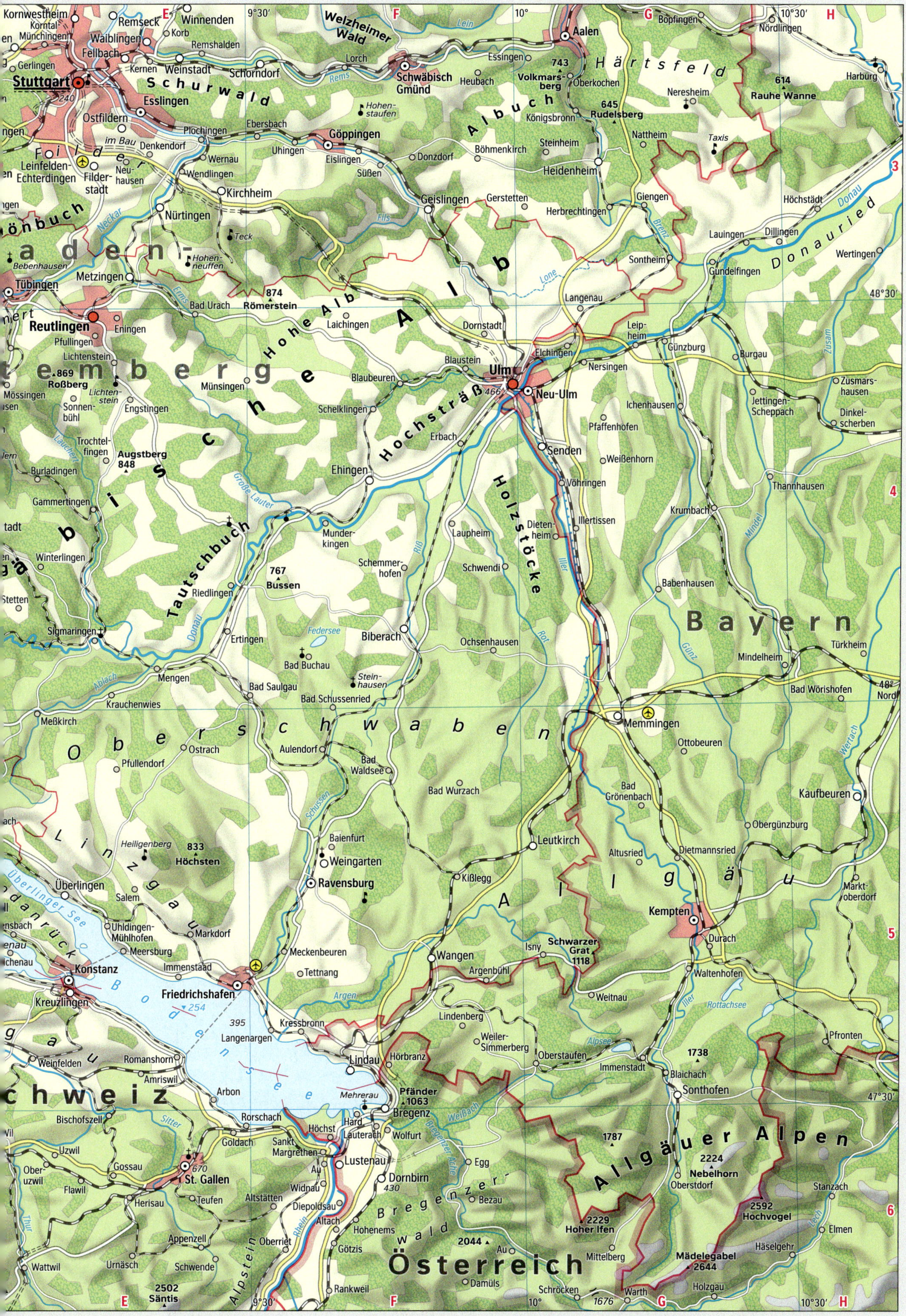
E
F
G
H
9°30'
10°
10°30'
48°30'
48°
47°30'
3
4
5
6
Stuttgart
Esslingen
Waiblingen
Fellbach
Remseck
Winnenden
Korb
Kornwestheim
Schorndorf
Weinstadt
Schurwald
Welzheimer Wald
Lorch
Schwäbisch Gmünd
Heubach
Aalen
Essingen
Oberkochen
Volkmarsberg
743
Härtsfeld
Bopfingen
Nördlingen
Neresheim
614
Rauhe Wanne
Harburg
Albuch
645
Rudelsberg
Königsbronn
Hohenstaufen
Göppingen
Ebersbach
Plochingen
Uhingen
Eislingen
Süßen
Donzdorf
Böhmenkirch
Steinheim
Heidenheim
Nattheim
Taxis
Ostfildern
Denkendorf
Wernau
Wendlingen
Kirchheim
Leinfelden-Echterdingen
Filderstadt
Neuhausen
Nürtingen
Teck
Schönbuch
Bebenhausen
Tübingen
Metzingen
Hohenneuffen
Geislingen
Gerstetten
Herbrechtingen
Giengen
Höchstädt
Lauingen
Dillingen
Donauried
Wertingen
Gundelfingen
Sontheim
Langenau
Reutlingen
Eningen
Pfullingen
Lichtenstein
Bad Urach
874
Römerstein
Laichingen
Hohe Alb
Dornstadt
Leipheim
Günzburg
Burgau
Elchingen
Ulm
Neu-Ulm
Nersingen
Blaustein
Blaubeuren
Münsingen
869
Roßberg
Mössingen
Sonnenbühl
Engstingen
Schelklingen
Hochsträß
Erbach
Ichenhausen
Jettingen-Scheppach
Zusmarshausen
Dinkelscherben
Pfaffenhofen
Senden
Weißenhorn
Vöhringen
Trochtelfingen
Augstberg
848
Burladingen
Ehingen
Holzstöcke
Thannhausen
Gammertingen
Krumbach
Tautschbuch
Munderkingen
Laupheim
Dietenheim
Illertissen
Winterlingen
Schemmerhofen
Schwendi
767
Bussen
Riedlingen
Babenhausen
Bayern
Stetten
Sigmaringen
Ertingen
Federsee
Biberach
Ochsenhausen
Türkheim
Mindelheim
Bad Buchau
Steinhausen
Mengen
Bad Saulgau
Bad Schussenried
Bad Wörishofen
Krauchenwies
Meßkirch
Memmingen
Ottobeuren
Oberschwaben
Ostrach
Aulendorf
Pfullendorf
Bad Waldsee
Bad Wurzach
Bad Grönenbach
Kaufbeuren
Obergünzburg
Linzgau
Heiligenberg
833
Höchsten
Baienfurt
Weingarten
Ravensburg
Leutkirch
Altusried
Dietmannsried
Allgäu
Überlingen
Salem
Überlinger See
Kißlegg
Kempten
Marktoberdorf
Uhldingen-Mühlhofen
Markdorf
Meersburg
Isny
Schwarzer Grat
1118
Durach
Konstanz
Immenstaad
Friedrichshafen
Meckenbeuren
Tettnang
Wangen
Argenbühl
Waltenhofen
Kreuzlingen
254
Bodensee
Argen
Weitnau
Rottachsee
395
Langenargen
Kressbronn
Lindenberg
Weiler-Simmerberg
Pfronten
Weinfelden
Romanshorn
Amriswil
Lindau
Hörbranz
Oberstaufen
Immenstadt
1738
Blaichach
Schweiz
Arbon
Mehrerau
Pfänder
1063
Bregenz
Sonthofen
Bischofszell
Rorschach
Höchst
Hard
Lauterach
Wolfurt
1787
Allgäuer Alpen
Goldach
Sankt Margrethen
Uzwil
Oberuzwil
Gossau
670
St. Gallen
Au
Lustenau
Dornbirn
430
Egg
2224
Nebelhorn
Oberstdorf
Stanzach
Flawil
Herisau
Teufen
Altstätten
Widnau
Diepoldsau
Bregenzerwald
Bezau
2229
Hoher Ifen
2592
Hochvogel
Elmen
Appenzell
Altach
Hohenems
Oberriet
Götzis
2044
Au
Mittelberg
Mädelegabel
2644
Häselgehr
Wattwil
Urnäsch
Schwende
Alpstein
Österreich
Damüls
Rankweil
2502
Säntis
Schröcken
1676
Warth
Holzgau
Neckar
Donau
Rems
Lein
Fils
Lone
Brenz
Zusam
Lauchert
Große Lauter
Riß
Iller
Rot
Günz
Mindel
Wertach
Ablach
Schussen
Sitter
Thur
Rhein
Bregenzer Ach
Alpsee

Dänemark
Ostsee
Nordsee
Flensburg
Nordfriesland
Nordfriesische Inseln
Kiel
Fehmarn
Kap Arkona
Rügen
Stralsund
Usedom
Helgoland
Rostock
Ostfriesische Inseln
Cuxhaven
Lübeck
Haff
Wilhelmshaven
Ostfriesland
Bremerhaven
Hamburg
Schwerin
Nord-Ostsee-Kanal
Stettin (Szczecin)
Emden
Müritz
Mecklenburgische Seenplatte
Uckermark
Groningen
Oldenburg
Bremen
Prignitz
Wittenberge
Lüneburger Heide
Elbe-Seitenkanal
Elbe
Havel
Niederlande
Emsland
Altmark
Polen
Norddeutsches Tiefland
Nördlicher Landrücken
Südlicher Landrücken
Oder (Odra)
Oderbruch
Weser
Aller
Berlin
Mittellandkanal
Potsdam
Frankfurt
Hannover
Osnabrück
Braunschweig
Ems
Magdeburg
Börde
Fläming
Bielefeld
Teutoburger Wald
Weser-Bergland
Leine
Spreewald
Münster
Brocken 1142
Harz
Dessau-Roßlau
Cottbus (Chóśebuz)
Münsterland
Niederlausitz
Lausitzer Neiße
Rhein
Spree
Deutschland
Essen
Dortmund
Duisburg
Göttingen
Halle
Leipziger Tieflandsbucht
Leipzig
Oberlausitz
Ruhr
Kassel
Görlitz
Düsseldorf
Rothaargebirge
841 Kahler Asten
Werra
Thüringer Becken
Dresden
Elbsandsteingebirge
Köln
Hessisches Bergland
Fulda
Erfurt
Jena
Gera
Chemnitz
Aachen
Rheinisches Schiefergebirge
Bonn
Westerwald
Großer Beerberg 982
Saale
Zwickau
Erzgebirge
Vogelsberg
Wasserkuppe 950
Thüringer Wald
Frankenwald
Plauen
Belgien
Koblenz
Taunus
Rhön
Vogtland
Eifel
Wiesbaden
Frankfurt
Main
Fichtelgebirge
Schneeberg 1051
Prag (Praha)
Mosel
Mainz
Spessart
Hunsrück
Odenwald
Bamberg
Tschechien
Luxemburg
Trier
Würzburg
Oberpfälzer Wald
Luxemburg (Luxembourg)
Pilsen (Plzeň)
Saar
Mannheim
Neckar
Nürnberg
Saarbrücken
Pfälzerwald
Oberrheinisches Tiefland
Schwäbisch-Fränkisches Stufenland
Donau
Fränkische Alb
Bayerischer Wald
1456 Großer Arber
Metz
Altmühl
Karlsruhe
Kanal
Regensburg
Stuttgart
Isar
Passau
Straßburg (Strasbourg)
Frankreich
Schwäbische Alb
Inn
Linz
Ulm
Augsburg
Alpenvorland
Schwarzwald
Iller
München
Freiburg
1493 Feldberg
Chiemsee
Mülhausen (Mulhouse)
Lech
Salzburg
Konstanz
Bodensee
Allgäu
Alpen
Basel
Zugspitze 2962
Österreich
Schweiz
Liechtenstein
Innsbruck
6° Ost
8°
10°
12°
14°
54° Nord
54°
52°
50°
48°
4001KX_2 © Westermann
Landhöhen (in Meter)
Gebiet unter dem Meeresspiegel
2962
Berghöhe
1500
1000
500
200
100
0 (Küstenlinie)
92
Watt
Landhöhe
Orte (Einwohnerzahl)
über 1 000 000
500 000 – 1 000 000
100 000 – 500 000
unter 100 000
Gewässer
Fluss
Kanal
See
Staaten
Staatsgrenze
Berlin Hauptstadt
Maßstab 1 : 4 000 000
0 20 40 60 80 100 km

Dänemark
Ostsee
Nordsee
Sylt
Flensburg
Kiel
Fehmarn
Rügen
Usedom
Helgoland
[zu Schleswig-Holstein]
[zu Hamburg]
Schleswig-Holstein
Rostock
Mecklenburg-Vorpommern
Schwerin
Stettin (Szczecin)
Bremerhaven
[zu Bremen]
Hamburg
Hamburg
Bremen
Bremen
Groningen
Oldenburg
Elbe
Niederlande
Niedersachsen
Polen
Oder (Odra)
Berlin
Berlin
Potsdam
Brandenburg
Zwolle
Weser
Hannover
Braunschweig
Magdeburg
Osnabrück
Ems
Münster
Sachsen-Anhalt
Elbe
Cottbus
Lausitzer Neiße
Rhein
Nordrhein-Westfalen
Deutschland
Essen
Dortmund
Duisburg
Halle
Düsseldorf
Kassel
Leipzig
Sachsen
Fulda
Erfurt
Dresden
Köln
Thüringen
Werra
Saale
Jena
Chemnitz
Hessen
Aussig (Ústí nad Labem)
Gießen
Belgien
Frankfurt
Wiesbaden
Prag (Praha)
Mainz
Main
Bayreuth
Tschechien
Mosel
Luxemburg
Luxemburg
Rheinland-Pfalz
Trier
Darmstadt
Würzburg
Pilsen (Plzeň)
Saarland
Saarbrücken
Neckar
Nürnberg
Metz
Bayern
Regensburg
Budweis (České Budějovice)
Karlsruhe
Baden-Württemberg
Nancy
Stuttgart
Donau
Straßburg (Strasbourg)
Tübingen
Frankreich
Augsburg
Inn
Linz
München
Freiburg
Mülhausen (Mulhouse)
Salzburg
Bodensee
Rhein
Basel
Zürich
Schweiz
Liechtenstein
Innsbruck
Österreich
6° Ost
8°
10°
12°
14°
54° Nord
52°
50°
48°
A
B
C
D
E
F
1
2
3
4
5
4000KX_4 © Westermann
Verwaltung
Staatsgrenze
Landesgrenze
Bayern Name eines Bundeslandes
Verwaltungssitze
Hauptstadt eines Staates
Landeshauptstadt
Gewässer
Fluss
Kanal
See
Maßstab 1 : 4 000 000
0 20 40 60 80 100 km

Ballungsräume (Einwohnerzahl)
über 10 000 000
3 000 000 – 10 000 000
1 000 000 – 3 000 000
unter 1 000 000
Grenzen
Staatsgrenze
umstrittene Grenze
Gewässer
Fluss
Fluss, jahreszeitlich Wasser führend
Wadi, Trockenfluss
Kanal
See
Salzsee
Salzpfanne
Landhöhen (in Meter)
Berghöhe
4810
Gletscher
Depression
3 000
1500
1000
500
200
100
0
-415
110
5858
sonstige Landhöhe
Wassertiefe
Maßstab 1 : 18 000 000
0 100 200 300 400 500 km
A
B
C
D
E
30°
20°
10° West
0°
2
3
4
5
6
50°
40° Nord
30°
Island
Hekla 1491
Hvannadals-hnúkur 2110
Europäisches Nordmeer
3860
Nördlicher Polarkreis
Färöer
Shetland-Inseln
Orkney-Inseln
Atlantischer Ozean
Britische Inseln
Hebriden
Schottisches Hochland
1344
Glasgow
Irland
Dublin
1039
Irische See
Newcastle upon Tyne
Liverpool
Leeds
Manchester
Sheffield
Birmingham
England
London
Sankt-Georgs-Kanal
Land's End
Ärmelkanal
Straße von Dover
238
Nordsee
Skandinavien
2469
Oslo
Skagerrak
Kattegat
Jütland
Kopenhagen
Hamburg
Amsterdam
Rotterdam
Norddeutsches Tiefland
Hannover
Berlin
Ruhrgebiet
Brüssel
Düsseldorf
Köln
1142
Lille
Elbe
Deutsche Mittelgebirge
Frankfurt
Kanalinseln
Normandie
Bretagne
Pariser Becken
Paris
Seine
Loire
Nürnberg
Stuttgart
Rhein
Donau
München
5858
Golf von Biskaya
Zentralmassiv
1886
Jura
Zürich
Alpen
3798
Großglockner
Lyon
4810
Mont Blanc
Mailand
Bordeaux
Kap Finisterre
Bilbao
Kantabrisches Gebirge
Pyrenäen
3404
Toulouse
Rhône
Turin
Po
Poebene
Porto
Hochland von Kastilien
Madrid
Ebro
Tajo
Lissabon
Marseille
Golfe du Lion
Barcelona
Apennin
Adriatisches Meer
Korsika
2710
2914
Rom
Valencia
Balearen
Mallorca
Sardinien
1834
Neapel
3785
Sierra Morena
Sevilla
Betische Kordillere
3478
Madeira
Straße von Gibraltar
Mittelmeer
Tyrrhenisches Meer
Er Rif
2456
Casablanca
Rabat
Fès
Oran
Algier
Kap Blanc
Palermo
3357
Ätna
Tunis
Sizilien
Malta
Kanarische Inseln
Teneriffa
Gran Canaria
Lanzarote
Fuerteventura
Moulouya
4167
Toubkal
Atlasgebirge
2328
Wadi Djedi
-30
Schott Melghir
16
Schott el Djerid
Djerba
Golf von Gabès
Tripolis
Wadi Draa
Wadi Saoura
Sahara
C
D
E
F
10° West
0°
10° Ost

Nordkap
Barentssee
Kolgujew
Kanin-Halbinsel
Kola
Lappland
Inarisee
Weißes Meer
Timanrücken
Petschora
1895 Narodnaja
Uralgebirge
Westsibirisches Tiefland
Ob
Irtysch
Tawda
Omsk
Nordrussisches Tiefland
Nördl. Dwina
Wytschegda
Suchona
Onegasee
Finnische Seenplatte
Ladogasee
Nordrussischer Landrücken
1569
Kama-stausee
Perm
Jekaterinburg
Tscheljabinsk
Wotkinsker Stausee
Helsinki
Sankt Petersburg
Finnischer Meerbusen
Peipussee
Saaremaa
Rybinsker Stausee
Gorkier Stausee
Wolga
Kasan
Kama
Ufa
Belaja
Ural
Tobol
Nischni Nowgorod
Waldaihöhen 323
Moskau
Riga
Kuibyschewer Stausee
Samara
Obschtschi Syrt
Baltischer Landrücken
Vilnius
Minsk
Mittelrussische Platte
Wolgaplatte
Saratower Stausee
Saratow
Don
Dnjepr
Woronesch
Wolgograder Stausee
Nördlicher Aralsee
Warschau
Pripjatsümpfe
Kiew
Charkiw
Wolgograd
Kaspische Senke
Westlicher Aralsee
Amudarja
Wolhynisch-Podolische Platte
Weichsel
Dnipro
Donezplatte
Donezk
Zimljansker Stausee
Rostow
Manytschniederung
Kuma
Karpaten
Kachowkaer Stausee
Kischinau
Odessa
Asowsches Meer
Kaspisches Meer
Siebenbürgen
Südkarpaten
Krim
1545
5642 Elbrus
Kaukasus
Baku
Bukarest
Donau
Belgrad
Schwarzes Meer
2211
Tiflis
Kura
Balkan
Sofia
2376
2925
Rhodopen
2764
3931
Pontisches Gebirge
Jerewan
5137 Ararat
Arax
Täbris
Elburs
5610
Teheran
İstanbul
Bosporus
Ankara
Bursa
Kızılırmak
Westl. Euphrat
Östl. Euphrat
Vansee
Urmiasee
1275
2917 Olymp
Pindos
Kleinasien
Tuzsee
3917
Gaziantep
Mossul
Zagrosgebirge
Isfahan
İzmir
Ägäisches Meer
Athen
Peloponnes
Taurus
Adana
Aleppo
Antalya
Mesopotamien
Euphrat
Tigris
Bagdad
4550
Rhodos
4599
5267
1953
Zypern
3086
Homs
Syrische Wüste
Beirut
Damaskus
2456
Kreta
Basra
Shiraz
Persischer Golf
Kuwait-Stadt
Mittelmeer
Tel Aviv
Amman
Gaza
Jerusalem
Totes Meer
-415
Djabal al-Achdar
876
Alexandria
Suez-kanal
Kairo
-133
Arabien
2011KXc © Westermann

Staaten und Orte
Staatsgrenze
umstrittene Grenze
Hauptstadt
Regierungssitz
sonstiger Ort
Abkürzungen
Bosn. u. H. Bosnien und Herzegowina
Li. Liechtenstein
Lux. Luxemburg
Nordmaz. Nordmazedonien
[brit.] britisch
[VK] Vereinigtes Königreich
Maßstab 1 : 18 000 000
0 100 200 300 400 500 km
A
B
C
D
E
F
2
3
4
5
6
30°
20°
10° West
0°
50°
40° Nord
30°
10° Ost
Europäisches Nordmeer
Nördlicher Polarkreis
Atlantischer Ozean
Nordsee
Mittelmeer
Island
Reykjavík
Färöer [Dänemark]
Shetland-Inseln
Orkney-Inseln
Britische Inseln
Hebriden
Norwegen
Oslo
Dänemark
Kopenhagen
Vereinigtes Königreich Großbritannien und Nordirland
Irland
Dublin
Man
Birmingham
London
Niederlande
Den Haag
Amsterdam
Hamburg
Berlin
Kanalinseln [brit.]
Brüssel
Belgien
Köln
Deutschland
Lux.
Luxemburg
Brest
Paris
Prag
Tsch
Stuttgart
München
Frankreich
Bern
Li.
Vaduz
Schweiz
Österr
Bordeaux
Mailand
Ljubljana
Slowenie
Kro
Porto
Portugal
Lissabon
Madrid
Spanien
Andorra
Marseille
Monaco
San Marino
Barcelona
Korsika
Italien
Rom
Vatikanstadt
Neapel
Balearen
Mallorca
Sardinien
Sevilla
Madeira [Portugal]
Gibraltar [VK]
Ceuta [Spanien]
Melilla [Spanien]
Algier
Rabat
Casablanca
Palermo
Sizilien
Tunis
Valletta
Malta
Kanarische Inseln [Spanien]
Teneriffa
Lanzarote
Fuerteventura
Gran Canaria
Marokko
Tunesien
Djerba
Tripolis
El-Aaiún
Westsahara [von Marokko kontrolliert]
Algerien
Mauretanien
Libye

Barentssee
Murmansk
Finnland
Helsinki
Sankt Petersburg
Tallinn
Estland
Lettland
Riga
Litauen
Vilnius
(Russland)
Minsk
Belarus
Warschau
Russland
Moskau
Kasan
Samara
Jekaterinburg
Omsk
Aktobe
Kasachstan
Atyrau
Wolgograd
Usbekistan
Nukus
Kiew
Charkiw
Ukraine
Rostow
Moldau
Kischinau
Odessa
Krim
Rumänien
Belgrad
Bukarest
Serbien
Pristina
Kosovo
Sofia
Bulgarien
Skopje
Nordmaz.
Schwarzes Meer
Kaspisches Meer
Georgien
Tiflis
Baku
Aserbaidschan
Armenien
Jerewan
Turkmenistan
İstanbul
Ankara
Türkei
Täbris
Teheran
Iran
Griechenland
Athen
İzmir
Adana
Aleppo
Syrien
Mossul
Isfahan
Rhodos
Nikosia
Zypern
Kreta
Libanon
Beirut
Damaskus
Bagdad
Irak
Basra
Kuwait
Kuwait-Stadt
Persischer Golf
Israel
Amman
Jerusalem
Westjordanland
Gazastreifen
Jordanien
Manama
Bahrain
Katar
Alexandria
Ägypten
Kairo
Saudi-Arabien
40° Nord
2012KXc © Westermann

Landhöhen
(Angaben in Meter)

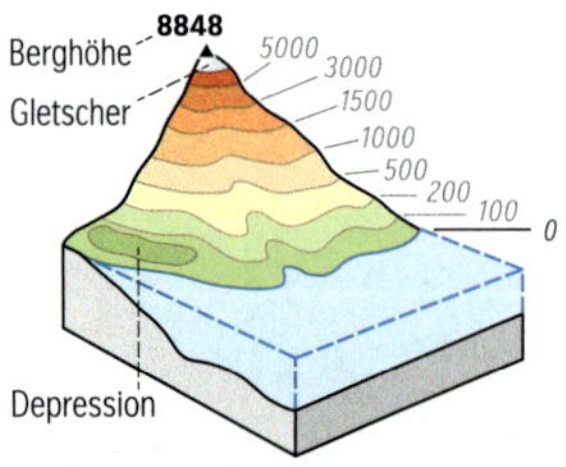

Gewässer
Fluss
Kanal
See
periodischer See

Siedlungen
o Ort

2KXd © Westermann
Franz-Josef-Land
Nowaja Semlja
Barentssee
Karasee
Kap Tscheljuskin
Taimyr-Halbinsel
Laptewsee
Ostsibirische See
Bering-Str.
Kap Deschnew
Werchojansk
Werchojansker Gebirge
Salechard
Sibirien
Ob
Jenissei
Lena
Kamtschatka
Beringmeer
Aleuten
Ochotskisches Meer
Stanowoigebirge
Jablonowygebirge
Ural
Wolga
Moskau
Nowosibirsk
Irtysch
Baikalsee
Amur
Altai
Kaspische Senke
ASIEN
Gobi
Mandschurei
Pik Pobedy 7439
Tian Shan
Schwarzes Meer
Kaukasus
5642 Elbrus
Kaspisches Meer
Turan
Tarimbecken
Peking
Japanisches Meer
Honshu
Tokio
Korea
K2 8611
Kunlun Shan
Hindukusch
Hochland von Tibet
Huang He
Ostchinesisches Meer
Mesopotamien
Hochland von Iran
Himalaya
Mount Everest 8848
Jangtsekiang
Pazifischer
Kairo
Nil
Indus
Thar
Delhi
Ganges
Südchinesisches Bergland
Guangzhou
Arabien
Rotes Meer
Indien
Große Arabische Wüste
Mumbai
Arabisches Meer
Golf von Bengalen
Marianen
Philippinen
Mekong
Südchinesisches Meer
Ras Daschan 4533
Andamanen
Bangkok
Kap Guardafui
Hochland von Äthiopien
Kap Komorin
Nikobaren
Sri Lanka
Mikronesien
Karolinen
Malediven
Malaiischer Archipel
Mount Kenia 5199
Victoriasee
Kongo
Äquator
Sumatra
Borneo
Melanesien
5895 Kilimandscharo
Seychellen
Indischer Ozean
Neuguinea
Ozean
Daressalam
Chagos-Archipel
Java
Salomon-Inseln
Komoren
Sambesi
Kokosinseln
Darwin
Kap York
Korallensee
Str. v. Mosambik
Madagaskar
Maskarenen
Große Sandwüste
Great Barrier Reef
AUSTRALIEN
Drakensberge
Neukaledonien
Große Victoriawüste
Australisches Tiefland
Darling
Australisches Bergland
Perth
Sydney
Tasmansee
Große Australische Bucht
Mt. Kosciuszko 2228
St-Paul
Tasmanien
Neuseeland
Kerguelen
Chatham-Inseln
Auckland-Inseln
Rossmeer
Transantarktisches Gebirge
ARKTIKA
Maßstab am Äquator 1:86 000 000
0 500 1000 1500 2000 2500 km

Register

A

B

C

D

E

F

Lexikon

Ablagerungsgestein (S. 90)
Durch → Verwitterung werden → Gesteine zerkleinert. Das Material wird durch Wasser, Wind oder Eis abgetragen, transportiert und als Sediment abgelagert. Durch den Druck der oberen Schichten verfestigen sich diese Ablagerungen zu Ablagerungsgesteinen wie Sand- und Kalkstein.

Abtragung (S. 64, 80, 90)
→ Erosion; die Veränderung der Erdoberfläche durch fließendes Wasser, Eis oder Wind

Ackerbau (S. 92, 112, 118)
→ Landwirtschaft mit dem Anbau von Nutzpflanzen (z. B. Getreide). Hierzu legen Landwirte Felder an.

Albtrauf (S. 92)
Steilanstieg der Schwäbischen Alb von Nordwesten her, im Durchschnitt etwa 400 m hoch; er bildet dort den Hang der → Schichtstufen. Schon seit Millionen Jahren bildet sich der Albtrauf durch → Verwitterung und → Erosion des Gesteins jährlich im Durchschnitt um mehrere Millimeter nach Südosten zurück. Teilweise kommt es auch zu plötzlichen → Massenbewegungen.

Almwirtschaft (S. 170, 196)
Form der Weidewirtschaft im Gebirge. Im Winter wird das Vieh im Tal im Stall gehalten. Den Sommer verbringt es auf den hoch liegenden Almen.

Alpenvorland (S. 46)
Zwischen der Donau und den Alpen gelegenes Hügelland. Sein Landschaftsbild wurde vorwiegend von den → Gletschern der → Kaltzeiten geprägt. Zahlreiche → Seen entstanden aus geschmolzenem Gletscherwasser (→ Zungenbeckenseen). Das Alpenvorland steigt von 300 m auf 800 m am Alpenrand an.

Äquator (S. 14, 154)
Großkreis eines → Planeten, der von beiden → Polen gleich weit entfernt ist. Der Äquator der Erde ist mit ca. 40 000 km der längste → Breitenkreis. Er teilt die Erde in eine→ Nord- und eine → Südhalbkugel.

Atmosphäre (S. 12)
Gasförmige, mehrschichtige Lufthülle der → Erde (ca. 100 km hoch), die uns vor Strahlung aus dem Weltall schützt. In der untersten Schicht, der Troposphäre (0 – 10 km Höhe), spielen sich die → Wettervorgänge ab. Die Hauptbestandteile der Atmosphäre sind Stickstoff, Sauerstoff und Wasserdampf.

Arbeitskraft (S. 66, 76, 196)
Ein Mensch, der arbeitet.

arid (S. 150)
Bezeichnung für ein trockenes → Klima. Als arid werden Monate bezeichnet, in denen die → Niederschläge niedriger sind als die Verdunstung (Gegensatz: → humid).

Ausgangsgestein (S. 120)
→ Gestein, das als Ausgangsmasse zur Bildung von → Boden dient.

Ausgleichsküste (S. 62)
Eine buchtenarme, gerade → Küste, die durch parallel zur Küste stattfindende Sandverlagerung entsteht.

Baumgrenze (S. 168)
Grenze, über die hinaus aufgrund des → Gebirgsklimas Bäume nicht mehr wachsen. Darunter wachsen sie nur vereinzelt (→ Waldgrenze).

Bevölkerungsdichte (S. 45)
Durchschnittliche Zahl der Einwohner eines Gebietes pro Flächeneinheit, meistens pro Quadratkilometer (Abkürzung: Einw./ km^2).

Bewässerungsfeldbau (S. 190)
Landwirtschaftlicher Anbau mit künstlicher Bewässerung, z. B. durch Grund- oder Flusswasser. Das ermöglicht den → Ackerbau in Gebieten mit nur wenig → Niederschlag.

Bewölkung (S. 50)
Bedeckung des Himmels mit Wolken. Wolken entstehen durch die Kondensation des Wassers in der Luft.

Binnenhafen (S. 132)
Im Unterschied zu einem → Seehafen liegt ein Binnenhafen an einem → Fluss, Kanal oder → See im Landesinneren. Er dient zur Binnenschifffahrt.

Bodden (S. 62)
Buchtenreiche → Küste mit vom Land eingeschlossenen Meeresteilen

Boden (S. 90, 120, 154)
Die oberste Erdschicht, in der sich die Wurzeln der Pflanzen befinden und aus der sie sich mit Nährstoffen versorgen. Die Bodenbildung wird von vielen Faktoren beeinflusst (→ Gestein, → Verwitterung, Vegetation, Mensch).

Bodenlebewesen (S. 120)
Die Gesamtheit der im → Boden lebenden Organismen, zumeist kleine Tiere und Pflanzen, sowie Bakterien und Pilze. Sie sind wesentlich an der Entstehung von → Humus beteiligt.

borealer Nadelwald (S. 156)
Nur auf der → Nordhalbkugel in den → Mittelbreiten auftretende → Vegetationszone mit ausgedehnten Nadelwäldern aus Tannen, Lärchen, Kiefern und Fichten. In Russland als Taiga bezeichnet.

Breitenkreis (S. 14)
Teil des → Gradnetzes der → Erde; Breitenkreise (Breitengrade) werden vom → Äquator aus nach Norden und Süden von 0° bis 90° gezählt. Sie verlaufen parallel zum Äquator und ver-

binden die Punkte auf der Erde mit der gleichen geographischen Breite.

Bundeshauptstadt (S. 36)
→ Stadt, in der die Regierung und das Parlament eines Bundesstaates ihren Sitz haben. In der Bundesrepublik Deutschland ist das Berlin.

Bundesland (S. 42)
Selbstständige territoriale Einheit der Bundesrepublik Deutschland. Es gibt insgesamt 16 Bundesländer.

Container (S. 72)
Genormter Frachtbehälter für die Beförderung von Gütern, der den Gütertransport revolutioniert hat. Standardmaße sind ca. 2,5 x 2,5 x 6 m = 1 TEU (twenty foot equivalent unit) oder ca. 2,5 x 2,5 x 12 m = 2 TEU.

Deckgebirge (S. 102)
→ Ablagerungsgesteine, die auf älterem Gesteinsgrund (→ Grundgebirge) auflagern.

Deich (S. 64)
Mehrere Meter hoher künstlicher Erdwall, der bei → Sturmflut die Küstenbewohner vor Überschwemmungen schützt. Deiche werden aber auch an Flussufern aufgeschüttet.

Delta (S. 146)
Mündung eines → Flusses, die durch ständige Ablagerung aufgrund der geringeren Fließgeschwindigkeit in ein → Meer/ einen → See hineinwächst.

Dienstleistung (S. 66)
→ Wirtschaftsbereich, der nicht durch die Produktion von Gütern, sondern durch persönliche Leistungen geprägt ist. Dazu gehören z. B. Handel, Banken, Versicherungen.

Digitale Karte (S. 28)
Karten, die nur digital, z. B. auf einem Smartphone oder Computer verfügbar sind.

Doline (S. 94)
Karstform (→ Verkarstung); durch einen Erdfall bildet sich eine trichterförmige Vertiefung an der Oberfläche.

Dorf (S. 124)
Kleiner Ort, dessen Bewohner früher vor allem von → Landwirtschaft lebten, heute aber oft → Pendler sind.

Düne (S. 64)
Erhebung aus großen Mengen Sand, der vom → Wind abgelagert wurde.

Ebbe (S. 60)
→ Gezeiten; Ablaufen des Wassers

Endmoräne (S. 110)
Teil der → glazialen Serie; Material, das ein → Gletscher vor sich herschiebt und das nach dem Abschmelzen als wallartiger Hügel in der → Landschaft bestehen bleibt. Diese Hügel sind noch heute zu sehen und zeigen die Lage des Eisrandes während der größten Gletscherausdehnung.

Erdachse (S. 14)
Gedachte Achse, um die sich die → Erde einmal in 24 Stunden dreht (→ Erdrotation). Sie verläuft durch den → Nordpol und den → Südpol und steht schräg zur Ebene, auf der die Erde die → Sonne umkreist. Deshalb sind Tage und Nächte über ein Kalenderjahr unterschiedlich lang.

Erde (S. 12)
Der → Planet, auf dem wir leben.

Erdrevolution (S. 12)
Umlauf der → Erde um die → Sonne im Laufe eines Jahres (365 Tage, 5 Stunden, 48 Minuten, 46 Sekunden)

Erdrotation (S. 18)
Die Drehung der → Erde um die → Erdachse

Ergussgestein (S. 90)
An der Erdoberfläche erkaltetes und erstarrtes → Magma

Erosion (S. 90)
→ Abtragung

Europäische Union (EU) (S. 142)
Die EU ist ein Zusammenschluss von 27 europäischen Staaten, der Frieden und Freiheit in Europa gewährleisten soll. Die Mitgliedstaaten haben sich wirtschaftlich und politisch gemeinsame Ziele gesetzt.

Export (S. 72)
Lieferung von Waren und Dienstleistungen ins Ausland

Faltengebirge (S. 166)
Durch seitlichen Druck werden während der Gebirgsbildung einst waagerecht liegende Gesteinsschichten zusammengeschoben und gefaltet. Dabei entstehen Faltengebirge.

Findling (S. 110)
Gesteinsblock, der von → Gletschern in der → Kaltzeit verfrachtet wurde.

Fjell (S. 177)
Bezeichnet die Hochflächen des Skandinavischen Gebirges. Sie sind wegen ihrer Kargheit (nackter Fels, Moose/Flechten) kaum besiedelt.

Fjord (S. 176)
Vom → Gletscher überformtes → Tal, das durch den späteren Anstieg des Meeresspiegels überflutet wurde.

Flächenbedarf (S. 68, 76)
Für unterschiedliche Formen der Nutzung von → Landschaften (z. B. → Wirtschaft oder → Verkehr) werden Flächen bebaut und verändert.

Flachküste (S. 62)
An Flachküsten laufen die Wellen sanft ab. Hier wird feiner Sand abgelagert. Es entsteht ein Sandstrand.

Fluss (S. 148)
Fließgewässer mittlerer Länge, mit einem insgesamt ausgeglichenen Gefälle, das in einem oberirdischen Bett fließt. Kleinere Fließgewässer nennt man Bäche, größere heißen Ströme. Hauptflüsse fließen selbst in das Meer oder einen Endsee (→ Delta), Nebenflüsse münden in einen anderen, größeren Fluss. Flüsse lassen sich in einen Oberlauf, einen Mittellauf und einen Unterlauf einteilen.

Flut (S. 60)
→ Gezeiten; Ansteigen des Wassers

Förde (S. 62)
Meist schlauchartige, lang gestreckte und oft tiefe Meeresbuchten, die weit ins Innere des Landes reichen.

Forstwirtschaft (S. 80, 104, 178)
→ Wirtschaftsbereich, der Holz planmäßig erzeugt. Hierzu werden Bäume angepflanzt (oftmals in → Monokulturen) und Jahrzehnte später gefällt.

Fossil (S. 92)
Überrest eines vorzeitlichen Tieres oder einer Pflanze, unter besonderen Ablagerungsbedingungen in ein → Ablagerungsgestein (Sediment) eingebettet.

Fremdenverkehr (S. 66)
→ Tourismus

Gäulandschaft (S. 86)
Bezeichnung für die mit Löss, einem feinen, sandähnlichen, losen → Ablagerungsgestein, bedeckten fruchtbaren Ebenen im → Alpenvorland. Die Böden sind besonders fruchtbar für den → Ackerbau.

Gebirgsklima (S. 197)
→ Klima in höheren → Höhenstufen. Es zeichnet sich durch ganzjährigen → Niederschlag (häufig als Schnee), kurze und kühle Sommer sowie lange und kalte Winter aus.

Geographisches Informationssystem (GIS) (S. 100)
Software, die raumbezogene Daten verarbeitet. Eine Kombination verschiedener Daten und eine kartenmäßige Darstellung ist möglich.

Gesellschaft (S. 10)
Gesamtheit der Menschen und die damit verbundenen Wechselbeziehungen, z.B. in der → Wirtschaft.

Gestein (S. 90)
Gesteine bauen die festen Teile der → Erde auf und bestehen aus verschiedenen Mineralien. Nach ihrer Entstehung unterscheidet man verschiedene Gesteinsarten: → Tiefengesteine sind bereits in größerer Tiefe unter der Erdoberfläche erkaltet (z. B. Granit), → Ergussgesteine erst, nachdem sie bei einem → Vulkanausbruch zur Erdoberfläche emporgepresst wurden (z. B. Basalt). Beide werden zusammen als magmatische Gesteine zusammengefasst, da sie direkt aus dem → Magma entstehen. → Ablagerungsgesteine (Sedimentgesteine) bilden sich, wenn die durch → Verwitterung und → Erosion vorhandenen Bruchstücke anderer Gesteine wieder abgelagert und durch natürliche Bindemittel verbacken werden (z. B. Sandstein, Kalkstein). → Umwandlungsgesteine (metamorphe Gesteine) entstehen, wenn Erstarrungs- oder Absatzgesteine durch Hitze oder Druck verändert werden (z.B. Granit wird zu Gneis).

Gezeiten (S. 60)
Ständig wiederkehrende Wasserstandsschwankungen des → Meeres. Das abwechselnde Steigen (→ Flut) und Fallen (→ Ebbe) wird vor allem durch die Anziehungskraft des → Mondes hervorgerufen.

glaziale Serie (S. 110)
Vom Eis der → Gletscher und vom Schmelzwasser geschaffener Formenschatz: → Grundmoräne mit → Zungenbeckensee, → Endmoräne und → Schotterflächen.

Gletscher (S. 62, 110, 169, 176)
Ein Gletscher ist eine Eismasse im → Hochgebirge, die langsam talwärts fließt. Der Gletscher gliedert sich in ein Nährgebiet und ein Zehrgebiet. Im Nährgebiet (oben) erhält der Gletscher seinen Nachschub. Hier bildet sich der gefallene Schnee zu Gletschereis um. Im Zehrgebiet (unten) schmilzt der Gletscher ab.

Globus (S. 14)
Verkleinertes Modell der → Erde

Golfstrom (S. 155)
Warme → Meeresströmung im Nordatlantik

GPS (S. 26)
(engl. Global Positioning System) Satellitengestütztes Navigationssystem, bei dem mithilfe von Satelliten eine genaue Positions auf der → Erde bestimmt werden kann.

Grabenbruch (S. 138)
Talförmiger, lang gestreckter Einbruch, der durch Bewegungen im Inneren der → Erde entstanden ist. Die Ränder bilden zumeist Gebirge.

Gradnetz (S. 14)
Gedachtes Netz von Linien, das Geographen über die → Erde „gelegt" haben. Mithilfe des Gradnetzes kann man jeden beliebigen Punkt auf der Erde genau bestimmen. Es setzt sich aus → Längenkreisen und → Breitenkreisen zusammen.

Grundbedürfnisse (S. 128)
Mindestbedarf, den ein Mensch zum Leben braucht. Dazu zählen die Versorgung mit Nahrung und Trinkwasser, Kleidung, Unterkunft, Bildung, Arbeit und ärztliche Versorgung.

Grundgebirge (S. 102)
Aus Granit und Gneis bestehende alte Schichten von → Gesteinen, die den Kern der → Mittelgebirge bilden.

Grundmoräne (S. 110)
Teil der → glazialen Serie; Ablagerung von → Gesteinen, die der Gletscher mit sich geführt hat und die beim Abschmelzen des Gletschers zurückbleiben.

Grünlandwirtschaft (S. 112)
→ Landwirtschaft auf Nutzflächen, die mit Gräsern und Kräutern bewachsen sind. Wiesen werden gemäht, auf Weiden stehen die Tiere. Ziel ist die Haltung von Tieren (z. B. Kühe) zur Herstellung von Fleisch- und Milchprodukten.

Güterumschlag (S. 72)
„Güter umschlagen" bedeutet, Güter von einem Transportmittel (z. B. Hochseefrachter im → Seehafen) auf ein anderes Transportmittel (z. B. Binnenschiff, Eisenbahn oder Lkw) für den Weitertransport umzuladen. Der Ort heißt Umschlagsplatz.

Halbinsel (S. 146)
Im Gegensatz zur → Insel nur teilweise vom Wasser umgebenes Stück Land.

Hartlaubvegetation (S. 156)
Immergrüne Bäume und Sträucher, die sich den heißen und trockenen Sommern des subtropischen Klimas angepasst haben. Sie können sparsam mit Wasser umgehen.

Hauptstadt (S. 36)
→ Stadt eines → Staates (oder → Bundeslandes), von der aus das Land politisch regiert wird. Häufig ist die Hauptstadt auch das wirtschaftliche und/oder kulturelle Zentrum eines Landes. Für Deutschland ist Berlin die → Bundeshauptstadt. Für das Bundesland Baden-Württemberg ist Stuttgart die → Landeshauptstadt.

Himmelsrichtung (S. 24)
Diese helfen dir bei der Orientierung auf der → Erde. Es gibt vier Haupthimmelsrichtungen: Norden, Osten, Süden, Westen. Sie lassen sich mit einem → Kompass bestimmen.

Hochgebirge (S. 46, 166)
Gebirge mit schroffen Formen und deutlichen Höhenunterschieden: Die Berge erreichen über 1500 m Höhe.

Hochseefischerei (S. 182)
Große, hochseetaugliche Fangschiffe sind Wochen auf dem → Ozean unterwegs. Der Fang wird bereits auf den Fangschiffen verarbeitet.

Hochwasser (S. 62)
Wenn der Wasserstand von Flüssen, Bächen, Seen oder Meeren über das Normalmaß ansteigt, spricht man von Hochwasser. Manchmal kommt es dann zu Überschwemmungen, die zu → Naturkatastrophen werden können.

Höhenlinie (S. 20)
Eine Höhenlinie verbindet auf einer → Karte alle Punkte in gleicher Höhe über dem Meeresspiegel (m ü. M.). Mithilfe von Höhenlinien werden die Oberflächenformen (Berge, Täler) einer → Landschaft dargestellt. Je enger die Höhenlinien nebeneinander liegen, umso steiler ist das Gelände.

Höhenschicht (S. 20)
Wenn man die Flächen zwischen den → Höhenlinien auf → Karten farbig ausmalt, erhält man Höhenschichten. Die Oberflächenformen werden dadurch anschaulich. Die Farbe wechselt mit zunehmender Höhe von Grüntönen über Gelbtöne zu Brauntönen.

Höhenstufe (S. 169, 196)
Klima- und Vegetationsstufe im Gebirge. Die → Temperatur nimmt etwa ein halbes Grad Celsius pro 100 Höhenmeter ab (→ Gebirgsklima).

Holzwirtschaft (S. 104, 181)
→ Wirtschaftsbereich zur Weiterverarbeitung von Holz; Holzhandel und Holzindustrie gehören dazu.

humid (S. 150)
Bezeichnung für ein feuchtes → Klima. Als humid werden Monate bezeichnet, in denen die → Niederschläge höher sind als die Verdunstung (Gegensatz: → arid).

Humus (S. 120)
Bei der Umwandlung und Zersetzung von abgestorbenem organischem Material im → Boden durch → Bodenlebewesen wird Humus produziert. Humus beeinflusst durch sein Wasserhaltevermögen und seinen Nährstoffgehalt die Fruchtbarkeit des Bodens.

Import (S. 72)
Einfuhr von Waren und Dienstleistungen aus dem Ausland

Industrie (S. 74)
Überbegriff für Firmen, die Produkte aus → Rohstoffen und Zwischenprodukten herstellen. Die meisten Arbeitsschritte erfolgen automatisiert.

Inlandeis (S. 176)
Bis zu mehrere Kilometer mächtige Eismasse, die durch Zusammenfließen vieler → Gletscher entsteht. Sie bedecken große Teile des Festlands. Am Rand des Inlandeises befinden sich häufig Gletscherzungen.

Insel (S. 60, 146)
Gänzlich vom Wasser umgebenes Land; sollte das Land nur teilweise von Wasser umgeben sein, handelt es sich um eine → Halbinsel.

Kaltzeit (S. 110)
Abschnitt der Erdgeschichte, in denen durch weltweiten Rück-

gang der Temperaturen → Gletscher anwuchsen. Die Zeiträume zwischen den Kaltzeiten nennt man Warmzeiten.

Karsthöhle (S. 94)
Karstform (→ Verkarstung); unterirdische Hohlräume im Kalkstein

Karte (S. 20, 38)
Eine Karte zeigt auf einen bestimmten → Maßstab verkleinert die → Erde oder einen Teil von ihr. Das Gebiet ist hierbei senkrecht von oben abgebildet. Die Inhalte sind stark vereinfacht und mit verschiedenen Farben und Signaturen dargestellt.

Klima (S. 54)
Der typische durchschnittliche Ablauf des → Wetters in einem Gebiet über einen längeren Zeitraum. Dieser durchschnittliche Zustand der → Atmosphäre wird aus Messungen über mindestens 30 Jahre ermittelt.

Klimadiagramm (S. 56, 150)
Stellt für einen Ort die wichtigsten Klimaelemente → Temperatur und → Niederschlag im Jahresverlauf dar. Ein Vergleich der Messwerte von verschiedenen Klimastationen ist leicht möglich.

Klimazone (S. 152)
Zumeist parallel zu den → Breitenkreisen angeordnete Zonen mit typischen Klimamerkmalen. Diese sind durch die unterschiedlichen Einstrahlungsverhältnisse der → Sonne bedingt.

Kompass (S. 24)
Gerät zur Bestimmung von → Himmelsrichtungen mit einer Magnetnadel, die ständig nach Norden zeigt.

Kontinent (S. 16)
(Erdteil) Festlandsmasse, die von anderen Kontinenten durch eine natürliche Abgrenzung (→ Meer, Gebirge, Landenge) getrennt ist.

kontinentales Klima (S. 154)
Auch Landklima genannt. Im Gegensatz zum → maritimen Klima sind die Sommer heißer und die Winter kälter. Der Temperaturunterschied zwischen Sommer und Winter ist demnach groß. Die → Niederschläge sind geringer als beim → maritimen Klima.

Küste (S. 46, 60f.)
Grenzverlauf zwischen → Ozean/ → Meeren und dem Festland; sie ist von der Meeresbrandung betroffen, daher werden Maßnahmen zum Küstenschutz getroffen. Dies geschieht durch → Deiche und Pflanzenbewuchs auf → Dünen oder im Deichvorland. Gleichzeitig dient der Küstenschutz auch der Landgewinnung.

Küstenfischerei (S. 182)
Kleinere Schiffe , die in Küstennähe fischen und meist täglich in den Hafen zurückkehren.

Landeshauptstadt (S. 42)
Die Haupstadt eines → Bundeslandes

Landschaft (S. 46)
Ein Gebiet, das sich durch sein Erscheinungsbild (wie Oberfächenformen und Höhenlage) von anderen Gebieten deutlich abgrenzt.

Landwirtschaft (S. 112f., 118, 190)
Oberbegriff für den Wirtschaftszweig, in dem Pflanzen angebaut und Tiere gezüchtet werden.

Längenhalbkreis (S. 14)
→ Meridian

Laubwald (S. 156)
Wälder, in denen ausschließlich Laubbaumarten wie Buchen, Eichen, Ulmen oder Eschen wachsen. Sie sind typisch für die Laub- und Mischwaldzone.

Lava (S. 184)
Das an die Erdoberfläche tretende → Magma wird als Lava bezeichnet. Diese geschieht bei → Vulkanausbrüchen.

Lawine (S.164)
Große Massen von Eis/Schnee, die von Bergen ins → Tal stürzen.

Legende (S. 20)
Die Legende ist die Zeichenerklärung einer → Karte. Alle Flächenfarben und Signaturen, die in der Karte eingetragen sind, werden hier erklärt.

Luftdruck (S. 50)
Die Luft übt durch ihr Gewicht einen Druck auf ihre Unterlage, die Erdoberfläche, aus. Gemessen wird dieser Druck der Luft in der Einheit Hektopascal (hPa).

Luftfeuchte (S. 50)
Anteil des Wassers als Wasserdampf in der → Atmosphäre

Mäander (S. 148)
Flussschlingen in „Schlangenlinien“. Sie treten vor allem im Unterlauf eines → Flusses auf, wenn der Fluss langsamer fließt. Charakteristisch ist die Abfolge von Prallhang und Gleithang.

Magma (S. 184)
Glutflüssige, gashaltige Gesteinsschmelze in den tieferen Bereichen der Erdkruste mit Temperaturen um 1000 °C. Sobald sie austritt, nennt man sie → Lava.

maritimes Klima (S. 154)
Wird auch Seeklima genannt und durch die Nähe des → Ozeans bestimmt. Typische Merkmale sind: kühle Sommer, milde Winter, ganzjährig feucht.

Marschland (S. 64)
Die Marsch ist durch die Ablagerung von Schlick im flachen Bereich der → Küste entstanden. Dort befand sich früher das → Watt. Heute wird das fruchtbare Land der sich neu gebildeten Marsch hauptsächlich für den → Ackerbau genutzt. Die älteren Marschen sind weniger fruchtbar und daher eher für die → Grünlandwirtschaft geeignet.

Massenbewegungen (S. 164)
Prozess, bei dem große Mengen an → Boden oder → Gestein unter dem Einfluss der Erdanziehung in Bewegung geraten, abrutschen oder stürzen. Hierzu gehören Steinschläge, → Muren, Bergstürze und Erdrutsche.

Massengut (S. 72)
Güter, die in Mengen und ohne besondere Verpackung befördert werden, wie z. B. Kohle, Erz, Kies, Getreide.

Massentourismus (S. 170f., 188)
Fremdenverkehr mit sehr vielen → Touristen an einem Ort. Wirtschaftlich sehr lohnend, aber durch Verkehrsstau, Zersiedlung, Lärm- und Luftbelastung sowie Landschaftsschäden problematisch für die → Umwelt.

Maßstab (S. 38)
Größenverhältnis einer Darstellung zur Wirklichkeit;
Beispiel: Maßstab 1:100000, d. h. 1 cm auf der Karte entsprechen 100000 cm, also 1000 m bzw. 1 km in Wirklichkeit.

Meer (S. 62f.)
Gewässer der → Erde, die die → Kontinente umgeben.

Meeresströmung (S. 152)
Beispiel: → Golfstrom; er entsteht an der Meeresoberfläche durch ständig in gleicher Richtung auf die Meeresoberfläche einwirkende → Winde und hat großen Einfluss auf das → Klima in Europa.

Meridian (S. 14)
→ Längenhalbkreis; Teil des → Gradnetzes der Erde; Meridiane werden jeweils von 0° bis 180° in östlicher bzw. westlicher Richtung gezählt. Sie verlaufen vom → Nordpol zum → Südpol und schneiden die → Breitenkreise im rechten Winkel. Durch Greenwich (London) verläuft der Nullmeridian. Er teilt die Erdkugel in eine östliche und eine westliche Hälfte.

Milchwirtschaft (S. 112)
Die Haltung von Kühen in der → Landwirtschaft zum Zwecke der Produktion von Milch.

Mischwald (S. 104, 156)
Wälder, in denen Laub- und Nadelbäume gemeinsam vorkommen.

Mittelbreiten (S. 152)
→ Klimazone zwischen den → Subtropen und der → subpolaren Zone mit Jahreswerten der → Temperatur zwischen 0 °C und 12 °C.

Mittelgebirge (S. 80, 86f.)
Diese haben in der Regel ein abgerundetes → Relief. Steile Gipfel und Felswände sind selten. Die höchsten Berge sind bis 1500 m hoch.

Mond (S. 12)
Himmelskörper, der einen → Planeten auf einer eigenen Bahn begleitet; speziell der Begleiter der → Erde.

Monokultur (S. 104)
Auf einer größeren, zusammenhängenden Fläche wird die gleiche Nutzpflanze oder Baumart über einen längeren Zeitraum angebaut.

Moräne (S. 110, 169)
Von → Gletschern mitgeführter und abgelagerter Schutt. Unter dem Eis bildet sich die → Grundmoräne, an den Rändern die Seitenmoräne und am Ende des Gletschers die → Endmoräne.

Mure (S. 164)
→ Massenbewegung; schnell fließender, aus Schlamm und Steinen bestehender Erdrutsch, der von heftigen Regenfällen oder Schneeschmelze ausgelöst wird.

Nachhaltigkeit (S. 69, hinterer Bucheinband)
Der Begriff kommt ursprünglich aus der → Forstwirtschaft. Dort bedeutet er, dass man nicht mehr Bäume fällen soll, als man neu pflanzt. Heute meint man mit Nachhaltigkeit, dass überall so gewirtschaftet und gehandelt werden sollte, dass die Generationen, die nach uns kommen, noch die gleichen Möglichkeiten haben wie wir heute. Die Wirkungsbereiche umfassen → Umwelt (Ökologie), → Gesellschaft (Soziales) und → Wirtschaft (Ökonomie). Für eine nachhaltige Entwicklung müssen diese aufeinander abgestimmt werden.

Naherholung (S. 128)
Aktivität in der Nähe von → Städten, welche zur Erholung dient. Zumeist in Gebieten mit Wald, Wasser sowie Sport- und Freizeiteinrichtungen.

Nationalpark (S. 70, 106)
Gebiet mit seltenen, weil unveränderten → Naturräumen. In Deutschland gibt es 16 Nationalparks. Es gelten besondere Schutzbestimmungen, um die Tier- und Pflanzenwelt zu erhalten. Durch die Einteilung in Zonen mit unterschiedlich strengen Bestimmungen werden Naturschutz und Nutzung durch den Menschen geregelt.

Naturereignis (S. 164)
In der Natur ablaufender, ungewöhnlicher Vorgang, der vom Menschen nicht beeinflusst werden kann. Die Dauer reicht von Bruchteilen einer Sekunde (Blitzschlag) bis zu mehreren Monaten (Trockenheit).

Naturkatastrophe (S. 164)
Außergewöhnliches → Naturereignis mit hohen Personen- und Sachschäden.

Naturraum (S. 118)
Natürlich geprägte → Landschaft, die dem vom Menschen beeinflussten Kulturraum gegenübersteht und wenig von ihm beeinflusst ist.

Navigationssystem (S. 26)
Zumeist satellitengestützte Systeme, die eine genaue Positions-

bestimmung an jedem Ort der → Erde ermöglichen(z.B. das System → GPS).

Niederschlag (S. 50f.)
Wasser, das aus der → Atmosphäre die Erdoberfläche erreicht (z.B. Regen, Niesel, Tau, Schnee, Hagel, Reif). Element des → Wetters.

Nordhalbkugel (S. 14)
Teil der → Erde nördlich des → Äquators

Nordpol (S. 14)
Gegenpol zum → Südpol; der Nordpol ist der nördlichste Punkt im → Gradnetz der → Erde. Alle Wege führen nach Süden.

Nutzungskonflikt (S. 68)
Unterschiedliche Ansprüche in einem Gebiet, z.B. zwischen → Wirtschaft und → Umwelt, führen zu Problemen zwischen Interessengruppen.

Ozean (S. 16)
Die einzelnen, durch → Kontinente voneinander getrennten Teile des Weltmeeres. Sie heißen Atlantischer, Indischer und Pazifischer Ozean. Sie beinhalten kleinere aber ebenfalls zergliederte Abschnitte, die → Meere, zum Beispiel die Nordsee.

Pauschalreise (S. 188)
Preisgünstige Reisen, bei denen die Kosten für Anfahrt, Unterkunft und Verpflegung im Ganzen (pauschal) vom Veranstalter berechnet werden.

Pendler (S. 123)
Person, deren Arbeitsort und Wohnort nicht identisch sind. Die Rückkehr an den Wohnort erfolgt täglich oder wöchentlich.

Planet (S. 12)
Himmelskörper, der sich auf einer Umlaufbahn um einen Stern wie die → Sonne bewegt. Er leuchtet nicht selbst, sondern im Licht der Sterns.

Pol (S. 14)
Unter den geographischen Polen versteht man die beiden als → Nordpol und als → Südpol bezeichneten Endpunkte der (gedachten) → Erdachse.

Regenfeldbau (S. 190)
→ Ackerbau, bei dem die Pflanzen ihren Wasserbedarf allein aus den → Niederschlägen, also ohne zusätzliche Bewässerung, decken.

Relief (S. 100)
Die Oberflächenform der → Erde

Rohstoff (S. 72)
Natürliche Stoffe, die noch nicht weiterverarbeitet wurden. Je nach Herkunft wird das Ausgangsmaterial in pflanzliche Rohstoffe, tierische Rohstoffe, Bodenschätze sowie Energieträger (z.B. Kohle) unterschieden.

Rundhöcker (S. 177)
Von → Gletschern überformte, stromlinienförmige Felskuppen oder Berge.

regionales Produkt (S. 98)
Erzeugnis der → Landwirtschaft, das innerhalb einer bestimmten Region hergestellt und verkauft wird.

saisonales Produkt (S. 114)
Erzeugnis der → Landwirtschaft, das nur innerhalb einer bestimmten Jahreszeit erhältlich ist.

Sanfter Tourismus (S. 174)
Form des → Tourismus, der die → Umwelt möglichst wenig belastet und auf Leben und Kultur der Einheimischen Rücksicht nimmt.

Satellit (S. 26, 192)
Ein Satellit ist in der Raumfahrt ein künstlicher Flugkörper, der die → Erde auf einer Umlaufbahn umrundet.

Schäre (S. 177)
→ Rundhöcker, die durch den Anstieg des Meeresspiegels als kleine → Inseln vor den → Küsten Skandinaviens aus dem Wasser ragen.

Schichtstufe (S. 92)
Bei abwechselnder Lagerung von harten und von weichen Gesteinsschichten halten die widerständigen → Gesteine der → Erosion länger stand. Sie werden daher als Stufen herausmodelliert.

Schotterfläche (S.110)
Teil der → glazialen Serie; wenn die Schmelzwässer eines → Gletschers sich ihren Weg durch die → Endmoräne bahnen, lagern sich vor dieser Endmoräne mitgeschwemmte Sande und Kiese ab. Eine weite, fast ebene Fläche (Schotterebene) ist entstanden.

See (S. 116)
Gewässer, das von Land umgeben ist.

Seehafen (S. 72)
Hafen mit direktem Zugang zum → Meer, meist mit Anschluss an die Binnenschifffahrt

Sonderkulturen (S. 114)
Nutzpflanzen (landwirtschaftliche Kulturen), die mit hohem Aufwand an Arbeitskraft und Geld angebaut werden. Zu den Sonderkulturen gehören Wein, Hopfen, Spargel, Obst und Gemüse sowie Gewürzpflanzen.

Sonne (S. 12)
Stern unseres → Sonnensystems, der Licht und Wärme in den Weltraum strahlt. Um ihn bewegen sich acht → Planeten auf Umlaufbahnen.

Sonnensystem (S. 12)
Gesamtheit aller Himmelskörper, die sich um eine → Sonne bewegen. Das Sonnensystem besteht aus unserer → Sonne, den acht → Planeten sowie deren Trabanten (→ Monde).

Staat (S. 42, 142)
Abgegrenztes Gebiet mit eigener Gesetzgebung und eigener

Staatsform. Es bestimmt über sich selbst und erhält seine Grundlage, indem es andere Staaten anerkennen.

Stadt (S. 36, 40, 122, 128f.)
Größere Ortschaft mit dicht bebauten Gebieten und Funktionen auch für umliegende → Dörfer. Wird meist über die Einwohnerzahl definiert.

Stadtviertel (S. 40, 128)
Jede Stadt besteht aus Stadtvierteln, in denen eine bestimmte Funktion vorherrschend ist (z. B. Industrie-, Wohn-, Geschäfts-, Erholungs- oder Vergnügungsviertel).

Standort (S. 74f.)
Der vom Menschen für eine bestimmte Nutzungen ausgewählte Ort. Entscheidungsgrundlage sind viele Vorteile, wie zum Beispiel das Vorhandensein von → Arbeitskräften oder → Verkehrswegen.

Steigungsregen (S. 55)
Er entsteht, wenn Luftmassen an Gebirgen zum Aufsteigen gezwungen werden und abkühlen. Der in der Luft enthaltene Wasserdampf kondensiert zu Wassertröpfchen. So bilden sich Wolken und es regnet.

Steilküste (S. 62)
Steiler Landanstieg aus dem → Meer

Stückgut (S. 72)
Gut, das vor dem Transport in → Container, Fässer, Ballen, Säcke oder Kisten verpackt wird.

Sturm (S. 62)
Sehr starke Winde ab einer Windgeschwindigkeit von 74km/h; Stürme können erhebliche Schäden anrichten und so zu → Naturkatastrophen werden.

Sturmflut (S. 62)
Bei einer Sturmflut steigt die → Flut durch starke → Winde an der → Küste höher als sonst. Wenn die Sturmflut besonders stark ist, können → Deiche brechen und das dahinter liegende Land wird überschwemmt.

Subpolare Zone (S. 152)
→ Klimazone nördlich der → Mittelbreiten mit Jahreswerten der → Temperatur zwischen -10 °C und 0 °C.

Subtropen (S. 152)
→ Klimazone südlich der → Mittelbreiten mit Jahreswerten der → Temperatur zwischen 12 °C und 24 °C.

Südhalbkugel (S. 14)
Teil der → Erde südlich des → Äquators

Südpol (S. 14)
Gegenpol zum → Nordpol; der Südpol ist der südlichste Punkt im → Gradnetz der → Erde. Hier führen alle Wege nach Norden.

Tal (S. 148, 168)
Vor allem durch → Flüsse bilden sich in der → Landschaft ausgehöhlte Formen heraus (Flusstäler). Sie werden danach unterschieden, ob stärker in die Tiefe (Klamm) oder in die Breite (Kerbtal) abgetragen wird und ob eine trockene Talsohle entsteht (Sohlental). Hierfür ist das Ausgangsgestein entscheidend. Flusstäler können durch → Gletscher stark überprägt werden (→ Trogtal).

Temperatur (S. 50f.)
Maß für den Gehalt an Wärmeenergie in der → Atmosphäre. Element des → Wetters.

Tiefengestein (S. 90)
→ Gestein, welches durch das langsame Erkalten von → Magma im Inneren der → Erde entsteht.

Tiefland (S. 86, 103, 138)
→ Landschaft mit nur geringen Höhenunterschieden. Sie reicht in Deutschland von der → Küste bis an den Rand der → Mittelgebirge.

Tourismus (S. 66, 108, 170f., 186f.)
Reiseverkehr zu Zwecken der Erholung und Bildung in Gebiete und Länder, die dafür landschaftlich und kulturell geeignet sind. Auch als → Fremdenverkehr bezeichnet.

Trockental (S. 94)
Karstform (→ Verkarstung); Trockentäler wurden von Bächen und → Flüssen geschaffen. Das Wasser verschwand aber danach im Gestein, da sich das Gestein des Untergrundes zunehmend löste.

Trogtal (S. 168)
Von → Gletschern überprägtes, U-förmiges → Tal, welches durch die Eismassen breit ausgeschürft wurde.

Tropfstein (S. 94)
In Höhlen entstehen Tropfsteine, indem sich der im Sickerwasser enthaltene Kalk wieder absetzt. Man unterscheidet zwischen Stalaktiten und Stalagmiten. Stalaktiten entstehen an der Höhlendecke, Stalagmiten wachsen vom Boden aus.

Tundra (S. 156)
→ Vegetationszone an der Polargrenze, die einen Übergang von den arktischen Kältewüsten zu den → borealen Nadelwäldern bildet. Wegen der kurzen → Vegetationsperiode von drei Monaten wachsen nur Gräser, Moose und Flechten.

Umwandlungsgestein (S. 91)
auch: metamorphes Gestein; → Gesteine, die in größeren Tiefen durch hohen Druck und hohe Temperaturen umgewandelt wurden. Ablagerungsgesteine (z.B. Kalkstein) oder Tiefengesteine (z.B. Granit) werden so umgewandelt (Metamorphose).

Umwelt (S. 66, 122, 172)
Begriff, mit dem die uns umgebende → Landschaft bezeichnet wird. Häufig wird er im Sinne des Schutzes der Landschaft, bzw.

der Natur verwendet. Der Begriff umfasst aber eigentlich auch vom Menschen gemachte Landschaften, z.B. kann die Stadt auch eine Umwelt sein.

Vegetationsperiode (S. 156)
(Vegetationszeit) Zeitraum eines Jahres, in dem die natürliche Vegetation wächst. Hierzu benötigen die Pflanzen Licht, Wärme und Feuchtigkeit. Ausreichende Wärme für das Pflanzenwachstum ist gegeben, wenn das Tagesmittel über 5 °C liegt.

Vegetationszone (S. 156)
Mehr oder weniger parallel zu den → Breitenkreisen verlaufende Gürtel charakteristischer Pflanzen und Wuchsformen. Sie bilden sich unter den jeweiligen Klimabedingungen heraus.

Verkarstung (S. 94)
Prozess, in dem sich in einer Landschaft Karsterscheinungen entwickeln. Dazu gehören → Dolinen, → Karsthöhlen, → Trockentäler und Karstquellen (Quelltöpfe). Grund ist der in Karstgebieten zu findende Kalkstein, welcher vom Wasser gelöst werden kann.
Risse und Spalten werden über einen längeren Zeitraum hinweg zu Höhlen ausgewaschen. Stürzen diese Hohlräume in sich zusammen, entstehen Dolinen. Trockentäler sind Zeugen versickerter Flüsse und Bäche. Das Wasser fließt auf einer wasserundurchlässigen Schicht im Untergrund ab und tritt an Quelltöpfen wieder aus.

Verkehr (S. 122)
Bewegung von Personen oder Gütern auf → Verkehrswegen von einem Ort zu anderen

Verkehrsweg (S. 36, 74f.)
Alle Wege, auf denen sich → Verkehr bewegt, wie z. B. Straßen, Eisenbahnschienen, Kanäle und Flüsse, aber auch Schifffahrtslinien über das Meer oder Luftverkehrswege.

Verwitterung (S. 92, 166)
Umwandlung oder Zerstörung von → Gesteinen durch äußere Einflüsse wie → Temperatur, → Wind und Wasser sowie durch chemische Prozesse. Je nach Art unterscheidet man zwischen Temperatur-, Frost-, Salz- oder Säureverwitterung.

Vulkan (S. 184)
Meist kegelförmiger Berg, der Gas, → Lava, Gesteinsbrocken und Asche ausstößt oder früher ausgestoßen hat. Ein Schichtvulkan besteht aus sich abwechselnden Asche- und Lavaschichten. Man unterscheidet tätige und erloschene Vulkane.

Vulkanausbruch (S. 184)
Ein → Vulkan wirft Gase, Wasserdampf, Asche, Schlacken oder → Lava aus.

Waldgrenze (S. 168)
Der Übergang von der geschlossenen Waldbedeckung zur Strauchzone in den → Hochgebirgen. Aufgrund des Wärmemangels können dort nur noch vereinzelt Bäume wachsen.

Watt (S. 60)
Bereich an der → Küste, der im Wechsel von → Ebbe und → Flut trockenfällt und überspült wird. Der Meeresboden des Watts besteht aus Sand und Schlick. Er ist stark belebt mit Muscheln, Würmern und Pflanzen. Dadurch stellt er Nahrung für viele andere Tiere zur Verfügung.

Wattenküste (S. 62)
→ Watt; Küstenform, die durch → Gezeiten geprägt ist. In Deutschland ist die Nordsee eine Wattenküste.

Wetter (S. 50f.)
Der augenblickliche Zustand der Lufthülle der → Erde (→ Atmosphäre) in einem bestimmten Gebiet. Das Wetter ändert sich ständig. Zu den beobachtbaren und messbaren Erscheinungen des Wetters gehören → Luftdruck, → Wind, → Bewölkung, → Niederschlag und → Temperatur.

Wind (S. 50)
Luftströmung, die einen Ausgleich zwischen hohem und tiefem Druck herstellt. Je größer der Druckunterschied, umso stärker weht der Wind.

Wirtschaft (S. 128)
Die Wirtschaft ist der Bereich der menschlichen Tätigkeit, der sich mit der Herstellung, Beschaffung und Verwendung von Gütern und → Dienstleistungen beschäftigt. Die Wirtschaft lässt sich in drei → Wirtschaftsbereiche unterteilen.

Wirtschaftsbereich (S. 128)
Ähnliche Wirtschaftszweige können zusammengefasst werden: Unterschieden werden → Landwirtschaft und → Forstwirtschaft (einschließlich Bergbau), → Industrie und Handwerk sowie → Dienstleistungen.

Zeugenberg (S. 92)
Einzeln stehender Berg, der durch → Erosion von den umliegenden Erhebungen abgetrennt wurde.

Zeitzone (S. 18)
International festgelegte Zone, in der dieselbe Uhrzeit herrscht.

Zungenbeckensee (S. 110, 114)
Teil der → glazialen Serie; ein durch → Gletscher entstandener See im Bereich von → Grundmoränen und → Endmoränen. Die → Moränen wirken dabei wie ein Damm, der die Schmelzwässer des Gletschers zurückhält. Der See entspricht in seiner Form der durch die Gletscherzunge ausgeschürften Form, daher der Name. Heute sind einige der Seen teilweise zu Mooren und Sumpfgebieten verlandet.

Bildquellenverzeichnis

|123RF.com, Hong Kong: serrnovik 135.6. |2 & 3d design Renate Diener, Wolfgang Gluszak, Düsseldorf: 70.1, 93.4. |Alamy Stock Photo, Abingdon/Oxfordshire: aroundtheworld.photography 14.1; GOIMAGES 130.3; imageBROKER 75.1; Yarr65 84.1. |Alamy Stock Photo (RMB), Abingdon/Oxfordshire: Asia Images Group Pte Ltd 59.3; Gottschalk, Manfred 122.3; ORourke, Jonathan 91.3; Zoonar GmbH/JLANDSHOEFT 77.1. |Alfred-Wegener-Institut (AWI), Bremerhaven: Kipfstuhl, Sepp 11.6. |Alpine Pearls, Weissensee: 175.2. |Astrofoto, Sörth: 12.1; Koch 31.1. |azibene AG, Murg am Walensee: Peter Fuchs 197.1, 197.2. |BLIESGAU-ÖLMÜHLE GbR, Bliesransbach: Bies, Patric 97.4. |Bricks, Prof. Wolfgang, Erfurt: 121.1. |Bund Badischer Landjugend e.V., Freiburg: 119.1. |Bundesforschungszentrum für Wald, Wien: Bundesforschungszentrum für Wald/F. Winter 120.2. |Bütow, Heike Dr., Kemnitz (bei Greifswald): 156.3. |c:geo Team: c:geo - Geocaching für Android 27.5. |Das Luftbild-Archiv (RF), Biere: 63.8, 63.9, 63.10. |Demmrich, André, Berlin: 156.1. |Deutsche Windtechnik AG, Bremen: 69.7. |Diercke Weltatlas digital: 29.1, 29.2, 29.3, 29.4, 29.5. |Ditter, Raimund: 185.2. |Dölling, Andrea, Berlin: 175.3. |dreamstime.com, Brentwood: Aldorado10 139.1; Andronov, Leonid 132.2; Csontos, Andras 150.1; Dariya64 146.4; Dstaerk 137.2; Fotomicar 195.2; Fotovika 30.1, 78.1, 136.1, 158.1, 194.1; Losevsky, Pavel 34.3, 55.7; Michalludwiczak 162.2; Mueller, Ulrich 132.4; Photographieundmehr 93.3; Semik, Richard 159.4. |ESA, Frascati (Roma): ESA/ATG medialab 193.1. |ESTOP ESTUDIOS TOPOGRAFIA S.A., Palma de Mallorca: 188.1. |Eyferth, Konrad, Werder: 105.2. |Feldhaus, Hans-Jürgen, Münster: 2.1, 5.1, 7.1, 11.1, 12.2, 13.2, 15.1, 16.2, 18.2, 18.3, 19.6, 21.2, 23.1, 23.2, 24.2, 24.3, 34.4, 38.2, 41.7, 43.1, 44.2, 47.3, 48.2, 48.3, 49.1, 52.1, 54.1, 54.2, 60.2, 60.3, 60.4, 60.5, 60.6, 66.2, 67.1, 68.2, 71.10, 73.1, 74.2, 79.1, 80.2, 80.3, 80.4, 80.5, 87.1, 88.1, 90.2, 92.2, 92.3, 92.4, 92.5, 94.3, 96.2, 98.3, 100.2, 100.3, 102.2, 102.3, 102.4, 102.5, 106.3, 108.4, 110.2, 110.3, 110.4, 110.5, 113.3, 114.3, 116.2, 118.4, 120.3, 126.2, 127.2, 137.1, 138.2, 138.3, 138.4, 138.5, 144.1, 148.3, 148.4, 151.1, 151.2, 152.1, 154.3, 156.5, 162.1, 163.3, 164.2, 164.3, 164.4, 164.5, 166.2, 171.1, 172.2, 173.1, 174.2, 176.2, 176.3, 176.4, 176.5, 178.3, 180.3, 180.4, 182.1, 182.2, 184.2, 184.3, 184.4, 184.5, 186.2, 187.2, 188.3, 190.2, 195.1, 195.5, 196.2, 196.3, 196.4, 196.5, 199.1, 237.11, 237.12; Illu 101.1. |Fluhr, David/www.oberschwaben-tipps.de, Berlin: 111.2. |Forest Stewardship Council®, Freiburg i. Br.: 180.5. |fotolia.com, New York: Aliona 163.1; aro49 69.8; ARochau 114.1; asikkk 16.1; Astrid Gast 113.2; Beerhalter, Petra 108.2; blende40 66.1; by-studio 114.2; bynicola 115.3; CLAVERY, Catherine 164.1; Closs, Sébastien 159.2; countrypixel 112.3; Czauderna, Henry 156.2; Denecke, Hans Peter 81.3; Eder, Christa 177.1; Eichentopf, Wolfgang 189.1; Eisbaer 132.1; Ernest, Bill 83.4; eugen_z 146.1; eyetronic 102.1; F.C.G. 191.1; Fälchle, Jürgen 58.1; farbkombinat 69.6; Flächle, Jürgen 130.2; Fotolyse 180.2; Friedberg 41.2; Gessler 79.2; Gyula Gyukli 133.3; Hagge, Bianka 153.2; Herbie 106.1; Johannsen, M. 73.3; JSB31 125.2; kamasigns 132.3; kameraauge 41.3; Living Legend 10.3; Lotse77 112.1; lunfengzhe 133.1; MARCELO 183.2; Marco2811 32.1, 33.4; Martina Berg 104.1; matthias21 36.2; moonrun 143.2; nelje 97.6; Netzer Johannes 196.1; Noppasinw 154.1; palomita0306 186.1; Pedant, Christian 92.1; photo-corona 111.3; PHOTOERICK 165.8; pixelklex 41.5; Pixelmixel 53.2; RCphoto 46.1; Rebai, Silvano 178.1; reinhard sester 108.3; reises 86.1; Sabljak, Dario 118.2; schepers_photography 177.2; Schönfeld, Manuel 85.2, 116.1, 130.1, 137.3; Schwartz, Hendrik 189.4; Smolcic, Daniel 82.1; spuno 55.5; stefanasal 84.4; tauav 165.7; Thiermayer, Stefan 115.4; tingitania 69.4; tsuguliev 176.1; view 7 73.2; Visions-AD 69.1; VRD 107.2, 108.1, 138.1; Wackenhut, Jürgen 125.4, 137.4; Wawrzyniuk, Piotr 162.3; Wirepec 180.1; Wolfilser 113.1; womue 69.3. |Gaffga, Peter, Vollmersbach: 195.4. |GEOMAR Helmholtz-Zentrum für Ozeanforschung Kiel, Kiel: J. Steffen 55.6. |Getty Images (RF), München: golero 72.2; martinwimmer 154.2; VladGans 120.1. |GIDA Gesellschaft für Information und Darstellung mbH, Odenthal: 178.2. |Google Earth: 134.1. |Google Maps: 192.2, 192.3, 192.4, 192.5, 192.6, 192.7; Bilder © Google,TerrMetrics,Kartendaten © 2023 188.2, 192.1. |Güttler, Peter - Freier Redaktions-Dienst (GEO), Berlin: 27.1, 71.1, 139.3. |IHK Reutlingen, Reutlingen: 99.1. |Imago, Berlin: allOver-MEV 149.1; B. Trapp 156.4; imagebroker 61.2. |iStockphoto.com, Calgary: ae-photos 33.6; amoklv 191.5; Becart 13.1; Bionysheva-Abramova, Elena 76.2; Dawid Kalisinski Photography 161.6; Diy13 153.3; Fend, Erich 165.6; Fernahl, Michael 146.2; filmfoto 47.2; fotoVoyager/Fawcett, William 167.2; Frizi 185.1; grafisphos 191.2; hsvrs 81.2; Imgorthand 171.3; intst 153.1; J-Elgaard 135.4; Juanmonino 189.5; Kalinin, Iakov 146.3; Klein, Malte Florian 95.3; Kranendonk, Jan 35.1, 55.1; lausbro 165.3; Lenz, Stefan 65.1; LiudmylaSupynska 115.2; m-kojot 37.1; maryTR 11.8; matthewleesdixon 41.4; Media Lens King 191.3; mikeuk 91.2; mizoula 236.10; Mlyons 34.1; Mordolff 55.2; Obst, Matheus 74.1; paulprescott72 40.1; Rhoberazzi 159.1; Rike_ 58.2; rusm 21.1; SiriGronskar 84.2; smitea 153.4; Thammasak_Chuenchom 39.1; Vallenari, Flavio 83.6; Viktorcvetkovic 142.1; WitR 159.3; zilli 51.1. |Janke, Ute: 163.2. |Karlsruher Institut für Technologie (KIT), Karlsruhe: Wolfgang Schaible 131.3. |Karto-Grafik Heidolph, Dachau: 39.2, 62.2, 62.4, 63.3, 63.4, 93.2, 123.1, 147.1, 177.3. |Kartographie Michael Hermes, Hardegsen Hevensen: 75.4, 91.5, 119.3, 179.1, 187.1, 189.3, 191.6. |laif, Köln: Tjaden 73.4. |Landesamt für Geoinformation und Landentwicklung Baden-Württemberg (www.lgl-bw.de), Stuttgart: Geobasisdaten © LGL-BW, www.lgl-bw.de 124.1. |Mager, Franz-Peter, Gengenbach: 95.2. |MairDumont GmbH & Co. KG, Ostfildern: 62.1, 63.1. |Marckwort, Ulf, Kassel: 14.2, 193.3. |mauritius images GmbH, Mittenwald: Reichart 169.1; Siebig, Udo 65.2. |MBW Marketinggesellschaft mbH, Stuttgart: 119.2. |Mithoff, Stephanie,

Egestorf: 11.2, 52.4, 52.5, 69.2, 111.4, 237.10. |Mombrei, Holger/www.fotos-aus-der-luft.de, Berlin: 63.6. |NASA/GSFC, Houston/Texas: 11.3. |Nationalpark Schwarzwald, Seebach: 107.1; Ebel, Charly 107.3; Klumpp, Ulrike 106.2; Scheuermann, Luis 106.5; © Daniel Müller (Nationalpark Schwarzwald) 106.4. |Nationalparkverwaltung Niedersächsisches Wattenmeer, Wilhelmshaven: 70.2. |Nußbaum, Dennis, Koblenz: 15.2. |Ochsenwadel, Brigitte, Möckmühl: 167.1. |OHB System AG, Bremen: 26.1. |OKAPIA KG - Michael Grzimek & Co., Frankfurt/M.: BIOS/Labat, Jean-Michel 101.2; Heyer 51.2. |Opencaching Deutschland e.V., Voerde: © OpenStreetMap contributors/CC-Lizenz BY-SA 2.0 27.4. |OpenStreetMap - www.openstreetmap.org/copyright: 21.3, 21.4; CC-Lizenz BY-SA 2.0 28.1; © OpenStreetMap Mitwirkende/CC-Lizenz BY-SA 2.0 127.1. |Ortsverwaltung Tannheim, Villingen-Schwenningen: WTVS GmbH 122.1. |Ostermann, Michael, Steinmauern: 38.1, 39.3, 53.1. |PantherMedia GmbH (panthermedia.net), München: Alexander R. 11.7; Andreas Speer 86.3; Hans Dieter Volz 103.1; Hermann Otto Feis 69.5; mattnet85 170.1; Missal, E. + P. 61.1; Tasfoto 65.3; Thomas Kakalik 125.3; Winkler, Steffen 155.1. |Pflügner, Matthias, Berlin: 22.1. |Picture-Alliance GmbH, Frankfurt a.M.: Arco Images GmbH/Carlile, J. 140.1; blickwinkel/Luftbild Bertram 85.1; dpa-ZB/euroluftbild.de/Hans Blossey 84.3; dpa-ZB/euroluftbild.de/Launer, Gerhard 68.1; dpa/Charisius, Christian 75.2; dpa/Rolf Haid 139.4; dpa/Rolf Vennenbernd 98.1; dpa/Wagner, Ingo 76.1; dpa/Weissbrod, Bernd 77.2; KEYSTONE/dpaweb/Balzarini 165.2. |Regierungspräsidium Freiburg - Abt. 9 Landesamt für Geologie, Rohstoffe und Bergbau, Freiburg im Breisgau: https://lgrbwissen.lgrb-bw.de/geotourismus/hoehlen/besucherhoehlen/hohler-fels-bei-schelklingen , Abrufdatum: 12.06.2023, © Regierungspräsidium Freiburg - LGRB 97.1. |Rissler, Albrecht, Heidelberg: Umweltmagazin natur 1985 Heft 5 Seite 62, Rissler, Albrecht: Vom Blattfall zum Zerfall / © VG Bild-Kunst, Bonn 2023 121.2. |Ruthe, Oda, Braunschweig: 41.1, 44.1, 48.1. |Scheefer, Günther, Karlsruhe: 131.2, 135.1, 135.3, 135.5. |Schmidt, Marianne, Teningen: 103.2. |Schönauer-Kornek, Sabine, Wolfenbüttel: 71.2, 71.3, 71.4, 71.5, 71.6, 71.7, 71.8, 71.9, 71.11, 71.12, 93.1. |Schoone, Marco, Assendelft: 183.1. |Schöpke, Henning, Nienburg/Weser: 125.1. |Schwarzstein, Yaroslav, Hannover: 81.1, 103.3. |Shutterstock.com, New York: 25.2; Berg, Jakob 41.6; Bjoern Alberts 165.4; chbaum 104.2; Cronje, Willem 169.3; Dave Z 168.1; Finkel, Dmitry 75.3; Fiorelli, Damiano 126.1; footageclips 169.2; g215 133.2; Gerhardinger, Andreas 97.3; Gil.K 10.1; guteksk7 86.4; iatanderson 110.1; jopelka 139.2; Ksenija Toyechkina 172.1; Kuzmalo 109.1; Nadejda Ivanova 195.3; peresanz 52.3; Rasto SK 160.1; Sasa Kadrijevic 8.1; Szwaj, Lukasz 115.1; Thaler, Michael 71.13; Visionsi 112.2; wavebreakmedia 4.1; Zaitsev, Vadym 191.4. |Stadt Bad Urach, Bad Urach: Thomas Niedermüller 96.1. |Stadt Karlsruhe, Karlsruhe: Fränkle, Roland 131.1. |Städte-Verlag E.v.Wagner & J.Mitterhuber GmbH - 70736 Fellbach, www.staedte-verlag.de, Fellbach: © Kartografie 25.1. |Sternberg, Katharina, Kiel: 143.1. |Stierhof, Steffen, Braunschweig: 111.1. |stock.adobe.com, Dublin: 17.1; Albers, Guenter 52.2; Animaflora PicsStock 60.1; Armyagov, Andrey 161.2; Aufwind-Luftbilder 11.5, 62.3; aufwind-luftbilder 62.5; Avraham, Kushnirov 83.2; Baumgart, Anselm 31.2, 104.3; Becke, Jan Christopher 161.4; biker3 109.2; bill_17 10.2; Chabraszewski, Jacek 135.2; Christian Pedant 97.5; coldwaterman 35.2, 55.4, 59.2; davooda 19.1, 19.2, 19.3, 19.4; djama 67.2; Dreger, Thomas 79.3; Drepicter 47.1; Eberhard 90.1; Edler von Rabenstein 171.2; Egon 109.3; EinBlick 86.2; Ernst, Daniel 53.3; eyetronic 6.1; Fedoskin, Sergey 18.1; FGWDesign 63.5; Fleck, Daniel 174.1; foto-select 72.1; GDMpro S.R.O. 122.2; Gorodenkoff 193.2; Hand Robot 27.3, 33.1, 33.3, 33.5, 83.1, 83.3, 83.5, 94.2, 161.1, 161.3, 161.5, 183.3; hecke71 46.2; Heckl, Basti 171.4; Herb 34.2, 55.3; Jan 99.2; Jargstorff, Wolfgang 118.1; Jesche, Peter 36.1; Juergen 148.1; Jürgen Fälchle 95.1; Kneschke, Robert 105.1;Ködder, Rico 63.2; Madeleine 166.1; majonit 10.4, 184.1; marcus_hofmann 80.1; michal812 91.1; millenius 98.2; Oleg 91.4; pixelliebe 94.4, 94.5, 94.6, 94.7; Race, Dan 59.1; S.T.A.R.S 50.1; Sander, T. 11.4; Sara OHT 190.1; Schlenger, Olaf 61.3; Schwier, Christian 118.3; Sturm, Jenny 33.2; Topolewski, Kristof 63.7; U. J. Alexander 24.1; volker loche Titel; Vusal 42.1; Wey, Peter 165.5; wjarek 170.2; Zahn, Heiko 148.2; Zeller, Markus 100.1. |Stora Enso Oyj, Varkaus Mill: Varkauden kaupunki 179.2. |Sunshine-Ballooning, Langenau: 128.1. |timeanddate.de: 19.5. |toonpool.com, Berlin, Castrop-Rauxel: JotKa 189.2. |UNESCO Global Geopark Schwäbische Alb, Schelklingen: Reiner Enkelmann 94.1. |United Nations, New York, NY: https://www.un.org/sustainabledevelopment/ „The content of this publication has not been approved by the United Nations and does not reflect the views of the United Nations or its officials or Member States" 236.1, 236.2, 236.3, 236.4, 236.5, 236.6, 236.7, 236.8, 236.9, 237.1, 237.2, 237.3, 237.4, 237.5, 237.6, 237.7, 237.8, 237.9. |Universität Tübingen, Abteilung Ältere Urgeschichte und Quartärökologie, Tübingen: Venus Hohle Fels, Foto: Hilde Jensen, Bildrechte: Universität Tübingen 97.2. |Wenke, K., München: 165.1. |WWF Deutschland, Berlin: 183.4. |www.diercke.de: 199.2. |www.dolomitiunesco.info, Cortina d'Ampezzo (BL): 175.1. |Zweckverband Bodensee-Wasserversorgung, Stuttgart: 117.1, 117.2, 117.3.

Ziele für nachhaltige Entwicklung

17 Ziele für nachhaltige Entwicklung

2015 verabschiedeten die Vereinten Nationen (UN) die Agenda 2030 für eine nachhaltige Entwicklung. In dieser legten sie die 17 Nachhaltigkeitsziele fest – die Sustainable Development Goals (kurz: SDGs). Die 17 Ziele mit ihren insgesamt 169 Unterzielen bilden einen Rahmen für die Entwicklung einer nachhaltigen Gesellschaft. Sie gelten für Industrieländer ebenso wie für Entwicklungs- und Schwellenländer.

Die SDGs enthalten Entwicklungsziele wie die Beendigung von Hunger und Armut, Gesundheit und gleichwertige Bildungschancen. Zudem fokussieren sie Natur-, Klima- und Umweltschutzziele. Damit umfassen sie die drei Dimensionen der Nachhaltigkeit: Ökologie, Ökonomie und Soziales (M2).

M1 *Das Hauptquartier der Vereinten Nationen in New York*